제2개정판

농업교육학 개론

제2개정판
농업교육학 개론

초판 1쇄 발행 1997년 6월 30일
개정판 1쇄 발행 2007년 9월 5일
제2개정판 1쇄 발행 2013년 9월 15일
제2개정판 8쇄 발행 2025년 8월 29일

지은이 정철영 · 박행모 · 강대구 · 나승일 · 김진모 · 이찬 · 정진철

펴낸곳 서울대학교출판문화원
주소 08826 서울 관악구 관악로 1
도서주문 02-889-4424, 02-880-7995
홈페이지 www.snupress.com
페이스북 @snupress1947
인스타그램 @snupress
이메일 snubook@snu.ac.kr
출판등록 제15-3호

ISBN 978-89-521-1509-6 93370

제2개정판

농업 교육학 개론

정철영 외 6인

서울대학교출판문화원

Introduction to Agricultural Education

Edited by Chyul Young Jyung et al.

Seoul National University Press

집필자 명단

정철영 (서울대학교 산업인력개발학과 명예교수)

박행모 (광주교육대학교 실과교육과 명예교수)

강대구 (순천대학교 농업교육과 명예교수)

나승일 (서울대학교 산업인력개발학과 교수)

김진모 (서울대학교 산업인력개발학과 교수)

이 찬 (서울대학교 첨단융합학부 교수)

정진철 (서울대학교 산업인력개발학과 교수)

제2개정판 머리말

농업교육을 둘러싼 환경에는 그동안 많은 변화가 있었다. 그 변화는 크게 두 가지 관점에서 생각해 볼 수 있다. 먼저 농업 자체의 변화이다. 산업으로서의 농업 비중이 감소하였고, 농업 종사자 수가 줄어들었으며, 농업 인력이 고령화되는 등 농업의 위상이 변화하였다. 또한 기존 농업이 짧은 기간에 낮은 가격의 농산물을 대량으로 생산하는 생산성에 중심을 두었다면 현재의 농업은 소비자의 선호에 따라 적기에 다품종의 농산물을 소량으로 생산하는 품질에 중심을 두게 되었다. 이에 따라 전통적 농업이 토지, 자본, 노동 중심이었다면 최근에는 지식, 창의력, 정보를 중심으로 한 지식기반농업으로 변모하는 방식으로 농업 패러다임이 전환되었다. 뿐만 아니라 기후변화, 식량불안, 환경규제 강화, FTA 등 국제 농업 환경이 변화되었다.

농업 자체의 환경이 변화함에 따라 농업교육의 환경에도 많은 변화가 있었지만, 두 번째 관점은 농업교육 자체의 변화와 관련된다. 전세계적으로 볼 때 농업교육기관은 양적으로 감소하는 경향을 보였지만, 농업교육의 중요성은 지속적으로 증대해 왔다고 할 수 있다. 농업 문해(agricultural literacy)의 중요성이 부각되면서 교양농업교육이 강조되어 왔고, 또한 귀농교육을 포함하여 신규취농교육도 지속적으로 강화되어 왔다. 교육내용은 전통적인 1차 산업 이외에도 식품, 유통, 금융, 사회규제 등 2, 3차 산업으로 확대되었고, 농업교육 분야는 그 어느 분야 못지않게 현장성이 중요하기 때문에 수요자 중심 교육과정 편성이 강조되어 왔다. 뿐만 아니라 교육방법 측면에서는 실천중심 농업교육의 중요성이 부각되고 있고, 이에 따라 농업교육과 자격제도와의 연계, 능력표준의 설정 등이 강화되고 있는 실정이다.

이와 같은 변화로 인해 국내 농업교육에서 해결해야 할 여러 쟁점사항들이 존재한다. 거시적인 측면에서는 우수한 인재들을 어떻게 하면 농업분야로 유입할 것인가, 누구를 대상으로 한 농업교육에 더 중점을 둘 것인가, 농업교육에서 다루어야 할 내용은 어디까지인가, 농업은 어떻게 학습하는 것이 더욱 효과적인가 등을 들 수 있다. 고교단계 농업교육에 더 초점을 두었을 때에도 여러 쟁점사항이 존재하는데, 농업교사는 어떻게 양성하는 것이 더 바람직한가, 어떻게 하면 농업계 고교생들의 사기를 진작할 것인가, 농업계 고교는 어느 정부부처에서 관장할 것인가, 고교단계 농업교육의 내용은 누가 결정할 것인가, 농업계 고교에서는 전문교육과 범용교육 가운데 어디에 더 치중할 것인가 등이 여기에 해당한다고 할 수 있다.

향후 농업교육이 어떻게 전개될 것인지를 예측하기란 쉽지 않다. 농업교육 분야에서의 다년간 연구와 교육 경험을 바탕으로 저자들은 향후 농업교육에서 국제 농업교육, 환경 농업교육, 지속가능한 농업교육, 생명과학과의 융합, 농업정보에 대한 교육과 연구, 농업경영조직의 활성화, 교양농업교육, 관광자원으로서의 농업교육, 평생농업교육 체제의 확립 등이 더욱 강조될 것이라고 조심스럽게 전망한다.

이 책에서는 기존에 출판된 『농업교육학 개론』을 바탕으로 하여 앞서 기술된 이러한 변화, 쟁점사항, 향후 전망 등이 반영될 수 있도록 하였다. 뿐만 아니라 고교단계 농업교육에 좀 더 초점을 두어 관련된 핵심적인 내용들을 수록하는 데 역점을 두었다. 모두 13장으로 구성된 이 책에서 Ⅰ~Ⅲ장에는 농업교육의 개념 및 중요성, 발달, 현황 등이 개괄적으로 기술되었고, Ⅳ~Ⅴ장에는 농업교사와 교육과정이, Ⅵ~Ⅻ장에는 농업교사가 현장에서 실제 적용할 수 있는 농업교수학습 지도, 농업교육교재, 농업교육 실습지도, FFK, 진로지도, 농업교육평가, 학교경영관리 등이, 그리고 마지막 장에는 외국의 농업교육을 개괄적으로 기술하여 우리나라 농업교육에 대한 시사점이 제시될 수 있도록 하였다.

이 책은 농업교육 분야의 개론서로, 향후 농업교육 분야에 진입하려는 이들을 주된 대상으로 하여 농업교육이란 무엇이고, 농업교육 분야에서 일할 때 어떠한 지식, 기술, 태도 등이 요구되는지, 농업교육은 어떻게 변화되어 왔고 향후에는 어떻게 변화할 수 있는지 등을 이들이 이해하고 함양하는 데 조금이나마 도움이 되었으면 하는 목적으로 기술되었다. 이 목적을 달성하기 위해 이 책은 농업교육과 관련된 분야에서 교육, 연구 등의 활동을 수행한 다수의 저자들로 집필진을 구성하였다. 2007년에 출판된 『농업교육학 개론』(개정판)에 참여한 저자들 가운데 정철영, 박행모, 강대구, 나승일, 김진모 교수가 참여하였고, 이 외에 이찬, 정진철 교수가 새롭게 집필진으로 참여하였다. 여러 저자들이 참여함으로써 다양한 시각이 반영된 장점이 있지만, 여전히 부족한 점들이 있을 것임은 분명하다. 부족한 점에 대해서는 독자 여러분들의 아낌없는 지적과 충고가 있기를 기대한다. 독자 여러분들의 이러한 관심은 향후 우리나라의 농업교육을 더욱 발전시키는 데 큰 힘이 될 것이라 생각한다.

농업은 어느 산업 분야보다도 중요하고, 따라서 발전 가능성이 가장 큰 분야임이 분명하다. 우리나라의 농업교육이 그 어느 분야보다도 시대적인 변화에 적극적으로 대응하여 끊임없이 변화, 발전함으로써 국가 발전의 원동력이 될 수 있기를 기대한다. 뿐만 아니라 향후 농업교육 분야에서 훌륭한 인재들이 지속적으로 양성되어 우리나라의 농업과 농업교육이 함께 발전할 수 있기를 기대한다.

여러 가지 어려운 사정에도 불구하고, 이 책이 출판될 수 있도록 애써주신 서울대학교출판문화원 관계자분들께 깊이 감사드린다.

2013년 9월

저자 일동

개정판 머리말

초판이 발행된 지 10년이 지났다. 그동안 우리나라의 농업교육 환경에 많은 변화가 있었다. 국가 전체로는 IMF 사태를 겪어 많은 어려움이 있었으나, 이를 슬기롭게 잘 극복하였다. 그러나 외국에서 도입되는 값싼 농산물로 인해 농업·농촌은 더욱 어려워졌으며, 이제 한미 FTA가 체결되었고, 앞으로 한EU FTA를 비롯하여 세계 각국과의 FTA로 확대될 전망이어서, 우리나라의 농업·농촌은 세계와 경쟁해야 하는 어려운 시대를 맞이할 것으로 전망된다.

이러한 사회적 상황의 변화는 농업교육에도 많은 영향을 주고 있다. 농업계 고등학교의 학교 명칭은 농업생명과학고등학교 등과 같이 다양하게 변화되었으며, 학교수와 학생수가 많이 줄어들고, 농업계 고등학교에 진학하는 학생들은 농촌 출신보다 도시 출신이 더 많아졌으며, 부모의 직업도 매우 다양하게 변화되었다. 농업분야도 다른 산업분야와 마찬가지로 외국 농산물과의 경쟁이 격심해짐에 따라 더 높은 능력을 갖춘 인력을 요구하게 되었고, 이러한 사회적 변화 추세에 맞추기 위해 농업 직업교육의 중심이 농업계 고등학교 농업교육에서 전문대학 농업교육으로 상향 조정되었다. 따라서 농업계 고등학교의 농업교육은 학생들로 하여금 농업을 이해하고, 이에 관심을 가지며, 장차 농업분야에서 자신의 진로를 개척할 수 있도록 하기 위해, 농업에 관한 직업 기초능력을 양성하는 것으로 교육목표가 조정되었다.

사회상황이 이렇게 변화되었다 하더라도 농업교육의 중요성은 조금도 낮아지지 않는다. 우리나라 농업은 결코 없어질 산업이 아니며, 또한 없어져서는 안 될 국가의 주요 기간산업이기 때문이다. 우리나라와 같이 불리한 여건 속에서 어떻게 농업을 유지·발전시킬 것인가는 농업분야에 관계하는 모든 사람이 풀어야 할 숙제이다. 농업분야에 필요한 인력을 양성하는 농업교육은 농업이 경쟁력 있는 산업으로 육성·발전될 수 있도록 필요한 인력을 양성해야 한다. 이 임무는 농업이 발전되면 될수록, 농업분야의 경쟁이 격화될수록 더욱 중요하게 될 것이다.

이 책은 초판을 근간으로 하되, 그동안 많이 변화가 된 부분은 전면적으로 재집필하였다. III. 농업교육이 현황, IV. 농업교사, V. 농업교육과정, VI. 농업교수학습 지도, XIII. 인적자원개발을 위한 학교경영관리 부분이 전면적으로 개정되거나 재집필되었고, 나머지 부분들은 부분적으로 개정되었다.

그동안 집필진에도 많은 변화가 있었다. 송해균 교수는 정년퇴임을 하였고, 이무근 교수는 경일대 총장을 역임한 후 정년퇴임하였다. 순천대 총장을 역임한 김재기 교수는 총장 퇴임 후 갑작스러운 교통사고로 타계하였다. 이분들에 이어서 농업교육과정의 계획과 운영은 김진모 교수, 농업학습지도는 나승일 교수, 농업교육실습지도는 강대구 교수가 집필하였다. 그 외의 영역은 기존의 집필자들이 개정하거나 재집필하였다.

우리나라의 농업교육이 시대상황의 변화에 발맞추어 끊임없이 변화·발전하고, 앞으로 많은 훌륭한 후진들이 양성되어 우리나라의 농업 및 농업교육의 발전에 이바지할 수 있기를 기대한다.

2007년 6월

저자 일동

초판 머리말

지난 반세기 사이에 우리 나라는 세계의 최후진국에서 개발도상국의 최선발국으로 탈바꿈하였다. 이러한 변화는 세계역사상 그 유래를 찾아볼 수 없는 급격한 것이었는데, 그 변화를 몸으로 겪고 실감하고 있는 곳이 바로 농업, 농촌이었다. 많은 농촌사람들이 도시로 떠났고 농업을 생업으로 하던 많은 사람들이 다른 직업으로 전직하였다. 그 여파는 농업계 고등학교에 직접적으로 영향을 주어 학생수가 감소하였고 농업, 임업, 축산 등 생산관련 학과들이 크게 감소하여 농업을 가르치는 선생님들과 배우는 학생들의 사기가 크게 떨어졌다.

이러한 시대적인 상황 속에서 농업교육을 어떻게 하여야 할 것인가 하는 것은 농업교육자들에게 맡겨진 참으로 어려운 과제가 아닐 수 없다. 우리는 여기에서 다시 우리의 농업교육을 뒤돌아보고, 이 시대에 맞는 농업교육의 이론과 방법을 찾아 농업교육에 새로운 활력을 찾지 않으면 안 될 중대한 시점에 놓여 있다.

산업의 재편성과정에서 겪게 되는 농업, 농촌의 변화는 우리 나라가 세계 속에서 선진국으로 발돋움하기 위하여 한 번은 겪어야 할 필연적인 과정이며, 이러한 과정 속에서 국제적인 경쟁력을 가진 농업으로 성장 · 발전시킬 수 있는 우수농업인력 양성은 그 어느 때보다도 중요하다. 농업은 결코 사양산업이 아니며, 발전시키기 여하에 따라서는 가장 성장가능성이 높은 산업이다. 그러나 그것은 농업을 발전시킬 수 있는 사람이 있을 경우에만 가능하다.

이제 우리는 우리의 농업을 국제경쟁력을 갖춘 성장산업으로 탈바꿈시킬 수 있는 사람을 길러야 한다. 그것은 농업이 국가적으로 중요하니 개인을 희생하더라도 농업을 하라는 식으로 교육하여서는 달성할 수가 없다. 그리고 농사를 하기 위해서는 기술의 숙달이 필요하기 때문에 실습을 많이 하라는 식으로 교육을 해서는 젊은이들을 농업 분야에 붙들어 둘 수가 없게 되었다.

학생들의 흥미와 희망을 듣고 그들의 적성을 최대한 살리면서 농업을 재미있게 배워서 그들이 농업을 하고 싶어하고 농업에서 힘을 얻을 수 있도록 하는 농업교육방법을 고안하고 실천할 필요가 절실하다. 이 책이 그러한 역할을 하는 데 조금이라도 도움이 된다면 저자들로서 크나큰 기쁨이 아닐 수 없다.

이 책은 우리 나라의 각처에 있는 농업교육과에서 농업교육학을 강의하는 교수들이 강의하던 내용을 엮어 만든 것이다. 저자의 수가 많고 저자들도 아직 모자람이 많아 여러 가지로 불비한 점이 많으리라고 생각한다. 독자 여러분들의 아낌없는 지적과 충고가 있다면 좀더 나은 농업교육방법을 찾는 데 크게 도움이 될 것이라 생각한다.

이 책이 나올 수 있도록 자료정리에 수고하여 준 서울대학교 대학원 농업교육과 김종우, 박동렬, 마상진, 옥은호 그리고 건국대학교 대학원 박은희, 박지항 등 대학원생들 모두에게 감사드린다.

또한, 출판부의 여러 가지 어려운 사정에도 불구하고 이 책을 펴내 주신 서울대학교출판부와 그동안 이 책의 출판을 위하여 수고하여 주신 출판부 직원 여러분들에게도 감사드린다.

1997년 6월
저자 일동

차례

Ⅰ. 농업교육의 개념 및 중요성

정진철

개요

농업교육이란 무엇인가, 농업교육의 범위는 어디까지인가, 농업교육의 유형은 어떻게 구분될 수 있는가를 고찰한다. 또한 농업교육이 국가, 사회적으로, 그리고 개인적으로 왜 중요한지에 대해 알아본다.

학습목표

1. 농업교육을 정의할 수 있다.
2. 농업교육의 범위와 유형을 제시할 수 있다.
3. 농업교육의 중요성을 설명할 수 있다.

1 농업교육의 정의

농업교육(agricultural education)은 농업과 교육이 합해진 용어이다. 따라서 농업교육은 농업이란 무엇이고, 교육이란 무엇인지에 대한 정의가 분명하게 내려진다면 쉽게 정의될 수 있을 것이다(이용환 외, 2007). 하지만, 농업교육이 무엇인지를 한 마디로 정의하기란 쉽지 않다. 다양한 이유가 있을 수 있지만, 먼저 농업과 교육의 정의가 시대의 흐름에 따라 변화하기 때문이다.

과거 농업은 전통적인 생산 농업, 예를 들면 작물, 원예, 축산, 양잠 등을 의미하였다. 하지만 시대의 흐름에 따른 생산 농업에 투입재로 기능하게 되는 산업, 예를 들면 비료, 농약, 농기계, 농토목 등과 농업 관련 서비스업이 후방 관련 산업으로 농업에 포함되었고, 생산 농업의 산출물을 이용하는 산업, 예를 들면 각종 가공업, 음료업, 외식업, 담배, 섬유와 가죽, 목재와 종이뿐만 아니라 관련 유통업이 전방 관련 산업으로 농업에 포함되었다(김철민, 이명기, 한호석, 2008). 한편 교육이란 무엇인가와 관련하여서도 인간행동의 바람직한 변화를 강조하는 행동주의 시각이 존재하는가 하면, 인지구조 자체에 관심을 갖는 인지주의, 가르치는 자보다는 학습자의 역할을 강조하는 구성주의, 다른 사람과의 관계에 초점을 두는 사회심리주의 등 다양한 시각이 존재한다.

농업교육의 정의가 쉽지 않은 또 다른 이유 가운데 하나는 과거에는 종국교육으로서의 농업교육이 소기의 목적을 달성하는 데 충분하였다면, 지식, 기술의 급격한 변화 속에서 현대의 지식기반사회에서는 평생 동안 일하면서 배워야 하기 때문이다(송해균, 백대현, 이무근, 이용환, 김재기, 1987). 따라서 과거 농업교육이 학교교육 가운데에서도 고교단계 직업교육을 중심축으로 하여 정의되었다면, 현대적 의미의 농업교육은 다양한 연령층을 포함하고, 학교교육을 포함하여 평생교육 측면에서 정의될 필요가 있다.

농업교육의 정의에 대한 이러한 어려움에도 불구하고, 분명한 사실은 농업교육이 교육의 시발점이라는 점이다. 인적자원개발(human resource development)의 역사는 원시시대 생존을 위한 지식, 기술 등이 가족 및 부족 내에서 전수됨을 통해 시작되었고, 이 당시 인류에게 있어 삶과 죽음을 결정짓는 가장 기본적인 욕구는 먹거리의 해결에 있었다고 할 수 있기 때문이다(Swanson & Holton, 2001).

농업교육의 개념과 관련된 대표적인 정의를 살펴보면 먼저 송해균 외(1987)는 농업교육을 "모든 사람이 민주시민으로서 일상생활을 하는 데 필요한 농업에 관한 기본적인 지식과 기술을 갖게 하고 또 개인이 농업직에 종사할 수 있도록 농업 및 농업관계직에 관련된 일의 세계를 탐색하고, 자기의 적성, 흥미, 능력에 알맞은 농업직을 택하고 그 직에 필요한 지식, 기능, 태도, 이해, 판단력, 일에 대한 습관 등을 개발하여 초임직에 종사할 수 있도록 하고, 또한 이미 농업직에 종사하고 있는 사람이 자신의 일을 개선 유지할 수 있도록 학교와 사회교육기관을 통하여 능력을 개발하는 전체 교육의 일부"라고 정의하였다(p. 3). 이 정의는 농업교육이 향후 농업직에 종사하고자 하는 이들과 농업직 현 종사자뿐만 아니라, 모든 사람을 대상으로 한다는 특징이 있다. 한편 이용환 외(2007)는 농업교육을 포괄적으로 "농업을 매개로 이루어지는 교육"이라고 정의하고(p. 2), 미국의 예를 들어 농업교육이 교양농업교육으로서 초등학교나 중학교 단계에서 농업에 대한 기본적인 소양을 갖추게 하는 농업에 관한 교육(agricultural education about agriculture)과 앞으로 농업분야에 진출하려는 학생들에게 농업에 대한 준비를 하게 하는 교육으로서 농업 속에서의 교육(agricultural education in agriculture)으로 구성될 수 있음을 언급하였다(p. 5). 이 정의는 송해균 외(1987)의 정의와 맥락을 같이하여 농업교육이 직업농업교육뿐만 아니라 교양농업교육을 포함하고 있음을 분명히 밝힌 특징이 있다. 미국의 National Council for Agricultural Education(2012)은 농업교육을 "식물 및 동물 생산 그리고/또는 환경 및 자연자원 체제와 관련된 과학, 경영, 공학 등을 학습하고자 하는 학생들에게 제공되는 체계적인 교수 프로그램"이라고 정의하였다. 이 정의는 전통적인 생산농업분야뿐만 아니라 환경 및 자연자원과 관련된 내용을 포함하고 있고, 과학뿐만 아니라 경영, 공학 등 응용분야를 포함하고 있다는 특징이 있다.

이상 살펴본 대표적인 농업교육의 정의를 바탕으로 이 책에서는 농업교육을 다음과 같이 정의하고자 한다.

> 농업교육이란 일반 시민들이 일상생활을 영위하는 데 필요한 농업에 대한 기본적인 지식과 이해를 높이고, 향후 농업분야에 진입하고자 하는 이들과 현직자들이 해당 농업직에서 요구되는 지식, 기술, 태도 등을 개발할 수 있도록 학교 및 사회교육기관에서 제공하는 체계적인 교육 프로그램이다.

한편 Barrick(1988)은 농업교육을 "농업과 관련된 교수-학습의 원리와 방법에 관한 과학적인 연구"(p. 5)라고 정의하였다(Williams, 1991, p. 7에서 재인용). 이 정의는 더 정확하게는 농업교육학(discipline called agricultural education)에 대한 정의로, 농업교육은 농업과 교육에 뿌리를 두고 있고, 농업은 생물학으로부터 진화하였으며, 교육은 심리학과 사회학 이론을 응용하였음을 강조하고 있다. 이와 같이 특정 용어가 실무 분야인 동시에 학문 분야로 정의되는 사례는 많은 응용학문 분야에서 발견되는 특징이다. 이 책에서는 실무 분야로서의 농업교육에 대해 정의를 내리고 있고, 이 실무 분야에서 이루어지는 실천 행위의 향상을 위해서는 연구가 필요하고, 현장에서 어떠한 실천 행위가 있어야 하는지는 이론을 통해 안내될 수 있다. 이때 실천 행위와 이론, 연구의 관계는 지식-생성 순환 과정을 통해 설명될 수 있고(정진철, 2008), 농업교육학은 농업교육과 관련된 원리와 방법에 관한 과학적인 연구라고 정의될 수 있다.

2 농업교육의 범위

농업교육이 농업에 관한 그리고 농업 속에서의 교육을 의미한다고 하더라도 어디까지를 농업교육의 분야로 볼 것인가는 어려운 주제이다. 왜냐하면 농업은 고품질 농산물을 능률적으로 생산하기 위하여 소요되는 모든 자재의 생산이나 기술, 생산된 농산물을 가공, 저장, 유통하는 등의 모든 산업과 이러한 생산과 관련된 제 과정을 효율적으로 운영, 영위하는 데 필요한 인력 양성이나 정보 처리 등을 포괄하는 산업이기 때문이다(이용환 외, 2000).

농업교육의 범위는 교육하고자 하는 농업 자체의 내용적인 측면과 교육적인 측면에 따라 설정할 수 있다. 이와 관련하여 이용환 외(2007)는 농업과 관련된 내용 영역으로 작물, 축산, 임업, 원예, 농업경제 및 경영, 식품가공, 농업기계 및 농업토목, 조경 등을 설정하였고, 교육과 관련된 영역에는 농업교육이념 및 농업교육사, 농업교육과정, 농업교수법, 농촌청소년지도, 농업교육평가, 농업교재연구, 농업교육행정 및 재정, 농업진로지도론, 농업산학협동교육론, 농촌지역사회개발론, 농촌커뮤니케이션, 농촌지도론, 농업교육연구방법론 등을 포함하고 있다. 한편 강대구(2003)는 농업교육의 범위를 생산농업 분야, 자연과학 분야, 사회과학 분야로 구분하여 제시하였다. 생산농업 분야에는 농학, 원예학, 임학, 축산학 등이 포함되고, 자연과학 분야에는 농기계와 농토목, 식품가공 등이 포함되며, 사회과학 분야에는 농산물유통과 농업경제, 지역개발, 농촌사회, 농업교육 등이 포함된다고 하였다.

3 농업교육의 유형

농업교육은 목적에 따라 교양농업교육과 직업농업교육으로 구분될 수 있고, 주체에 따라 학교농업교육과 사회농업교육으로 구분될 수 있다([그림 I-1] 참조). 교양농업교육이란 농업문해(agricultural literacy)에 대한 교육으로 앞서 언급하였듯이 일반 시민들이 일상생활을 영위하는 데 필요한 농업에 대한 기본적인 지식과 이해를 높이기 위한 교육을 의미하고(허영준, 2008), 직업농업교육이란 농업분야에 진출하려는 이들과 현재 농업직에 종사하고 있는 사람들을 대상으로 해당 직종에서 요구되는 전문적인 지식, 기술, 태도 등의 개발을 위한 교육을 의미한다. 한편 학교농업교육이란 초등학교에서 대학원에 이르는 정규교육기관이 중심이 되어 정규 학생을 위한 농업교육을 의미하고, 사회농업교육이란 농촌진흥청, 농업기술원, 농업기술센터, 민간사회단체 등 사회교육기관이 중심이 되어 정규 학생이 아닌 일반인을 대상으로 한 농업교육을 의미한다.

교양농업교육으로서의 학교농업교육은 초등학교에서 대학원에 이르는 정규교육기관에서 정규 학생들의 농업문해 향상을 위한 다양한 교육을 포함한다. 초등학교의 실과, 중학교의 기술·가정, 일반고등학교의 농업 교과를 통한 교육뿐만 아니라, 전문대학, 4년제대학, 대학원에서의 교양과목으로 개설된 다양한 농업 관련 과목이 여기에 포함된다고 할 수 있다. 한편 직업농업교육으로서의 학교농업교육은 농업계 특성화고등학교에서의 전문교과 교육, 전문대학, 4년제대학, 대학원의 농업 관련 전공에 개설된 전공교과 교육을 의미한다. 이러한 교육이 교양농업교육과 큰 차이점이 있다면, 앞서 언급한 대로 현재 또는 향후 농업직에 종사하고자 하는 이들을 위한 더 전문적인 교육이라는 데 있다.

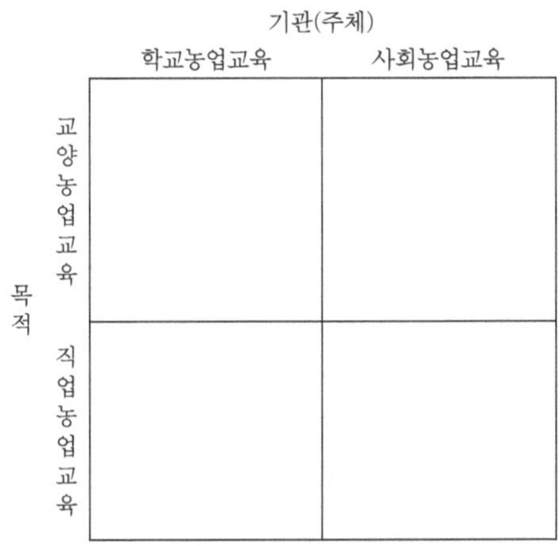

그림 I-1. 농업교육의 유형

문헌에 따라서는 직업농업교육으로서의 학교농업교육 가운데 전문대학 이상에서 이루어지는 교육을 전문농업교육 또는 고등농업교육으로 구분하는 경우도 있다. 이용환 외(2007)는 직업농업교육 가운데 전문대학이나 대학에서 이루어지고 있는 농업교육을 전문농업교육으로 명명하고 있고, 김진구(2003)는 고등농업교육기관으로 농업계 전문대학과 농학계 대학을 언급하고 있으며, 강대구(2003)는 고등농업교육을 농업에 관한 전문적 인력을 육성하는 분야로, 산업대학, 전문대학, 대학, 대학원의 농업교육으로 정의하고 있다.

사회농업교육은 사회교육기관이 중심이 되어 일반인을 대상으로 한 농업교육을 의미한다. 대표적인 교육기관은 공공교육기관으로서 농촌진흥청, 도 농업기술원, 시군 농업기술센터, 농림수산식품교육문화정보원, 농협중앙회 등을 들 수 있고, 민간사회단체로서 가나안농군학교, 전국농업기술자협회, 한국농업경영인중앙연합회, 한국4-H본부, 한국가톨릭농민회 등을 들 수 있다. 뿐만 아니라 정규교육기관인 전문대학, 4년제대학 등에 부설된 평생교육원을 통해서도 다양한 사회농업교육 프로그램이 제공되고 있다. 사회농업교육 또한 학교농업교육과 마찬가지로 제공되는 교육의 특성에 따라 농업문해 증진을 위한 교양농업교육과 농업직 종사자를 위한 직업농업교육으로 구성된다.

4 농업교육의 중요성

우리는 현재 소위 지구촌 시대에 살고 있다. 과거 농업은 국가적인 차원에서 보호되었던 산업의 한 분야로 국가 내에서의 경쟁이 강조되었지만, 칠레, 인도, EU, 미국 등과의 FTA 체결로 인해 농업 분야에서도 국제 경쟁의 중요성이 그 어느 때보다 강조되고 있다. 값싼 외국 농산물의 수입 확대로 인해 국내 농산물 시장이 잠식당하고 있는 반면, 우수하고 안전한 농산물에 대한 국내 소비자의 요구는 점점 증가하고 있으며, 전통적인 생산 농업 분야 가운데에서도 수출 경쟁력이 있는 분야가 분명 존재하고 있는 실정이다. 따라서 농업에서의 효율성이 그 어느 때보다 중요하게 되었고, 경쟁력 있는 농업기술의 지속적인 발전을 위해서는 전문교육을 받은 영농인력이 필수적이라고 할 수 있다.

교육을 통한 농업기술 수준의 향상은 지속적으로 이루어져 왔다. 일부 품목의 2009년 현재 품목별 생산성(단위: kg/ha)을 살펴보면 딸기 334(미국 540, 네덜란드 307), 사과 16,000(네덜란드 44,700, 미국 32,000, 일본 21,100), 키위 12,700(일본 15,200, 미국 13,600)인 실정이다(이준원, 2012). 향후에도 생산성 향상을 위한 노력이 지속적으로 이루어져야 하겠지만, 소위 농업 선진국 수준까지 접근해 있는 실정이다. 또한 우리나라는 상당량의 농산물을 수입에 의존하고 있다. 2009년 현재 우리나라의 식량 자급률은 51.4%이고, 곡물 자급률은 26.7%로 OECD 국가 가운데 식량 자급도가 최하위 수준이고, 쌀을 제외한 자급률은 매우 낮은 상황이다(박환일, 강희찬, 김화년, 임수호, 문외솔,

2011). 식량안보 측면에서뿐만 아니라 안전한 먹거리 공급의 측면에서도 농업교육이 그 어느 때보다 중요한 시점이라고 할 수 있다.

현재의 농업은 과거의 농업과는 여러 측면에서 차이점을 갖는다. 유전공학의 발전은 다수성 품종, 저항성 품종, 우수한 품질을 가진 품종의 개발에 큰 길을 열었고, 어느 나라가 더 발전된 기술을 가졌느냐에 따라 농업의 양상이 달라지게 되었으며, 공장제 농업 시스템은 농업의 물리적 조건보다는 기술 조건의 발전 여부에 따라 경쟁력을 결정하게 하고 있다. 따라서 불과 30년 전만 하더라도 한 국가에서 생산농업 분야에 종사하는 사람의 수가 100명 중 70~80명에 달했으나, 지금은 2명 이하인 실정이다. 이와 같은 사실은 농업에서의 효율성이 얼마나 높아졌는가를 단적으로 말해주고 있고, 이러한 농업 효율성의 증대는 농업교육을 통해 가능한 것이다.

삶의 목적은 행복 추구에 있다. 개개인이 행복하게 살기 위해서는 삶의 의미를 스스로 찾아서 정하고, 그러한 삶을 사는 데 필요한 모든 준비를 제대로 해야 한다. 교육은 바로 이러한 준비를 하는 데 필수적인 요소이다. 농업직을 준비하는 이들에게는 농업교육도 같은 의미를 갖는다. 농업직은 개인적으로 경제적인 보상을 가져다 줄 수 있을 뿐만 아니라, 사회적으로는 에너지 공급원이자 휴식, 여가공간을 제공하는 의의를 갖는다. 농업직에서 요구하는 지식, 기술, 태도 등의 함양은 농업교육을 통해 가능하고, 농업교육을 통해 개인은 궁극적으로 가치관을 실현할 수 있고, 사회 전반은 물질적, 정신적으로 더욱 풍요로워질 것이다. 농업, 농촌은 교육의 매개체, 즉 교재로서도 중요한 의미를 갖는다. 농업교육을 통해 자연스럽게 생명, 환경과의 접촉이 증가하게 되고, 이러한 접촉은 궁극적으로 인간성 유지에 도움이 됨은 익히 잘 알려진 사실이다.

연구문제

1. 농업교육과 농업교육학의 차이점에 대해 말해보자.
2. 초등학교, 중학교, 고등학교, 전문대학, 4년제대학에서 이루어지고 있는 농업교육의 종류에 대해 알아보자.
3. 사회농업교육을 시행하고 있는 기관을 조사해보자.
4. 농업교육의 중요성에 대한 의견을 말해보자.

참고문헌

강대구. (2003). 「지식기반사회의 고등농업교육의 발전방향」. 『한국농업교육학회지』 35(2), 41-54.

김진구. (2003). 「농업인력 육성을 위한 농업계 고등학교와 고등농업교육기관간의 연계 방향」. 『한국농업교육학회지』 35(4), 15-32.

김철민, 이명기, 한호석. (2008). 『농림수산 관련산업의 부가가치 및 종사자수 추정』. 서울: 한국농촌경제연구원.

박환일, 강희찬, 김화년, 임수호, 문외솔. (2011). 『글로벌 식량위기시대의 신식량안보 전략』. 서울: 삼성경제연구소.

송해균, 백대현, 이무근, 이용환, 김재기. (1987). 『농업교육학』. 서울: 서울대학교출판부.

이용환, 김수욱, 정철영, 나승일, 서우석, 강대구. (2000). 『21C 신지식농업인화 방안 및 교육 · 훈련 연구』. 과천: 농림부.

이용환, 김수욱, 정철영, 박행모, 김진모, 나승일, 강대구. (2007). 『농업교육학 개론』(개정판). 서울: 서울대학교출판부.

이준원. (2012). 「FTA시대 농산업 분야 인력 양성 및 활용정책」. 2012년 한국농 · 산업교육학회 공동학술대회 자료집, 3-14. 서울: 한국농 · 산업교육학회.

정진철. (2008). 「미국에서의 논쟁 분석을 통한 HRD 개념 정립과 I-A모형에 기초한 HRD 도전과제 분석」. 『농업교육과 인적자원개발』 40(3), 275-293.

허영준. (2008). 『농업문해의 내용영역, 하위요소 및 성취기준 개발』. 미출판 박사학위논문, 서울대학교 대학원.

National Council for Agricultural Education. (2012). *About agricultural education*. Retrieved from https://www.ffa.org/thecouncil/Pages/ageducation.html

Swanson, R. A., & Holton, E. F. III. (2001). *Foundations of human resource development*. San Francisco, CA: Berrett-Koehler.

Williams, D. L. (1991). Focusing agricultural education research: Strategies for the discipline. *Journal of Agricultural Education*, 32(1), 7-12.

Ⅱ. 농업교육의 발달

정진철

개요

우리나라 농업교육의 발전과정을 근대적인 학교제도가 도입된 시기를 기준으로 구분하여 고찰한다. 근대 이전의 생활, 국가, 농서에 의한 조선시대까지의 농업교육을 다루고, 근대 이후의 농업교육으로는 근대적인 농업교육기관의 태동, 일제 강점기의 농업교육, 해방 후의 농업교육을 고찰한다.

학습목표

1. 근대 이전의 농업교육을 생활을 통한 농업교육, 국가에 의한 농사지도, 농서를 통한 농사교육으로 나누어 설명할 수 있다.
2. 조선시대 말의 농업교육을 근대적인 농업교육기관의 태동 측면에서 설명할 수 있다.
3. 일제 강점기의 농업교육을 학교농업교육과 민간에 의한 농업교육 측면에서 설명할 수 있다.
4. 해방 후 농업교육의 발전과정을 농업교육의 재건, 농업교육체제의 수립과 발전, 농업교육체제의 정비와 변화라는 측면에서 설명할 수 있다.

1 근대 이전의 농업교육

1절 생활을 통한 농업교육

삼국유사에 기록된 단군신화에 따르면 우리나라의 건국 과정에 농경이 밀접히 관련되어 있음을 알 수 있다. 환웅이 세상을 내려다보니 인간을 널리 이롭게 할 만한지라, 풍백(風伯), 우사(雨師), 운사(雲師)를 거느리고, 곡(穀), 명(命), 병(病), 형(刑), 선(善), 악(惡) 등의 일을 주관하였다고 전해지고 있다. 신화의 무대가 태백산정의 신시(神市)에서 하천유역인 평양지역으로 옮겨 감에 따라 수렵 생활권에서 농목(農牧) 생활권으로 바뀌게 되었고, 이때 비로소 국가의 형태가 나타나고 중농사상(重農思想)이 싹트게 되었다(백대현, 1974).

대부분의 국가가 마찬가지이지만, 근대 이전 우리나라는 농업 중심 국가였다. 농업을 전문적으로 가르치는 교육기관이 없었어도 농업 중심 국가를 유지할 수 있었던 것은 다양한 형태로 농업이 가르쳐졌기 때문이다. 생활 속에서 이루어진 농업교육의 증거들로는 정전(丁田), 두레, 제천의식 등을 들 수 있다(이용환 외, 2007).

신라, 고려 등에서는 남성들이 성년이 되는 연령에 도달하면 국가에서 정전을 지급하였다. 이 제도는 정남(丁男, 15-59세)에게 농지를 지급하여 농사를 짓게 하고, 수확의 일정량을 국가에 세금으로 바치게 하는 것이었다. 신라시대에는 사람의 연령을 소자(小子), 추자(追子), 조자(助子), 정남(丁男), 제공(除公)으로 구분하였다. 이 연령 구분법은 농사와 밀접한 관련이 있다. 한 남성이 태어나서 추자, 조자를 거쳐 정남이 되는데, 이 과정이 바로 생활 속에서 농사기술을 배운 과정을 나타내는 것이다(이용환 외, 2007).

두레는 농사를 위한 공동작업으로서의 경제활동, 농악을 연주하며 함께 즐기는 오락활동, 부락의 안전을 지키는 군사활동 등 다양한 목적과 역할을 수행한 촌락공동체의 핵심단체였다. 두레의 영좌나 유지들은 농사와 생활에서의 풍부한 경험을 바탕으로 젊은 두레 단원들을 자연스럽게 가르쳤다(이용환 외, 2007).

과거 우리 선조들은 부락마다 하늘에 제사를 드리는 제천의식이 있었다. 역사에 기록된 제천의식으로는 부여의 영고, 고구려의 동맹, 옥저와 동예의 무천, 삼한의 시월제 등을 들 수 있다. 이러한 제천의식은 농사를 지을 때 일정한 순서와 방법이 있었음을 의미한다. 언제 씨를 뿌리고, 김을 매며, 수확하는가를 알았고, 수확한 다음에는 하늘에 감사 드리는 제천의식을 거행했다. 이 과정에서 자연스럽게 가치관, 종교, 예절 등의 교육이 이루어졌다(이용환 외, 2007).

2절 국가에 의한 농사지도

오랜 옛날부터 국가가 국민을 대상으로 농사를 지도하였다는 기록이 많이 있다. 백제의 온조왕, 다루왕 등이 백성에게 벼농사에 힘쓰라고 권장하였다는 기록이 삼국사기에 남아 있고, 신라의 혁거세왕은 전국을 다니며 농사와 양잠을 잘 하도록 권하고 독려하였으며, 유리왕은 오늘날 농업기술경진대회의 시초라고 할 수 있는 길쌈내기를 실시하였고, 신라 눌지왕 때에는 저수지를 만들고, 우차(牛車) 사용법을 백성들에게 가르쳤다고 전해진다. 한편 고구려의 평원왕도 즉위 25년째에 이르러 영을 내려 모든 군읍(郡邑)은 불급한 일을 폐하고, 감독관들을 농촌에 파견하여 농상을 권장하도록 당부하였다고 한다.

고려 때에는 적전을 만들어 왕이 몸소 친경의 예를 보여 백성들에게 농사의 모범을 보였고, 전농시(궁중의 대제에 쓸 곡식을 맡아보던 관청), 사농시(국가의 제사에 필요한 제수를 공급하던 관부) 등과 같은 농업관련 정부조직을 만들었으며,

농무사, 안찰사, 감창사와 같은 관직을 만들었다. 또한 고려시대에는 전국에 많은 목장을 만들어 군용에 필요한 말을 기르는 조직을 가지고 있었다(이용환 외, 2007).

조선시대에는 농사지도가 더욱 조직적으로 이루어졌다. 태조 때는 동적전과 서적전이 만들어졌으며, 세종 10년과 26년에는 권농교서를 발표하여 목민관들로 하여금 농사지도에 힘쓰도록 하였다. 뿐만 아니라 농사지도 조직도 잘 정비되어 있었다. 각 면마다 권농관을 배치하고, 이들로 하여금 파종, 김매기, 수확하는 모든 과정을 감독하게 하였다. 조선시대 농사지도의 핵심은 때를 맞추어 파종하고, 김매고, 수확하는 것이었다. 지방 수령들은 파종해야 할 시기에 권농관들로 하여금 파종을 독려하도록 하고, 제때 농지를 갈지 않거나 파종하지 않으면 그 이유를 상세히 조사하여 보고하도록 하였으며, 질병이나 사고가 있을 경우에는 이웃이나 친척들로 하여금 농사를 돕도록 하였다. 정부는 이러한 농사지도의 기초자료에 근거하여 세금을 부과하고 징수하였다. 이러한 농사지도 조직은 농사 발전에 큰 의의를 갖는다(이용환 외, 2007).

3절 농서를 통한 농사교육

조선시대에는 여러 농서가 간행, 보급됨으로써 농업기술의 전파에 큰 역할을 하였다. 세종 11년(1492년)에는 각 도 관찰사에게 명하여 지방 노농들의 경험 비결을 수집하였고, 이를 정초(鄭招)로 하여금 종합하여 간행하도록 하였는데, 이 책이 바로 『농사직설』이다. 『농사직설』이 편찬되기 이전에는 중국의 농서인 『농상집요』, 『사시찬요』 등이 주로 이용되었다. 세종은 이렇게 편찬한 『농사직설』을 평안도와 함경도 관찰사에게 주어 농사지도에 이용하게 하였다(이용환 외, 2007). 이는 삼남지방의 발달한 농업기술을 미숙한 서북지방에 이식하여 서북지방의 농업을 개발하고, 그 지방민을 안주하게 하려는 데 목적이 있었다.

효종 6년(1655년)에는 공주 목사 신숙이 그동안 변화된 농업기술을 반영하여 『농사직설』을 증보하였고, 성종 때 강희맹이 저술한 『금양잡록』과 『사시찬요』를 합본하였으며, 세종의 권농교문과 주자의 권농문을 함께 수록하여 『농가집성』을 편찬하였다.

숙종 2년(1676년) 박세당은 곡물재배법, 채소재배법, 종과법, 종화법, 목축, 양잠법, 농가월령 등에 관해 저술한 『색경』을 편찬하였는데, 『농가집성』에서 해결하지 못하였던 많은 중요한 문제들을 다루었다(이용환 외, 2007).

조선시대에는 연초나 천재를 맞아 어려운 때에 왕이 신하들에게 어떻게 하면 좋을 것인가를 묻는 하교구언(下教求言)의 관례가 있었다. 태종 15년 5~6월에 전례 없이 심한 한발을 당하여 기우제를 지내고 대소 관원들에게 이 미증유의 재난을 모면할 방도를 백관들로 하여금 진언하게 하였다. 정조 22년(1798년)에는 전국의 지식인들에게 농서를 구하는 윤음을 내렸는데, 이에 호응하여 많은 농서가 제출되었다. 이때 제출된 것 중에 박제가의 『북학의』, 박지원의 『과농소초』, 정약용의 『농정소』 등이 있다. 조선시대에는 많은 농서들이 편찬, 보급되어 농업발전에 큰 영향을 주었으나, 대부분의 농서들이 한자로 되어 있어 실제 영농에 종사하는 상민들이 이용하기에는 어려움이 많았다(이용환 외, 2007).

2 근대적인 농업교육기관의 태동

서양문물이 소개되고, 외국의 개항 압력이 높아지는 시대적인 배경 속에서 근대적인 교육기관이 설치되기 시작하였다. 우리나라 최초의 근대적인 학교라고 볼 수 있는 동래무예학교(1878), 원산학사(1883) 등에서는 격치라는 과목을 통해 기계, 농업, 양잠 등을 가르쳤다. 1883년에는 민영익을 단장으로 보빙사 일행이 미국에 파견되었다. 이들은 미국의 문물 가운데 우편제도, 농업시험장, 교육기관 등을 설치할 것을 건의하였다. 1884년 보빙사로 다녀온 무관 최경석이 농무목축시험장을 설치하였고, 1886년에는 육영공원이 설치되었다. 육영공원에서는 독서, 습자, 산학(算學), 토리(土理), 각국 언어, 격치만물 등을 가르쳤는데, 격치만물은 지금의 자연과학과 같은 과목으로 그 안에 농리(農理), 화훼, 동물, 초목, 지리, 천문 등을 다루었다(이용환 외, 2007).

1895년 2월 고종은 교육조서를 공포하였는데, 그 내용은 허명을 버리고 실용을 취하라는 강령 아래 덕육, 지육, 체육을 강조하였다. 이는 우리나라 교육을 유교식 교육에서 서양 지식을 중심으로 하는 근대적인 학교제도로 전환하는 계기가 되었다. 같은 해 4월에 한성사범학교 관제, 7월에 소학교령을 공포하여 새로운 학교제도가 시작되었다(이용환 외, 2007).

1904년에는 공포된 농상공 관제에 따라 서울 명동에 한성농상공학교가 설립되어 현대적 중등농업교육의 계기를 마련하였다. 이 학교의 수업 연한은 1년의 예과와 2년의 본과로 되어 있었으며, 1905년에는 뚝섬에 부속농장을 설치하게 되었다. 농상공학교는 1906년 농림학교, 상업학교, 공업전습소로 분리되었고, 농림학교가 1907년 1월 수원으로 이전하여 수원농림학교가 개교하였으며, 이 학교가 후에 수원농림전문학교를 거쳐 해방 후 서울대학교 농과대학이 되었다(이용환 외, 2007).

1909년에는 실업학교령과 실업학교시행규칙이 공포되어 3년제 농업학교, 상업학교, 공업학교, 실업보습학교가 설립되기 시작하였다(이용환 외, 2007). 실업학교령에 따라 1910년 대구, 평양, 전주, 함흥, 진주, 광주, 춘천, 군산, 정주, 제주 등에 농업·실업학교가 설립되었고, 수업연한 3년은 지방의 실정에 따라 1년을 단축 또는 연장할 수 있도록 하였다. 농업학교에서는 기후, 토양, 수리, 비료, 농구, 작물, 원예, 병충해, 농산제도, 양계, 조림, 양잠, 임산제조, 양축, 수의, 양식 등 다양한 과목들을 가르쳤다(이용환 외, 2007). 이러한 교과의 학습에서는 이론뿐만 아니라 실습도 중요시하였고, 이로써 교육내용의 전환뿐만 아니라 학습 방법에도 커다란 변화가 있었다.

3 일제 강점기의 농업교육

1절 학교농업교육

일제 강점기 동안 우리나라의 농업교육은 자주성을 잃고 일본 농업교육의 목적과 목표에 따라 극히 제한된 발전밖에 이룰 수 없었다. 이 시기 농업교육은 두 단계로 분류할 수 있다. 제1차 조선교육령(1911년)에 따라 보통학교 4년, 실업학교 2~3년, 전문학교 3~4년의 제도 아래 실시된 농업교육이 있고, 1922년 개정된 조선교육령에 따라 보통학교 6년, 실업학교 3~5년, 전문학교 3~4년의 제도 아래 실시된 농업교육이 있다(이용환 외, 2007).

제1차 조선교육령에 의한 농업학교는 수업 연한이 2년이었으나, 속성과는 1년 이하였고, 학급 수도 1~2학급이었다. 학생 수도 아주 적어 많은 곳은 한 학년에 17여 명이었으나, 적은 곳은 6~14명인 곳도 있었다. 농업학교에서 1학년은 주당 30시간 중 10시간, 2학년은 주당 30시간 중 18시간을 농업과목에 배정하였고, 매주 농장실습을 8시간 이상 하도록 하였고, 작물, 비료, 토양 및 농구, 작물 병충해, 양잠, 축산, 농업제조, 삼림, 측량, 경제법규 등의 과목을 가르쳤다(이용환 외, 2007).

개정된 조선교육령에 따라 보통학교가 6년으로 연장됨에 따라 농업학교에 진학할 수 있는 입학자격도 보통학교 6년 졸업자가 되었고, 중등학교의 수업 연한도 3~5년으로 늘어남에 따라 농업학교는 3년제 을종 농학교와 5년제 갑종 농학교로 나누어졌다. 또한 농업학교에 학과제도가 세분화되어 농업과, 양잠과, 원예과, 축산과, 임업과 등을 설치할 수 있도록 하였다(이용환 외, 2007). 3년제 을종 농학교에서는 일반 보통과목 시간이 적은 반면에 농업과목이 많았고, 오전에는 학과공부를 하고 오후에는 실습을 하는 것이 일반적이었으며, 농번기에는 종일 실습을 하기도 하였다. 하지만 5년제 갑종 농학교에서는 영어, 수학, 과학 등에도 많은 시간을 배당하였다(이용환 외, 2007).

일제 강점기의 특징적인 농업교육기관으로 농업보습학교를 들 수 있다. 농업보습학교는 한일강제병합 전에 실업보습학교 규정에 따라 장차 실업 분야에 종사하려는 사람들에게 필요한 교육을 할 목적으로 수업 연한을 2년으로 하되, 토지의 정황, 직업의 종류, 계절의 번한에 따라 시간이나 계절을 적절하게 선정할 수 있도록 하였으며, 공립보통학교에 부설하도록 하였다(이용환 외, 2007).

그러나 조선교육령이 공포되면서 간이농업학교로 바뀌었고, 보통학교, 농업학교, 공업학교, 상업학교에 부설하도록 하였으나, 개정된 조선교육령에서는 다시 실업보습학교로 바뀌어 다른 학교에 부설되었던 것을 독립시켜 2년제 실업보습학교로 바뀌었다. 이 학교는 자영자 양성을 위한 학교로 학생 전원이 학교에 기거하면서 농업실습, 이론, 생활이 밀착된 가운데 농업기술을 배우고, 농민으로서 갖추어야 할 품성을 도야하도록 했으며, 전일제에서 오는 폐단을 최소화하려 하였다(이용환 외, 2007).

2절 민간에 의한 농업교육

일제 강점기에는 민족진영 인사들에 의한 농업교육도 활발하게 진행되었다. 주요한 것으로는 농사학원, 야학, 조선농민사에 의한 농민교육운동 등을 들 수 있다. 농사학원에는 1925년 마산복음농사학원, 통영고등농사학원, 기청지도양성회, 신천농민학원 등이 있었는데, 이들 농사학원에서는 실제로 영농에 종사하면서 농촌을 지도해 나갈 수 있는 지도자 양성에 힘을 기울였다(이용환 외, 2007).

일반적으로 1906년 함흥에서 농촌계몽운동의 일환으로 설립된 농민야학인 보성야학을 우리나라 최초의 야학으로 보고 있다. 하지만 1907년 경남 마산에 설립된 마산노동야학이 최초라고 기록한 문헌들도 있다. 전국에 많은 야학이 설립되어 1927년에는 317개에 이르렀는데, 야학에서는 조선어, 산술, 작문, 주산, 습자 등을 가르쳤고, 농민독본, 농업을 가르친 곳도 상당수 있었다(이용환 외, 2007).

일제 강점기 잡지사나 신문사에 의한 농업교육 활동도 활발하였다. 1925년 조선농민사는 『조선농민』이라는 잡지를 창간하여 한글의 보급, 농촌의 계몽, 농촌시문화의 수립을 목표로 활발하게 활동을 전개하였다. 조선농민사는 잡지 발행뿐만 아니라 농민강좌, 농촌순회강연회를 개설하여 기술 보급 및 농민계몽을 위해 노력하였다(이용환 외, 2007).

4 해방 후 농업교육

1절 해방 후 농업교육의 재건

해방이 되자 미군정하에서 1945년 9월 한국교육위원회가 발족되었고, 11월에는 이 위원회가 확대, 개편되어 교육에 관한 모든 문제를 심의, 결정하는 교육심의회가 발족되었다. 이 심의회의 심의에 따라 1946년 9월 1일을 기하여 초등학교 6년, 초급중학교(또는 초급실업중학교) 3년, 고급중학교(또는 고급실업중학교) 3년, 중학교(또는 실업중학교) 6년, 대학교 4년을 기본으로 하는 6-3-3-4제 단선형 학제가 채택되었다(이용환 외, 2007).

1948년 8월 대한민국 정부가 수립되고, 1949년 교육법이 제정되면서 학제가 다시 변경되었으나 실시되지 못하였고, 1951년 3월 6-3-3-4제의 학제가 확립되었다(중앙대학교 한국교육문제연구소, 1974). 당시 교육법 제156조의 규정에 의해 중학교 또는 고등학교 중에서 전 교과의 30% 이상을 실업과목으로 하는 학교는 실업중학교 또는 실업고등학교라는 명칭을 붙일 수 있었다(박상만, 1959). 1948년 정부 수립 당시 6년제 실업중학교는 183개로 학급 수는 1,738개, 학생 수는 9만 9,642명에 달하였다(문교부, 1958a). 1952년 중·고등학교가 완전히 분리되었는데, 그 후의 농업고등학교의 발전상황을 보면 〈표 Ⅱ-1〉과 같다(이용환 외, 2007).

1945년 30개였던 농업고등학교는 1956년까지 지속적으로 증가하여 135개에 달하였고, 학생 수도 9천여 명에서 5만여 명 수준까지 증가하였다. 이렇게 농업고등학교가 증가하게 된 이유 가운데 하나는 한국전쟁 후 대학생을 비롯하여 중학생까지도 병역 연기 혜택을 주었기 때문에 국민들의 교육열이 높아졌고, 국가에서는 정책적으로 인문계 고등학교와 실업계 고등학교의 비율을 4 대 6이 되도록 유도하였기 때문이다(이용환 외, 2007).

표 Ⅱ-1. 농업고등학교의 발전상황

연도(년)	학교 수	학급 수	교원 수	학생 수
1945	30	176	418	9,021
1952	97	753	998	36,950
1953	110	828	1,142	36,415
1954	116	855	1,278	45,566
1955	129	1,002	1,352	47,281
1956	135	1,260	1,542	49,522
1957	131	1,206	1,639	43,803
1958	127	1,152	1,511	36,355
1959	128	742	1,467	29,899

자료: 백대현. (1974). 『농업인력개발과 교육』. 서울: 청파문화사, p. 75.

학생 수는 급격히 증가하였으나, 교육과정 운영에서는 여러 가지 문제점이 있었다. 1952년 중학교 교사의 34%, 고등학교 교사의 32%만이 자격을 갖춘 교사였고(중앙대학교 한국교육문제연구소, 1974), 농업 교사의 수는 부족하지 않았으나 실제 농업 경험을 가지고 있는 교사가 적어 이론중심으로 가르치는 경향이 많았다(박상만, 1959). 1953년 4월 농업고등학교용 농업과 지도요강이 문교부에 의해 작성·배부되었으나, 농업교육에 관한 목표가 진술되어 있지 않았고, 각 과목별 전체 시간과 요목만이 제시되어 있어 내용이 이론적이었으며, 분과별로 전문화된 교과목들이 나열된 수준이었다. 1958년 농업계 고등학교의 교과시간, 배당기준표가 개정되어 농업교육의 틀이 어느 정도 잡히게 되었다(이용환 외, 2007). 하지만 미비했던 실험실습 시설마저도 전쟁으로 인해 파괴되었고, 외국 지원에 의한 복구에도 한계가 있어 실업계 고등학교의 교육은 인문계와 다를 바 없이 이론만의 실업교육이었다(문교부, 1958a).

어려운 여건에서도 농업교육의 질적 개선을 위한 노력은 끊임없이 지속되었다. 1955년 전국 농업고등학교 실습농장운영 종합심사세도를 실시하여 농업고등학교 실습농장의 합리적인 운영을 도모하고 실습과 연계된 농업교육을 실시할 수 있는 체제 마련에 노력하였다(문교부, 1958b).

해방 이후 우리나라의 교육계는 미국 교육계를 주름잡던 진보주의 교육철학을 우리나라에 적용하려고 노력하였다. 당시 농업교육 분야는 교사 대부분이 일제 강점기에 교육받았던 사람들이었기 때문에 분과주의 교육이 주류를 이루고 있었다. 농업교육 분야에서도 점차 진보주의 교육철학을 도입하려는 움직임이 있었고, 1957년 평택종합고등학교가 설립되면서 미국식 종합농학의 이념이 시험적으로 적용되기 시작하였다.

종합농학의 이념이란 실제 영농에 필요한 것을 종합적으로 가르치고자 함을 의미한다. 학문분류체계에 따라 교육하게 되면 조직적으로 많은 것을 가르칠 수는 있으나, 실제 영농에는 별로 도움이 되지 않고 이론적인 학습에 그칠 가능성이 많다. 이러한 폐단을 시정하기 위해 생활에 필요한 내용을 실습을 통해 스스로 배우게 하자는 것이 종합농학의 이념이라고 할 수 있다(이용환 외, 2007). 1950년대에 백대현, 박형렬, 홍낙선, 오익환, 송해균 등이 미국에 유학하여 미국의 농업교육 이념을 배워옴으로써 이를 본격적으로 적용하게 된 것이 평택종합고등학교의 사례라고 할 수 있다. 평택종합고등학교에서는 교육과정을 축산, 원예, 양잠 등 전공으로 나누지 않고, 농업(1), 농업(2), 농업(3)으로 나누었고, 각각을 1, 2, 3학년에 이수하게 하였으며, 주당 10시간씩 20학점을 해당교과를 통해 이수하도록 하였다.

2절 농업교육체제의 수립과 발전

1963년은 농업교육에 있어 특기할 만한 해이다(이용환 외, 2007). 서울대학교 농과대학에 농업교사를 양성하기 위한 교육기관인 농업교육과가 설치되었고, 농업고등학교 농업교육의 방향을 정립한 농업고등학교 교육과정이 마련되었다. 이전에는 농업고등학교가 대학 진학자나 농업분야 공무원 양성에 중점을 두었다면, 이 교육과정에 의해 농업고등학교 농업교육의 교육목표가 중견농업경영인 양성으로 결정되었다.

농업고등학교에서는 중견농업경영자 양성을 위해 전공에 상관없이 모든 학생들에게 9개 공통과목(토양비료, 보통작물, 조림보호, 가금, 중소가축, 양잠, 채소원예, 농업경영, 농업공작)을 필수로 이수하게 하였고, 모든 농업교과는 이론과 실습을 50 대 50의 비율로 이수하게 하였다. 실습교육의 효율성을 높이는 방법으로 학교농장을 단원포, 시범포, 시험포, 경영포로 나누어 운영하는 방법이 채택되었는데, 학교농장을 이론교육과 밀접하게 관련지어 이용함으로써 과거 학생들의 육체노작에 의해 경영농장화하였던 운영방식에서 크게 전환되었다.

1963년 농업고등학교 교육과정이 정립된 이후 미국식 농업교육의 특색인 가정영농 과제실습(home farm project) 방법과 영농학생회(Future Farmers of Korea; FFK)가 도입되어 적용되기 시작하였다. 가정영농 과제실습을 도입함에 있어 수원농림고등학교의 예에서와 같이 가정에 농장이 없거나 시골 출신으로 학교 근처에서 하숙 혹은 자취하는 학생들에게 이를 실시하기 어렵다는 한계점이 발견되었다. 따라서 실습제도를 가정영농 실습제도와 학교농장 실습제도로 나누어 실시하는 방안이 모색되었다.

영농학생회는 미국의 농업교육이념을 배운 선각자들에 의해 농업고등학교에 산발적으로 조직되어 전국의 농업고등학교로 확산되기 시작하였고, 1967년부터는 농업고등학교 학생들의 실제적인 기능 및 기술의 향상과 학생들 간의 우의 증진을 목표로 하는 학생실기경진대회가 개최되었다. 영농학생회는 1972년 5월에 전국영농학생연합회가 결성됨으로써 전국적인 조직으로 확대되었고, 이로 인해 농업교육의 한 요소로 영농학생회가 정착되기에 이르렀다.

1963년에 제정된 교육과정은 우리나라 농업교육의 기틀을 정립하는 계기가 되었다. 전통적인 교과중심 농업교육의 틀을 기초로 하고, 미국식 경험중심의 새로운 농업교육 체제가 정립된 것이다. 하지만 교과중심 교육에 익숙해 있던 교육행정가, 교사, 학부모, 농업관계직 종사자들로부터 농업고등학교 졸업생들의 실력이 떨어지기 때문에 자립영농인이 되지 않는다는 비난에 직면하게 되었다. 이에 따라 1971년 8월 농업고등학교 교육과정이 교과중심으로 전면 개편되었다. 농업고등학교 농업교육의 목표가 중견경영자와 기술자 양성으로 이원화되었고, 전문교과의 비중을 최소 50%에서 최대 70%까지 이수할 수 있도록 하였으며, 9개 공통과목을 폐지하고 각 전공별로 11~13개의 전문필수과목을 둘 수 있도록 하였다. 1972년 3월에는 농업고등학교 가운데 일부를 인문계 고등학교로 개편하였고, 65개 순수 농업고등학교를 포함하여 125개의 종합고등학교 및 실업고등학교에서 농업교육을 담당하기에 이르렀다.

1971년 개정된 농업고등학교 교육과정의 교육목표를 효율적으로 달성할 수 있도록 하기 위해 1972년 7월 대통령령 제6305호로 산학협동심의회 규정이 공포되었다. 이 규정에 의해 문교부와 농수산부는 농업고등학교 교육의 진흥을 위해 긴밀하게 협조할 수 있게 되었다. 그 전까지는 농업고등학교 농업교육은 전적으로 문교부의 책임과 지원 아래 실시되었는데, 이 규정에 의해 농수산부는 농업고등학교에 재정적인 지원, 학생 장학금 수여, 농업고등학교 졸업생의 취업 기회 확대 등을 위해 노력하기로 하였고, 농업교사와 농촌지도사는 상호 겸직할 수 있게 되었다. 농업고등학교는 농수산부가 요구하는 수준까지 학생들의 실기 능력을 향상시키기 위해 시범농고의 경우 전공과목을 전체 교과시간의 70%까지 교육할 수 있도록 하였으며, 연간 60일간의 현장실습을 의무적으로 실시하도록 하였다.

문교부는 1973년 홍천, 이천, 보은, 공주, 김제, 장성, 강진, 안동, 성주, 창녕, 사천, 서귀포의 12개 농업고등학교를 산학협동시범농고로 지정하였고, 1974년 대관령축산고등학교를 추가로 지정하였다. 이들 학교에서는 학생 선발을 추천제로 하였고, 세계은행의 교육차관사업 자금을 우선적으로 배정받아 실험실습 시설을 현대화하고, 협업농장을 설치 · 운영하였다. 한편 산학협동심의회 규정에 의해 시범농고 이외의 농업고등학교와 농촌지도소 간에 다양한 협동이 이루어졌다.

이와 같은 노력에도 불구하고 자립영농인 양성이라는 농업교육 목적 달성이 만족할 만한 수준에 이르지는 못하였다. 시범농고 학생들의 농업에 대한 지식 획득은 여타의 순수농고 및 종합고등학교 학생들보다 높았으나(이용환, 1979a), 시범농고 졸업생들은 진학이나 취업하려는 경향이 높았고, 자영농업인을 희망하는 학생은 오히려 여타의 순수농고 및 종합고등학교 졸업생들에서 더 많은 경향을 나타내었다(이용환, 1979b).

국가 전체적으로는 경제 규모의 성장에 따라 농촌 인력의 도시 유출이 가속화되었고, 이에 따라 영농후계인력 육성 문제가 크게 부각되기 시작하였다. 영농후계인력 육성을 더욱 효율적으로 하기 위한 방안의 하나로 정부는 1979년 9월 농업고등학교에 자영농과를 설치할 수 있도록 하였고, 1980년 전국 10개 농업고등학교에서 자영농과 학생을 모집하기 시작하였다. 자영농과 학생들은 학업성적보다는 영농기반, 본인 및 부모의 영농희망 여부 등을 고려하여 선발하였고, 교육과정도 실제 영농능력과 영농의욕을 기를 수 있도록 편성 · 운영하였다. 자영농과를 처음으로 졸업하는 학생들을 대상으로 진로희망을 조사한 결과 전체 졸업생의 80%가 영농을 할 것이라고 응답하였음은 고무적이라고 할 수 있다(조완규, 송해균, 이용환, 1984). 자영농과 설치 당시에는 기존 농과, 축산과, 원예과 등 생산학과와 어떻게 다를 것인가에 대한 논쟁이 다소 있었으나, 영농후계인력의 양성에는 어느 정도 효과가 있었던 것으로 보인다.

1981년 급격히 변화, 발달해가는 산업사회에서 농업교육이 적극적으로 대처해 나갈 수 있도록 문교부는 농업고등학교 교육과정을 대폭 개편하였다(이용환 외, 2007). 새로운 교육과정은 생산학과에서는 종합농업을 할 수 있는 능력을 기르고, 농업관련직 학과에서는 직무능력을 극대화한다는 목표 아래 농업발전, 농업생산환경, 농업생산자재 등의 교과를 신설하였고, 보통교과와 전문교과 비율을 각각 최저 40%, 최고 60%까지 이수할 수 있도록 하였으며, 교육과정 구성에서 학교장의 재량권을 크게 확대하였다. 또한 학생들의 실습능력을 신장시키기 위해 기초실습과 경영실습을 따로 실시하도록 하였다.

1983년부터는 현대화된 영농능력을 배양하기 위해 농업고등학교 자립체제 추진이 시작되었다. 여주농업고등학교가 여주자영농업고등학교로 개편됨을 시작으로 하여 1988년까지 모두 11개 농업고등학교를 자영농고 체제를 갖추도록 함으로써 학교 전체가 자영자 양성을 목적으로 하는 학교로 개편되었다. 현재 자영농고는 여주자영농업고등학교, 홍천농업고등학교, 춘천농공고등학교, 주천고등학교, 보은자영고등학교, 공주생명과학고등학교, 김제자영고등학교, 전남생명과학고등학교, 한국생명과학고등학교, 경남자영고등학교, 서귀포산업과학고등학교이다. 자영농고는 학생들에게 현대화된 영농실습을 가능하게 하기 위해 학교농장 규모를 확대하여 경영실습을 할 수 있도록 하고, 여기에서 생산된 농산물을 판매하여 얻는 수익은 학생들의 장학금과 교사들의 연구보조비로 사용할 수 있도록 되어 있었다. 하지만 농장규모가 커짐에 따라 농장 운영에 필요한 학생들의 육체노작의 양이 증가하여 오히려 학생들이 농업고등학교를 기피하는 요인의 하나가 되었다는 측면도 있다.

1990년부터는 농기계 공동실습소가 설치되기 시작하였다. 학교단위로 마련하기 어려운 농기계를 공동실습소에 구비함으로써 각 농업계 고등학교 학생들이 이 실습소에서 더욱 현대화된 농기계 실습을 할 수 있도록 하였다. 1992년까지 각 도에 1개교씩 농기계 공동실습소가 설치되었다.

3절 농업교육체제의 정비와 변화

1990년대 이후의 농업교육이 갖는 특징 중 하나는 농업교육의 위축이라는 전반적인 사회적 분위기 속에서 다양화를 통해 농업교육체제를 재정비하고, 이러한 변화 속에서 농업교육의 생존 전략을 모색해온 시기라고 할 수 있다. 1990년대 중반부터 가속화된 농업계 고등학교의 학과 개편으로 인해 생산중심 학과 수가 감소한 반면, 관련 학과 수가 증가하였고, 전반적으로 학과 종류가 증가하였다.

기존 발안농업고등학교의 예를 들어보면 1994년 농업과를 식품가공과로 개편하였고, 1997년 축산과를 동물자원과로, 농업기계과를 산업기계과로 개편하였다. 1998년 농생명산업고등학교로 교명을 변경하였고, 2008년에는 발안바이오과학고등학교로 교명을 변경하여 현재는 바이오식품과학과, 기능성식품과학과, 푸드스타일링과, 레저생명산업과로 구성되어 있다.

이러한 학과 구성의 시대적 변화는 교육과정에서도 발견되는데, 1997년 개정된 제7차 교육과정에서는 식물자원과, 동물자원과, 농업토목과, 식품가공과, 농업기계과, 농업경영과, 조경과, 농산물유통과, 환경보전과로 구성된 9개 학과를 기준학과로 제시하고 있다. 1992년에 개정된 제6차 교육과정과의 차이점으로는 기존의 농업과, 임업과, 원예과가 식품자원과로 통합되었고, 축산과와 잠업과가 동물자원과로 통합되었으며, 자영농과는 농업경영과로 변경되었고, 생활과학과는 폐과되고 환경보전과가 신설되었다는 점을 들 수 있다.

기존 농업계 고등학교의 교육은 취업교육에 중심을 두었다고 할 수 있다. 하지만 고등교육 진학률의 지속적인 상승과 실업계 고등학교의 활성화를 위해 교육인적자원부는 제7차 교육과정부터 실업계 고등학교의 교육을 진학을 위한 계속교육과 취업을 위한 종국교육을 동시에 추구하는 교육과정으로 전환하였다(김진구, 이종범, 2005). 이와 관련된 구체적인 조치로 2004년 부활된 동일계 특별전형, 2005년 신설된 대학수학능력시험의 직업탐구 영역을 들 수 있다. 1983년 폐지되었던 동일계 특별전형은 2004년에 정원의 3% 이내에서 정원 외 특별전형으로 실시할 수 있도록 제도화되었고, 이후 정원의 5%까지로 확대되었으며, 2015년부터는 재직자 특별전형의 확대 추진으로 인해 폐지될 예정이다. 한편 농업계 고등학교와 관련된 직업탐구 영역은 농업이해, 농업기초기술, 농업정보관리의 3개 과목으로 시행되고 있다.

1990년대 중반 이후 농업교육이 갖는 또 다른 특징 가운데 하나는 생산농업분야뿐만 아니라 생명산업, 바이오산업 등을 중시하는 방향으로 개편이 이루어져 왔다는 점이다. 학교 명칭에서만 보아도 수원농생명과학고등학교, 공주생명과학고등학교, 전주생명과학고등학교, 전남생명과학고등학교, 한국생명과학고등학교, 김천생명과학고등학교, 김해생명과학고등학교, 유성생명과학고등학교 등과 같이 생명과학을 중시하는 이름들이 등장하였고, 발안바이오과학고등학교, 용인바이오고등학교, 한국바이오마이스터고등학교 등과 같이 바이오산업분야에 초점을 둔 학교들이 등장하였다. 한편 특정 분야로 특성화한 농업계 고등학교들이 등장하였는데, 그 예로는 충남발효식품고등학교, 한국경마축산고등학교, 한국한방고등학교, 호남원예고등학교, 함평골프고등학교, 한국산림과학고등학교, 동래원예고등학교 등을 들 수 있다. 이와 같은 농업 분야의 확대, 특성화 등에 대한 노력들은 학과 및 교육과정 구성을 통해 더 구체적으로 실천되고 있다.

교육과정 운영의 다양화는 교과서 정책의 변화에서도 확인할 수 있다. 국정도서, 검정도서, 인정도서로 구분되는 교과용 도서 가운데 국어, 사회(역사 포함)/도덕 교과서를 제외한 고등학교 교과서가 2011년 8월 16일 이후 인정도서로 전환되었다. 이에 따라 농업계 고등학교에서 사용되는 모든 전문교과 교과서가 학교 또는 시·도교육청 단위로 개발하여 시·도교육감의 심의를 받는 형태로 전환되었다. 빠른 사회적 변화와 학생들의 다양한 요구를 반영하여 더욱 다양하고 창의적인 교과서 개발이 가능하게 된 것이다. 인정도서의 사용을 통해 단위학교, 시도교육청 등의 자율성이 좀 더 강화될 것이고, 궁극적으로 농업계 고등학교의 교육에 대한 만족도가 더욱 증진될 것으로 기대된다.

2009년에 발표된 고교단계 직업교육 선진화 방안에 따라 우리나라의 고등학교는 일반고등학교, 특수목적고등학교, 특성화고등학교, 자율고등학교 체제로 변모하게 되었다. 특수목적고등학교 가운데 마이스터고등학교와 특성화고등학교가 과거 실업계 고등학교 또는 전문계 고등학교를 대체하는 고등학교 유형으로 등장하였다. 이에 따라 농업계 고등학교 가운데 한국바이오마이스터고등학교(기존 진천생명과학고등학교)가 2012년 개교하였고, 전남생명과학고등학교가 2013년 마이스터고로 개교하였다.

연구문제

1. 농업교육학적인 측면에서 단군신화의 내용을 분석해보자.
2. 왕에 의한 친경, 권농 등과 관련된 역사적인 유물들을 조사해보자.
3. 일제 강점기 민간에 의한 농업교육의 이념을 현대적인 의미에서 재해석해보자.
4. 현재 농업고등학교가 당면하고 있는 어려움을 조사해보고, 그 원인을 농업교육사적인 측면에서 찾아보며, 해결 방안을 제시해보자.

참고문헌

김진구, 이종범. (2005). 「대학수학능력시험 직업탐구 영역 신설 이후 농업계고등학교 운영 실태 분석」. 『농업교육과 인적자원개발』 37(4), 135-162.

문교부. (1958a). 『문교개관』. 서울: 문교부.

______. (1958b). 『문교월보』 특집 제41호. 서울: 문교부.

박상만. (1959). 『한국교육사(하)』. 서울: 대한교육연합회.

백대현. (1974). 『농업인력개발과 교육』. 서울: 청파문화사.

이용환. (1979a). 『농업계 고등학교 학생의 벼농사를 위한 기초능력과 그 관련요인』. 미출판 박사학위논문, 서울대학교 대학원.

______. (1979b). 「농업고교 학생의 진로결정 요인분석」. 『한국농업교육학회지』 11(1), 1-6.

이용환, 김수욱, 정철영, 박행모, 김진모, 나승일, 강대구. (2007). 『농업교육학 개론』(개정판). 서울: 서울대학교출판부.

조완규, 송해균, 이용환. (1984). 「농업고등학교 자영농과 학생의 진로결정」. 『한국농업교육학회지』 16(1), 1-5.

중앙대학교 한국교육문제연구소. (1974). 『문교사』. 서울: 중앙대학교출판국.

Ⅲ. 농업교육의 현황

정진철

개요

농업교육의 현황에 대해 고찰한다. 특히 농업계 고등학교 현황, 농업계 전문대학 현황, 농업계 4년제 대학 현황에 대해 알아본다.

학습목표

1. 농업교육 개황을 설명할 수 있다.
2. 농업계 고등학교의 현황을 설명할 수 있다.
3. 농업계 전문대학의 현황을 설명할 수 있다.
4. 농업계 4년제 대학의 현황을 설명할 수 있다.

1 농업교육 개황

1904년 한성농상공학교를 통해 시작된 학교 농업교육은 110여 년의 기간 동안 많은 농업인력을 양성하였고, 농업기술의 발전에도 기여하였다. 뿐만 아니라 일제강점기와 한국전쟁을 겪으면서 기본적인 먹거리조차 부족하였던 우리나라를 선진국의 문턱까지 올려놓는 데 근간이 되는 동력을 제공하였다. 중등실업교육으로 시작된 농업교육은 양적으로 팽창하여 1969년에는 농업계 고등학교 수가 133개에 달하기도 하였으나(한국농업교육사편찬위원회, 1994), 이후에는 그 수가 지속적으로 감소하여 2012년 『교육통계연보』에 따르면 37개에 달하고 있다(한국교육개발원 교육통계연구센터, 2012). 하지만 질적으로는 크게 성장하여 전문대학 및 4년제 대학에 농업과 관련된 학과가 설치되어 있을 뿐만 아니라, 석·박사학위를 수여하는 대학원 과정을 통해 최고 수준의 농업교육을 제공하고 있다.

한편 대한제국 시대에 설치된 권업모범장은 1962년 농촌진흥청으로 발전하여 사회농업교육 기능도 또한 활발하게 진행되어 있다. 농촌진흥청, 도 단위에 설치된 농업기술원, 시군 단위에 설치된 농업기술센터 등을 통해 농업연구, 농업기술 보급, 농업인 교육, 농촌사회 개발 등이 한국 사회 전반의 발전에 크게 기여해 왔다.

농산업이 국가경제의 주된 산업이었던 1970년대 초까지는 농업교육이 활성화되었으나, 경제개발계획의 시행에 따라 산업화가 진행되면서 농업교육은 점차 침체되었다. 특히 1980년대부터는 농산물 시장의 개방, 우루과이 라운드 협상 타결, WTO 체제 정립, FTA 등으로 인해 농업은 국제경쟁력이 낮은 산업으로 인식되었고, 향도이촌 인구의 지속적인 증가로 인해 농업교육 수요자 자체가 감소하면서 농업교육은 점차 위축되고, 그 중요성이 낮게 인식되었다(이용환 외, 2007).

여러 가지 요인의 복합적인 영향으로 우리나라의 교육열은 그 어느 나라보다 높았고, 이로 인해 고등교육 진학률이 지속적으로 증가함에 따라 기존 농업계 고등학교는 일반고등학교, 종합고등학교 등으로 전환된 사례가 많았고, 농업계 고등학교 졸업 후 농업분야로의 진입장벽은 여타 분야보다 높아 공업계 고등학교로 전환되거나, 공업, 상업 등 여타 학과가 기존 농업계 고등학교에 함께 개설되는 사례도 또한 증가하였다.

학력을 중요시하는 이러한 사회적 분위기에서 농업계 고등학교는 일반고등학교에 진학할 성적이 안 되는 학생들이 진학하는 학교로 인식되기도 하였고, 농업계 고등학교에 지원하는 학생 수 자체가 감소하기도 하였다. 하지만 7차 교육과정 이후 농업계 고등학교에서의 교육은 기존의 종국교육이 아니라, 계속교육 측면에서 이해되기 시작하였고, 농업계 고등학교 졸업생의 고등교육기관 진학률도 또한 지속적으로 증가하였다. 대학수학능력시험에 직업탐구 영역이 개설되고, 동일계 특별전형제도의 부활로 인해 농업계 고등학교 학생의 상급학교 진학이 좀 더 용이하게 된 것이다.

하지만 2009년에 발표된 고교단계 직업교육 선진화 방안에 따라 기존 전문계 고등학교에서의 교육은 우선적으로 졸업 후 취업을 목적으로 하고, 이후 필요에 따라 상급 교육기관에 진학하는 선취업 후진학 정책이 채택되었다. 이로 인해 농업계 고등학교에서는 진학 중심이 아닌 취업 중심의 교육에 힘쓰고 있는 상황이다. 기존 전문계 고등학교가 마이스터고등학교와 특성화고등학교 체제로 변경됨에 따라 농업계 고등학교에서도 마이스터고등학교가 등장하였다.

최근 고등농업교육은 양적인 축소와 질적인 심화로 표현될 수 있다. 여러 농업계 전문대학이 없어지거나, 4년제 대학으로 변모하였고, 4년제 대학에서는 전통적인 생산농업 분야뿐만이 아니라, 전·후방산업과 관련된 학과의 개설이 증가하였다. 뿐만 아니라 공학, 생명과학 등과의 융합된 분야까지 농학분야를 넓히고 있는 실정이다.

농업교육의 현황은 다음과 같은 다양한 측면에서 논의될 수 있다.

- 주체: 학교농업교육, 사회농업교육 등
- 대상: 교양농업교육 대상자로서의 전국민, 직업농업교육 대상자로서의 학습자 등
- 목표: 종국교육, 계속교육 등
- 내용: 먹거리교육, 환경교육 등
- 방법: 오프라인교육, 온라인교육 등

이 책에서는 농업교육 현황을 직업농업교육 대상자로서의 학습자를 대상으로 한 학교농업교육에 한정하여 기술하였다.

2 농업계 고등학교 현황

교육기본법 제21조에 따르면 국가와 지방자치단체는 모든 국민이 학교교육과 사회교육을 통하여 직업에 대한 소양과 능력을 계발하기 위한 교육을 받을 수 있도록 필요한 시책을 수립·실시하여야 한다. 이러한 직업교육의 맥락 속에서 농업계 고등학교는 마이스터고등학교와 특성화고등학교로 구성되어 있다. 초·중등교육법 시행령 제90조에서는 특수분야의 전문적인 교육을 목적으로 하는 고등학교를 특수목적고등학교라 칭하고, 그 한 유형으로 산업수요 맞춤형 고등학교를 두고 있다. 이 학교는 일명 마이스터고등학교라 불리는데 산업계의 수요에 직접 연계된 맞춤형 교육과정을 운영하는 고등학교를 의미한다. 또한 제91조를 통해 소질과 적성 및 능력이 유사한 학생을 대상으로 특정분야의 인재양성을 목적으로 하는 교

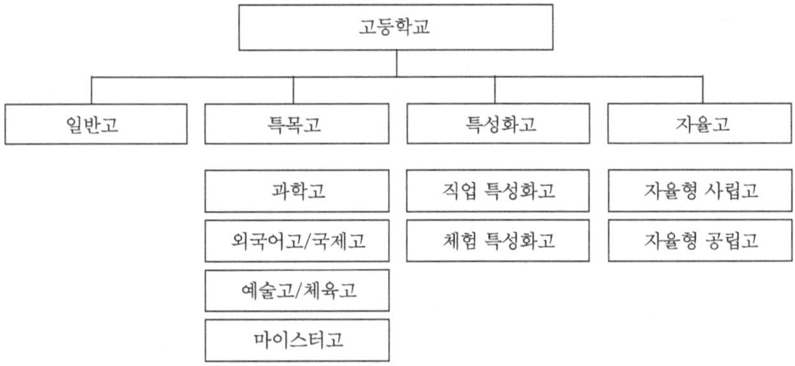

그림 Ⅲ-1. 고등학교 유형

육 또는 자연현장실습 등 체험위주의 교육을 전문적으로 실시하는 고등학교, 즉 특성화고등학교를 교육감이 지정할 수 있음을 밝히고 있다.

현재 우리나라의 고등학교 유형은 [그림 Ⅲ-1]에서와 같이 크게 일반고, 특목고, 특성화고, 자율고로 구분된다. 앞서 언급한 대로 특목고의 한 유형인 마이스터고와 특성화고 가운데 직업 특성화고에 농업계 고등학교가 포함된다고 할 수 있다.

농업계 고등학교의 수는 자료마다 서로 다르다. 앞서 언급한 대로 2012년 『교육통계연보』에서는 37개 교로 기록하고 있다. 여기에서는 한국농업교육협회의 자료를 기준으로 농업계 고등학교 현황을 제시하였다.

2012년 현재 농업계 고등학교는 74개이다. 각 학교에서 개설하고 있는 학과 구성을 분석해 보면 모두 농업계 학과만 설치하고 있는 고등학교는 23개, 농업계 학과와 공업, 상업 등 기타 학과를 함께 설치하고 있는 고등학교는 26개, 농업계 학과와 일반고등학교가 합해진 형태의 고등학교 23개, 그리고 마이스터고등학교가 2개에 달한다. 지역별로 보면 경기도에 12개 학교가 소재하고 있어 가장 많고, 전라북도와 전라남도에 각각 10개 교가 있으며, 경상남도에 9개 교, 강원도와 충청남도에 각각 8개 교가 소재하고 있다. 충북과 경북에 5개 교가 소재하고 있고, 제주에 2개 학교가 있으며, 부산, 대구, 광주, 대전, 울산에 각 1개 교가 소재하고 있다. 각 지역별, 유형별 학교 목록은 〈표 Ⅲ-1〉과 같다.

마이스터고는 충북 소재 한국바이오마이스터고와 2013년 개교한 전남생명과학고가 있다. 74개 농업계 고등학교 가운데 3개 교만 사립으로 충남 소재 풀무농업고등기술학교, 전북 소재 영선고, 경북 소재 용운고가 여기에 해당한다. 부산 등의 광역시에는 순수 농업계 고등학교가 있고, 전국의 16개 시도 가운데 농업계 고등학교가 없는 지역은 서울과 인천이다.

74개 학교 가운데 자영농 육성을 주된 목적으로 하는 자영농고는 모두 11개로 여주자영농고, 홍천농고, 춘천농공고, 주천고, 보은자영고, 공주생명과학고, 김제자영고, 전남생명과학고, 한국생명과학고, 경남자영고, 서귀포산업과학고 등이 여기에 해당한다. 모든 학교 명칭에 자영이 포함되어 있지 않고, 지역사회의 요구에 따라 일부 고등학교는 순수 농업계 고등학교가 아닌 경우도 있다.

학교알리미에 따르면 2012년 현재 74개 학교에 설치된 농업 관련 학급 수는 844개이고, 여기에 재학하고 있는 학생 수는 2만 4,637명에 달한다. 한편 이 학교의 진로 현황을 살펴보면 졸업생 수는 7,002명이고, 이 가운데 전문대학에 진학한 비율은 38.3%, 4년제 대학에 진학한 비율은 20.2%이며, 취업률은 22.4%에 달한다. 이 수치는 취업과 학업을 병행하고 있는 비율 1.3%가 제외된 것이고, 기타의 비율은 16.2%이다.[1] 최근 특성화고등학교에 대한 취업이 강조되고 있기는 하지만, 여전히 진학률이 60% 정도에 달하고 있는 실정이다.

농업계 고등학교의 교육목표는 시대적인 흐름에 따라 변화하여 왔다. 지금까지 9번에 걸쳐 교육과정 개정이 이루어져 왔는데, 2009년에 개정된 교육과정에서는 농업계 고등학교의 교육 목표를 '농생명산업에 관한 기초

1 공시자료가 없는 5개 교 제외, 농업계/일반고의 경우 일반고 졸업생 현황까지 포함된 수치임.

표 III-1. 농업계 고등학교 목록(2012년 한국농업교육협회 기준)

구분	순수농고	농업계/기타전문계고	농업계/일반고	마이스터고
경기	발안바이오과학고 수원농생명과학고 용인바이오고 여주자영농고	고양고	광주중앙고 이천제일고 일죽고 문산고 양평고 연천고 포천일고	
강원	홍천농고	춘천농공고 영서고 강릉중앙고 동광산업과학고	주천고 신철원고 양구고	
충북	보은자영고 청주농업고 충주농업고	영동산업과학고		한국바이오 마이스터고
충남	공주생명과학고 풀무농업고등기술학교	충남발효식품고 주산산업고 금산산업고	서산중앙고 천안제일고 청양고	
전북	김제자영고 전주생명과학고 한국경마축산고	남원용성고 정읍제일고 한국한방고 부안제일고	임실고 임실서고 영선고	
전남	전남자연과학고 호남원예고	광양실업고 장성실업고 함평골프고 고흥산업과학고 영광실업고	다향고 대덕종합고	전남생명과학고
경북	한국생명과학고	김천생명과학고 한국산림과학고	영덕고 용운고	
경남	경남자영고 김해생명과학고	창녕제일고 경남산업고 함양제일고 진영제일고	아림고 함안고 산청고	
제주		서귀포산업과학고 제주고		
부산	동래원예고			
대구	대구자연과학고			
광주	광주자연과학고			
대전	유성생명과학고			
울산	울산자연과학고			

표 Ⅲ-2. 농업계 고등학교 교육 목표의 변천

교육과정	농업계 고등학교 교육 목표
1차	별도로 제시되지 않음.
2차	농업계 고등학교의 농업교육에 있어서는 장차 농업에 종사할 수 있는 과학적인 기술과 실제적인 능력을 길러, 숙련된 중견 농업 경영자로서 종합적 개발과 국가발전에 기여할 수 있도록 한다.
3차	농업에 대한 기술과 실제적인 능력을 길러 농업의 중견 경영자, 기술자를 양성하고, 지역사회 개발과 국가발전에 기여할 수 있도록 한다.
4차	농업에 관한 기본적인 지식과 기술을 습득하게 하여 중견 자립 영농인 및 농업관련 종사자를 양성하고, 산업사회에 능동적으로 적응할 수 있는 능력을 길러 국가발전에 기여할 수 있도록 한다.
5차	농업을 경영하거나 농업 관련 직에 종사할 수 있는 기본적인 자질과 능력을 길러, 산업사회에 능동적으로 대처하고, 농업 및 농촌발전에 기여할 수 있게 한다.
6차	농업에 관한 지식과 기술을 습득하게 하여, 농업을 경영하거나 농업 관계 직에 종사할 수 있는 자질과 능력을 길러, 과학적으로 자영을 할 수 있게 한다.
7차	농업에 관한 기초 지식과 기술을 습득하여 자신에게 맞는 진로를 선택할 수 있고, 급변하는 산업사회에 창의적으로 적응하여 자아를 실현하며, 나아가 농업 및 농촌의 발전에 기여하려는 적극적인 태도를 갖는다.
2007년 개정	농생명산업에 관한 기초 지식과 기술을 습득하여 자신에게 맞는 진로를 선택할 수 있고, 급변하는 산업사회에 창의적으로 적응하여 자아를 실현하며, 나아가 농업 및 농촌의 발전에 기여하려는 적극적인 태도를 갖는다.
2009년 개정	농생명산업에 관한 기초 지식과 기술을 습득하여 자신에게 맞는 진로를 선택할 수 있고, 급변하는 산업사회에 창의적으로 적응하여 자아를 실현하며, 나아가 농생명산업 및 농촌 발전에 기여하려는 적극적인 태도를 갖는다.

지식과 기술을 습득하여 자신에게 맞는 진로를 선택할 수 있고, 급변하는 산업사회에 창의적으로 적응하여 자아를 실현하며, 나아가 농생명산업 및 농촌 발전에 기여하려는 적극적인 태도를 갖는다'로 제시하고 있다. 각각의 교육과정에서 제시하고 있는 농업계 고등학교 교육 목표의 변천을 살펴보면 〈표 Ⅲ-2〉와 같다.

2009년 개정 교육과정에서는 농업계 고등학교 기준학과로 식물자원과, 동물자원과, 산림자원과, 조경과, 농업토목과, 농업기계과, 식품가공과, 농산물유통정보과, 환경·관광농업과, 생명공학기술과를 제시하고 있다(교육과학기술부, 2011). 하지만 농업계 고등학교에 실제 개설된 학과는 더 다양한 명칭을 갖는다. 김진구와 이건남(2010)의 연구에 따르면 2009년 현재 농업계 고등학교에 설치된 농업계 학과들은 모두 224개이고, 2개 교 이상에 설치된 학과를 제외하면 111개의 학과가 설치되어 있다. 중복 설치된 학과는 식품가공과가 가장 많았고, 다음으로 산업기계과, 농업토목과, 농업유통정보과, 동물자원과, 원예과, 조경과, 농업기계과, 식품자원과 등의 순이었다. 111개 학과를 기준학과에 따라 구분하여 제시하면 〈표 Ⅲ-3〉과 같다.

표 Ⅲ-3. 2009개정 교육과정 기준학과별 농업계 고등학교 세부학과 명칭

기준학과	세부학과명
식물자원과	관광원예과, 관상원예과, 농업경영과, 도시원예과, 도시원예과 생물산업과정, 도시원예과 생활원예과정, 바이오원예과, 생명과학과 생활원예과정, 생명과학과 화훼장식과정, 생명산업자영과, 생명자원과, 생물자원과, 생활원예과, 생활원예과정, 시설원예학과, 식량자원과, 식량자원과학과, 식물과학과, 식물자원과, 원예경영과, 원예과, 원예자원과학과, 응용화훼과, 자영과, 자영농과, 자영생명산업과, 자영원예과, 차산업경영과, 플라워디자인과, 한약자원과, 화훼디자인과, 화훼장식과
동물자원과	국제축산개발과 관상동물과정, 국제축산개발과 국제농축산과정, 국제축산개발과 마필관리과정, 동물자원과, 마필축산과, 생명과학과 애완동물과정, 애완동물과, 자영축산과, 축산경영과, 축산과, 축산자원과학과
산림자원과	산림환경자원과
조경과	녹지조경과, 도시원예과 실내조경과정, 레저원예조경과, 생명과학과 도시조경과정, 생태조경과, 원예조경과, 자영조경과, 조경과, 조경디자인과, 조경원예과, 조경인테리어과, 화훼장식조경과, 환경조경과
농업토목과	농업토목과, 산업과학과 건설측량과정, 조경토목과
농업기계과	골프산업기계과, 농공학과, 농산업기계과 농산업기계과정, 농업기계과, 산업과학과 중장비과정, 산업기계과, 산업기계기술과, 산업장비과, 생물산업기계과
식품가공과	관광조리경영과, 관광조리과, 기능성식품과학과, 바이오식품가공과, 바이오식품과, 바이오식품과학과, 바이오식품산업과, 생명과학과 제과제빵과정, 생명과학과 한식조리과정, 식자가공과, 식품가공과, 식품가공과 식품가공과정, 식품가공학과, 식품과학과, 식품산업과, 식품생명과, 웰빙식품가공과, 자영식품산업과, 조리과, 조리과학과, 푸드스타일링과
농산물유통정보과	농산물유통과, 농업유통정보과, 농업전산과, 산업유통정보과, 생물산업정보과, 생물유통정보과, 유통정보과
환경 · 관광농업과	골프경영관리과, 골프관리과, 골프산업관리과, 골프환경과, 관광골프관리과, 관광농업과, 레저생명산업과, 산업과학과 환경관리과정, 환경보전과
생명공학기술과	바이오생명과학과, 생명과학과, 생물공학과, 생물과학과, 자연생명과학과

세부학과 명칭은 식물자원과와 식품가공과에 다양하다고 할 수 있다. 하지만 학문분야 간의 융합 추세에 따라 농업계 고등학교에 개설된 학과도 다양한 기준학과가 융합된 양상을 보이는 경우도 많았기 때문에 어느 한 기준학과에 속한다고 판단하기 어려운 학과들도 다수 있음을 알 수 있다.

3 농업계 전문대학 현황

한국전문대학교육협의회에 따르면 2011학년도 기준 우리나라에는 146개의 전문대학이 있다. 1994년에 발간된 『한국농업교육사』에는 농업계 전문대학으로 농협전문대학, 밀양전문대학, 삼육농업전문대학, 순천농업전문대학, 연암축산원예전문대학, 예산농업전문대학, 이리농공전문대학, 진주농림전문대학 등이 제시되어 있다. 이 가운데 상당수의 대학이 4년제 대학으로 변경되었다. 2012년 현재 농업계 전문대학으로는 한국농수산대학, 천안연암대학, 여주농업경영전문학교, 농협대학교, 한국폴리텍대학 바이오캠퍼스 등을 들 수 있다. 1994년 목록에서 발견할 수 있는 천안연암대학과 농협대학교를 제외한 나머지 대학들은 그 이후에 설립되었다. 각각의 농업계 전문대학에 대해 더 구체적으로 살펴보면 다음과 같다.

한국농수산대학은 1997년 한국농업전문학교로 개교하였고, 2007년 명칭을 한국농업대학으로 변경하였다. 2009년 10월에는 한국농수산대학으로 개편하여, 학과 구성이 기존 농업에서 농어업으로 확대되었고, 농촌진흥청에서 농림수산식품부로 소속이 변경되었다.

한국농수산대학은 3년제 전문대학으로 식량작물학과, 특용작물학과, 채소학과, 과수학과, 화훼학과, 대가축학과, 중소가축학과, 수산양식학과를 개설하고 있다. 교육과정 운영에 있어 다음과 같은 특징을 갖는다.

- 샌드위치 시스템(Sandwich system)을 도입하여 2학년 때는 국내외 선진 농장에서 현장교육이 이루어진다.
- 재학기간 중 학칙이 정하는 바에 따라 모두 기숙사에 입사하여 생활한다.
- 졸업 후 수업연한의 2배의 기간 동안 농림수산식품부 장관이 정하는 농업 및 그 관련 분야에 종사하는 조건으로 입학금과 수업료를 면제하고, 실습비, 기숙사비 등과 교육에 필요한 물품을 국고에서 지급한다.

졸업생들에게는 산업기능요원 혜택이 적용되었으나, 2009학년도 신입생부터는 이 제도가 적용받지 못하게 되었다. 뿐만 아니라 졸업 후 1년 이상의 현직 경험이 있게 되면 전공심화과정에 진학할 수 있고, 1년의 추가적인 교육을 받고 학사학위를 취득할 수 있다.

천안연암대학은 1974년 연암축산고등기술학교로 개교하여 2003년 현재의 교명인 천안연암대학을 갖게 되기까지 다음과 같은 변화를 겪어 왔다.

- 1977년 연암축산전문학교로 승격
- 1979년 연암축산전문대학으로 개편 인가
- 1982년 연암축산원예전문대학으로 교명 변경
- 1998년 연암축산원예대학으로 교명 변경
- 2012년 현재 축산계열(축산전공, 낙농한우전공, 양돈양계전공), 친환경원예과, 환경조경과(조경전공, 골프코스관리전공), 화훼장식계열(플로리스트전공, 가드닝전공), 동물보호계열(동물보호전공, 애완동물전공), 외식산업과, 뷰티아트과 등의 전공이 개설

여주농업경영전문학교는 1996년 여주자영농업고등학교 특별과정으로 설치되어 2002년 여주농업경영전문학교로 교명을 변경하였다. 교육과정

은 교과, 현장실습, 현장연수 등으로 편성 운영되고 있고, 전공별로 다소 다르기는 하지만 교과는 교양교과 15~20%, 전문교과 80~85%로 구성되어 있다.

여주농업경영전문학교의 모집정원은 90명이고, 최근 입학자 가운데 30% 정도가 대졸자로 구성되어 있다. 1개월 이상의 현장실습이 필수이고, 국내농업관련 연수기관, 신지식인 농장 현지연수 프로그램, 해외연수 등을 통해 15시간 이상의 현장연수를 실시하고 있다. 개설된 전공은 채소경영과, 과수경영과, 화훼경영과, 낙농한우경영과, 양돈양계경영과, 축산식품경영과이고, 평생교육 측면에서 과수직훈과정, 경기귀농귀촌대학, 실습중심 귀농교육(과수), 실습중심 귀농교육(축산) 등을 운영하고 있다.

농협대학교는 학교법인 농협학원에서 운영하는 전문대학으로 1962년 설립되었다. 이 대학은 농촌의 경제적 자립과 부흥을 도모하고 민주농업협동조합의 기반을 공고히 하는 이론과 기술 및 그 응용 방법을 연마하여 신념과 용기의 봉사적 정신을 가진 농업, 농촌, 농협에 필요한 인재양성을 교육 목적으로 하고 있다. 설치된 학과는 협동조합 경영과이고, 3년제이며, 한국농수산대학과 마찬가지로 전공심화과정을 설치하고 있다.

한국폴리텍대학 바이오캠퍼스는 2006년 한국폴리텍 바이오 대학으로 개교하였다. 2012년 한국폴리텍특성화대학으로 개편하였는데, 한국폴리텍특성화대학은 4개의 캠퍼스(섬유패션캠퍼스, 항공캠퍼스, 안성여자캠퍼스, 바이오캠퍼스)로 구성되어 있다. 한국폴리텍대학 바이오캠퍼스에는 바이오품질관리과, 바이오배양공정과, 바이오식품분석과, 바이오생명정보과, 생명의약분석과, 바이오나노소재과가 개설되어 있다. 교육과정 운영에서는 실무능력인증, 현장실습, 프로젝트실습, 소그룹지도교수 등을 주된 내용으로 하는 FL(Factory Learning) 시스템을 도입하고 있다는 점을 들 수 있다.

4 농업계 4년제 대학 현황

2012년 현재 우리나라의 고등교육기관은 모두 432개이고, 일반대학은 189개에 달한다(한국대학교육협의회, 2012). 이 가운데 농업과 관련된 학과만으로 특화된 4년제 대학은 없는 상황이다. 따라서 어디까지를 농업계 대학으로 볼 것인지를 결정함은 쉽지 않다. 여기에서는 전국농학계대학장협의회의 회원대학을 기준으로 농업계 대학 현황을 제시하였다.

전국농학계대학장협의회에는 47개 대학이 회원으로 가입되어 있다. 이 가운데 학과 단위 회원이거나 해당 단과대학에 설치된 농업계 관련 학과가 소수인 경우는 14개에 해당되고, 전문대학인 한국농수산대학이 회원으로 가입되어 있으므로 이를 제외하면 농업계 대학은 32개라고 할 수 있다. 지역별, 유형별 농업계 4년제 대학 목록은 〈표 Ⅲ-4〉와 같다.

단과대학 명칭으로 과거에는 농과대학이 주로 사용되었으나, 최근 들어서는 농업생명과학대학, 생명자원과학대학, 생명과학대학 등과 같이 생명이 강조된 명칭이 주로 사용되고 있다. 대부분의 대학에서는 농업계 단과대학을 1개씩 설치하고 있으나, 강원대학교는 3개, 건국대학교는 2개를 설치하고 있다. 한편 전북대학교와 경북대학교의 경우에는 다른 대학과의 통폐합으로 인해 농업계 단과대학을 현재 2개 설치하고 있다.

대학알리미에 따르면 2012년 현재 농업계 전문대학과 농업계 4년제 대학의 재적학생 수는 5만 3,478명이고, 재학생 수는 3만 7,319명에 달한다.[2] 한편 진로 현황을 살펴보면 졸업생 수는 7,358명이고, 건강보험 DB 기준으로 취업률은 42.6%에 달하고, 대학원 진학률은 11.4%이며, 기타 취업이

2 학생 수 현황에서 공시자료가 없는 1개 교가 제외된 수치임.

표 III-4. 농업계 4년제 대학 목록

구분	국공립	사립
서울	서울대학교 농업생명과학대학	건국대학교 동물생명과학대학 건국대학교 생명환경과학대학 고려대학교 생명과학대학 국민대학교 삼림과학대학 삼육대학교 과학기술대학 중앙대학교 자연과학대학
경기	한경대학교 농업생명과학대학	경희대학교 생명과학대학
강원	강릉원주대학교 생명과학대학 강원대학교 농업생명과학대학 강원대학교 동물생명과학대학 강원대학교 산림환경과학대학	상지대학교 생명자원과학대학
충북	충북대학교 농업생명환경대학	
충남	공주대학교 산업과학대학	단국대학교 생명자원과학대학
전북	전북대학교 농업생명과학대학 전북대학교 환경생명자원대학	원광대학교 생명자원과학대학
전남	순천대학교 생명산업과학대학	
경북	경북대학교 생태환경대학	대구대학교 생명환경대학 영남대학교 자연자원대학
경남	경남과학기술대학교 생명자원과학대학 경상대학교 농업생명과학대학 부산대학교 생명자원과학대학	
제주	제주대학교 생명자원과학대학	
부산		동아대학교 생명자원과학대학
대구	경북대학교 농업생명과학대학	
광주	전남대학교 농업생명과학대학	
대전	충남대학교 농업생명과학대학	

5.0%, 영농정착이 2.2%에 달하는 실정이다.[3]

농업계 4년제 대학의 현황은 위와 같지만, 전문대학 이상의 고등교육기관에서 제공되는 농업교육 현황은 그 규모가 더 크다고 할 수 있다. 왜냐하면 농업관련 단과대학을 설치하고 있지 않고, 관련 전공을 타 단과대학

3 진로 현황에서 공시자료가 없는 5개 교는 제외된 수치임.

내에 설치한 경우가 많기 때문이다. 2008년 기준으로 174개의 4년제 일반대학 가운데 농업 관련 전공을 개설하고 있는 대학 수는 62개에 달하였다. 또한 62개 대학에 설치된 전공 수는 278개에 달한다. 전공 분야별로 보면 식품가공분야가 19.4%로 가장 많았고, 작물 10.8%, 임산 10.8%, 조경 9.4%, 축산 9.0%, 원예 8.6%, 농생물 7.2%, 농경제 6.5%, 농화학 5.4%, 농기계 4.3%, 농토목 4.0% 등의 순이었다(정진철, 2008).

농업계 4년제 대학에 개설된 전공은 학교별로 다르기 때문에 일반화할 수는 없다. 하지만 최근에는 단과대학 명칭 변경과 같이 전공 명칭도 생명, 바이오 등을 강조하는 방향으로 변화되어 왔고, 타 학문분야와의 융합을 강조하는 경우도 있다. 서울대학교 농업생명과학대학에 설치된 15개 전공을 예로 제시하면 다음과 같다.

- 식물생산과학부: 작물생명과학, 원예생명공학, 산업인력개발학
- 산림과학부: 산림환경학, 환경재료과학
- 식품 · 동물생명공학부: 식품생명공학, 동물생명공학
- 응용생물화학부: 응용생명화학, 응용생물학
- 조경 · 지역시스템공학부: 조경학, 지역시스템공학
- 바이오시스템 · 소재학부: 바이오시스템공학, 바이오소재공학
- 농경제사회학부: 농업 · 자연경제학, 지역정보

한편 박은우 외(2010)는 과학기술의 발달에 따라 농업의 개념 및 범위가 확장되고 있음에도 불구하고, 전통적인 생산농업에 국한된 농산업분야 학문분류체계는 이러한 변화를 충분히 담고 있지 못하다는 문제 인식을 바탕으로 농생명과학분야 학문분류체계를 개발하였다. 이 연구에서 제시하고 있는 농생명과학분야 학문분류체계를 통해 현재 농학계 4년제 대학에서 이루어지고 있는 농업교육 현황이 어떠한지를 좀 더 정확하게 이해할 수 있을 것이다.

표 Ⅲ-5. 농생명과학분야 학문분류체계

대분류	중분류
1. 식물생명과학	1.1 식량자원과학 1.2 원예자원과학 1.3 산림자원과학 1.4 농림식물생명공학 1.9 식물생명과학 기타
2. 동물생명과학	2.1 동물자원과학 2.2 동물생명공학 2.9 동물생명과학 기타
3. 환경생태과학	3.1 농업환경생태학 3.2 환경생태제어, 오염 및 안전성 3.3 농업인프라공학 3.9 환경생태과학 기타
4. 바이오시스템공학	4.1 바이오소재공학 4.2 바이오에너지공학 4.3 바이오산업설비/공정공학 4.9 바이오시스템공학 기타
5. 식품과학	5.1 식품공학 5.2 식품영양학 5.3 식품조리/외식 5.9 식품과학 기타
6. 농생명사회과학	6.1 농생명산업경제경영학 6.2 농촌개발사회학 6.3 농생명산업교육학 6.4 농생명사회과학 기타

이 연구에서는 농생명과학분야를 대분류-중분류-소분류-세분류로 제시하고 있다. 이 가운데 대분류와 중분류를 제시하면 〈표 Ⅲ-5〉와 같다. 농생명과학분야는 식물생명과학, 동물생명과학, 환경생태과학, 바이오시스템공학, 식품과학, 농생명사회과학으로 구성된 학문분야로 농업상의 생산기술과 관련 산업, 인력 양성, 정보처리, 경제활동 등의 원리 및 이들에 대한 응용을 연구목적으로 하고 있는 응용과학분야라고 할 수 있다.

연구문제

1. 우리나라 농업계 고등학교, 전문대학, 4년제 대학 현황의 변화 과정을 조사해 보자.
2. 농업계 고등학교 학생의 특징을 조사해 보자.
3. 농업계 전문대학 교육과정이 갖는 특징을 조사해 보자.
4. 농업분야에 특화된 4년제 대학 국외 사례를 조사해 보자.

참고문헌

교육과학기술부. (2011). 『고등학교 교육과정』. 서울: 교육과학기술부.

김진구, 이건남. (2010). 「고등학교 교육과정상의 농생명산업계열 기준학과에 따른 동일계 학과 범위 설정에 관한 연구」. 『농업교육과 인적자원개발』 42(2), 1-29.

대학정보공시센터. (2012). 『대학알리미』. Retrieved from http://www.academyinfo.go.kr

박은우, 정철영, 강호덕, 김영석, 김한용, 양재의, 이홍구, 정진철, 황헌, 김성남, 최수정. (2010). 『농학분야 경쟁력 강화를 위한 농산업분야 학문 및 직업의 분류체계 선진화 방안』. 수원: 농촌진흥청.

이용환, 김수욱, 정철영, 박행모, 김진모, 나승일, 강대구. (2007). 『농업교육학 개론』(개정판). 서울: 서울대학교출판부.

정진철. (2008). 「고등농업교육기관에서의 IT 관련 교육 현황 분석」. 『농업교육과 인적자원개발』 40(4), 65-89.

한국교육개발원 교육통계연구센터. (2012). 『교육통계연보』. Retrieved from http://std.kedi.re.kr

한국교육학술정보원. (2012). 학교알리미. Retrieved from http://www.schoolinfo.go.kr

한국농업교육사편찬위원회. (1994). 『한국농업교육사』. 서울: 대한교과서주식회사.

한국대학교육협의회. (2012). 『대학주요현황』. Retrieved from http://www.kcue.or.kr

한국전문대학교육협의회. (2012). 『전문대학 현황』. Retrieved from http://www.kcce.or.kr

IV. 농업교사

강대구

개요

농업교사 양성제도의 변화와 방법, 농업교사의 역할과 자질, 농업교사 임용과 발전, 농업교사 교육의 현황과 과제에 대하여 고찰한다.

학습목표

1. 농업교사 양성제도와 이념의 변화를 설명할 수 있다.
2. 농업교사가 수행하여야 할 역할과 필요한 자질을 설명할 수 있다.
3. 농업교사로 채용되고 발전할 수 있는 방법을 설명할 수 있다.
4. 농업교사 교육의 과제를 논할 수 있다.

1 농업교사 양성제도와 이념의 변화

농업교사의 정의는 농업이라는 교과내용의 성격과 교사라는 개념을 어떻게 한정하는가에 따라 달라질 수 있다. 농업교사는 일반적으로 농업에 관한 내용을 가르치는 사람을 지칭한다. 농업교육은 초등이나 중등, 고등교육 및 사회교육의 모든 단계에서 이루어지므로, 농업교사로 분류될 수 있는 사람은 다양하다. 이들은 가르치는 기관에 따라 서로 다른 명칭이 사용된다. 즉 대학에서 농업에 관한 내용을 가르치는 경우는 교수, 성인교육기관에서는 교관이나 강사 또는 교수라고 명명된다. 그러므로 농업교사라고 규정할 수 있는 사람은 초중등학교에서 농업에 관한 내용을 가르치는 사람들로서, 교원자격검정령에 표시된 농업분야의 자격을 표시과목으로 하는 사람들이다. 초등학교는 현재 농업에 관련된 내용을 실과 과목에서 배우나, 이들은 농업교사를 표시과목으로 구분하고 있지 않으므로, 실제적으로는 중등학교만 해당된다.

농업교사는 한국표준직업분류에 따르면, '전문가'직군의 '교육전문가'에 해당하며, '중등학교 교사'의 하위분류에 속한다. 이들은 농업계열 고등학교에서 학생들에게 농업에 대한 지식과 기술을 가르치기 위하여 농업 및 관련과목을 전문으로 교육하며, 전문교과목에 따라 식물자원교사, 동물자원교사, 농업경영교사, 농업토목교사, 식품가공교사, 농업기계교사, 조경교사, 농산물유통교사, 환경보전교사로 유형화될 수 있다. 현재 표시과목은 식물자원·조경, 동물자원, 농공, 식품가공, 농산물유통으로 구분되고, 표시과목별로 자격을 취득할 수 있는 관련학과가 규정되어 있어서 이들 과목 외에도 다른 과목들도 자격을 취득할 수 있다.

농업교사들은 표시과목에 따라 관련분야의 과목을 담당하고 있으나, 농업계 고등학교가 아닌 일반계 고등학교나 중학교에 근무하는 경우는 농업분야 과목이 세분되지 않았거나 없으므로, 다른 과목이나 표시과목과 관련이 적은 업무를 담당하는 경우가 있고, 농업계 학과가 설치된 고등학교에서는 전공 관련 업무가 세분되므로, 농업교사는 어느 정도 전공분야와 관련된 과목과 행정업무를 맡게 된다.

농업교사 교육은 국가적으로 관심을 가져왔던 부분이다. 1950년 이후 교사의 부족으로 다양한 경로의 인력을 농업교사로 활용하였으나, 농업교사양성을 목표로 한 농업교육과를 대학 내에 설치하여 농업교사로서 적절한 인력을 양성하였고, 농업계 학교 학생 자원의 감소에 따라 교원자격증 표시 과목 변경을 위한 부전공자격연수와 전공연수, 표시과목 규정 변화에 따른 통합자격에 대한 직무 연수 등을 통하여 농업교사들의 직무능력과 교과에 대한 지도능력을 개선하도록 노력하였다. 최근에는 농업계 학교에 대한 국가 정책적 수요로 인한 다양한 사업을 수행하고 있으므로, 이들 능력을 담당할 교사들의 직무능력을 위한 과정개설은 농업교사교육에 대한 국가의 관심을 나타내는 좋은 예이다.

농업교사 교육에 대한 국가적인 관심은 1963년 서울대학교에 농업교육과의 설치로써 요약될 수 있다. 그 이전까지는 농업교원양성소와 같은 단기과정 중심의 미봉적 농업교사 충원정책이 중심이었으나, 목적형 학과의 출현은 체계적인 농업교사양성정책으로 전환됨을 의미한다. 이때는 부산수산대학(현재 부경대학교)에 수산교육과, 서울대학교 공과대학에 공업교육과가 함께 설치되어 실업을 담당할 교사 양성을 목적으로 한 학과들이 나타나고 있었다. 이는 농업교사가 단지 농업에 대한 기술적 능력만으로는 부족하다는 정책적 인식에 기인한다. 이는 교육과정구성에서도 차이가 있는 형태로 나타났다.

국립사범대학 출신자의 우선임용제도가 위헌판정으로 개정된 1990년은 농업교사양성정책의 또 다른 전환점이다. 목적형 학과에서 국가의 지원으로 양성된 우수한 교사자원을 우선 임용함은 공공적 성격을 띤 사업이 국민의 세금으로 지원되었으므로 합리적으로 활용되도록 임용함이 부합하나, 국민의 공무담임권을 제한한다는 논리에 따라 국립사범계 학생의 우선임용이 위헌으로 판정되어, 양성과 임용의 분리로 나타났다. 결과적으로 우수한 농업교사자원의 선발은 공정성과 질적 통제를 기할 수 있는 임용고시의 강화로 나타났고, 1998년부터 모든 교원양성기관에 대한 평가제도가 적용되어, 1주기(1998-2002년), 2주기(2003-2009년), 3주기(2010-2014년) 평가까지 이루어졌다. 3주기 평가는 평가지표를 단순화하고 정량화하여 우수(A), 보통(B), 미흡(C), 부적합(D) 등의 평가를 부여하여 미흡이나 부적합을 받은 대학은 입학정원감축 또는 학과 폐지 등의 제재와, A등급을 받은 대학은 학과 간 입학정원 자율조정권, 교사양성 특별과정과 교장양성과정 설치, 교육대학원 복수전공제 운영자격 부여, 교육전문대학원 시범운영 후보자격 부여 등의 행·재정적 조치를 취하여 교원양성기관의 질적 통제가 함께 이루어지고 있다(한국교육개발원, 2009).

결과적으로 교원임용고시와 교원양성기관평가는 농업교사만 해당하는 것이 아니라 전체 국공립학교 교원에 대한 양성과 임용 전반에 대한 통제로 작용하고 있다. 사립학교 역시 지역에 따라 시험을 실시하나, 개별 교육청이나 학교에 위임되는 경우가 대부분이고, 농업분야는 수요도 적어서 실제적으로는 개별학교에 위임되는 경우라고 볼 수 있다. 결과적으로 양성기관의 역량 평가를 통하여 목적형 양성과 유사한 수준의 질적 통제를 유도하고, 농업교사 입직단계에서의 임용고시를 통하여 교사의 개인차나 기관의 개인차를 통제하여 질적인 향상을 이루기 위한 방안이라고 할 수 있다. 특히 교원임용고시는 필기, 실기 및 면접으로 구성되고, 필기시험은 전공과 교직과목의 이론 시험과 가산점으로 이루어졌으나, 1990년대의 초기 임용고시에서는 2단계로 선발이 이루어졌고, 최근에는 3단계 선발로 이루어지다가, 2013년부터는 2단계 선발로 다시 바뀌었다. 대체로 실기과정에서는 수업실연이 짧은 시간에 걸쳐 평가되다가, 최근에는 수업계획서를 작성하고 그에 따라 수업도 실연하는 경우와, 농업분야에 대한 실기 시험을 보는 경우도 있어서 실기 평가가 수업지도와 농업내용에 대한 실연이 포함되고 있는 경향이 있다.

농업교사의 양성제도는 농업교사관과 관련된다. 즉 어떠한 교사를 우수한 교사로 보는가에 따라 그러한 교사를 배출할 수 있는 교사양성제도를 수립하기 때문이다. 농업교사의 양성과 임용은 1990년 이후 양성 중심에서 임용 중심으로 변화되었고, 최근에는 임용과정에서 면접과 농업과목지도에 대한 실기능력을 강조하면서 임용 단계에서의 현장성을 강조하는 것으로 변화되었다. 또한 양성기관의 평가인정제 도입으로 교사양성기관의 질적 통제와 임용통제가 함께 이루어지고 있다. 이들 변화는 우수한 농업교사상에 대한 관점 전환을 의미한다.

농업교사 양성제도는 기술 중심적 농업교사 양성제도와 인간행동 중심적 농업교사 양성제도로 구분하여 왔다. 기술 중심적 농업교사 양성관은 농업교과에 대한 기술적 내용을 잘 알고 있으면 우수한 교사가 될 수 있다고 보았으므로, 농업교사 교육은 농업교과내용을 많이 이수하도록 한 체제로 운영되었다.

이와 같은 체제는 1927년 수원고등농림학교에 설치된 실업보습학교 교원양성소에서 시작되었다. 이때는 초등학교 현직 교원 중에 선발하여 1년간 농업교육을 실시하여 자격증을 부여하였다. 그러다가 1935년부터는 일본에서 고등농림학교나 농과대학 농학·실과 졸업생을 입소하도록 하여 교수법과 조선의 농업에 관한 교육을 한 후 실업보습학교와 농민훈련소, 농업학교의 교사로 임명하였다. 1937년에는 명칭도 농업교원양성소로 변경하였고(김영우, 1989; 한국농업교육사 편찬위원회, 1994), 광복 후 1952년에 서울대학교 농과대학에 중등농업교원양성소를 설치하여 농업교사를 양성하기 시작하였는데, 이 역시 기술 중심적 농업교사 양성 제도의 형태라 할 수 있다.

농과대학과 초급대학의 일부 농업계열학과들은 1955년부터 1965년까지 학과 졸업과 동시에 교사로서 필요한 교육 관련 과목을 이수함 없이 무시험검정으로 교원자격증을 부여받았고, 실업계 학과는 1969년부터 1980년대까지 보수교육 없이 준교사 자격을 취득할 수 있었다(이무근, 1969).[1] 이와 같은 사례는 기술 중심적 교사양성관의 대표적 사례가 될 것이다. 이는 농업교사 양성의 주된 관점이 교과에 대한 지식과 기술을 갖추었는가에 집중되어 있고, 가르치는 학생들에 대한 인격적 발달에 대한 지도능력은 관심이 적은 실정이었다. 기본이수영역에 해당하는 전공과목과 교육학 과목, 교과교육과목, 교육실습을 이수하여 평균 B학점 이상을 받으면 자격을 취득하는 교직과정제도가 약간의 차이는 있으나 비슷한 유형으로 분류할 수 있다.

교직과정은 표시과목 자격에 해당하는 학과의 교육과정을 고려하여 교직과정 설치허가를 받아야 하며, 대상자는 학과별 입학정원의 30% 안에서 선발하고 자격증을 발급받기 위해서는 교직과목과 전공과목의 이수학점수와 평점 평균을 규정하고 있어서 제한된 사람만이 자격증 발급이 가능하다.[2] 교직과정은 엄밀한 의미의 기술 중심적 교사 양성 제도로 보기 어려우나 농업에 관한 기술적 내용의 이수를 기본으로 교직과목 일부를 중심

---

1 이에 해당하는 학과는 대체로 농대와 초급대 등의 농학, 임학, 원예학, 농공학, 축산, 농예화학, 농경제, 농생물, 수의학과 등으로 고등학교 2급 정교사나 중학교 2급 정교사 자격을 부여하였다.

2 『교원자격 검정령』(2011)에 의하면, 교육과학기술부장관이 정하는 학과나 학부 중 교육과학기술부장관의 교직과정설치허가를 받은 학과의 교직과정이수후보자의 선발과 이수자 중 자격을 갖춘 대상자에게 자격증을 부여한다. 이수후보자의 선발은 제2학년 중에 학교의 장에게 교직과정이수신청을 하여, 신청자 중 인성, 적성 및 성적 등을 고려하여 당해학년의 학과별 입학정원의 30% 범위 안에서 선발하고, 전공과목과 교직과목이수에 대한 규정과 졸업평점규정이 명시되어 있다. 최근에는 교직과정 인원수를 학과별 모집정원의 10%만 선발하고 있다.

으로 한 관련 지식을 보충하여 이수하면 우수한 농업교사가 될 수 있다는 생각이 전제되므로 기술 중심적 교원 양성으로 볼 수 있다.

인간행동 중심적 농업교사 양성관은 농업교사라는 직업은 단순히 농업에 관한 내용에 정통하기만 하면 되는 것이 아니라 인간을 가르치는 교사로서의 자질이나 능력이 함께 고려되어야 한다는 관점이다. 농업교사는 가르칠 과목에 관련된 기술적 능력과 학생 지도 능력에 관한 내용, 교사로서 필요한 소양과 인격을 갖추어야 한다는 주장이다(강대구, 1995). 이는 농업이라는 교과를 통하여 학생들을 훌륭한 개인과 시민으로서 성장할 수 있도록 지도할 수 있는 능력을 갖추어야 농업교사로 적합한 존재라는 인식에 기초한 관점이다. 이 관점에 기초하여 1962년 12월에 서울대학교 농과대학에 농업교육과가 설치·허가되어 1963년도부터 학생을 모집하였고, 1966년에 건국대학교 농공대학, 1966년 12월에 삼육대학, 원광대학, 1982년 10월에 순천대학에 농업교육과가 설치되었다. 농업교육과의 설치는 새로운 이념에 따라 농업교사 교육이 시작됨을 말한다. 그러나 원광대학은 1971년부터, 삼육대학은 1979년부터 신입생 모집을 중지하였다(한국농업교육사 편찬위원회, 1994). 건국대학교의 농업교육과는 2001년 3월부터 교육공학과로 변경되면서 폐과되었고, 2000년 10월부터 서울대학교 농업교육과는 농·산업교육과로 학과명을 변경하였고, 2005년 3월부터는 서울대학교 농업생명과학대학이 학과제를 없애고 7개 학부제로 개편되면서, 식물생산과학부의 산업인력개발학 전공으로 변경되고, 대학원은 농산업교육과로 운영되어, 농업교사양성은 농업생명과학대학의 모든 학과에서 지원자를 받는 교직과정형태로 바뀌어서 현재 농업교육과라는 명칭으로 학생을 모집하는 경우는 순천대학교가 유일하다.

농업교육과는 적합한 농업교사 후보자를 선발하기 위하여 입학생의 선발을 다양한 방법을 통하여 선발하였다. 그중 하나가 농업고등학교 출신자의 선발 우대나, 할당선발, 시·도교육감 추천을 통한 선발 등이다(이용환, 이

종상, 1986). 1996년도 입시부터는 농어촌 출신 학생들을 특별전형원칙에 따라 일정한 비율을 정원 외로 확보하도록 하였으며, 실업계 고등학교 출신자들을 정원 내에서 선발하는 방안들이 도입되었다. 순천대가 선발과정에서 도입한 농고생의 가산점 제도나,[3] 특기자 선발제도[4]와 실업계 고등학교 출신자 선발제도[5]이다.

1963년을 기점으로 인간행동 중심적 농업교사관의 관점에 기초한 통합적 농업교사 양성이 시작되어 현재에 이르렀으나, 현재에도 농업교사의 양성은 목적대학인 농업교육과와 일반대학 교직과정, 교육대학원[6]을 통한 자격 부여 등의 다양한 경로가 존재하여 실제로는 개방형 양성 체제를 유지하고 있다. 또한 현직 교원들을 대상으로 연수를 통하여 신규 자격을 부여하는 경우도 있고, 각 교원연수원에 단기과정을 설치하고 전공연수를 실시하는 경우도 존재하고 있다. 엄밀한 의미에서 교직과정이나 교육대학원 제도는 기술 중심적 농업교사 양성과는 차이가 있으나, 성격상으로는 분과적 방법으로 농업내용과 교직내용을 별개로 이수하는 형태로서 농업내용을 중시하는 기술 중심적 교사 양성 형태로 볼 수 있다.

---

3 농고생 가산점은 1996년도 입시에서 농업계 학과 출신자에 한하여 농과대학 학과와 사범대학 농업교육과를 지원한 경우 가산점 20점을 부여하였으며, 해당 학과 정원의 5~10%를 정원 외로 선발하였다(1996학년도 순천대 신입생 모집요강).

4 이 제도는 대부분의 대학에서 입학 시에 활용하나, 순천대학교는 농업교육과 학생을 선발할 때 일정 비율을 농업계 고등학교 출신자 중 전국기능경기대회나 전국영농학생전진대회 입상자를 대상으로 선발하고 있다.

5 이 제도는 학생 모집인원의 일부를 실업계 고등학교 출신자 간의 경쟁으로 선발하는 것으로 이 제도는 농업계 고등학교 출신자들의 농업교사양성과정으로의 유인책이 되고 있다.

6 2011년 현재 교육대학원에서 농업교사양성과 관련된 학교는 농업교육전공 7개 교, 식물자원 · 조경전공 2개 교, 농공교육전공 1개 교이다.

2 농업교사의 역할과 자질

1절 농업교사의 역할

농업교사는 여러 가지 역할을 담당하고 있다. 농업교사의 역할은 교사 직위에 있는 사람은 어떠한 행동을 하여야 한다고 교사 자신이 느끼는 역할지각의 형태이거나, 주변 사람들이 그 직위에 종사하는 사람들에 대하여 기대하는 행동을 지칭하는 역할기대의 형태로 구분된다. 일반적으로 이들 2가지 방법 모두가 역할 분석에 활용되고 있다. 농업교사로 성공하기 위해서는 농업교사로서 필요한 역할이나 임무를 파악하고 자신에게 부족한 점을 발견하여 이를 보완하여야 한다.

농업교사는 일반교사로서의 역할과 특별히 구별되는 역할이 있다. 일반적으로 모든 교사에게 요구되는 행동은 농업교사에게도 요구되는 경향이 있기 때문이다. 교사의 역할은 심리적 역할의 측면도 있고, 업무를 담당하는 데 요구되는 역할의 형태로 나타나기도 한다. 교사의 역할은 다양하나 김종서, 이영덕, 정원식(1993, pp. 392-393)은 학습조력자로서의 역할, 인생안내자로서의 역할, 모형으로서의 역할을 예시하여 심리적 역할을 중심으로 설명하고 있다.

교사들의 승진을 위한 평가기준도 역할 파악에 활용될 수 있다. 교육공무원 승진규정 제16조에 의하면, 근무성적을 자질과 태도, 근무 실적 및 근무수행능력으로 구분하여 평가한다. 자질과 태도항목에서는 교육자로서의 품성과 공직자로서의 자세를 평가하고, 근무 실적 및 근무수행능력항목에서는 학습지도, 생활지도, 교육연구 및 담당업무 등으로 구분하였다. 이들 각 영역별 구체적인 평정내용은 〈표 Ⅳ-1〉과 같다. 농업교사는 국 · 공립학

표 Ⅳ-1. 교육공무원 승진규정에 따른 교사의 근무평가기준

평정 사항	평정요소	평정내용
자질 및 태도	교육자로서의 품성 (10점)	1) 교원의 사명과 직무에 관한 책임과 긍지를 지니고 있는가?
		2) 교원으로서의 청렴한 생활태도와 예의를 갖추었는가?
		3) 학생에 대한 이해와 사랑을 바탕으로 교육에 헌신하는가?
		4) 학부모 · 학생으로부터 신뢰와 존경을 받고 있는가?
	공직자로서의 자세 (10점)	1) 교육에 대한 올바른 신념을 가지고 있는가?
		2) 근면하고 직무에 충실하며 솔선수범하는가?
		3) 교직원 간에 협조적이며 학생에 대해 포용력이 있는가?
		4) 자발적 · 적극적으로 직무를 수행하는가?
근무 실적 및 근무 수행능력	학습지도 (40점)	1) 수업 연구 및 준비에 최선을 다하는가?
		2) 수업방법 개선을 위하여 노력하고 학습지도에 열의가 있는가?
		3) 교육과정을 창의적으로 구성하며 교재를 효율적으로 활용하는가?
		4) 평가계획이 적절하고, 평가의 결과를 효율적으로 활용하는가?
	생활지도 (20점)	1) 학생의 인성교육 및 진로지도에 열의가 있는가?
		2) 학교행사 및 교내외 생활지도에 최선을 다하는가?
		3) 학생의 심리, 고민 등을 이해하기 위하여 노력하고 적절히 지도하는가?
		4) 교육활동 중에 학생 개개인의 건강 · 안전지도 등에 충분한 배려를 하는가?
	교육연구 및 담당업무 (20점)	1) 전문성을 높이기 위한 연구 · 연수활동에 적극적인가?
		2) 담당 업무를 정확하고 합리적으로 처리하는가?
		3) 학교 교육목표의 달성을 위한 임무수행에 적극적인가?
		4) 담당 업무를 창의적으로 개선하고 조정하는가?

자료: 교육과학기술부. (2013b). 『교육공무원 승진규정』, 대통령령 제24159호(일부개정 2012. 11. 06).

교에 근무하는 경우가 대부분이고, 일부 사립학교가 있는 수준이므로, 이들 평가기준은 농업교사에게도 적용될 수 있는 역할이 될 것이다.

Talbert, Vaughn, 그리고 Croom(2005)은 농업교사의 주요 역할과 책임으로서 학교 구성원으로서의 학교활동참여, 프로그램의 계획과 개발(수업준비, 수업전개, 학생평가), 학생조직의 지도, 학생경험의 감독, 자원의 관리, 다양한 대중과의 접촉, 시민의식의 발휘 등을 역할로 제시하였다. 이들은 역할이면서도 농업교사가 담당하여야 할 업무의 성격으로 판단된다.

교사의 역할은 교사에게 기대되는 행동양식으로서, 외부로 드러나는 성향을 말하나, 심리적으로 교사가 갖추어야 할 윤리적 부분은 겉으로 나타나지 않는 경우도 있으므로, 역할로만 농업교사에게 필요한 부분을 규정하기에는 한계가 있다.

2절 농업교사의 자질과 능력

우수한 농업교사는 어떤 특성을 갖추어야 하는가는 자질이나 전문성, 능력이라는 용어로 논의되어 왔다. 자질은 타고난 성품이나 소질, 또는 자기가 종사하고 있는 일에 대한 능력이나 실력의 정도를 지칭하며, 과거에는 교사의 특성이 자질이라는 용어로 논의되었으나, 능력중심 교사교육(competency-based teacher education)의 관점을 수용하여, 능력이나 역량이라는 용어로서 우수한 교사의 직무수행능력을 진단하려는 시도가 있어왔다. 자질에 대한 연구는 Phipps나 이용환의 연구에서 발견될 수 있다. 능력은 직업에서 효과적인 수행의 결과를 가져오는 기술과 능력으로서, 우수한 교사가 되는 데 필요한 지식과 기술, 자질이 결합된 것을 말한다.

Phipps와 Osborne(1988)은 농업을 가르치는 데 필요한 자질(traits)을 다음과 같이 제시하였다.

① 농업에 대한 배경

② 나무랄 데 없는 성격과 인성

③ 농산업(agricultural industry)의 깊이와 다양성에 대한 이해

④ 지도력

⑤ 교직에 대한 헌신

⑥ 학생들에 대한 헌신

⑦ 창의성과 열의

⑧ 자신감

⑨ 단정함

⑩ 예절과 매너

⑪ 정당한 태도

⑫ 자발적인 협조

⑬ 전문가로서의 윤리관

⑭ 일에 대한 자발성

⑮ 지능

⑯ 정서적 성숙성

⑰ 건강

⑱ 일반교양

⑲ 폭넓은 관심

이용환(1971, pp. 121-122)은 농업교사의 자질을 다음과 같이 제시하였다.

① 전공과목에 대한 깊은 지식과 기능

② 성실성

③ 공정성

④ 협동성

⑤ 솔선수범

⑥ 농촌발전에 대한 신념

⑦ 정신적 · 육체적 건강

⑧ 결백성

⑨ 사회개조에 대한 신념

⑩ 뛰어난 실기능력 및 경영능력

⑪ 학습지도능력

⑫ 친절하고 온화한 성격

⑬ 사회정의에 대한 신념

⑭ 그룹 활동을 지도하고 농민을 이끌 수 있는 지도력

우수한 교사가 어떤 특성을 갖고 있는가는 농업교사의 업무수행능력으로 파악할 수 있다. 농업교사의 역할을 연구한 이무근(1971)은 농업교사의 역할로서 중요한 순서로 농장실습지도와 실내수업, 자기 전공에 대한 연수, 영농학생회 및 전공실습생 지도, 생활지도 및 취업지도의 순으로 들고 있다. 교사는 학습지도와 생활지도, 학급경영, 교무분장업무, 교육연구 등을 기본영역으로 하는데, 농업교사들은 이들 영역 외에도, 농장이나 실험실, 실습실, 농기계실과 같은 농업교과의 지도와 수업에 관련된 관리업무를 담당하며, 학생들의 현장실습 파견이나 취업업무를 담당한다. 특히 실습이나 취업에 대한 업무는 농업교사들이 담당하는 영역이다. 결과적으로 이들 업무분야의 수행능력으로 우수한 농업교사를 결정한다.

강대구(1992)의 연구에 의하면 교사로서 필요한 능력영역을 교수-학습 영역, 학급 및 학교경영 영역, 연구 활동과 자기발전 영역, 지역과의 협조 영역, 학생조직과 생활지도 영역, 프로그램 수립관련 활동으로 구분하여, 다른 교과 교사들과 농업교사들을 비교한 결과, 교수-학습 활동영역에서는 실습지도계획의 수립·지도·평가 영역과 야외수업의 계획수립·지도·평가 영역, 실기능력의 측정·평가·활용을, 학급 및 학교 경영업무 영역에서는 학교농장 담당업무의 계획과 운영, 실습시설과 설비의 확보와 관리, 실습시설 활용계획과 수행, 실습시설 활용의 평가와 개선 영역을, 지역과의 협조 영역에서는 지역 업체와 기관에의 현장견학, 지역 업체의 학생취업 촉진활동, 지역주민 대상의 교육활동 지원과 참여활동을 중요하다고 판정하였다. 특히 농업관련분야 교사는 현장견학이나 취업촉진활동을 중요하게 판정하였다. 주민교육에 대한 참여와 지원은 농업, 농업기계, 농산제조 교사들이 적극적으로 평가하고 있다. 이는 농업교사들이 다른 교사들과 달리 실습이나 현장견학, 지역주민에 대한 사회교육능력을 더 많이 요구하고 있음을 말한다.

나승일(2006, pp. 1-22)은 농업교사의 전문성을 일반교사가 지녀야 할 공통적인 전문성과 농업교과지도를 위한 전문성으로 구분하여 프로그램 개발, 교수 계획·실행·평가·관리, 생활지도, 학생단체지도, 학교와 지역사회의 연계, 현장실습지도, 농업관련능력중심교육, 성인교육, 특수학생지도 영역으로 구분하였다.

Lee(2000, p. 6)는 성공적인 교사의 특성으로 주의 깊게 계획하고 전개된 수업을 통하여 학생의 개인적·교육적 요구를 이해하고 충족시키며, 시간과 자원을 지혜롭게 사용하며, 고용주와 관계를 수립하고 유지하며, 지역 고용주, 전반적인 산업의 요구와 경향을 포함하여 노동시장을 잘 알고 있으며, 프로그램에 관하여 효과적으로 의사소통하며, 특히 기술적 발달과 같은 변화에 적응할 수 있으며, 일에 대한 긍정적 태도를 보이며, 외관과 행동에 있어서 전문적이며, 실제적 사례를 사용하여 수업을 의미 있게 만들고, 총명하며, 자신의 전문영역을 포함하여 학교와 학교 제도에 대하여 잘 알고 있고, 수업에서 창의적이고 혁신적이며, 가르치는 일에 헌신적이고, 학생들을 자발적으로 돕는 자세를 갖추어야 함을 제시하고 있다.

Edmunds와 Smith(2001, pp. 13-14)는 훌륭한 직업교사가 갖추어야 할 바람직한 자질은 협동, 친절, 인내, 이해, 다양한 흥미, 우수한 의사소통기술, 기분 좋은 외모, 호감이 가는 매너, 유머, 긍정적 태도, 완고하지 않은 일관성, 학생에 대한 관심, 교직에 대한 헌신, 허용 가능한 가치관과 뛰어난 직업기술과 지식을 제시하고 있다. 이 중에서도 긍정적 태도와, 학생과 교직에 대한 헌신을 가지고 있다면 좋은 교사가 될 수 있다고 하였다. 이들 외에도 환경을 조직하는 능력과 수업지도에 관련된 능력, 교직에 대한 긍정적 태도와 깊은 이해, 존경심, 전문적인 발전을 위한 학습, 교실에서의 전문적 외관과 언어, 예의, 행동을 보여 학생들의 역할모델로서 제공될 수 있는 모습이 있어야 한다. 또한 자신의 장점과 단점을 인정하고 자신의 능력을 받아들이는 능력을 갖추도록 요구하고 있다.

Phipps와 Osborne(1988, pp. 137-141)은 농업교사에게 필요한 능력을 인간관계의 수립·유지 능력, 지역과 개인의 요구결정 능력, 지역농업교육프로그램 개발·개선 능력, 자문 집단의 조직과 활용 능력, 수업설비의 계획과 유지 능력, 영농학생회·성인조직·기타 학교지원단체에의 조언 능력, 학생들의 직업경험프로그램 개발과 지도 능력, 수업계획과 지도 능력, 진로지도·취업·추수지도 능력, 학과기록유지와 보고서 작성 능력, 학과활동의 집행·감독·조정 능력, 농업교육을 최고로 만드는 능력, 전문 교육자로서 행동할 수 있는 능력을 제시하였고, 우수한 농업교사가 되기 위해서는 합당한 철학적 기반과 인간관계기술의 토대하에서, 적극성과 전문가적 윤리의식, 자신감을 기초로, 기술적 전문성과 전문가적 전문성을 갖추고, 교직에 대한 헌신을 맨 위에 두는 형태를 제시하고 있다.

이상의 논의들을 정리하면, 농업교사는 교사로서 갖추어야 할 능력 외에 다른 교사들과 구별되는 독특한 능력을 필요로 하고 있다. 일반교사로서의 능력이나 자질이 공통적인 능력이라고 한다면, 농업교사는 농업교과의 수업과 관련된 능력과, 지역주민에 대한 교육, 학생들의 실습·취업과 진로에 관련된 지도 능력이 부가적으로 필요하다. 또한 농업교사들이 갖추어야 할 마음자세는 학생들에 대한 바른 행동의 역할모델로서, 농업분야의 직업에 대한 이해와 지식을 갖춘 전문가로서, 농업교사라는 전문직으로서의 자신의 계속적인 발전을 위하여 노력하는 직업인으로서의 모범적 역할을 갖추어야 하며, 이를 위하여 긍정적 태도와, 학생과 교직에 대한 헌신 의지가 있어야 할 것이다. 이를 위해 농산업, 농업교과, 농촌지역사회에 대한 심층적인 이해[7]와, 가르치는 일에 전문적인 능력을 갖추어야 할 것이다.

7 정일환 외(2005)의 연구에 따르면 농어촌 학교에 근무하는 교사들에게 필요한 능력을 농어촌 교사들을 대상으로 분석한 결과 농어촌 지역에 대한 이해와 농어촌 학교 학습자들에 대한 이해가 있어야 함을 제시하고 있다.

3 농업교사의 양성

중등학교에서 농업을 가르치려면 교원자격을 구비하여야 한다. 교원자격증은 자격검정을 거쳐서 발급받는데, 자격검정은 시험검정과 무시험검정을 통하여 이루어지며, 농업교육과나 교직과정 출신자는 〈표 Ⅳ-2〉와 같이 기본이수영역 7개 영역 21학점과 교과교육영역 8학점 이상을 포함하여 전공과목 50학점 이상으로 75점 이상, 교직이론과 교직소양분야, 교육실습을 포함하여 22학점 이상을 취득하고, 평점이 80점 이상, 1회 이상의 교직적성과 인성검사를 통과하여야 한다.[8] 부전공과목은 교육과학기술부장관이 정하는 학과에서 30학점 이상을 이수하여야 하며, 기본이수영역에 해당하는 과목을 7과목(21학점) 이상 포함하여야 한다. 그 외의 사람들이 자격을 부여받으려 한다면, 시험검정을 통하여 발급받아야 하는데, 시험검정은 학력고사, 실기고사, 구술고사를 통해 실시된다. 학력고사는 담당할 과목과 교육학을 대상으로 실시하며, 과목별 100점 만점으로 전 과목 평균 60점 이상자를 합격으로 한다. 실기고사와 구술고사는 학력고사 합격자를 대상으로 실시하며, 과목별 100점 만점으로 40점 이상을 합격자로 한다. 시험 검정의 주 대상은 준교사와 실기교사 자격이며, 1·2급 정교사는 시험검정의 대상이 아니다. 대학이나 전문대학 또는 고등학교 졸업자로서 국가가 인정하는 기능이나 기술 자격을 보유한 사람은 전공과목이나 실기과목을 면제받으며, 현직교사는 교육학을 면제받는다.

8 교육대학원에서 교사자격취득 시는 교과교육영역 6학점 이상(2과목 이상), 기본이수과목 14학점 이상(5과목 이상)으로 규정되었다(『유치원 및 초등 · 중등 · 특수학교 등의 교사자격취득을 위한 세부기준』, 교육과학기술부 고시 2012-27호, 제3, 4조).

표 Ⅳ-2. 농업분야자격종별 전공과목 및 교직과목의 이수 기준과 학점

자격종별	전공과목	교직과목
중등학교 정교사(2급)	50학점 이상 표시과목별 기본이수과목 21학점 (7과목) 이상 포함 표시과목별 교과교육영역 8학점 (3과목) 이상 포함	22학점 이상 교직이론 및 교직소양: 18학점 이상 (교직소양 6학점 이상 포함) 교육실습: 4학점 이상 (교육봉사활동 2학점 이내 포함 가능)
준교사	50학점 이상 교과내용영역 50학점 이상 기본이수과목 6학점(2과목)이상 포함	10학점(5과목) 이상 교직이론
실기교사	50학점 이상 교과내용영역 50학점 이상	4학점(2과목) 이상 교직이론

※ 비고
1. 대학은 교육실습에 소요되는 실비를 해당 학생에게 부담하도록 할 수 있다.
2. 대학은 교육실습에 관한 일반기준을 마련하여야 한다.

자료: 교육과학기술부. (2013a). 『교원자격검정령 시행규칙』, 별표 3.

농업교사는 자격 구분과 표시 과목의 2가지로 구분된다. 교사의 자격 구분은 정교사(1급 · 2급) · 준교사 · 전문상담교사(1급 · 2급) · 사서교사(1급 · 2급) · 실기교사 · 보건교사(1급 · 2급) 및 영양교사(1급 · 2급)로 나누어지며, 이 중 농업교사에 해당하는 부분은 실기교사와 1 · 2급 정교사, 준교사 자격이다. 그 외에 교육대학원에 설치된 상담이나 진로진학상담, 영양교사 과정 이수를 통하여 전문상담교사나 신로진학상담교사, 영양교사로 자격을 변경하는 경우도 있다. 교감은 1급 정교사 중에 3년 이상의 교육경력과 자격 연수를 거쳐 교감이 되며, 교감은 3년 이상의 교육경력과 교장 자격 연수를 거쳐 교장이 된다. 교장이나 교감은 자격에 관련 없이 전체 교사 중에서 임용후보자 명부를 작성하여 대상자 수가 결정되고 연수를 거쳐 임용되므로 엄밀한 의미로 본다면 농업교사라고 보기 어렵다. 다만 농업교사 수에 따라 교감 연수대상자 수가 결정되므로, 무관하다고 보기는 어렵다. 농업교사는 장학사나 연구사로 명명되는 교육행정직렬로 전보할 수도 있는데, 교육연구사와 장학사는 시도교육청이나 교육과학기술부 차원에서 수요에 따라 경쟁 임용으로 이루어지며, 일부는 농업교사자격을 채용과정에서 지원조건으로 제시되므로, 농업교사와 관계된다. 이들 직렬은 교사들의 교장이나 교감과 같이 상위자격취득을 위한 승진임용자 명부 작성 시 경력기간을 상호 동일하게 인정한다.

표시과목에 따라 농업교사를 분류한다면, 정교사 · 준교사 5개, 실기교사 9개의 표시과목으로 구성된다. 농업교사의 자격취득은 전공과목과 교직과목, 교직적성 · 인성검사에 의하여 규제되며, 교직과목은 〈표 Ⅳ-3〉과 같은 교직이론분야와 교직소양분야의 세부이수분야에 의하여 통제되며, 전공과목은 기본이수영역을 기본으로 하는데, 기본이수영역은 〈표 Ⅳ-4〉와 같이 각 표시과목에 따라 달라진다. 기본이수영역은 관련학과와 이수내용에 의하여 규제되므로, 농업교사의 자격취득은 관련학과 출신자로서 교직과정이 설치된 경우나, 농업교육과, 교육대학원에서 자격을 취득할 수 있다.

농업교사의 양성은 농업교육과, 교육대학원 농업교육전공, 각 농과계 학과의 교직과정을 통하여 양성되고 있으며, 그 규모는 학교별 · 표시과목별로 서로 다르다. 대체로 농업교육과는 1개 교에서 19명과 정원 외 1명을 포함하여 20명이 모집되고 있고, 교직과정은 식물자원 · 조경 과목은 37개 대학교의 67개 학과 및 전공에서 382명, 동물자원 자격은 21개 대학교의 37개 학과 및 전공에서 119명, 농공자격은 13개 대학교의 18개 학과 68명, 농산물유통자격은 11개 대학교의 11개 학과 및 전공에서 50명, 식품가공자격은 42개 대학교의 48개 학과 및 전공에서 187명으로 총 806명이 배출되고 있다.[9] 교육대학원은 농업교육 전공이나 식물자원 · 조경 전공, 농공교육 전공 등으로 9개 대학에 설치되어 있다. 교육대학원은 과거에는 현직

9 교육과학기술부(2011), 『2011년도 교원양성기관현황』 자료에서 산출함. 이는 2011년 기준으로 2학년에 허가된 정원이므로 실제적인 양성 규모는 차이가 있을 것으로 판단됨.

표 Ⅳ-3. 교원자격별 교직과목의 세부 이수 기준

구분	최저이수기준		
	정교사(2급) 및 교사(2급)	준교사	실기교사
교직이론	12학점 이상(6과목 이상) 교육학개론 교육철학 및 교육사 교육과정 교육평가 교육방법 및 교육공학 교육심리 교육사회 교육행정 및 교육경영 생활지도 및 상담 그 밖의 교직이론에 관한 과목	10학점 이상(5과목 이상) 교육학개론 교육철학 및 교육사 교육과정 교육평가 교육방법 및 교육공학 교육심리 교육사회 교육행정 및 교육경영 생활지도 및 상담 그 밖의 교직이론에 관한 과목	4학점 이상 (2과목 이상) 교육학개론 실기교육방법론
교직소양	6학점 이상 특수교육학 개론(2학점 이상, 영재교육 영역 포함) 교직실무(2학점 이상) 학교폭력의 예방 및 대책 (2학점 이상)		
교육실습	4학점 이상 학교현장실습(2학점 이상) 교육봉사활동(2학점 이내 포함 가능)		
합계	총 22학점	총 10학점	총 4학점

자료: 교육과학기술부. (2012b). 『유치원 및 초등 · 중등 · 특수학교 등의 교사자격 취득을 위한 세부기준』. 교육과학기술부 고시 2012-27호, 별표 2.

교사들이 진학하였으나, 최근에는 교직의 안정성에 대한 선호로 인하여 자격취득을 위하여 진학하는 경우가 있으나, 관련학과 출신자여야 하므로 신규양성에 기여하는 정도는 낮다.

그러므로 농업교사의 양성은 농업교육과와 농업분야 교직과정에서 주도적으로 이끌어 가고 있으며, 양성 분야는 서로 달라 각 표시과목별로 그 규모가 일정치 않다. 또한 이들에게 제공되는 교육과정 역시 기본이수영역과목으로 지정된 분야에서만 동일할 뿐 교육과정은 서로 다르다. 정성

표 Ⅳ-4. 농업교사 자격 관련 학과들과 기본이수영역

표시과목		관련학과 또는 학부	기본이수과목(또는 분야)
정교사 · 준교사	식물자원 · 조경	농업교육, 농학, 원예학, 임학, 조경학 및 관련되는학부(전공 · 학과)	농업교육론, 작물, 원예, 육종, 생리, 농업정보, 조경계획, 조경관리, 식물자원, 생명공학, 유전학, 조림학, 조경시공
	동물자원	농업교육, 축산학, 잠사학 및 관련되는 학부(전공 · 학과)	농업교육론, 축산, 가축사양, 가축위생, 가축번식, 애완동물, 축산물가공, 농업정보, 동물사료, 동물생명과학, 동물영양학
	농공	농업교육, 농공학, 농업기계공학 및 관련되는학부(전공 · 학과)	농업교육론, 농업공작, 농업기계, 농업토목, 농업수리, 농업정보, 농산가공기계학, 농지조성, 농업시설, 농업기계설계학, 유체역학, 농업동역학
	농산물유통	농업경제학, 농업교육(농업경제 및 유통전공), 농업경영학 및 관련되는학부(전공 · 학과)	농업교육론, 농업과학개론, 농산물유통, 농업경제학, 농업경영학, 농업전산일반, 응용계량 경제학, 농산물 가격론
	식품가공	농업교육, 수산교육, 수산가공학, 식품공학, 식품영양학, 식품가공학, 축산가공학 및 관련되는학부(전공 · 학과)	농업교육론(또는 수산교육론 또는 공업교육론), 식품화학, 식품가공, 식품위생, 유기화학, 농산물가공, 수산물가공, 식품재료학, 식품위생법규, 식품미생물학, 식품저장, 식품생명공학, 축산물가공, 발효공학, 식품분석
실기 교사	축산	축산과, 낙농과, 사료과	축산일반실습, 사료재배 및 사양실습, 축산가공실습
	잠업	잠업과	양잠일반실습, 작물보호실습, 농업경영실습
	원예	원예과	원예일반실습, 작물보호실습, 농업경영실습
	임업	임업과, 임산공업과	사방실습, 조림실습, 임산가공실습
	조경	조경과	조경설계제도실습, 조경재료실습, 조경환경 및 보호실습
	농업기계	농업기계과	농업공작실습, 농업기계실습, 농기계관리실습
	농업토목	농업토목과	토목재료 및 시공실습, 농지조성실습, 농지측량실습
	식품가공	식품제조과, 식품가공과, 식품공업과, 수산가공과	식품제조 및 관리실습, 식품화학실습, 식품위생실습
	수의	수의학과	가축생리 및 위생실습, 가축질병실습, 가축번식실습

자료: 교육과학기술부. (2013a). 『교원자격검정령 시행규칙』. 표시과목의 대학의 관련학부(전공 · 학과) 및 기본이수 과목 또는 분야. 교육과학기술부 고시 2004-5호, 별표 1.

봉 외(2006, pp. 73-77)의 연구에 따르면 식물자원 · 조경 과목 교사자격취득에 관련된 일부 대학의 기본이수영역별 지정 교과목을 파악한 결과 동일한 표시과목에 해당하는 학과라도 학과별로 과목에 차이가 있으며, 1개 과목으로 규정된 경우도 있고, 여러 가지 과목을 제시한 경우도 있어서 과목 이수내용에 차이가 있었다. 강대구(1993)의 연구에서도, 농업교사자격 관련 학과들의 교과목은 112과목, 축산교사자격 관련학과는 249과목, 원예교사자격 관련학과는 282과목, 농업기계교사자격 관련학과는 132과목, 농산제조교사자격 관련학과는 91과목의 다양한 과목들이 있어서, 비록 일부 대학의 자료라 하나, 농업교사를 양성하는 학과들의 개설교과목이 매우 다양함을 알 수 있다.

4 농업교사의 임용과 발전

농업교사의 임용은 현재 자격임용주의와 성적임용주의를 대전제로 하고 있다(김명한 외, 1990, p. 194). 자격임용주의는 자격과 능력의 실증을 통하여 임용되는 것을 말한다. 즉 사격기준을 설정하고 자격기준에 도달한 사람을 임용하는 경우와, 일정한 자격기준에 도달하여 교육부장관으로부터 자격증을 수여받은 자를 임용하는 경우로 구분되는데, 전자는 대학의 교수직과 장학사, 연구사 등의 교육전문직을 말하며, 후자는 초 · 중 · 고등학교의 교사들에 대한 임용 제도를 말한다. 농업교사는 임용직급에 적합한 자격을 보유한 사람이 지원 자격 기준이 된다. 성적임용주의는 엽관주의[10]와 반대

10 엽관주의(spoil system)는 관직을 마치 전리품에 비유하여 대통령이 관직의 대부분을 자당의 당원들로 임명하는, 충성도나 혈연 · 지연 등에 기초한 임용을 말한다(김윤태, 1991,

되는 개념으로, 피임용자의 성적을 기초로 하여 임용하는 제도를 말한다. 1990년의 국립사범계 학과 출신자 우선임용원칙이 위헌으로 판정된 이후 농업교원의 임용은 농업교사자격증을 가진 자 중 임용고시를 통하여 선발과 임용이 이루어지므로, 자격임용주의와 성적임용주의가 일차적인 임용기준이 되고 있다. 물론 한시적으로 국립사범계 학과 출신자의 신뢰이익 보호차원에서 선발인원 일부를 국립사범계 학생 몫으로 할당하여 선발한 경우가 있었으나, 1994년 11월 선발부터는 이 제도마저도 없어졌다. 이와 같은 임용원칙은 국 · 공립학교에서만 해당되고 사립학교는 이에 준하여 이루어지고 있다.

농업교사들의 임용은 승진임용과 신규임용의 2가지 형태로 구분된다. 신규임용은 매년 11월경에 선발 공고를 통하여 선발시험이 이루어지며, 1차 선발에서 200%를 선발하고, 2차 선발에서 100% 정도를 최종적으로 선발한다.[11] 합격된 학생들은 성적순에 따라 임용되므로, 표시과목 자격증소지와 성적 순위가 임용의 중요한 요소이다. 선발과정에서는 여러 가지 조건들이 가산점으로 고려되는데, 지역출신자, 복수자격소지자, 국가기술자격증소지자, 벽지지역근무조건 응시자 등의 항목이다.[12] 이들은 반영 정도가 지역마다 약간씩 다르나, 대체로 총점의 10% 이내이다. 지역출신자에 대한 가산점은 지역 사범대 출신자나 그 지역 중고등학교 출신자들에게 가산점을 부여하는 경우로 경기도와 각 시도에서 발견된다. 국가기술자격증을 보유한 경우는 가산점을 부여하는데, 주로 컴퓨터 분야의 자격소지자

---

p. 255).

11 이 부분은 현재 국가가 2008학년도 임용고시부터 적용할 것을 전제로 교원임용제도에 대한 개선안을 마련 중인데, 이 안에 따르면 1차와 2차의 선발비율이나 평가방법이 변경되는 것으로 논의되고 있다.

12 매년 정기적으로 공고가 되는 각 시 · 도교육청의 공립학교 교사 임용후보자 선정경쟁시험 요강에 명시된 가산점 규정에 의한다.

나 응시자격분야에 관련된 기사나 산업기사자격보유자에 대한 가산점 부여나, 공업계 분야의 자격은 관련 교원자격 분야에서 가산점을 부여하고 있다. 복수 교원자격자의 우대는 1995년 11월 임용부터 적용되어 왔으나, 최근에는 부전공과 복수전공자를 구별하여 지역별로 가산점을 차등하여 부여하고 있으며, 부전공자가 부전공으로 응시한 경우는 가산점을 부여하지 않는 지역도 있다.

임용고시는 2단계에 걸쳐 선발되며, 2013년부터는 1차는 교육학, 전공(교과교육포함)을 기입형, 서술형 및 논술형 필기시험으로 실시하고, 1차 선발자를 대상으로 교직적성 심층면접과 수업능력(실기, 실험포함)을 평가한다.[13] 매 단계의 합산 결과에 따라 성적순으로 선발하나, 각 과목당 40%를 넘지 못하면 과락으로 탈락이 되며, 과목 평균 60점 이상자 중에서 각 지역별로 예정된 인원을 선발하고 있다. 선발예정인원에 미달하면 시험의 일부를 면제할 수 있으며, 1차 선발 시에 1차 총점의 20% 내에서, 국립 사범계 학과는 해당지역 교육청에서 응시할 때는 학교 성적을, 교직과정 출신자는 1차 시험 성적순에 따라 10등급으로 구분하여 반영하고 있으나 최근에는 응시지역 사범대 출신자가 아니면 교직과정 출신자와 동일하게 1차 시험성적순에 따라 20%를 가산하고 있다. 2013년부터는 한국사 능력시험 3급 이상의 합격을 임용고시 지원의 선행 조건으로 요구하고 있다.

임용고시를 통하여 선발된 신규 임용자들은 교사 임용서류를 제출하고 직전연수를 받고 농업교사로 발령을 받아 근무하게 된다. 농업교육과나 교직과정 출신자는 대체로 2급 정교사로 임용되고, 준교사 자격자나 실기교사 자격자는 각 자격에 따라 임용이 이루어진다.

승진임용은 상위 직급으로의 승진을 말하며, 승진임용 시에는 최소한의

13 『교육공무원임용후보자 선정경쟁시험규칙』(교육과학기술부령, 169호, 일부개정 2012. 12. 28).

구비 조건이 충족되어야 한다.[14] 승진임용 조건은 교육경력상의 기간 기준과 승진에 필요한 상위 자격을 취득하여야 하고, 승진 순위를 결정하는 명부상의 순서에 따라 승진임용에 필요한 연수대상자의 선정과 연수를 거쳐 임용이 이루어진다. 이때 승진 순서의 결정은 근무성적, 경력, 연수성적과 가산점을 합산하여 이루어진다.

농업교사는 승진이 실기교사 → 준교사 → 2급 정교사 → 1급 정교사 → 교감 → 교장의 과정을 밟게 되고, 교원이 아닌 교육전문직으로 전보하는 경우는 연구사 또는 장학사 → 연구관 또는 장학관의 과정을 거친다. 교육전문직이 교직으로 전보되는 경우도 있는데, 전문직에 있다가 동일직급이나 상위직급의 교원으로 전보되는 경우가 이에 속한다. 상위 직으로의 승진은 상위 자격에 해당하는 연수과정을 거쳐서 상위 자격을 획득한 사람 중에서 각종 가산점과 근무성적, 연수성적을 합산하여 순위에 따라 이루어진다. 가산점은 도서벽지 근무경력, 나환자 학교, 근무경력, 특수학교 근무경력, 연구학교·시범학교·실험학교 등의 공헌자, 1급 정교사·주임교사로 근무한 경력, 장학사나 교육연구사로 근무한 경력, 재외 국민교육기관에 파견 근무한 경력, 기술계나 기능계 자격증 소지자로 공고 근무자 등의 항목에 따라 가산점을 부여한다. 이들 가산점은 각 항목마다 최고점에 대한 제한이 있다.

자격별로 상위자격 취득을 위한 최소 교육경력을 요구하는데, 〈표 Ⅳ-5〉에서 보는 바와 같이 실기교사는 5년의 교육경력을 갖추면 준교사 자격연수를 받을 수 있고, 준교사 자격을 취득한 후 2년 교육경력을 갖추면 2

14 승진은 근무성적, 경력성적, 연수성적 등을 합하여 승진후보자 명부를 작성하며, 승진자격에 상당하는 자격을 가진 교사들 중에서 성적에 따라 승진이 결정된다. 이때 승진후보자 명부의 작성은 근무성적 80점, 경력 90점, 연수성적 30점의 만점체제와 가산점을 포함하여 성적에 따라 순위가 결정되며, 매년 말에 성적에 대한 평정이 이루어진다(『교육공무원 승진규정』).

표 Ⅳ-5. 농업교사 자격의 취득에 관련된 자격 기준

	자격기준
정교사 (1급)	1. 중등학교의 정교사(2급) 자격증을 가지고 교육대학원 또는 교육과학기술부장관이 지정하는 대학원 교육과에서 석사학위를 받은 사람으로서 1년 이상의 교육경력이 있는 사람 2. 중등학교 정교사 자격증을 가지지 아니하고 교육대학원 또는 교육과학기술부장관이 지정하는 대학원 교육과에서 석사학위를 받은 후 교육과학기술부장관으로부터 중등학교 정교사(2급) 자격증을 받은 사람으로서 3년 이상의 교육경력이 있는 사람 3. 중등학교의 정교사(2급) 자격증을 가진 사람으로서 3년 이상의 교육경력을 가지고 일정한 재교육을 받은 사람 4. 교육대학 · 전문대학의 교수 · 부교수로서 3년 이상의 교육경력이 있는 사람
정교사 (2급)	1. 사범대학을 졸업한 사람 2. 교육대학원 또는 교육과학기술부장관이 지정하는 대학원 교육과에서 석사학위를 받은 사람 3. 임시 교원양성기관을 수료한 사람 4. 대학에 설치하는 교육과를 졸업한 사람 5. 대학 · 산업대학을 졸업한 사람으로서 재학 중 일정한 교직과(교직과) 학점을 취득한 사람 6. 중등학교 준교사 자격증을 가진 사람으로서 2년 이상의 교육경력을 가지고 일정한 재교육을 받은 사람 7. 초등학교의 준교사 이상의 자격증을 가지고 대학을 졸업한 사람 8. 교육대학 · 전문대학의 조교수 · 전임강사로서 2년 이상의 교육경력이 있는 사람 9. 제22조에 따른 산학겸임교사 등(명예교사는 제외한다)의 자격기준을 갖춘 사람으로서 임용권자의 추천과 교육감의 전형을 거쳐 교육감이 지정하는 대학 또는 교원연수기관에서 대통령령으로 정하는 교직과목과 학점을 이수한 사람. 이 경우 임용권자의 추천 대상자 선정기준과 교육감의 전형 기준에 관하여는 대통령령으로 정한다.
준교사	1. 교육과학기술부장관이 지정하는 대학(전문대학은 제외한다)의 공업 · 수산 · 해양 및 농공계 학과를 졸업한 사람 2. 중등학교 준교사 자격검정에 합격한 사람 3. 중등학교 실기교사로서 5년 이상의 교육경력을 가진 사람으로서 대학 · 산업대학 · 기술대학(학사학위 과정만 해당된다) 또는 대학원에서 관련 분야의 학위를 취득한 사람
실기 교사	1. 전문대학(전문대학에 준하는 각종학교를 포함한다. 이하 이 란(란)에서 같다)을 졸업한 사람으로서 재학 중 대통령령으로 정하는 실과계(실과계)의 기능을 마친 사람, 또는 고등기술학교의 전공과를 졸업한 사람 또는 「평생교육법」 제31조 제4항에 따른 전문대학 학력인정 평생교육시설의 교사자격 관련과를 졸업한 사람 2. 대학(대학에 준하는 각종학교를 포함한다), 전문대학을 졸업한 사람으로서 재학 중 예능, 체육, 그 밖에 대통령령으로 정하는 기능을 마친 사람 3. 실업계 고등학교 또는 3년제 고등기술학교를 졸업한 사람으로서 실기교사의 자격검정에 합격한 사람 4. 실업과, 예능과 또는 보건과에 관한 지식과 기능을 가진 사람으로서 실기교사의 자격검정에 합격한 사람

자료: 교육과학기술부. (2012). 『초 · 중등교육법』. 별표 2.

급 정교사, 2급 정교사가 3년의 교육경력을 갖추면 1급 정교사 자격을 위한 연수를 받을 수 있다.

농업교사들은 임용 이후 부족한 능력을 개발하기 위한 연수를 받도록 국가적으로 제도가 마련되었다. 이는 현직연수로서 이수가 자격 취득과 관련 있는가에 따라 자격연수와 일반연수로 구분된다. 농업교사의 현직연수는 대부분 서울대학교 농업생명과학대학 부설 중등교원연수원에서 이루어지고 있으며, 일반연수는 각 시·도 교원연수원과 국립대학 사범대학에 부설된 중등교원연수원을 통하여 이루어지고 있다. 교사의 직무능력 향상과 관계가 적은 일반적 능력 향상에 관련된 단기연수는 각 시·도 교원연수원이나 각 시·도 교육청 산하 교육기관에서 이루어지는 경우가 많으며, 직무연수는 농업교육협회나 각종 연수기관으로 신청한 기관에서 이루어지고 있다. 최초 임용대상자는 임용 전에 오리엔테이션을 겸하여 각 시도 교원연수원에서 60시간 단위로 운영되고 있다. 1990년대에 전산자격과 환경자격 취득에 관련된 부전공 연수가 서울대 이외의 충북대와 원광대, 한남대, 이화여대 등에서 실시되었으며, 농업분야 10개의 표시과목이 5개로 통폐합되면서 과거의 자격증을 가진 사람들을 통합된 자격증으로 변경하기 위한 연수를 각 시·도 교육청별로 실시하였는데, 그중의 하나가 식물자원·조경 자격으로 변경하는 통합자격연수였다. 이들 외에도 농업교사들의 직무능력개선을 위한 전공연수를 서울대와 강원도 교육청을 비롯한 대학과 시·도 교육청에서 최근에 실시하였으며, 농업계 학교에 요구되는 다양한 국가단위의 사업에 대한 직무 능력 개발을 위한 농업교사 직무연수가 이루어졌다. 농업교육의 혁신을 위한 CEO연수와 같이 농업계 학교와 교육청 단위의 농업교육과 직업교육관련자를 대상으로 한 관리직 연수도 2005년부터 서울대에서 실시하고 있다. 또한 농촌진흥청 농촌자원개발연구소는 2006년 여름 3일에 걸쳐 농업·농촌 다원적 기능에 관한 체험 연수과정을 초·중·고교 교사들을 대상으로 실시하였다. 최근에는 농업교육협회나 여주자영농업고등학교 전문교육원을 이용하여 직무 연수를 실시한 경우도 있다. 이는 최근의 현직연수가 대학이나 시·도 교육청 교육연수원에서 집합교육을 통하여 수행되는 형태에서 벗어나 다양한 전문시설을 갖춘 기관이나 단체에서의 직무연수, 산업체 연수, 해외연수, 사이버연수에 이르기까지 방법과 내용이 다양화하고 있음을 보여주고 있다. 또한 농촌자원개발연구소처럼 농업내용에 관련된 연수를 농업관련기관이 제공하기 시작하였다는 점이다.

농업교사들의 자기 발전 활동은 현직연수 외에도 대학원 진학이나, 각 시·도 교육청 산하나 교육과학기술부에 등록한 교사연구회 참여를 통하여 이루어지거나, 개별 교사단위로 연구비 신청을 통하여 참여할 수 있다. 현재 농업교사들이 진학할 수 있는 대학원은 교육대학원과 일반대학원이 있으며, 교육대학원은 전공에 무관하게 진학이 가능한 교육학분야 전공이나 진로·진학상담전공과, 전공학과에 따라 진학이 가능한 농업교육분야의 전공이 있다. 관련이 없는 전공학과에 진학한 경우는 현직교원인 경우는 부전공자격을 취득할 수 있으며, 그렇지 않은 경우는 관련학과 출신자로서 학부의 과목과 합하여 교원자격을 취득할 수 있다. 이들 역시 교직에 관련된 선수과목을 이수하여야 한다.

교육대학원의 농업교육분야는 농업교육전공으로 설치된 강원대, 경북대, 경상대, 공주대, 순천대, 전남대, 충북대가 있으며, 식물자원·조경 전공은 충남대와 원광대에 설치되었고, 충남대는 농공교육전공이 설치되어 있어서 9개 교 10개 전공이 있다. 일반대학원으로는 농업과 기타 산업분야의 교육까지를 전공할 수 있는 서울대 대학원 농산업교육과와 2006년에 설치된 순천대 대학원 농업교육과가 있다.

이들 교육대학원의 신규 교원 양성 인원은 미미할 것으로 판단된다. 최근 교사직업의 안정성 때문에 상당수가 교사자격의 취득을 위하여 교육대학원 진학을 희망하고 있으나, 자격을 취득하려면 현직교사이거나, 대학출

신학과가 관련학과이어야 하고, 대학원에 따라서는 관련학과의 규정을 엄격하게 적용하는 경우도 있다. 가능한 분야는 현직교사가 부전공자격으로 지원하는 경우가 가능한 대안일 것이다.

교육대학원 졸업에 대한 혜택은 현재 그다지 많지 않다. 대학원 석사학위를 받았을 경우 직무에 관련된 논문은 1점, 그 외는 0.5점을 가산점으로 부여하며, 석사학위 취득자의 성적환산도 A학점일 때 만점의 90%, B학점일 때 만점의 85%, D학점 이상일 때 80%로 반영하여, 최고성적도 90점에 그쳐, 91점 이상의 연수성적을 점수[15]로 받은 교사들에 비하여 불리하다.[16] 교육대학원을 수료한 교사가 유리한 것은 교육전문직으로 전직할 때 최소 자격요건으로 요구되는 석사학위나, 학위논문에 의한 가산 점수 정도이다. 그러나 연구물에 의한 가산점수는 연수성적 30점 만점 중 연구실적점수는 3점을 초과할 수 없고, 석사학위는 직무관련인 경우는 1.5점이고 무관인 경우는 1점이며, 박사학위가 3점이나, 연구대회에서 수상한 경우 전국대회 1등급이 1.5점으로 석사학위논문과 동일하다. 교감 승진을 위한 순위 결정 시 고려되는 자격연수성적은 9점 만점이고, 일반연수는 6점씩 18점 만점이므로 이들을 합하면 연수만으로도 27점이 되므로, 연구대회 수상점수만으로도 학위 논문 점수 없이도 만점을 쉽게 획득할 수 있는 형편이다. 그러므로 석·박사학위를 취득하는 것이 교육부장관이 인정하는 전국대회 입상논문이나 시도교육청 단위의 연구대회의 입상 논문에 비하여 유리하다고 볼 수 없으며, 교육성적의 반영비율에 비하여도 낮다.[17] 더구나 연구

15 연수성적이 평어로 성적을 받는 경우는 교육대학원과 동일하게 성적을 반영하는 것으로 규정되어 있다.

16 『교육공무원 승진규정』 제33조 4항에 따르면, 자격연수로 적용할 때 교육대학원 출신자는 석사학위과정 중의 성적이 A학점 이상이어도 만점의 90%가 최대이나, 연수성적은 80% 이상이면 그대로 성적이 반영되고 그 이하는 80점으로 환산되며 60점 이하는 수료를 하지 못하므로, 자격연수성적에 따라서는 90% 이상을 취득할 수도 있는 실정이다.

17 연수성적은 교육성적과 연구실적 평정 2가지로 구성되며, 연구실적은 최대치가 3점으로

점수보다 기타 가산점이 높아서 취득이 쉬운 가산점 취득에 열을 올리는 경우가 많이 있고, 학위보다는 교육연수를 통하여 연수성적을 취득하려는 경우가 더 많을 것으로 판단된다. 농업교사들만을 대상으로 경쟁하여 시상하는 연구대회로는 한국농업교육협회에서 매년 주최하는 농업교사 현장연구대회가 있다. 이는 전국대회와 지역대회로 구분되는데, 전국대회는 전국영농학생전진대회일자에 맞추어 이루어지므로 9~10월경이며, 각 지역대회는 5~6월경에 지역에 따라 이루어지고 있다. 전국영농학생전진대회는 매년 개최 시도가 바뀜에 따라 순회되면서 이루어지고 있다. 지역대회는 시도교육청 수준에서 예선을 거치는 경우인데, 일부 교육청은 시도대회의 입상자들도 연구점수를 부여하고 있으나 일부 시도는 시도대회에 대하여 점수를 부여하지 않는 경우도 있다.

연구에 대한 참여는 전국단위나 학교 및 지역단위의 농업교과연구회나 관련교과연구회에 참여할 수 있다. 교과연구회는 학교단위나 몇 개 학교에서 지역단위로 구성할 수 있으며, 전국단위의 연구회는 교육과학기술부의 지원계획에 따라 학술연구 활동에 대해 경비가 지원되고 있지만, 지역·학교단위의 연구회는 시도교육청의 자체 지원계획에 따라 운영된다. 시도교육청 단위에서 농업계 고등학교에서 전문교과를 담당하는 교사들이 대거 참여하는 연구회는 서로 다른 농업계 학교에 근무하여 만날 기회가 적을 교사들 간의 친목을 도모할 수 있는 방안은 될 것이나, 농업계 고등학교에서 가르치는 농업 내용의 다양성으로 인하여 심층적인 전문지식을 얻는데 한계가 있을 수 있다. 대개 이들 연구회들은 정기적인 친목 모임을 갖거

한정되는 데 반하여, 교육성적은 일반연수와 자격연수 성적을 포함시켜 자격연수는 최고점이 18점, 일반연수는 9점으로 반영하고 있다. 또한 만점의 60% 이하의 성적은 평정하지 않지만, 60~80% 미만은 80%로 반영하고, 연구실적평정은 연구대회입상실적과 학위취득으로 구분하여, 전국대회건 시도대회건 연구대회입상실적이 3등급 미만은 성적을 받지 못하는 점에 반하여, 과도한 형평화를 기하는 실정이다(『교육공무원 승진규정』 제33조, 제37조 참조).

나 연수를 통하여 외부 인사들의 특강을 듣는 경우도 있고, 농업관련기관에서 연구비 지원을 받는 경우도 있다. 이들 중 우수한 교사들에 대한 수상도 있으며, 수상자들은 연구학점을 부여받고 있다.[18]

공동연구나 독자연구를 신청하는 경우는 각종 연구비 지원기관에 연구팀을 구성하거나 대학교수들과 팀을 이루어 연구비를 신청하는 경우가 있을 수 있다. 한국연구재단의 교과교육연구비는 교사들이 참여할 수 있는 독자적인 부분이 될 것이며, 교보생명이 운영하는 대산농촌문화재단은 농업교사들의 현장연구를 지원하는 사립 연구재단이다. 이들 외에도 필요에 따라 수시로 공모에 의하여 연구비를 지원하는 재단이나 기관[19]들이 있다. 연구비 신청 시에는 기관별로 제출형식은 다르나 연구계획서의 내용은 교육연구의 일반적 체제와 비슷하며 심사를 거쳐 연구비를 지급하고 연구보고서의 제출과 연구비 정산으로 연구가 마감된다. 연구는 교사로서 느끼는 교육현장의 문제점 개선을 위한 주제를 선정함이 좋으며 이를 해결하는 효과적 연구절차를 구성하고, 과학적 이론과 실제를 통하여 현장의 문제를 해결할 수 있는 능력을 기르며, 교사로서도 자신을 발전시킬 수 있는 좋은 계기가 될 수 있다.

18 교육과학기술부(2006)의 『2006학년도 교과교육연구회 지원계획』 p. 8에 따르면 전국규모 연구회는 최우수연구회는 연구회별 10명 이내, 우수연구회는 연구회별 2명 이내를 유공교원으로 추천하며, 지역·학교단위연구회는 시·도 교육청 지원연구회 수의 5% 이내의 연구회의 회원 중 5명 이내를 유공교원으로 교육과학기술부장관에 추천하며, 최우수와 우수연구회에 대한 선정과 교육감 표창은 시도의 자체 계획에 따라 이루어지도록 계획하고 있다.

19 한국교육학술정보원은 인터넷이나 컴퓨터를 활용한 수업지도안이나 방법에 대한 연구회 단위의 공모를 단기간에 실시하는 경우가 있다. 이렇게 하여 얻어진 자료를 에듀넷에 올려 전국의 교사들로 하여금 필요한 지도안이나 자료를 얻을 수 있도록 하는 경우도 있다.

5 농업교사의 현황과 과제

1절 농업교사의 현황

농업교사의 규모는 〈표 Ⅳ-6〉과 같이 식물자원·조경, 농공, 식품가공의 순으로 구성되어 있으며, 학교 급에 따라 살펴보면 72.7%가 특성화 고등학교에 근무하는 농업교사들이고, 중학교 9.9%, 일반계 고등학교 15.7%로 구성되고 있다. 특목고등학교는 마이스터고등학교에 근무하는 농업교사들로 판단된다. 이는 농업분야 자격을 표시과목으로 하고 있는 교사들에 대한 통계이므로, 현재 농업과목이 없는 중학교는 다른 과목을 담당하고 있는 교사들로 판단되며, 일반계 고등학교에 근무하는 교사 역시 농업과학과목이나 관련과목을 담당하거나, 자격과 다른 과목을 담당하는 경우로 판단되고, 농업계 고등학교에 근무하는 교사들만이 자신들의 표시과목과 관련된 과목을 담당하고 있을 것으로 판단된다. 실제 농업교사들은 자격을 두 가지 이상 가지고 있는 경우가 많으므로 이들 통계는 조사에 따라 차이가 있는 것으로 판단된다.

학교유형별로 다수인 자격은 식물자원·조경 자격이나, 두 번째부터는 순위가 다르다. 교사로 취업한 경로는 교직과정이 55.4%, 국립사범대학이 36.5%, 사립사범대학이 6.4%의 순이었다. 농업교사의 반수 이상이 교직과정출신자라는 점은 아직도 신규교사의 공급이 교직과정 중심으로 이루어졌음을 말한다. 타 교과목이 사범대 출신자가 과반수임을 고려할 때 목적형 교원양성이 농업교육분야에서는 제한받고 있음을 알 수 있다.

표 Ⅳ-6. 농업교사 자격의 취득에 관련된 자격 기준

구분		식물자원·조경	동물자원	농공	농산물유통	식품가공	실기교사	계
학교유형	일반계고	74 (6.2)	22 (1.8)	56 (4.7)	2 (0.2)	35 (2.9)	-	189 (15.7)
	특목고	9 (0.7)	4 (0.3)	2 (0.2)	-	5 (0.4)	-	20 (1.7)
	특성화고	396 (32.9)	102 (8.5)	153 (12.7)	15 (1.2)	195 (16.2)	14 (1.2)	861 (72.7)
	중학교	43 (3.6)	7 (0.6)	58 (4.8)	-	11 (0.9)	-	119 (9.9)
입직경로	국립사대	208 (17.3)	68 (5.7)	64 (5.3)	3 (0.2)	91 (7.6)	5 (0.4)	439 (36.5)
	사립사대	36 (3.0)	4 (0.3)	15 (1.2)	1 (0.1)	21 (1.7)	-	77 (6.4)
	교직과정	272 (22.6)	62 (5.2)	182 (15.1)	13 (1.1)	129 (10.7)	9 (0.7)	667 (55.4)
	교육대학원	4 (0.3)	-	5 (0.4)	-	4 (0.3)	-	13 (1.1)
	양성소양성과정	-	-	1 (0.1)	-	-	-	1 (0.1)
	교원자격고시	-	1 (0.1)	-	-	-	-	1 (0.1)
	기타	2 (0.2)	-	2 (0.2)	-	1 (0.1)	-	5 (0.4)
계		522 (43.4)	135 (11.2)	269 (22.4)	17 (1.4)	246 (20.4)	14 (1.2)	1,203 (100.0)

자료: 한국교육개발원. (2012). 『교육통계연보』.

2절 농업교사 교육의 과제

농업교사 교육의 과제는 양성과 임용, 임용 후 교사능력개발의 과제로 구분할 수 있다. 양성단계는 직전교육으로서 어떠한 농업교사를 어떻게 양성할 것인가의 문제이고, 임용은 임용 시 어떤 방법으로 적절한 농업교사를 선발할 것인가의 문제이며, 임용 후 교사능력개발의 과제는 농업교사로 채용된 이후의 현직교원들을 어떻게 변화하는 학교상황에 대응하여 자신의 전문성을 개발시킬 것인가의 문제이다. 농업교사정책의 기본적인 전제는 우수한 농업교사상을 기초로 그들의 삶을 고려하여 논의되어야 할 것이다. 그러나 현재 농업교사의 양성과 임용은 전체 교원 양성과 임용의 관점에서 논의되고 있다.

교사의 양성과 임용, 발전 과제는 일차적으로 적합한 농업교사상을 설정하여야 하고, 국가·사회적 역할과 개인적 삶의 만족을 함께 고려하여야 할 것이다. 지금까지 교사에 대한 연구들은 외부인들이 보는 교사의 역할이나 규정을 중심으로 사회적 규범의 관점에서 논의되었으나, 개개 교사의 관점에서는 직업 발달을 통한 개인의 만족스런 삶을 고려하여야 하며, 이는 최근 소개되고 있는 교직 발달 이론의 토대가 되고 있다. 이와 같은 관점을 고려한 이론들이 '직업교사의 생애과정이론'(The Life Cycle of the Career Teacher model)이다(Steffy, Wolfe, Pasch, & Enz, 2000, pp. 1-10). 이 용어는 '직업교사'라는 용어를 사용하였으나, 평생을 교직에서 헌신하는 교사들을 고려한 모델이므로 농업교사에게도 적용할 수 있는 모델이다. 이론에 따르면, 교사의 발달은 개선에 대한 요구에 의하여 방향이 설정되고 진행되며, 발달 수순은 개인적 특성, 학교상황, 지원체제, 충실한 준비의 결과이고, 가르치는 것에 대한 의문을 통하여 교사와 학생 간의 학습을 격려하며, 좋은 가르침은 교사 개인의 학습능력, 학술적인 노력, 성장에 대한 헌신에 따라 영향을 받고, 상황은 성장과 지체에 대한 강력한 힘이며, 가르치는 일의 우수성은 학생, 자아, 사고, 직업에 대한 관심을 중심에 두는가에 따른다고 전제하였다. 이와 같은 전제하에서 직업교사의 생애과정이론은 반성과 갱신, 후퇴에 의한 6개의 단계로 이루어진 발달 이론으로서, 초보교사-도제교사-직업교사-전문가교사-저명교사-명예교사의 발달 단계를 상정하고 있다. 처음 수업을 맡는 경험을 하는 단계가 초보교사의 수준이고, 자신이 독자적으로 수업을 계획하고 전달하는 책임을 맡았을 때, 즉 교사직을 처음 시작하였을 때를 도제교사단계로 가정하고 있다. 직업교사단계는 교육자로서 자신감이 자라는 단계로서, 학생이 교사를 존경하고, 교사가 학생을 존중하는 단계로서, 교사들은 학생들의 대변자로서 학생들과 상호작용을 할 때 가장 행복하며, 학생들이 제공하는 현재와 과거의 긍정적 존경으로부터 가장 큰 만족을 얻는 단계를 말한다. 전문가교사는 높은 수준의 성취를 획득한 경우로서 학생들의 반응을 예측하고, 행동을 고쳐주며, 성장을 촉진하기 위하여 수업을 조정한다. 이 수준의 교사들은 학생들의 능력이나 배경에 관계없이 모든 학생들의 성장과 발달을 유능하게 지원하고, 촉진하며, 양육한다. 이들은 전문적 협회나 전문적 내용에 관련된 조직에서 지도적 역할을 맡으며, 교사와 지역사회지도자로서 발전을 계속하는 단계이다. 모든 교사들이 이 수준까지 그들의 기술을 개발하도록 가정하고 있다. 저명교사 단계는 자신의 분야에서 뛰어난 재능을 가지고 있는 교사에 해당하며, 교사들에게 요구되는 능력 수준을 능가하는 수준으로서 여러 가지 교육 관련 결정에 참여하거나 자문하는 수준으로 가정하고 있다. 명예교사는 교육에 평생을 헌신한 교사로서 뛰어난 업적을 남기고 퇴직하였거나 전직하여 다른 직업을 맡고 있거나 사회적인 인정과 칭찬을 받기에 충분하고, 그들의 교직생활에서 만족스럽게 은퇴하는 단계로 가정하였다. 그러므로 농업교원양성과 임용 정책 역시 농업교사직의 발전 과정을 염두에 두고 진행되어야 할 것이다.

농업교사 양성과 임용의 문제는 임용고시로 적합한 자원의 선발이 가능한가와 가능하다면 어떠한 방법이 적절한가의 과제이다. 임용고시의 실시는 양성과 임용의 분리를 가져와, 여러 가지 문제점을 발생시키고 있다.[20]

20 입학자원의 성적하락, 의욕저하, 신규 입직자의 감소로 인한 농고 교사들의 노령화, 신규채용의 억제로 인한 임시교사 확보의 어려움 등이 그 예이다. 최근 직업의 감소로 인한 안정

양성과 임용의 분리는 사범계 학과 우선 임용의 원칙이 위헌판정을 받아서 1990년 입학생부터 적용되기 시작하였다. 그러나 양성과 임용 분리의 타당성 검토는 우수한 농업교사의 확보에 적합한 방법인가의 판정이 함께 이루어져야 하며, 이 문제는 우수한 농업교사는 어떠한 모습이어야 하는가에 대한 검토가 있어야 한다. 즉 우수한 농업교사를 농업에 정통한 사람으로 정의할 때, 그에 적합한 양성 방향과 임용 방법을 채택하여야 할 것이고, 인간을 가르칠 수 있는 교사를 중시한다면 농업교과를 통한 교육에 정통한 사람이 적합할 것이다. 농업교사는 농업이라는 교과에 대한 전문가도 되어야 하지만, 인간 교육에 대한 신념과 능력을 갖춘 교육전문가도 되어야 한다. 그러므로 우수한 농업교사란 농업이라는 소재를 통하여 적절한 인간으로 가르칠 수 있는 교육적 능력과 신념을 갖춘 교사의 확보가 가능한가를 검토기준으로 보아야 하나, 임용과 양성의 분리는 평등한 교사직업을 선택할 기회 제공은 이루어졌으나, 우수한 농업교사의 확보와 출산교사들의 대체를 유도할 수 있는 예비자원의 확보가 점차 어려워지고 있다.[21]

농업교사 선발 방법 역시 적절한 농업교사의 선발에 제한 요소로 작용한다. 선발에 있어서 공정성은 중시되므로 공정한 선발 기준과 절차의 구성은 중요하나, 선발 기준에 따라서 바람직한 농업교사의 양성과 선발에 영향을 주므로 우수한 농업교사상을 고려하여 선발기준이 마련되어야 하

적 직장으로서 교사직의 선호도 증가로 교원임용고시 경쟁률이 급증하고 있으나 농업교사의 경우는 불안정한 채용시장으로 교직준비기간이 졸업 후에도 상당기간 지속되고 있다. 또한 임용고시를 중시하다 보니 실기능력이나 가르치는 능력이나 교직관보다 시험을 잘 보는 사람이 우수교사로 인식되는 결과를 낳고 있다.

21 신규교사의 채용억제는 일차적으로 지역학교의 수요에 기초하여야 하나, 교사들의 수요는 국가 · 경제적인 측면과 함께 지역교육청 단위의 힘의 관계로 인하여 채용순위에서 항상 밀리는 경우가 생기며, 그로 인하여 임시교사를 채용하려고 해도 발령이 예상되지 않는 직장에의 취업을 회피하는 현상이 생기고 있다. 임용고시를 실시한 1990년 11월 이후, 1997년부터 1999년까지의 일부 기간을 제외하고는 연간 농업교사분야의 채용 규모가 20-30명 정도에 그치고 있다.

나 그렇지 못하다. 현재 농업교사의 임용은 다른 중등교사들의 임용과 마찬가지로 교육학과 전공과목, 수업실기 및 면접을 통하여 선발되고 있다. 면접이나 수업실기의 비중도 있으나 1차 시험에 해당하는 교육학과 전공과목의 점수는 가산점과 함께 1차 선발 대상을 결정하며 다음 단계의 합격에도 관련되어 순위를 뒤바꾸기는 어려운 실정이다. 이는 결과적으로 교과와 교육학에 대한 지식이 능력을 결정짓고 있으므로 바람직한 교사를 양성하는 것과 교사가 되는 것은 무관한 실정이다. 특히 교육학은 교육학 전 분야의 내용이 객관식으로 출제되고, 전공과목은 자격에 관련된 기본이수 영역을 중심으로 주관식으로 출제되는데,[22] 전공과목에 포함된 교과교육 역시 전공을 담당한 인사가 다수 출제에 관여하므로 농업교육의 특색을 고려하기가 어렵다. 교과교육이라는 용어는 보통교과에 속하는 과목 교사들에게는 교육학과 유사하고 특별한 차이를 보이기 어려우나, 농업이나 공업과 같이 과목명이 그 분야의 복잡화된 업무를 총괄적으로 다루는 부분은 교과목으로만 규정하기 어려우므로 교과교육 범주에 포함시키기에는 한계가 있다. 최근에는 일부 교육청에서 실기를 2차 단계에서 실시하여 합격자 선별에 활용하고 있음은 의미가 있으나, 일부 몇 가지 내용만으로 파악하기에는 한계가 있다.

농업교사의 자격증은 5개 자격으로 통합되었으나 새로운 자격 분야의 수요는 여전히 존재한다. 새로운 과목 신설은 농업 계열의 성격상 필요한

22 이 부분은 2009학년도 임용고시는 3단계 선발, 2013년부터는 2단계 선발로 바뀌었다. 2009년-2012년에는 1차는 지필고사(교육학과 전공시험), 대학재학성적, 가산점을 합산하여 150-200%선발하고, 2차는 논문형 시험(교직에 대한 종합적 이해와 전공능력)으로 130-150%를 선발하며, 3차 시험은 교직적성, 심층면접 및 수업실기능력평가로 100% 선발하였고, 최종 합격자 선발은 2차와 3차만을 합산하여 선발하였으나, 2013년부터는 한국사 능력시험 3급 이상 합격자로서 지원하여야 하며, 1차는 교직논술, 전공, 2차는 수업실연과 심층면접(실기, 실험포함)으로 선발한다(교육공무원 임용후보자 선정경쟁시험규칙 7조 1항(교육과학기술부령 제169호, 2012. 12. 28)).

부분이 있으나, 현직교사들이 일부 자격의 비중이 높음으로 인하여 새로운 자격을 만드는 데 한계가 있다. 교사표시과목의 세분은 전문성을 기한다는 점에서 의의가 있으나, 자격 수요가 미미한 분야의 양성과 자원 확보에 한계가 있고, 지역사회수요 변화에 따른 교사 자원의 적극적 확보에도 한계로 작용하고 있다. 그로 인하여 산학겸임교사 제도가 도입되었으나 실제적 효과는 미미하다.

농업교사 양성은 어떠한 방식이 우수한 농업교원을 양성할 수 있는가의 문제로 정리된다. 그러므로 직전교육에 관련된 교수, 시설·설비, 교육과정, 수업방법의 문제가 논의의 대상이 될 것이다. 현재까지는 농업교육과가 교직과정보다 여러 가지 점에서 질적으로 우수한 것으로 판단된다(강대구, 1994, pp. 62-66). 다만 요즘같이 임용 수가 줄어들고 학생모집에 따라 매년 학교가 변동되는 농업계 학교의 불투명한 상황에서 어떻게 우수한 농업교사 자원의 유출을 방지하면서 우수한 농업교사로 양성할 수 있느냐가 관건이다. 이때 고려해야 할 사항이 농업교사 교육을 위한 교육과정의 구성문제이다(이무근, 1991; 강대구, 2005, 재인용). 농업교육학 분야와 농업교사로서 필요한 과업분야의 능력을 선발과정에 반영하는 교직과목의 재분류가 요구된다.

농업교사분야의 교원자격은 1994년도에 일부 신설과 폐지로 정리가 되었으나, 생물공학, 환경보전, 관광농업 등의 일부 과목은 담당할 교사들이 없는 실정이다. 보통과목은 거의 모든 과목에 해당하는 자격이 있다는 점을 고려한다면 농업교사들도 각 과목에 적합한 자격이 있어야 함은 당연하다. 다만 분야에 따라 담당교사의 수요가 학교마다 다르다면 영역을 크게 합하되 필요한 능력을 갖출 수 있는 형태의 복수자격을 갖추도록 함이 필요하다.

현직교육의 문제는 직무능력 향상을 위한 교육대학원이나 현직연수, 부전공연수의 개선과제이다. 농업교원의 직무능력 향상을 위한 대학원은 교육대학원 농업교육전공이나 일반대학원 농업교육과가 주가 된다. 일반대학원의 농업교육과는 그 성격이 농업교육에 대한 학문적·이론적 연구에 치중하므로 전문 연구자의 양성을 목표로 하나, 교육대학원 농업교육전공은 지역농업교육 전문가에 대한 교육을 목표로 하여야 할 것이다. 그러나 농업교육과가 없는 대학원의 농업교육전공은 농업교육에 대한 과목은 2~3개 과목에 그치고, 대부분 농업분야의 과목들을 개설하고 있다.[23] 일반자격으로서의 식물자원·조경 과목이나 전반적인 농업을 담당하는 영역으로 한정되므로 식품가공, 농공, 동물자원, 농산물유통 등의 과목을 가진 농업교사는 개설과목의 여건상 자신의 전공을 심화시키기도 어려운 실정이다. 오히려 농업교육에 대한 연구나 심화가 더 적합하나 농업교육과가 없는 학교들의 농업교육전공은 그렇지 못한 실정이다. 그러므로 교육대학원의 농업교육전공은 농업교육전공 교수의 확보가 이루어지거나, 농업교육학부 수준으로 격상시켜 각 자격에 적합한 과정을 상세히 개설함이 필요하다. 그러한 점에서 경북대 교육대학원이나 충남대 교육대학원이 시도한 농업분야의 전공세분화도 고려될 사항이다.

농업교원의 자기 발전에 대한 배려가 주로 연수기관에 참여하여 이루어지는 현직연수에 치우치고 있다는 한계가 있다. 현재의 실정상 자격연수기관은 서울대 농생대로 한정되고 집합연수이므로, 먼 지역의 교사들은 수업에 대한 결손을 감수하여야만 연수가 가능한 실정이다. 또한 대상자가 있어야 운영될 수 있으나, 자격연수는 신규교사의 채용이 적었으므로 3년 경력의 농업교사가 1급 정교사가 되기 위한 자격연수를 정기적으로 이수하여야 하나 연수대상자의 현직교육이 예산상의 문제로 매년 이루어지기 어

23 강대구, 송해균(1991, pp. 43-44), 정성봉 외(2006, pp. 104-120)에 따르면 식물자원·조경 자격을 취득한 교사들의 전문성 교육요구가 사범계인가 비사범계인가에 따라 다르고, 담당교과별로 다르며, 전문성에 대한 중요성 인식도 서로 다른 실정이다. 이는 이들이 이수한 배경과 관련이 있음을 보여준다.

려운 경우가 1990년대 초에 많이 있었고, 지금도 학생 수 부족으로 강의 개설이 어려운 상태이다. 그러므로 연수로서 허용되는 프로그램의 범위를 다양화하여 지역의 대학원에서 학위와 관계없이 과목을 수강하거나, 각종 세미나나 워크숍 등에 참석하면 연수로 인정하도록 함이 좋을 것이다. 이는 대통령직속교육혁신위원회의 안에서도 직무연수 이수 학점제의 도입을 제안하고 있으므로 검토될 부분이다.

농업계 학과의 개편은 신규교사들의 임용 억제와 현직교사들의 신분에 대한 불안감을 유발하고 있다. 과원교사의 문제를 해결하기 위하여 농업계 교원들의 부전공연수를 실시함은 타당하고, 효과도 있으며,[24] 비전공자의 교과담당능력을 키운다는 점에서 합당하나, 능력 있는 농업교사들의 이탈을 유도하는 면이 있다(강대구, 1994; 1995). 부전공연수는 대개 농업관련직 분야 자격이 주로 개설되었으나, 컴퓨터나 기술과, 공업분야의 개설[25]로 경험 많은 교사들이 농업교육 현장에서 벗어나 새로운 분야로 유출되었다. 그러므로 복수자격의 부여가 곧 농업교사의 유출로 이어지는 현상은 개선되어야 할 것이다. 복수자격 부여는 2가지 자격을 담당할 수 있다는 증명은 되나, 이들에게 주전공이 아닌 부전공으로 발령하는 경우는 최소화하고, 학교에 부임하였을 때 담당할 부전공과목이 있다면, 담당하도록 함이 부전공연수의 의의에 부합할 것이다. 그렇지 않다면 부전공연수를 현재와 같이 일부 기관에서 집합학습을 통하여 단기간에 이수하도록 하지 말고, 대학원 과정을 마치면 자격을 부여하는 방안이 모색되어야 할 것이다. 특히 교원연수가 교사의 능력 개선을 위하여 추진되도록 하고 승진만을 위하여 진행되는 부분은 개선되어야 할 것이다.

---

24 이에 대한 연구는 송해균과 강대구(1994)의 「수요감축에 따른 농업계 실과교원 연수」 참조.

25 전남지역의 경우 실과계 교원의 부전공연수 계획이 1994년 120명을 기점으로 1998년까지 422명을 계획하고 있다(전라남도교육청, 1994, p. 144).

농업교사의 정기적인 충원부족으로 나타난 단위학교당 교사수 부족 현상을 개선할 필요가 있다. 실제 일부 교육청은 학급당 교사수 기준을 낮추어서 농업교사가 필요한 경우에도 채용을 억제하여 기간제 교사를 채용하는 경우가 많이 있다. 기간제 교원은 학과 개편이 예견되는 경우에 나타날 수 있는 방안이나, 이들로 인하여 수업받는 학생들의 교육권 손상 문제를 고려할 필요가 있다. 담당 시수나 학교 규모상 약간의 교사 수의 불일치는 존재할 수 있으나, 1년 이상 기간제 교원을 채용하여야 하는 경우는 신규교사의 채용이 이루어져야 할 것이다. 그렇지 않다면 현재와 같은 기간제 교원은 교사의 열의도 떨어뜨리고, 기간제 교원의 채용에도 한계가 있으므로 문제가 있다.

연구문제

1. 우리나라 농업교사 양성제도가 어떻게 변화되어 왔는가를 알아보자.
2. 자격임용주의와 성적임용주의의 장단점을 알아보자.
3. 농업교사 자격 표시과목이 어떻게 바뀌어 왔는가를 알아보자.

참고문헌

강대구. (1992). 「농업계 고등학교의 실험 · 실습시설과 설비 격차」. 『한국농업교육학회지』 24(3), 35-48.

_____. (1993). 「농업계 중등학교 교원의 자격분야 조정에 관한 연구」. 『한국농업교육학회지』 25(2), 47-61.

_____. (1995). 「농업계 학교 교원교육의 과제」. 『사정 이양수 교수 정년퇴임기념논문집: 21세기를 향한 농업교육의 발전과제』, 25-40.

_____. (2005). 「실업교육 교원양성 교육과정의 진단과 발전 방향」. 『한국교원교육학회 44차 추계학술대회 발표논문집』, 161-178.

강대구, 송해균. (1991). 「농업교사 양성교육의 문제점과 개선방향」. 『직업교육연구』 10(2), 31-51.

교육과학기술부. (2006). 『2006학년도 교과교육연구회 지원계획』. 서울: 교육과학기술부.

_____. (2011). 『2011년도 교원양성기관현황』. 서울: 교육과학기술부.

_____. (2012a). 『유치원 및 초등 · 중등 · 특수학교 등의 교사자격취득을 위한 세부기준』. 교육과학기술부 고시 제 2012-27호.

_____. (2012b). 『교육공무원 임용후보자 선정경쟁시험규칙』. 교육과학기술부령 제169호.

_____. (2012c). 『초 · 중등교육법』.

_____. (2013a). 『교원자격검정령 시행규칙』. 교육과학기술부령 164호.

_____. (2013b). 『교육공무원 승진규정』. 대통령령 24159호.

김명한, 박병량, 박종렬, 이문용. (1990). 『신간 교육행정 및 경영』. 대구: 형설출판사.

김영우. (1989). 『한국중등교원 양성 교육사』. 서울: 교육과학사.

김윤태. (1991). 『교육행정 · 경영 신론』. 서울: 배영사.

김종서, 이영덕, 정원식. (1993). 『최신 교육학 개론』. 서울: 교육과학사.

나승일. (2006). 「농업교사의 전문성과 교육요구」. 『농업교육과 인적자원개발』 38(2), 1-22.

송해균, 강대구. (1994). 「수요감축에 따른 농업계 실과교원연수」. 『직업교육연구』 13(1), 31-46.

순천대학교. (1995). 『1996학년도 순천대 신입생 모집요강』. 순천: 순천대학교.

이무근. (1969). 「농업교사 교육에 대한 역사적 고찰」. 『한국농업교육학회지』 1(1), 1-15.

______. (1971). 「농업고등학교 농업교사의 역할분석」. 『한국농업교육학회지』 3(1), 21-28.

______. (1991). 「실업계 교원양성을 위한 교육과정 구성방안」. 『직업교육연구』 10(2), 1-17.

이용환. (1971). 「농업교사와 자질에 관한 연구」. 미출판 석사학위논문, 서울대학교 대학원.

이용환, 이종상. (1986). 「서울대 농대 농업교육과의 설치와 발전」. 『한국농업교육학회지』 18(1), 37-48.

전라남도교육청. (1994). 『21세기를 지향하는 전남 교육발전계획(1994~2001)』. 서울: 동진문화사.

정성봉, 강대구, 나승일, 이근수, 황병태. (2006). 「식물자원 · 조경영역의 중등교사 임용시험 출제방안」. 『농업교육과 인적자원개발』 38(3), 1-28.

정일환, 정영수, 강대구, 박선형, 김병찬, 김용, 김정희, 임연기. (2005). 『농어촌 소규모 중등학교 교원자격 기준 개발연구』. NURI 공주대학교 사범대학 특성화사업단 연구보고서.

한국교육개발원. (2009). 『3주기 교원양성기관 평가편람』. 서울: 한국교육개발원.

______. (2012). 『교육통계연보』. 서울: 한국교육개발원.

한국농업교육사 편찬위원회. (1994). 『한국농업교육사』. 서울: 대한교과서주식회사.

Edmunds, N. A., & Smith, C. L. (2001). *Learning to teach: A quick-start guide for career and technical education teachers*. Alexandria, VA: Association for Career and Technical Education.

Lee, J. S. (2000). *Program planning guide for agriscience and technology education*. Danvile, IL: Interstate Prin. & Pub.

Phipps, L. J,. & Osborne, E. W. (1988). *Handbook on agricultural education in public Schools*. Danvile, IL: Interstate Prin. & Pub.

Steffy, B. E., Wolfe, M. P., Pasch, S. H., & Enz, B. J. (2000). *Life cycle of the career teacher*. Thousand Oaks, CA: Corwin Press.

Talbert, B. A., Vaughn, R., & Croom, D. B. (2005). *Foundations of agricultural education*. Danvile, IL: Professional Educators Publications.

V. 농업교육과정

김진모

개요

농업교육과정의 개념을 살펴보고, 농업교육과정의 유형을 이해할 수 있도록 교양농업교육과 직업교육과정의 특성을 고찰한다. 그리고 각 단계별 농업교육과정을 이해할 수 있도록 농업교육과정의 수준에 따른 교육과정과, 농업교육과정 개발의 개념 및 모델, 농업교육과정에 대해 설명한다.

학습목표

1. 농업교육과정에 관련된 주요 개념을 설명할 수 있다.
2. 농업교육과정의 유형을 구분하여 설명할 수 있다.
3. 학교교육과정의 체제를 설명할 수 있다.
4. 국가수준, 지역수준, 학교수준의 농업교육과정을 설명할 수 있다.
5. 교육과정 개발의 개념과 모델을 설명할 수 있다.
6. 농업교육과정의 개발과정을 설명할 수 있다.

1 농업교육과정의 개념

1절 농업교육과정의 개념

우리는 농업교육을 통하여 어떤 목적을 달성하려고 하는가? 어떤 교육내용을 경험하게 하면 바라는 목적을 달성할 수 있는가? 그러한 교육내용을 어떻게 조직하고 구조화할 것인가? 이렇게 제공한 교육내용이 정말 효과가 있는가? 이러한 질문에 관련된 총체적인 해답이 바로 교육과정이다.

교육과정(curriculum)의 의미는 보는 시각과 관점에 따라 다양하게 해석되고 있다. 교육과정을 넓게 생각하는가, 좁게 생각하는가에 따라 그 의미가 달라질 수도 있고, 어디에 중점을 두고 있느냐에 따라서도 달라질 수 있다. 또, 누가 어느 수준에서 어떠한 준거와 방법으로 교육내용을 결정하느냐에 따라서도 달라진다(교육인적자원부, 1992). 먼저, 다양하게 정의되고 있는 교육과정의 개념에 대하여 살펴보자. 먼저 이성호(1983)가 제시한 다음의 교육과정 의미 분류는 교육과정을 이해하는 데 매우 유용하다.

이성호(1983)는 네 가지 관점에서 교육과정을 인식하고 있는데, 교육과정을 내용에 초점을 맞추어 생각해 보면, 교수(teaching)의 입장에서는 교육과정을 하나의 체계적인 지식으로 인식하며 이것의 구체적인 결과물은 교

표 V-1. 교육과정의 의미 분류

입장 / 측면	교수	학습
내용	지식	경험
운용	계획	결과

자료: 이성호. (1983). 『교육과정과 평가』. 서울: 양서원, p. 21.

과서이고, 학습(learning)의 입장에서는 학습자의 경험을 의미한다. 교육과정을 경험으로 이해하는 관점에서는 교육과정을 공식적 교육과정과 잠재적 교육과정으로 구분할 수 있으며 이는 뒤에서 좀 더 자세하게 설명하고자 한다. 교수-학습의 운용적인 측면에서 보면, 교수의 입장에서는 교육활동과 관련된 계획, 학습의 입장에서는 학습 결과로 교육과정의 의미를 규정하고 있다. 이 네 가지 관점에 대하여 좀 더 구체적으로 알아보자.

첫째, 교육과정을 내용으로 보는 관점이다. 교육과정을 교과들의 목록이나 교과들의 강의 요목인 교육내용으로 생각하는 입장은 역사적으로 가장 오래되었고 널리 알려져 있다(김석우, 김대현, 2001). 여기에서 말하는 교육과정은 학교에서 가르치는 교과목과 동일시되며, 국어, 영어, 수학, 농업, 상업, 공업 등과 같은 교과목이며, 더 세부적으로는 교과목의 내용, 혹은 강좌명, 강의요목으로 표현된다.

둘째, 교육과정을 학습경험으로 바라보는 관점이다. 이 관점에서는 교육 목적을 학생들의 바람직한 행동 변화에 두고 있다. 따라서 교육과정은 학생들이 학교생활을 하는 동안에 가지는 경험의 총체이며 경험을 통하여 행동의 변화를 이끌어 낼 수 있다는 것이다(김종서, 이영덕, 황정규, 이홍우, 1997). 여기서 우리는 경험이라는 난어에 대하여 그 의도성을 생각해 보아야 한다. 왜냐하면 같은 교과내용을 같은 교사가 가르친다고 하더라도 학생들이 받아들이는 내적 경험은 서로 다를 수 있기 때문이다. 따라서 경험이란 학교의 의도에 의하여 나타나는 경험과, 의도한 바는 없으나 학생들이 은연중에 가지는 경험을 모두 포함하며, 이러한 이유로 경험의 총체라는 말을 사용하는 것이다. 교육과정을 유형화할 때, 학교의 의도에 의하여 나타나는 경험을 표현적 교육과정이라고 부르며, 후자를 잠재적 교육과정이라고 한다.

셋째, 교육과정을 계획으로 바라보는 관점이다. 교육과정을 교육활동과 관련된 제반 사항에 대한 계획이라고 보는 것은 교육목적과 교육내용의 체계, 그리고 이를 달성하기 위한 교육방법, 교육평가, 교육운영 등에 대한 종합적 계획을 의미한다. 계획에는 교과내용의 범위와 계열, 교과에 대한 해석 및 균형, 동기유발 장치, 교수방법 및 교재, 시설과 설비, 평가, 운영을 위한 지침 등 미리 계획할 수 있는 모든 것을 포함한다(박도순, 홍후조, 2003). 김진화, 정지웅(2000)은 이러한 관점에서 교육과정개발은 앞으로 행할 활동을 순서대로 나열해 놓은 계획이라는 의미로, 사전 활동 계획표의 구성에 초점이 맞추어진다고 하였다.

넷째, 교육과정을 학습결과로 바라보는 관점이다. 학습결과란 학생들이 실제로 배운 것을 의미한다. 학생들이 학교생활을 통하여 얻는 것은 지식과 기술뿐만 아니라 태도 등의 부수적 학습도 포함한다. Posner(1982)와 같은 학자는 교육과정이란 활동 그 자체가 되어서는 안 되고 의도한 학습결과(Intended Learning Outcomes: ILOs)에 직접 초점을 맞추어야 한다고 주장한다. 이러한 관점에서 교육과정은 구조화된 일련의 의도된 학습결과라고 정의할 수 있다.

교육과정에 관하여 논의되고 있는 또 다른 관점을 살펴보면, 위에서 논한 광의의 교육과정을 표현적 교육과정이라고 이름 붙이고 있으며, 이와는 다른 일면의 교육과정을 잠재적 교육과정(hidden curriculum)이라고 이름 붙이고 있다(이무근, 1997). 잠재적 교육과정이라는 용어는 1968년에 Jackson이 그의 저서 『교실에서의 생활(Life in Classrooms)』에서 처음 사용하였으며, 그 이후로 이에 대한 많은 연구들이 수행되었다. 잠재적 교육과정에서는 학교를 단순한 교육의 장이 아니라 학생들이 생활하는 공간으로 간주한다. 학생들의 인지, 태도, 행동변화는 공식적인 교육과정을 통해서뿐만 아니라 학교 안의 보이지 않는 힘, 즉 학교의 물리적 조건, 제도 및 행정조직, 사회 및 심리적 상황에 의하여 일어난다. 잠재적 교육과정이란 이들 힘이 학생들에게 미치는 지속적인 영향력과 그 결과를 의미하는 것이다(김석우, 김대현, 2001).

표현적 교육과정과 잠재적 교육과정을 비교해 보면 다음과 같다(이무근, 1997).

첫째, 표현적 교육과정은 학교에 의하여 의도적으로 조직되고 가르쳐지는 반면, 잠재적 교육과정은 학교에 의하여 의도되지는 않았지만 학교생활을 하는 동안 은연중에 배우게 된다.

둘째, 표현적 교육과정이 주로 지적인 내용, 인지적 영역과 관련 있다면 잠재적 교육과정은 주로 비(非)지적, 즉 정의적 영역과 관련이 있다.

셋째, 표현적 교육과정이 주로 교과와 관련이 있다면 잠재적 교육과정은 주로 교육기관의 문화풍토와 관련이 있다.

넷째, 표현적 교육과정은 단기적으로 배우며 어느 정도 일시적인 경향이 있는 데 반하여 잠재적 교육과정은 장기적이고 반복적으로 배우며 더 항구성을 지니고 있다.

다섯째, 표현적 교육과정은 주로 교사의 지적, 기능적인 영향을 받으며 표현적 교육과정이 주로 바람직한 내용인 데 반하여 잠재적 교육과정은 바람직한 것뿐만 아니라 바람직하지 못한 것도 포함된다.

여섯째, 표현적 교육과정과 잠재적 교육과정이 서로 조화되고 보조적인 관계가 있을 때 학습자의 행동에 더 큰 영향을 미칠 수 있다.

한편, 교육과정을 문서화된 서류로 보는 입장이 있고, 교육자들의 생각 속에는 있지만 문서화되지 않은 계획으로 보는 입장이 있다(김진화, 정지웅, 2000). 전자를 공식적인 교육과정(official curriculum)이라 하는데, 이것은 이와 같이 문서 속에 담긴 교육계획을 말한다. 우리나라에서는 국가수준의 교육과정, 시·도 교육청의 교육과정 지침, 지역 교육청의 장학자료, 학교 교육과정 등이 공식적인 교육과정에 속한다고 할 수 있다. 공적인 문서에 포함되지는 않지만 학생들이 도달해야 할 교육목표나 배워야 할 교육내용들을 영(零)교육과정(null curriculum)이라고 한다(김석우, 김대현, 2001). 예를 들어 '남의 이야기를 적극적으로 듣는 방법'과 같은 기술은 가정, 학교, 사회생활을 하는 데 필수적이지만 공식적인 교육과정에 빠져 있다면 영(零)교육과정에 속하는 것으로 볼 수 있다.

결국 교육과정이란 교육목적을 달성하기 위해 학교 또는 비형식적 교육(사회교육)기관의 지도하에 학습자에게 제공되는 지적·정서적·기능적·신체적 학습활동이나 제 경험의 종합이라고 할 수 있다. 즉, 교육과정은 교육목적의 달성 및 개인의 성장을 위하여 학생의 수준 및 내용의 영역에 따라 필요한 학습활동들을 체계적으로 배열한 전체인 것이다(김진모, 2001). 이를 광의의 교육과정이라고 하는데, 현재는 광의의 교육과정으로 정의되는 경향이 많다(이무근, 원상봉, 2000). 반면에 협의의 교육과정이란 일정한 교육기관에서 전수되는 전 교과의 내용을 의미한다.

따라서 이 책에서는 농업교육과정을 '학습자가 농업과 관련된 학습경험을 선정하고 조직할 수 있도록 교육경험의 질을 구체적으로 관리하는 농업교육의 기본설계도'라고 정의하고자 한다. 또한 다양한 수준에서 개발하고 실제적으로 활용하게 될 미래의 교사들에게 실질적으로 유용한 방법을 제공한다는 점에서 교육과정을 구체적인 문서에 포함된 공식적인 계획으로 간주하고자 한다. 즉, 농업교육과정은 의도된 학교 교육에서 '왜, 무엇을, 어떻게, 어느 수준과 정도로 가르치고 평가하는가'를 문서로 계획한 교육설계도이기 때문에 교육과정을 단순히 교육내용으로만 보는 것이 아니라 교육목표, 내용, 방법이나 운영 방식, 평가를 포괄하는 폭넓은 개념으로 이해하는 것이다. 이는 교육과정의 각 수준별 형태가 무엇인지를 알 수 있게 하고, 또한 교사들이 교육과정을 개발하기 위해서 어떤 일을 해야 하는가에 대한 정보를 제공할 수 있는 개념이다.

2절 농업교육과정과 농업교육프로그램

교육과정의 개념을 더 잘 이해하기 위해서는 교육과정(curriculum)과 유사한 의미로 쓰고 있는 프로그램(program)이라는 용어를 살펴볼 필요가 있다. 일반적으로 영어 'Curriculum'을 교육과정이라 번역하여 사용하고 있으나, 이번 절에서는 교육과정과 프로그램의 차이점과 공통점을 논의하기 위하여 교육과정이라는 용어 대신 편의상 커리큘럼이라는 용어를 사용하기로 한다.

이무근(1997)은 두 가지 용어를 같은 뜻으로 사용하여도 무리가 없다는 점을 지적하며, 커리큘럼과 프로그램의 공통점과 유사점을 다음과 같이 정리하고 있다. 먼저 공통점은 커리큘럼과 프로그램 모두 특수한 교육목적을 달성하기 위하여 구성된 관련 교과목들의 조직 또는 학습활동이고, 구성요소도 양자 모두 학생, 교사, 교육내용, 환경의 네 가지로 구성된다는 점이다. 양자의 차이점을 보면, 프로그램은 커리큘럼에 비해 참가하는 대상의 신분이 사회 모든 영역에 걸쳐 다양하며, 교사는 운영에 있어서 융통성이 많으며, 교육내용은 교육과정의 교과내용에 비해 보통 짧은 기간에 이수하도록 구성되며, 교육환경은 수업장소가 고정적이 아니라 가동성이 있다는 것이다.

반면, 사회교육 또는 평생교육을 연구하는 학자들의 경우 이 영역에 있어서 독자적으로 프로그램이라는 용어를 사용할 것을 제안하는 경우도 있다. 김진화, 정지웅(2000)의 경우, 프로그램을 언어학적으로 분석하여 프로그램이라는 용어의 포괄성, 범용성 등을 지적하며, 프로그램이라는 용어는 규범적이고 필수적인 성격의 학교교육에서보다는 선택적이고 융통성이 강한 사회교육 또는 평생교육의 영역에 더 적합하다고 하였다.

일반적으로 프로그램이라는 개념은 동일한 용어를 사용하지만 내용적인 측면, 운영적인 측면, 교수-학습 입장을 고려하여 교육체계, 프로그램

내용, 교육활동으로 구분되기도 한다. 김진화, 정지웅(2000)은 이러한 관점에서 교육프로그램을 세 가지 형태의 산출물로 규정하여 설명하고 있다. 우선 프로그램을 교육체계라는 용어로 사용할 경우, 교육체계란 교육기관이 자체의 교육이념을 실현하기 위해 학습자들에게 제공하고 있는 위계화된 총체적인 교육 준비물(educational provision)을 의미한다. 내용적인 측면에서 프로그램이라는 용어는 교재, 교과목(course)의 설계안, 교수요목 등의 산출물을 의미하기도 한다. 운영적인 측면에서는 학습자들의 활동을 안내하고 촉진할 수 있는 사전의 활동계획표라는 의미로 사용되기도 한다.

이처럼 커리큘럼과 프로그램은 어떤 분야에서 사용되는가에 따라 그 의미가 동일하기도 하고 차이점을 보이기도 한다. 그러나 이 책에서는 커리큘럼과 프로그램이라는 용어를 굳이 구별하지 않고, 어떤 학문분야에서 사용하는가에 따라 호환하여 사용하고자 한다. 다만 학교에서의 농업교육을 논의할 때는 커리큘럼이라는 용어를 주로 사용하고, 성인을 대상으로 하는 농업교육, 즉 농촌사회교육을 논의할 때는 주로 프로그램이라는 용어를 사용할 것이다.

2 농업교육과정의 유형

현재 우리나라의 농업은 전체적인 측면에서 전환기를 맞이하고 있다. 이에 따라 농업교육에 대한 패러다임 자체에 대한 재정립과 발전방향들이 다양하게 논의되고 있고 이를 구체적으로 실현하기 위해 다양한 교육과정의 운영방안들이 거론되고 있는 시점이다. 이러한 상황에서 농업교육의 새로운 발전방안을 모색하기 위해서는 먼저 지금까지 이루어져 온 농업교육을 체계적으로 이해하는 것이 필요하다. 따라서 이 장에서는 먼저 농업교육의 목적과 농업교육의 대상에 따라 농업교육을 어떻게 유형화하고 있는지에 대해서 살펴보고자 한다.

농업교육의 목적은 교양농업교육과 직업농업교육으로 구분할 수 있으며, 농업교육의 대상은 초·중·고등학교 및 대학교에 소속된 학생과 일반 성인으로 구분할 수 있다. 이러한 분류기준에 따라서 농업교육과정은 일반 학생을 대상으로 한 교양농업교육과정과 직업농업교육과정, 일반 성인을 대상으로 한 교양농업교육 프로그램과 직업농업 교육프로그램 등 총 네 개의 유형으로 나눌 수 있다([그림 V-1]참조).

전통적으로 농업교육과정은 학교에서의 농업교육과 직업교육으로서의 농업교육에 대한 관심이 초점이었다. 교양농업교육 및 직업농업교육이라는 개념은 주로 초·중·고등학교 및 대학교와 같은 공교육 제도하에서 논의되는 개념이었고 게다가 전통적인 관점의 농촌사회교육은 농업인 또는 예비 농업인을 대상으로 하는 직업교육으로서의 농업교육 개념이 주요 초점이었다.

그러나 사회교육의 개념이 본격적으로 도입되면서 학교에서뿐만 아니라 사회교육에서의 농업교육이 중요한 것으로 인식되기 시작하였으며(최

목적 \ 대상	학생	성인
교양교육	학교 교양농업교육과정 (예: 초등학교 및 중학교의 실과 교육)	성인 대상 교양농업교육과정 (예: 도시민을 대상으로 한 원예교육)
직업교육	학교 직업농업교육과정 (예: 농업계 고등학교의 전문교과 교육)	성인 대상 직업농업교육과정 (예: 영농인을 대상으로 한 생산기술교육)

그림 V-1. 농업교육의 목적과 대상에 따른 농업교육과정의 유형

민호, 1995), 최근에는 이 사회교육에서의 농업인 교육 또는 농촌사회교육의 개념이 농업을 생업으로 하는 농민을 주 대상으로 했던 기존의 개념에서 도시에 거주하는 사람들까지로 수평적으로 개방되고 확산됨에 따라(이종만, 2005) 일반 도시민을 대상으로 한 교양농업교육이라는 새로운 개념이 필요하게 되었다. 이에 따라서 교양농업교육은 비단 일반 학생만을 대상으로 하는 개념이 아니라 일반 성인 특히 도시민을 대상으로 한 농업교육까지를 포함하는 개념으로 새롭게 인식되고 있다(방기혁, 2001). 즉, 농업교육과 농업교육과정을 교육의 목적과 대상에 따라서 복합적으로 이해하는 것이 중요해졌다고 볼 수 있다.

1절 교양농업교육과정과 직업농업교육과정

농업교육은 교육 목적에 따라 교양농업교육과 직업농업교육으로 구분할 수 있다. 직업농업교육이란 장차 농업을 직업으로 하려는 사람들을 준비시키고, 농업관련 직업에서 발전하도록 도와주는 교육이기 때문에 직업농업교육과정은 이러한 차원의 농업교육에서 다루어지는 교육과정이라고 할 수 있다. 즉 직업농업교육은 농업분야에 종사할 직업인을 양성하기 위한 교육으로 교육과정 역시 직업인 양성을 위한 직업능력의 개발에 초점이 맞추어져 왔다.

교양농업교육이란 일상생활에서 민주시민으로서 지녀야 할 식량 및 섬유에 관한 최소한의 지식, 기능 및 태도의 함양을 위해 제공되는 교양 차원의 교육으로 정의되었으며, 구체적으로 초등학교 실과, 중학교 및 일반계 고등학교의 기술교과 및 농업교과를 통하여 제공되는 교양교육 차원의 농업교육을 의미한다(나승일, 1996). 이러한 관점에서 교양농업교육은 직업교육이라기보다는 일반교육에 더 가까우며, 개인에 따라서는 직업교육의 성격을 가질 수 있는데 여기서 직업교육이라 함은 소위 '교양교육으로서의 직

표 V-2. 교양농업교육과정과 직업농업교육과정의 차이

교육과정의 구성요소	교양농업교육	직업농업교육
교육 목표	식량 및 섬유에 대한 최소한의 지식 기능 태도를 갖춘 민주시민의 양성	농업관련 직업 종사자의 양성
교육 내용	농업 기초 이해	실제적 직무능력
교육 방법	강의, 실습	현장견학, 실험 · 실습
교육 평가	지식에 대한 지필검사	기능에 대한 실기평가

자료 : 이용환 외(2004), 『전환기 농업교육의 새로운 방향』의 내용을 토대로 재구성한 것임.

업교육'을 의미한다(이무근, 2003). 따라서 교양농업교육에서의 교육과정은 일반교육에서의 교육과정과 큰 차이가 나지 않는다고 할 수 있다.

최근에 수행된 한 연구(이용환 외, 2004)에서는 전환기를 맞이한 우리 농업교육의 지향점을 찾기 위하여 지금까지 수행되어온 교육에서의 농업교육을 구성요소별로 고찰하였다. 물론, 1차 교육과정에서부터 7차 교육과정까지 교육과정이 발전해 오면서 많은 변화가 있었으나, 지금까지 수행되어온 학교에서의 교양농업교육과 직업농업교육을 교육과정의 구성요소별로 정리해 보면 〈표 V-2〉와 같은 차이를 보이고 있다.

나승일(1999)에서는 학교 교양농업교육과정의 특성을 논의하고 있는데, 이 중 주목할 만한 특성은 다음과 같다. 교양농업교육과정은 직업농업교육과정보다 상대적으로 다양한 기능을 갖는다고 할 수 있으며 교양농업교육과정이 추구하는 인간상은 '농업과학교양인'이다. 여기서 농업과학교양인이란 민주시민으로서 알아야 할 식품 및 섬유에 관한 이해, 농업에 관한 지식과 기능 및 긍정적인 태도를 겸비한 사람을 의미하고 이들은 농업에 대한 계속교육, 취미생활, 건전한 소비생활, 올바른 주권 행사, 농직업에의 고용 및 농업 자영에의 종사 등을 평생교육 차원에서 계속하여 추구한다. 또한 교양농업교육은 진로 발달에 따라 제공되어야 하는데 초등학교 수준은 진로 인식단계로 주된 내용은 생활농업(agriculture in our lives)이고 농업 진로의 직업적 인식에 역점을 둔다. 중학교에서의 농업교육 내용은 소위 일반농업(general agriculture)이고 농업 진로의 직업적 탐색에 강조점을 둔다. 일반계 고등학교에서의 농업교육은 3단계로 다시 세분화되는데 교육개혁위원회가 제시하는 것처럼 국민공통기본교육기간에 해당하는 고등학교 1학년에서는 농업 진로 준비의 기초과정으로 과학중심 농업을 가르친다. 고등학교 2학년 및 3학년 때에는 학생 및 학교가 자율적으로 실업 · 가정 영역의 과목들 가운데 선택하여 개설 및 수강하도록 되어 있으므로 농업 영역의 경우도 더 세분하여 여러 농업교과 즉 농업 진로 준비의 심화과정으로 탐색하거나 혹은 전문농업교과를 중심으로 배운다.

직업농업교육에서의 교육과정 계획과 운영은 일반교육과정 또는 교양농업교육과정과 비교해 볼 때 다음과 같은 특성을 지니고 있다(이무근, 원상봉, 2000). 직업농업교육은 학교에서의 학업성취와 산업현장에서의 직무능력을 모두 중요시한다. 따라서 직업농업교육에서의 교육과정은 학교에서 배우는 경험이나 활동(과정)도 중요하지만, 이들의 학습경험이나 활동이 산업현장의 직무수행 결과와 긴밀히 연계되도록 계획하고 운영되어야 하는데 그 특징이 있다.

또한, 직업농업교육은 산업사회의 변화와 요구에 민감하게 반응한다. 과학과 기술의 발달로 어떤 농업 직종은 소멸되고 어떤 농업 직종은 새롭게 만들어지기도 한다. 따라서 농업교육과정은 이러한 변화를 민감하게 분석하고 예측하여 농업과 농촌사회가 요구하는 인력을 양성할 수 있도록 교육과정이 개발 · 운영되어야 한다. 그리고 직업농업교육은 산학협동을 강조한다. 직업농업교육과정의 계획에서 무엇을 교육내용으로 할 것인가를 선정하는 과정에는 전공분야와 관련 있는 지역사회의 농업관련 전문가가 반드시 참여하고 있다. 이처럼 직업농업교육과정은 농업 및 농업관련 산업과의 긴밀한 관계 유지가 중요하기 때문에 산학협동이 강조될 수밖에 없으며, 국가가 필요로 하는 농업인력개발과도 밀접한 관련성이 있기 때문에 국가의 지원과 참여가 반드시 필요하다.

2절 학교농업교육과정과 농촌사회교육과정

농업교육을 구분하는 중요한 하나의 축은 교육의 대상이다. 앞서 언급한 바와 같이 학교교육은 초·중·고등학교 및 대학교와 같은 기관에 다니고 있는 아동이나 청소년 등과 같은 일반 학생을 대상으로 하는 교육을 의미하며, 사회교육은 일반 성인을 대상으로 하는 교육을 의미한다. 우리나라에서 1982년 말에 처음 제정된 사회교육법에서는 사회교육을 '학교교육을 제외하고 국민의 평생교육을 위한 모든 형태의 조직적인 교육활동'이라고 규정하고 있다. 사회교육은 좁은 의미로 그 대상이 일반 성인이라는 점에서 성인교육과 매우 유사한 용어로 사용되기도 한다(김진화, 정지웅, 1997).

최민호(1995)는 학교교육과 사회교육에 대하여 교육과정의 구성요소 관점에서 그 차이점을 〈표 V-3〉과 같이 설명하고 있다.

먼저 교육내용의 경우, 학교교육은 이론적이고 추상적이며 학문적인 반면, 사회교육에서는 기능적이고 실용적인 관점을 가진다. 교육시간의 경우 학교교육은 장기적이지만 사회교육은 단기적이며, 학교교육이 미래 지향적인 교육목표를 가지는 반면, 사회교육은 현재 지향적인 목표를 가진다고 설명하고 있다.

성인을 대상으로 한 사회교육에서의 농업교육은 일반적으로 농촌사회교육으로 불리는데, 전통적으로 농촌사회교육이란 농촌주민의 복지향상은 물론 농촌발전과 농업발전을 도모하는 각종 사회교육활동을 의미한다(최민호, 1995). 그 주요 유형은 사회교육에서와 같이 문해교육, 영농 및 농업관련 직업교육, 농외소득 교육, 생활개선 교육 등 다양하다. 우리나라에서 실시하는 기관별 농촌사회 교육을 보면 농촌진흥청의 훈련사업, 농업 관련 협

표 V-3. 학교교육과 사회교육의 교육과정 측면에서의 차이

교육과정 요소	학교교육	사회교육
교육구조	고도의 조직화 내지 구조화	조직화 내지 구조화 정도 낮음
교수내용	이론적, 추상적, 학문적	기능적, 실용적
교육시간	장기간	단기간
교육보상	연기된 보상	직접적 보상
교육장소	장소의 공간적 제한	장소의 공간적 제한이 적음
교수방법	교사 중심	학생 중심
학습자	학습자 연령의 제한	학습자 연령의 무제한
교사	자격증의 필요	다양한 교육배경
졸업	졸업이 사회적 성취를 좌우	졸업과 사회적 성취와는 무관
교육기능	일반화된 지식 강조	가변적 지식의 강조
교육목표	미래 지향적	현재 지향적

자료: 최민호. (1995). 『농촌지도론: 농촌사회교육적 접근』. p. 7.

동조합의 조합원 교육 및 임직원 교육, 가나안 농군학교 등과 같은 사설 농민학교의 농민교육 등이 있다.

다시 말하면, 농촌사회교육이란 농촌주민으로 하여금 그들의 자발적인 참여를 전제로 현대 민주주의 사회에서 행복한 가정과 건전한 시민, 그리고 만족하는 직업인의 한 사람으로서의 생활을 향유할 수 있는 인격과 자질을 함양하기 위한 계획적인 모든 활동을 의미한다. 따라서 전통적인 관점에서 농촌사회교육 프로그램이란 농촌사회교육의 목적을 달성하기 위해 필요한 학습 및 교육활동을 체계화한 총체라고 정의할 수 있다. 구체적으로 농업인 교육프로그램 또는 농촌사회교육 프로그램은 농업인의 능력개발을 위해 교육·훈련 기관이 교육·훈련 목표 설정, 교육·훈련 내용 선정과 개발, 교수학습, 교육·훈련 평가 등의 일련의 과정(過程)을 통해 제공하는 형식화된 경험을 의미한다(마상진, 김영생, 2006).

이러한 전통적인 관점에서의 농업인 교육에 대한 인식은 최근 들어 매우 중요한 전환기를 맞이하고 있다. 사회가 평생교육체제의 시대를 맞이하게 되면서 다양한 측면의 패러다임상의 변화가 필요하게 되었다. 이러한 패러다임의 변화를 이종만(2005)은 첫째, 정부기관 중심에서 비정부기관 중심으로의 변화, 둘째, 농촌 주민 또는 농업인 중심에서 도시민 등 일반 성인으로의 대상 변화, 셋째 직업교육 중심의 내용에서 소양 교육 중심의 내용 및 목적의 변화, 넷째 면대면 직접방문 중심의 방법에서 통합적인 교육방법 활용으로의 변화 등으로 제시하고 있다.

이러한 관점에서 농업교육과정은 교육대상과 교육목적 및 내용 차원을 중심으로 복합적인 관점에서 농업교육과정 및 농업교육프로그램으로 이해하는 것이 매우 중요하다고 하겠다.

3 학교 농업교육과정의 이해

1절 학교 교육과정의 체제

학교 교육과정과 관련된 활동들은 국가, 지역, 학교, 학년, 또는 교과, 학급, 학생 등 여러 수준에서 이루어지는데, 교육과정을 수준별로 구분하여 정리하는 시도들은 교육과정을 체계적으로 이해하는 데 도움을 준다.

우선 교육과정의 체제는 크게 중앙집권적 교육과정 체제와 지방분권적 교육과정 체제로 구분할 수 있다. 먼저 중앙집권적 교육과정 체제란 교육과정의 개발과 평가는 국가가 담당하고, 교육과정의 운영은 지역이나 학교가 담당하는 것을 말하며, 지방분권적 교육과정 체제란 교육과정의 개발, 운영, 평가 등 모든 활동을 지역이나 학교가 중심이 되어 전개하는 것을 말한다. 이 두 가지 교육과정 체제는 〈표 V-4〉에 제시된 것과 같이 모두 단점을 가지고 있기 때문에, 오늘날 많은 국가들은 두 가지 교육과정 체제를

표 V-4. 중앙집권적 교육과정 체제와 지방분권적 교육과정 체제의 단점

중앙집권적 교육과정 체제	지방분권적 교육과정 체제
• 교육과정의 운영이 획일화, 경직화되기 쉽다. • 권위주의적 교육풍토를 조성할 가능성이 있다. • 한 번 제정된 교육과정의 법규적인 권위 때문에 개정하기 어렵다. • 교사가 교육과정 문제로부터 소외되어 교사의 전문성 향상을 저해할 가능성이 있다. • 지역, 학교, 학습자의 특수성에 부합하는 다양한 교육과정의 운영이 어렵다.	• 전국적으로 합의된 교육과정을 갖기 어렵다. • 전문가, 예산, 시간, 인식의 부족 때문에 질적 수준이 낮은 교육과정이 되기 쉽다. • 지역중심, 학교중심, 교사중심에 치우쳐 교육 개혁의 전파가 어렵다. • 지역, 학교간 격차가 심화될 가능성이 있다. • 국가수준에서 학교교육을 주도하고자 할 경우 정책시행에 한계가 있다.

자료: 김석우, 김대현. (2001). 『교육과정 및 교육평가』. 학지사, pp 30-31.

절충한 형태를 취하고 있다(김석우, 김대현, 2001).

이것은 물론 중앙집권적 교육과정 체제나 지방분권적 교육과정 체제를 택일하였을 때 발생하는 결함을 최소화하기 위함이다. 국가는 교육과정의 일반적인 지침을 만들어 공표하고, 이러한 지침의 준수여부를 가리기 위한 최소한의 평가활동만을 수행하며, 지역과 학교는 국가수준의 교육과정 지침을 지역이나 학교의 특수성에 비추어 그 교육과정을 재개발, 운영, 그리고 평가하는 활동을 수행한다.

우리나라의 경우도 절충적인 교육과정 체제를 반영하고 있으나, 제6차 교육과정 이후 교육과정 결정권이 과거에 비해 상당히 분권적으로 이루어져 교육과정의 구조가 크게 달라졌다(권영민, 2004). 국가 수준에서 교육과정 기준을 개발하면, 이를 시·도 교육청 수준에서 교육과정 편성·운영 지침으로 상세화하고, 이를 받아 시·군·구 교육청에서 학교 교육과정 편성·운영상 고려해야 할 요소를 장학자료 형식으로 학교에 제시하는 체제를 갖추게 된 것이다.

우리나라의 경우 이러한 교육과정의 수준에 대한 개념은 6차 교육과정에 지역별 교육과정의 개념이 도입되면서 완전한 체계를 이루었다고 할 수 있다. 제6차 교육과정에서는 국가 수준 교육과정, 시·도 수준 교육과

정, 학교 수준 교육과정, 교사 수준 교육과정으로 나누고 있다(교육인적자원부, 1992). 국가에서 제시하는 교육과정의 체계와 교육과정의 수준에 따른 구체적인 산출물을 도식화한 [그림 V-2]는 이러한 교육과정의 개념을 이해하는 데 도움이 될 것이다.

한편, 교사들이 참여하여 개발하는 교육과정의 구체적인 산출물로서 학교수준 교육과정에서는 연간 행사 계획, 연간 수업일수 계획, 연간 수업시수 계획 등이 종합적으로 제시된 학교 교육계획서가 있으며, 교사들이 담당하는 교과목에 대한 연간 교과진도 계획, 단원지도 계획 및 평가 계획, 수업(학습)지도안 등은 교사수준 교육과정에 포함시킬 수 있다. 이 중 수업지도안은 수업 수준의 교육과정으로 분류할 수도 있다.

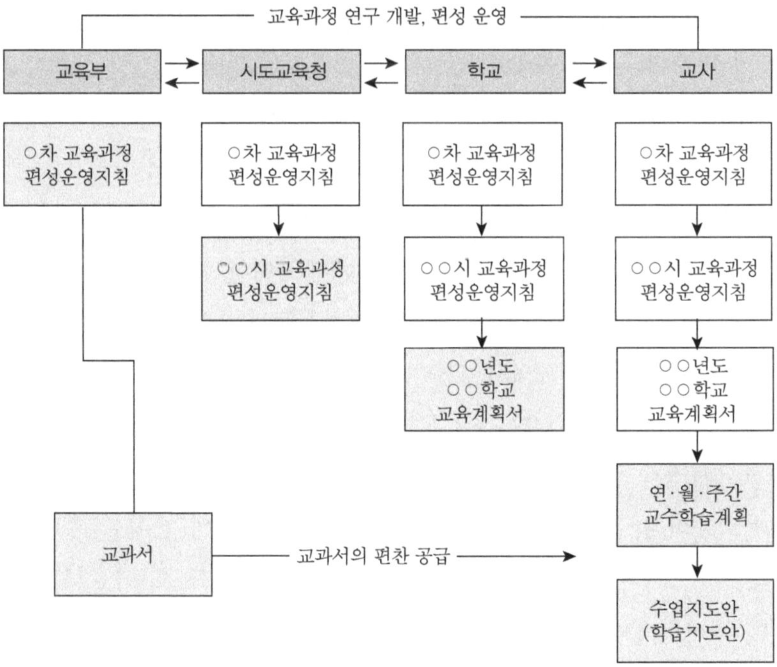

그림 V-2. 교육과정의 수준과 수준별 산출물

2절 학교 교육과정의 수준

1. 국가 수준의 농업교육과정

각 수준에서 논의되는 교육과정의 개념과 수준별 교육과정들의 관계에 대해서 간략히 살펴보면, 먼저 국가 수준의 교육과정이란 교육에 대한 국가의 의도를 담은 문서를 의미한다. 따라서 국가 수준의 농업교육과정이란 농업교육에 대한 국가의 의도를 담은 문서라고 할 수 있다. 국가 수준 교육과정의 구체적인 산출물은 국민교육헌장, 교육법에 명기된 교육목표, 교육부령의 교육과정, 장학방침, 교과서, 교과용 교과지침서 등을 들 수 있다(김종서 외, 1997).

우리나라의 경우는 자율과 창의를 바탕으로 하는 학생중심 교육과정을 표방한 '2009 개정 교육과정'이 2009년 12월 23일에 개정 고시되면서 이 '2009 개정 교육과정'이 2011년 3월 초등학교 1, 2학년, 중학교 1학년, 고등학교 1학년에 적용되기 시작하여 2013년부터는 모든 학교급에 적용되도록 되어 있다. 2009 개정 교육과정은 초등학교 1학년부터 중학교 3학년까지의 공통 교육과정과 고등학교 1학년부터 3학년까지의 선택 교육과정 편성, 학교 교육과정 편성·운영의 유연성을 부여하기 위한 학년군 설정, 학기당 이수 교과목 수의 축소, 기존의 재량활동과 특별활동을 통합한 '창의적 체험 활동'신설, 교육과정 질 관리 체제 강화 등이 주요 특징이라 할 수 있다. 여기에서는 2009 개정 교육과정을 중심으로 우리나라의 국가 수준 교육과정의 구체적인 내용에 대하여 살펴보고자 한다.

우리나라의 국가 수준 교육과정에서는 〈표 V-5〉와 같이 기본적으로 우리나라 교육의 목적, 추구하는 인간상, 학교 급별 목표, 교육과정의 성격 등이 제시되어 있으며 초·중등학교에서 편성·운영해야 할 교육과정의 목표, 내용, 방법, 평가, 운영 등에 관한 기준 및 기본지침을 담고 있다.

표 V-5. 2009 개정 교육과정의 기본 구성방향

구분		2009 개정 교육과정의 기본 구성방향
교육과정의 성격		가. 국가 수준의 공통성과 지역, 학교, 개인 수준의 다양성을 동시에 추구하는 교육과정이다. 나. 학습자의 자율성과 창의성을 신장하기 위한 학생 중심의 교육과정이다. 다. 교육청과 학교, 교원 · 학생 · 학부모가 함께 실현해 가는 교육과정이다. 라. 학교 교육 체제를 교육과정 중심으로 개선하기 위한 교육과정이다. 마. 교육의 과정과 결과의 질적 수준을 유지, 관리하기 위한 교육과정이다.
교육의 목적		우리나라의 교육은 홍익인간의 이념 아래 모든 국민으로 하여금 인격을 도야하고, 자주적 생활 능력과 민주 시민으로서 필요한 자질을 갖추게 하여 인간다운 삶을 영위하게 하고, 민주 국가의 발전과 인류 공영의 이상을 실현하는 데 이바지하게 함을 목적으로 하고 있다.
추구하는 인간상		가. 전인적 성장의 기반 위에 개성의 발달과 진로를 개척하는 사람 나. 기초 능력의 바탕 위에 새로운 발상과 도전으로 창의성을 발휘하는 사람 다. 문화적 소양과 다원적 가치에 대한 이해를 바탕으로 품격 있는 삶을 영위하는 사람 라. 세계와 소통하는 시민으로서 배려와 나눔의 정신으로 공동체 발전에 참여하는 사람
학교 급별 교육 목표	초등학교	초등학교의 교육은 학생의 학습과 일상생활에 필요한 기초 능력 배양과 기본 생활 습관을 형성하는 데 중점을 둔다.
	중학교	중학교 교육은 초등학교 교육의 성과를 바탕으로, 학생의 학습과 일상생활에 필요한 기본 능력을 배양하며, 다원적인 가치를 수용하고 존중하는 민주시민의 자질 함양에 중점을 둔다.
	고등학교	고등학교 교육은 중학교 교육의 성과를 바탕으로, 학생의 적성과 소질에 맞는 진로 개척 능력과 세계 시민으로서의 자질을 함양하는 데 중점을 둔다.

자료: 교육과학기술부. (2009a). 『2009 개정 교육과정(총론)』.

우리나라 교육과정의 편제는 2009 개정 교육과정에서 기본적으로 공통 교육과정과 선택 교육과정으로 구성되어 있다. 제1차부터 제6차 교육과정까지는 학교 급별 개념에 의한 교육과정 체제로 초등, 중등, 고등학교의 교육과정이 별도로 구성되었고, 제7차 교육과정부터 2007 개정 교육과정까지는 국민공통기본교육과정 체제를 도입하여 초등학교 1학년부터 고등학교 1학년까지의 10년간을 하나로 묶어 '국민공통기본교육기간'으로 설정하였으나, 2009 개정 교육과정부터는 이를 조정하여 초등학교 1학년부터 중학교 3학년까지의 공통 교육과정과 고등학교 1학년부터 3학년까지의 선택 교육과정 체제를 도입하였다.

공통 교육과정은 교과(군)와 창의적 체험 활동으로 편성되는데 교과(군)는 국어, 사회(중학교는 역사 포함)/도덕, 수학, 과학/실과(중학교는 기술 · 가정), 체육, 예술(음악/미술), 영어로 구성되었으며 다만 초등학교 1, 2학년의 교과는 국어, 수학, 바른 생활, 슬기로운 생활 및 즐거운 생활로 조직되었다. 창의적 체험활동은 자율 활동, 동아리 활동, 봉사 활동, 진로 활동으로 구분할 수 있다(〈표 V-6〉 참조).

고등학교 선택 교육과정은 교과(군)와 창의적 체험활동으로 편성되었는데, 교과(군)는 보통교과와 전문교과로 구분된다. 보통교과 영역은 〈표 V-7〉과 같이 기초, 탐구, 체육·예술, 생활·교양으로 구성되었으며, 전문교과는 농생명 산업, 공업, 상업 정보, 수산·해운, 가사·실업, 과학, 체육, 예술, 외국어, 국제에 관한 교과로 구성되어 있다(〈표 V-8〉 참조). 창의적 체험활동은 자율 활동, 동아리 활동, 봉사 활동, 진로 활동으로 구분할 수 있다.

일반적으로 교양농업교육과정은 초등학교 교육과정의 교과 중 슬기로운 생활과 중학교 및 고등학교 교육과정의 교과 중 기술 · 가정의 교과에 포함되어 있다. 직업농업교육과정으로 분류될 수 있는 교과목들은 고등학교 선택 교육과정에 포함되어 있다. 다만 일반계 고등학교와 전문교육을 주로 하는 고등학교의 경우 전문교과에 대한 이수단위에 차이가 있다.

농업교육과정은 특히 전문교육을 주로 하는 고등학교의 교육과정과 밀접한 관계를 가지고 있는데 현행 2009 개정 교육과정에 나타난 전문교육을 주로 하는 고등학교 교육과정의 주요 내용을 살펴보면 〈표 V-9〉와 같다.

또한, 농생명 산업 계열 전문 교과 교육과정의 주요 내용을 보면 〈표 V-10〉과 같다.

표 V-6. 2009 개정 교육과정의 공통교육과정의 교육과정 편제

<table>
<tr><th colspan="2" rowspan="2">학교
학년
구분</th><th colspan="3">초 등 학 교</th><th>중 학 교</th><th>고등학교</th></tr>
<tr><th>1-2학년</th><th>3-4학년</th><th>5-6학년</th><th>7-9학년</th><th>10-12학년군</th></tr>
<tr><td rowspan="7">교
과
(군)</td><td>국 어</td><td rowspan="7">국 어
448

수 학
256

바른생활
123

슬기로운 생활
192

즐거운 생활
384</td><td>408</td><td>408</td><td>442</td><td rowspan="7">선
택
과
목</td></tr>
<tr><td>사회/도덕</td><td>272</td><td>272</td><td>510</td></tr>
<tr><td>수 학</td><td>272</td><td>272</td><td>374</td></tr>
<tr><td>과학/실과</td><td>204</td><td>340</td><td>646</td></tr>
<tr><td>체 육</td><td>204</td><td>204</td><td>272</td></tr>
<tr><td>예술(음악/
미술)</td><td>272</td><td>272</td><td>340</td></tr>
<tr><td>영어</td><td>136</td><td>204</td><td>204</td></tr>
<tr><td colspan="2">창의적 체험활동</td><td>272</td><td>204</td><td>204</td><td>306</td><td>24단위
(408시간)</td></tr>
<tr><td colspan="2">학년군별 총 수업
시간 수</td><td>1,680</td><td>1,972</td><td>2,176</td><td>3,366</td><td>204 단위</td></tr>
</table>

주 1) 이 표의 공통교육 기간에 제시된 시간 수는 연간 34주를 기준으로, 초등학교의 경우 2년간, 중학교의 경우 3년간의 최소 수업 시간 수를 나타낸 것이다.
2) 1시간의 수업은 초등학교 40분, 중학교 45분, 고등학교 50분을 원칙으로 하되, 기후 및 계절, 학생의 발달 정도, 학습 내용의 성격 등과 학교 실정을 고려하여 탄력적으로 편성 · 운영할 수 있다.
3) 선택교육 기간의 1단위는 50분을 기준으로 하여 17회를 이수하는 수업량이다.
4) 선택교육 기간의 총 이수 단위 수는 고등학교 졸업에 필요한 '최소 이수 단위'를 가리킨다.

자료: 교육과학기술부. (2009a).『2009 개정 교육과정(총론)』.

표 V-7. 고등학교 선택 교육과정 중 보통교과의 편성

<table>
<tr><th></th><th>교과영역</th><th>교과(군)</th><th>과 목</th><th>학교 자율과정</th></tr>
<tr><td rowspan="14">교과(군)</td><td rowspan="3">기초</td><td>국어</td><td>국어*, 화법과 작문Ⅰ, 화법과 작문Ⅱ, 독서와 문법Ⅰ, 독서와 문법Ⅱ, 문학Ⅰ, 문학Ⅱ</td><td rowspan="13">학생의 적성과 진로를 고려하여 편성</td></tr>
<tr><td>수학</td><td>수학*, 수학의 활용, 수학Ⅰ, 미적분과 통계기본, 수학Ⅱ, 적분과 통계, 기하와 벡터</td></tr>
<tr><td>영어</td><td>영어*, 영어Ⅰ, 영어Ⅱ, 실용 영어 회화, 심화 영어 회화, 영어 독해와 작문, 심화 영어 독해와 작문</td></tr>
<tr><td rowspan="3">탐구</td><td rowspan="2">사회(역사/도덕 포함)</td><td>사회*, 한국 지리, 세계 지리, 동아시아사, 세계사, 법과 정치, 경제, 사회 · 문화, 한국사*</td></tr>
<tr><td>도덕*, 생활과 윤리, 윤리와 사상</td></tr>
<tr><td>과학</td><td>과학*, 물리Ⅰ, 물리Ⅱ, 화학Ⅰ, 화학Ⅱ, 생명과학Ⅰ, 생명과학Ⅱ, 지구과학Ⅰ, 지구과학Ⅱ</td></tr>
<tr><td rowspan="3">체육 · 예술</td><td>체육</td><td>체육*, 운동과 건강 생활, 스포츠 문화, 스포츠 과학</td></tr>
<tr><td rowspan="2">예술(음악/미술)</td><td>음악*, 음악 실기, 음악과 사회, 음악의 이해</td></tr>
<tr><td>미술*, 미술과 삶, 미술 감상, 미술 창작</td></tr>
<tr><td rowspan="4">생활 · 교양</td><td rowspan="4">기술 · 가정/제2외국어/한문/교양</td><td>기술 · 가정*, 농업 생명 과학, 공학 기술, 가정 과학, 창업과 경영, 해양 과학, 정보</td></tr>
<tr><td>독일어Ⅰ, 독일어Ⅱ, 프랑스어Ⅰ, 프랑스어Ⅱ, 스페인어Ⅰ, 스페인어Ⅱ, 중국어Ⅰ, 중국어Ⅱ, 일본어Ⅰ, 일본어Ⅱ, 러시아어Ⅰ, 러시아어Ⅱ, 아랍어Ⅰ, 아랍어Ⅱ</td></tr>
<tr><td>한문Ⅰ, 한문Ⅱ</td></tr>
<tr><td>생활과 철학, 생활과 논리, 생활과 심리, 생활과 교육, 생활과 종교, 생활 경제, 안전과 건강, 진로와 직업, 보건, 환경과 녹색성장</td></tr>
<tr><td colspan="2">이수단위</td><td>116</td><td>64</td></tr>
<tr><td colspan="3">창의적 체험활동</td><td colspan="2">24</td></tr>
<tr><td colspan="3">총 이수 단위</td><td colspan="2">204</td></tr>
</table>

주 1) 각 과목의 기본 단위 수는 5단위이며, 각 과목별로 1단위 범위 내에서 증감 운영이 가능하며, 가능한 한 한 학기에 이수하도록 한다.

2) *표 한 과목은 교과(군)별 학습의 위계를 고려하여 선택할 수 있도록 지도한다. 이 과목은 4단위 범위 내에서 증감하여 운영할 수 있다.

자료: 교육과학기술부. (2009a). 『2009 개정 교육과정(총론)』.

표 V-8. 고등학교 선택 교육과정 중 전문교과의 편성(일부)

교과	과 목				기준 학과
농생명 산업 계열 과목	농업 이해	농업 기초 기술	농업 정보 관리	농업 경영	식물 자원과
	생물 공학 기초	재배	작물 생산 기술	숲과 인간	동물 자원과
	산림 자원 기술	원예	생활 원예	생산 자재	농업 토목과
	원예 기술 Ⅰ	원예 기술 Ⅱ	동물 자원	사육 기술 Ⅰ	식품 가공과
	사육 기술 Ⅱ	누에와 비단	조경	조경 기술 Ⅰ	농업 기계과
	조경 기술 Ⅱ	농업과 물	농촌과 농지 개발	농업 토목 기술 Ⅰ	조경과
	농업 토목 기술 Ⅱ	농업 기계	농업 기계 공작	농업 기계 기술 Ⅰ	농산물유통정보과
	농업 기계 기술 Ⅱ	식품 과학	식품 위생	식품 가공 기술 Ⅰ	환경 · 관광 농업과
	식품 가공 기술 Ⅱ	농산물 유통	농산물 유통 관리 Ⅰ	농산물 유통 관리 Ⅱ	생물 공학과
	환경 보전	환경 관리 Ⅰ	환경 관리 Ⅱ	농업과 관광	
공업 계열 과목	공업 입문	기초 제도	정보 기술 기초	전문 제도	기계과
	기계 일반	전기 일반	공업 영어	기계 설계	전자 기계과
	기계 공작법	원동기	유체 기기	공기 조화 설비	금속 재료과
	기계 기초 공작	공작 기계 Ⅰ	공작 기계 Ⅱ	산업 설비	전기과
	금형 제작	전자 기계 이론	전자 기계 회로	전자 기계공작	전자과
	전자 기계 제어	로봇 기초	로봇 제작	재료 일반	통신과
	금속 제조	재료 가공	주조	금속 처리	컴퓨터 응용과
	전기 응용	전기 회로	전기 기기	전력 설비 Ⅰ	토목과
	전력 설비 Ⅱ	전기전자 측정	자동화 설비	전자 기기	건축과
	전자전산 응용	전자 회로	계측 제어	통신 일반	디자인과
	정보 통신	통신 시스템	컴퓨터 구조	시스템 프로그래밍	화학 공업과
	프로그래밍	디지털 논리 회로	측량	역학	환경 공업과
	토목 설계	토목 일반	토목 재료 · 시공	수리 · 토질	세라믹과
	지적 전산	지적 실무	건축 구조	건축 계획 일반	식품 공업과
	건축 목공	건축 시공 Ⅰ	건축 시공 Ⅱ	디자인 일반	섬유과
	색채 관리	조형	제품 디자인	공예	인쇄과
	시각 디자인	컴퓨터 그래픽	공업 화학	단위 조작·공정 제어	자동차과
	제조 화학	분석 화학	기능성 세라믹	세라믹 원리 · 공정	조선과
	구조 세라믹	세라믹 디자인	발효 공업	식품 제조 기계	항공과
	식품 분석	식품 공업 기술	섬유 재료	방적 · 방사	컴퓨터 게임과
	제포봉제	염색가공	인쇄 일반	인쇄 · 사진 재료	만화·애니메이션과
	평판 인쇄	특수 인쇄	사진 · 전자 제판	사진	영상 제작과
	자동차건설 기계	자동차 기관	자동차 섀시	자동차 전기전자 제어	
	건설 기계 구조정비	자동차 차체 수리	선박 이론	선박구조	
	선박 건조	항공기 일반	항공기 기체	항공기 기관	
	항공기 장비	항공기 전자 장치	환경 공업 일반	수질 관리	
	대기소음 방지	폐기물 처리	컴퓨터 게임 기획	컴퓨터 게임 프로그램	
	컴퓨터 게임 그래픽	만화 · 애니메이션 기초	애니메이션 제작	만화 창작	
	영화방송 제작	촬영 · 조명	방송 시스템		

주 1) 전문교육을 주로 하는 고등학교에서는 필요한 전문 과목을 80단위 이상 이수한다.
2) 전문교육을 주로 하는 고등학교에서는 다음 과목을 필수로 이수한다.
- 농생명 산업 계열: 농업 이해, 농업 기초 기술, 농업 정보 관리
- 공업 계열: 공업 입문, 기초 제도, 정보 기술 기초
- 상업 정보 계열: 상업 경제, 회계 원리, 컴퓨터 일반
- 수산 · 해운 계열: 해양 일반, 수산 · 해운 정보 처리, 수산 일반(수산 계열), 해사 일반(해운 계열)
- 가사 · 실업 계열: 인간 발달, 컴퓨터 일반
- 체육, 외국어, 국제계열은 시 · 도교육감이 정한 지침에 따르되, 과학, 예술 계열은 필수 이수과목을 별도로 정하지 않는다.

자료: 교육과학기술부. (2009a). 『2009 개정 교육과정(총론)』.

표 V-9. 2009 개정 교육과정에 나타난 전문교육을 주로 하는 고등학교 교육과정의 주요 내용

성격 및 목표	• 성격: 기초 직업 교육으로서, 관련 산업에서 실무를 수행하는 데 필요한 기초 지식과 기능 · 기술 및 태도를 길러 관련 분야로 취업 · 창업 등의 진로를 개척할 수 있는 평생 학습 능력을 길러 자아를 실현하고, 각 분야 산업의 발전에 이바지할 수 있는 유능한 인력을 양성할 수 있도록 하는 계속 교육적 성격을 가진다. • 교육 목표: 관련 분야의 기초적인 전문 지식과 기술을 습득하여 자신에게 알맞은 직업과 진로를 선택할 수 있고, 미래 사회의 변화에 대처할 수 있는 능력과 태도를 기른다.
계열의 명칭	• 농생명산업 계열 • 공업 계열 • 상업정보 계열 • 수산 · 해운 계열 • 가사 · 실업 계열
기준 학과 편제	학과 수: 60 (농생명 산업 9, 공업 22, 상업정보 9, 수산 · 해운 12, 가사 · 실업 8)
전문 교과 편제	• 기준 학과-과목 체제 • 모든 전문 과목을 편제표상에 표시 • 전문 교과목 수: 256(농생명 산업 40, 공업 115, 상업정보 32, 수산 · 해운 33, 가사 · 실업 36)
전문 교과의 최저 이수 단위	각각 80단위 이상
전문 교과 필수 · 선택 구분	• 계열별 필수(교육과학기술부) • 학과별 필수(학교장) • 학과별 선택(학교장, 학생)
전문교육을 주로 하는 고등학교의 교과 편성 · 운영	교과(군)의 이수 단위 180단위 중 보통 교과 필수 이수 단위는 72단위 이상으로 편성하며, 전문 교과의 과목은 80단위 이상 편성한다.
	전문 교과의 각 과목에 대한 이수 단위는 시 · 도 교육감이 정한다.

	전문 교과의 기초가 되는 과목을 선택하여 이수할 경우, 이를 해당 보통 교과의 이수로 간주할 수 있다.
	내용이 유사하거나 관련되는 보통 교과의 과목과 전문 교과의 과목은 교체하여 편성 · 운영할 수 있다.
학교 급별 편성 지침 (고등학교)	전문 교과는 필요한 경우 다른 계열의 전문 과목을 선택하여 편성·운영할 수 있다.
	학과별 필수 과목은 필요한 경우 학교장이 정할 수 있으며, 2개 이상의 계열을 운영하는 경우, 해당 학과가 속한 계열의 필수 과목을 이수한다.
	교육과정 내용과 관련이 있는 현장 실습을 운영하여야 한다. 이 경우 다양한 형태로 운영할 수 있으며, 이와 관련된 구체적인 사항은 시 · 도 교육청이 정한 지침에 따른다.

자료: 교육과학기술부(2009b), 『2009 개정교육과정에 따른 고등학교 교육과정』을 재구성함.

표 V-10. 2009 개정 교육과정 중 농생명 산업 계열 전문교과 교육과정의 주요 내용

성 격	• 일하면서 계속 배울 수 있도록 도와주는 교육 기관으로서의 역할 강조 • 농생명 산업 분야에 취업하여 자아를 실현하고, 농생명 산업 및 농촌 발전에 기여할 수 있는 장래의 유능한 전문 인재 양성	
목표	• 농생명 산업에 관한 핵심 지식과 기술을 습득하여 자신에게 맞는 진로 선택 • 급변하는 산업 사회에 창의적으로 적응하여 자아를 실현 • 농생명 산업 및 농촌 발전에 기여하려는 적극적인 태도 함양	
고등학교 학과편제	식물 자원과 동물 자원과 농업 토목과 식품 가공과 농업 기계과	조경과 농산물유통정보과 환경 · 관광 농업과 생물 공학파

자료: 교육과학기술부(2009b), 『2009 개정교육과정에 따른 고등학교 교육과정』을 재구성함.

2. 지역 수준의 농업교육과정

지역 수준의 교육과정은 교육에 대한 지역의 의도를 담은 문서를 의미하며, 국가 수준의 기준과 학교의 교육과정을 연결하는 교량 역할을 한다(김석우, 김대현, 2001). 왜냐하면 국가 수준의 교육과정 기준은 전국의 모든 학교에서 편성·운영해야 할 교육내용의 공통적이고 일반적인 기준이므로 각 지역의 특수성과 각 학교의 다양한 요구와 필요를 국가 수준의 교육과정에 모두 반영한다는 것은 거의 불가능하기 때문이다. 다시 말하면, 지역 수준의 농업교육과정은 각 시·도와 지역의 실정, 필요 요구, 교육기반, 여건 등의 제 요인을 조사·분석하여 전국 공통의 일반적인 기준인 국가수준 농업교육과정을 조정하고 보완하여 그 결과를 학교교육과정에 반영하도록 하는데 그 목적이 있다.

이 수준에서의 구체적인 산출물은 시·도 교육청에서 지역의 특수성을 반영하여 작성하는 농업교육과정 편성·운영지침들과 각종 장학자료들이 있다. 국가 수준의 농업교육과정과 시·도교육청이 작성한 농업교육과정 편성·운영지침에는 교육과정과 관련되어 학교가 해야 할 일을 편성, 운영, 평가의 세 영역으로 나누어 제시하며, 교육부와 시·도 교육청은 학교가 이러한 일을 제대로 추진할 수 있도록 그 방법과 절차를 사례연구와 함께 제시하고 있다.

예를 들어 경기도 교육청의 경우, 국가에서 제시한 교육의 목적 및 목표에 근거하여 도의 지역적·문화적 특성 및 교육 여건을 바탕으로 '새로운

표 V-11. 전문교육을 주로 하는 고등학교의 계열별 경기도 교육청 지정 필수 이수과목

계 열 별	교육청 지정 필수 이수과목
농생명 산업 계열	농업 이해, 농업 기초 기술, 농업 정보 관리
공업 계열	공업 입문, 기초 제도, 정보 기술 기초
상업정보 계열	상업 경제, 회계 원리, 컴퓨터 일반
수산·해운 계열	해양 일반, 수산·해운 정보 처리, 수산 일반 (수산계열), 해사 일반 (해운 계열)
가사·실업 계열	인간 발달, 컴퓨터 일반
외국어 계열	각 학과 해당 기초외국어(영어과는 심화 영어), 청해, 회화 I, 문화 I, 독해
국제 계열	영어 강독, 지역 이해, 한국의 전통 문화

자료: 경기도교육청. (2010). 『경기도 고등학교 교육과정 편성 · 운영지침』.

학교, 함께하는 경기교육'을 실현하기 위하여 '더불어 살아가는 창의적인 민주시민 육성'을 교육 지표로 설정하며, 이를 달성하기 위한 교육과정의 편성 · 운영 지침으로 경기도 교육청 지정과목, 전문교육을 주로 하는 고등학교의 계열별 지정 필수 이수과목을 구성하고(〈표 V-11〉 참조), 창의적 체험활동의 운영지침, 교과목의 평가지침, 교수학습방법에 대한 지침 등을 구성하여 경기도 내 각급 학교에 제공하는 것이다.

3. 학교 수준의 농업교육과정

학교 또는 기관 수준의 농업교육과정은 학교의 상황을 반영하며, 각 학교 학생들의 특성과 요구를 고려하여 농업교육에 대한 학교의 의도를 담은 문서를 말한다. 이러한 학교 수준의 교육과정은 교육목표, 방법, 내용, 평가, 운영방식 등을 핵심적인 내용으로 담고 있으며, 이는 OO학교 교육계획서라는 구체적인 문서로 개발된다. 우선적으로 각 학교에서는 국가와 지역 교육청에서 제시하는 교과목 편성지침에 따라 학교 교과를 편성한다. 경기도 여주자영농업고등학교의 경우, 〈표 V-12〉와 같이 교과편제를 경기도 교육청의 지정교과, 학교지정 공통교과, 학교지정 선택교과, 학과별 교과 등으로 구성하여 운영하고 있다.

표 V-12. 경기도 여주자영농업고등학교의 2011학년도 교육과정 편제 및 단위 배당

교과 영역	교과 (군)	과목	기준 단위	운영 단위	선택 구분	1학년 1학기	1학년 2학기	2학년 1학기	2학년 2학기	3학년 1학기	3학년 2학기	이수 단위	필수 이수 단위
기초	국어	국어 - 문학의 이해	5	5-5	공통	5	5					10 ~ 20	10
		문학 I, 선택③ 중 택1	5	0~4	선택 ③			0~2	0~2				
		문학 II, 선택⑥ 중 택1	5	0~6	선택 ⑥					0~3	0~3		
	수학	수학 - 수학의 활용	5	5-5	공통	5	5					10 ~ 26	10
		미적분과 통계기본, 선택③ 중 택1	5	0~4	선택 ③			0~2	0~2				
		수학 I, 선택④ 중 택1	5	0~6	선택 ④			0~3	0~3				
		수학 II, 선택⑦ 중 택1	5	0~6	선택 ⑦					0~3	0~3		
	영어	영어	5	6	공통	3	3					10 ~ 28	10
		영어 I	5	4	공통			2	2				
		실용 영어 회화, 선택④ 중 택1	5	0~6	선택 ④			0~3	0~3				
		영어 독해와 작문, 선택⑤ 중 택1	5	0~6	선택 ⑤					0~3	0~3		
		영어 II, 선택⑥ 중 택1	5	0~6	선택 ⑥					0~3	0~3		
탐구	사회	사회	5	5	공통	5						10	10
		도덕	5	5	공통			5					
	과학	과학	5	5	공통		5					10	10
		생명과학 I	5	5	공통				5				
체육 · 예술	체육	체육	5	5	공통	5						5~11	5
		운동과 건강 생활, 선택⑦ 중 택1	5	0~6	선택 ⑦					0~3	0~3		
	예술	미술	5	5	공통		5					5	5
생활 교양	기술 · 가정	농업 기초 기술	5	6	교육청 지정	3	3					12	12
	제2외국어	일본어 I	5	6	공통					3	3		
전문	전문	원예 / 동물 자원 / 식품과학 / 조경	4이상	4	학과 필수	2	2						
		농업 이해	4이상	4	교육청 지정	2	2						
		농업 정보 관리	4이상	8	교육청 지정			4	4				

교과 영역	교과 (군)	과목	기준 단위	운영 단위	선택 구분	1학년		2학년		3학년		이수 단위	필수 이수 단위
						1학기	2학기	1학기	2학기	1학기	2학기		
전문	전문	농업 기계	4이상	6	공통			3	3			108 ~ 80	80
		원예 기술 I / 사육 기술 I / 식품 가공 기술 I / 조경 기술 I	4이상	12	학과 필수			6	6				
		원예 / 동물 자원 / 식품과학 / 조경 / 농업 기계 기술 I 중 택1	4이상	10	선택 ①			5	5				
		재배 / 식품 위생 / 산림 자원 기술 선택③ 중 택 1	4이상	4~0	선택 ③			2~0	2~0				
		화훼 장식 기술 I / 애완동물 관리 기술 I / 제과 제빵, 선택④ 중 택1	4이상	6~0	선택 ④			3~0	3~0				
		원예 기술 II / 사육 기술 II / 식품 가공 기술 II / 조경 기술 II	4이상	14	학과 필수					7	7		
		농업 영어	4이상	6	공통					3	3		
		농업 경영	4이상	6	공통					3	3		
		원예 기술 I / 사육 기술 I / 식품 가공 기술 I / 조경 기술 I / 농업 기계 기술 II 중 택1	4이상	10	선택 ②					5	5		
		애완동물 관리 기술 II / 제과 제빵 실무 / 한국 조리 / 실내 조경, 선택⑤ 중 택1	4이상	6~0	선택 ⑤					3~0	3~0		
		화원경영 / 영농과제실습 / 자동차 · 건설 기계, 선택⑥ 중 택1	4이상	6~0	선택 ⑥					3~0	3~0		
		농산물 유통 / 생산 자재 / 마필 관리, 선택⑦ 중 택1	4이상	6~0	선택 ⑦					3~0	3~0		
이수단위 소계				180		30	30	30	30	30	30	180	
창의적 체험활동			24	24		4	4	4	4	4	4	24	24
학기별 총 이수 단위						34	34	34	34	34	34		
학기당 과목 수						8	8	8	8	8	8		
학년별 총 이수 단위						68		68		68		204	

자료: 여주자영농업고등학교. (2011). 『학교교육계획서』.

한편, 교육과정을 논의할 때 또 하나의 중요한 개념은 수업(instruction)인데, 일반적으로 교육과정이란 앞서 정의하였듯이 일정한 교육기관의 지도하에 학생들이 갖는 바람직한 경험의 총체이며, 수업이란 교육과정에 명기된 학습경험을 전달하는 데 주목적이 있는 것이다. 즉, 수업이란 학습이 이루어질 것을 기대하면서 교사와 학생 간에 이루어지는 계획된 교수-학습활동의 상호작용을 의미한다(이무근, 1997). 앞서 논의한 교육과정의 수준과 함께 생각해 보면, 수업이란 국가 수준 교육과정의 기준과 시 · 도 교육과정 편성 · 운영 지침을 근거로 하여 각 학교별로 마련한 단위학교의 구체적인 실행계획인 학교교육과정(권영민, 2004)에서 명시하는 교육목표를 달성하기 위하여 일정시간에 특정장소에서 실천되는 교수-학습지도의 활동이라고 할 수 있다(오만록, 2002). 즉, 수업은 교수-학습활동을 통한 교육과정의 구체적인 실천이라고 이해할 수 있다.

수업 수준 또는 교사 수준의 교육과정은 특정한 학습자들을 지도하는 교사나 교사 팀이 행하는 교육과정이며, 교과별 교육계획, 수업의 월별 · 주별 계획, 수업지도안(학습지도안) 등이 포함된다. 이영덕(1994)이 제시하는 교사 수준의 교육과정은 학교 수준의 교육과정과 수업 수준의 교육과정 개념과 더불어 교사가 실제로 가르치는 행위를 포함시키는 개념으로 교육

표 V-13. OO학교 농업이해 교과 지도서의 지도 중점

(가) 농업과 농업 관련 분야를 공부하는 모든 학생들이 농업과 농촌을 바르게 이해하여 건전한 농업관을 형성하도록 한다.

(나) 농업 각 영역에 관련된 기초 기술을 습득하며 다가오는 21세기 정보화 시대에 대비한 적응력을 높일 수 있도록 한다.

(다) 기초 이론 중심 내용은 각 과의 전공과목에서 기초가 되는 일반적인 원리와 개념을 가질 수 있도록 하고, 기초 기술 교과는 전공과목 내용을 더욱 쉽게 학습할 수 있도록 하되, 각 과의 핵심 기술에 관련된 이론과 실습을 함께 학습할 수 있도록 지도한다. 또한 심화 기술 교과에 해당하는 과목은 졸업 후 해당 분야의 직종에 취업하여 활용할 수 있을 정도의 구체적인 실기 능력을 갖도록 전문 영역별로 구체화하여 학습할 수 있도록 한다.

(라) 각 교과에서는 기초적이고 보편적인 내용을 정선하여 학생들이 체계적으로 이해하고 적용할 수 있도록 하고 실습이 강조되는 단원에서는 실습 위주로 학습하며, 경영 기술이 필요한 단원에서는 경영에 관한 사항을 학습하도록 하여 농업 경영자로의 기본 마인드를 가질 수 있도록 한다.

과정의 실행주체가 교사라는 관점이 반영되어 있는 것이다.

실제적으로 교사들은 국가, 지역, 학교 수준에서 제시된 교육과정에 대한 편성 및 운영 지침, 교수학습에 대한 지침 등을 바탕으로 〈표 V-13〉과 같은 교과별 지도서, 수업의 월별 · 주별 계획, 수업지도안(학습지도안) 등을 개발하고 이를 바탕으로 실질적인 교수-학습 활동을 수행하게 된다.

4 농업교육과정 및 프로그램의 개발

1절 교육과정개발의 개념과 모델

교육과정 개발은 학습자들의 잠재력을 발견하는 데 도움이 되고, 이를 통해 더 나은 배움과 더 나은 삶을 열어가는 데 도움이 되는 교육과정 목표와 그 내용과 활동을 선정하고, 조지하는 일과 관계된다(홍후조, 2002).

일반적으로 교육과정의 개발은 교육목적과 교육내용의 체계, 그리고 이를 효과적으로 달성하기 위한 교육방법, 교육평가 등에 대한 종합적인 계획과 이 계획의 실제적 운영 및 평가를 포함하는 광의적인 의미로 해석된다. 이때 계획 수립의 단계만을 협의의 교육과정 개발이라고 한다. 즉 교육과정의 개발은 그 준비단계에서부터 최종적인 평가단계에 이르기까지 매우 광범위한 영역과 사건과 절차 등을 포함하는 다차원적이고 복합적인 성격을 가진다고 할 수 있다(김진화, 정지웅, 2000).

이상에서 언급한 교육과정개발의 개념 위에서 기존의 학자들이 제시한 다양한 교육과정개발 모델들 중에서 여기에서는 일반교육과정 및 학교교육과정 개발의 모델로는 Tyler의 모형, 농업교육을 포함한 직업교육과정 개발의 모델로는 이무근의 모형, 마지막으로 성인교육과정 개발모델로는 계속교육 혹은 평생학습의 개념을 프로그램 개발에 적용한 Boyle(Boyle, 1981)의 모형에 대해서 살펴볼 것이다.

1. Tyler의 교육과정 모형

Tyler의 모형은 교육과정 개발 모형 가운데 비교적 잘 알려진 일반적인 모형이다. 특히 그의 교육목표 설정과정은 교육과정 분야에서 지금까지 널리 활용되어 오고 있다. 그의 모형을 도식화하면 [그림 V-3]과 같다.

Tyler는 교육과정 계획자들이 먼저 해야 할 일은 학습자, 학교 밖의 현시대의 삶 그리고 교과목으로부터 자료를 수집하여 일반적인 목표를 구명하는 것이라고 생각하였다. 학습자들로부터의 자료수집은 학습자의 요구와 관심에 대한 자료 수집과 분석을 지칭한다. 이때의 요구는 광범위한 의미의 요구로서 교육적 요구, 사회적 요구, 작업적 요구, 신체적 요구, 심리적 요구, 오락적 요구 등을 포함한다. 학교 밖의 현시대의 삶으로부터 자료의 수집 · 분석은 당해 지역의 사회적인 영역에서, 넓게는 그 국가 · 사회 전체 영역까지를 포함하며 건강, 가족, 오락, 직업, 종교, 시민 역할 등 다양한 측면의 삶을 조사대상으로 한다. 앞의 경우가 학습자 개인의 요구사정이라면, 후자의 경우는 사회 전체의 요구이다. 그다음에 교육과정 계획자는 교과목에 관심을 두어야 한다. 교과목에의 새로운 추세, 교과목의 필수적인 내용, 교과목의 연구방법 등에 대한 면밀한 분석이 있어야 한다.

이러한 3가지 자료원으로부터 교육과정 계획자는 다양하고 일반적이며 폭넓은 교육의 목표를 잠정적으로 추출해 낼 수 있다.

이렇게 해서 적용이 가능한 목표들이 결정된 다음에는 또 다른 구체적인 여러 과정을 거쳐야 한다. 먼저 해야 할 일 중의 하나는 덜 중요하고 모순되는 목표들을 추려내는 것이다. 이 목표의 여과는 2가지 관점에서 이루어지는데 한 가지는 철학적 여과이다. 즉 교육이 고수하고, 교육이 수임

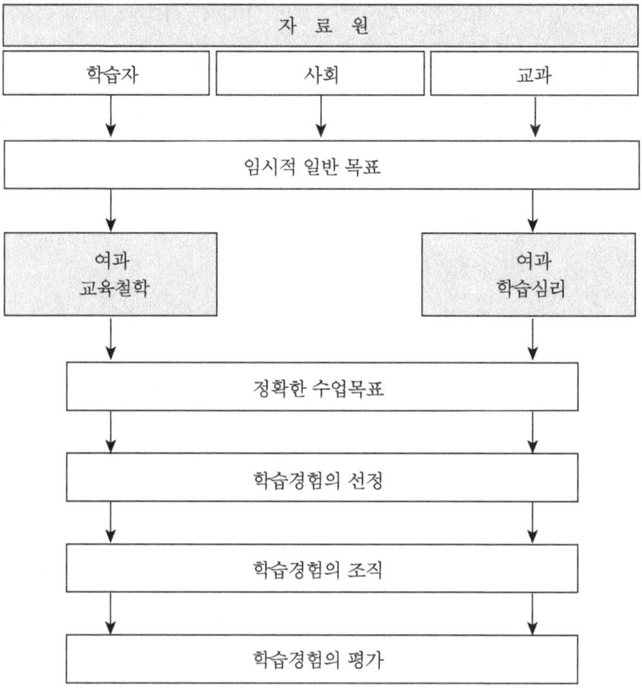

그림 V-3. Tyler의 교육과정 개발 모형

하여야 하는 교육적·사회적 철학과의 합치 여부를 따지는 일이다. 여과의 또 다른 하나는 심리학적 여과로서, 이는 학습의 제반 원리에 비추어 본 검증이다. 어떠한 학습조건에서 어떠한 학습결과가 어떠한 학습과정을 통해서 이루어지는가를 면밀히 분석하는 것이다(이무근, 1997).

이러한 두 가지의 여과과정을 통하여 잠정적 목표들을 걸러냄으로써 비로소 달성가능하고 구체적인 정확한 수업목표들을 추출할 수가 있다. Tyler는 수업의 목표를 가능한 한 구체적인 행동에 대하여 상세한 진술이 있어야 한다고 하였다. 그다음에는 수업목표를 달성하는 데 유용한 학습경험을 선정해야 한다. 학습경험은 학습자와 외적 환경과의 상호작용으로 표현된다(박도순, 홍후조, 2003). 학습경험의 선정이 완료되면 학습경험들이 목표를 달성할 수 있도록 계속성, 계열성, 통합성에 근거하여 교과목이나 단원과 같은 형태가 될 수 있도록 체계적으로 조직되어야 한다. 마지막으로 교육을 통하여 바람직한 행동의 변화가 있었는가, 즉 교육목표를 달성했는가에 대한 평가의 과정을 거치게 된다.

2. 이무근의 직업교육과정 개발 모형

직업·기술 교육에서 적용될 수 있는 교육과정개발 모형의 절차에 대하여, 이무근과 원상봉(2000)은 [그림 V-4]와 같은 단계를 제시하고 있다.

① 현재와 미래의 산업발전 추이에 의거하여 직업군, 직업, 직무, 작업분석을 통해 키워 주어야 할 능력을 추출하고 분류한다.

② 학습자의 흥미, 지적 능력, 요구, 장래 취업 희망분야 등의 분석을 통해 학습자의 시발점 행동을 판단한다.

③ 학교의 교육이념, 목표, 행정, 재정, 제도, 시설, 교사의 가용시간과 지적 능력 및 자주성, 관계 분야에 대한 경험과 관심도, 교육적 신조를 분석한다.

④ 지역사회의 요구도와 산업사회에서 직업군별로 본 인력수급의 현황과 전망 등을 분석한다.

⑤ 이상의 과정을 통해 전공학과의 교육목표를 설정한다.

⑥ 교육목표를 달성하기 위한 교육내용을 선정하고 이를 달성하기 위한 과목명, 교과목표, 교과목에서 다루어져야 할 기본내용 등을 선정한다.

⑦ 이들 교과목들을 교양교육과 전문교육의 영역으로 분류한다.

⑧ 교육과정을 협업특수직무를 위한 교육과정(Narrow Based Curriculum Approach: NBCA)으로 할 것인지, 광역중핵교육과정(Broad Based Curriculum Approach: BBCA)으로 할 것인지를 결정한다.

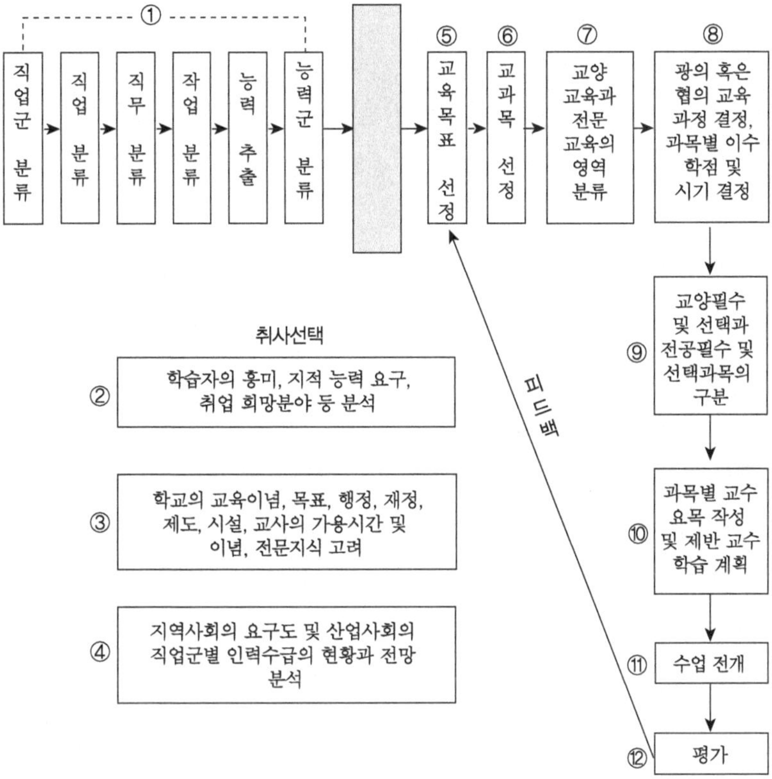

그림 V-4. 이무근의 직업교육과정 개발 모형

⑨ 광역중핵교육과정이든 또는 협업특수직무를 위한 교육과정이든, 교양과목과 전문교육에 필요한 공통적 능력을 공통필수로 이수하게 하고 직업 · 직무 작업에 관련된 교과영역을 선택교과로 하여 학생들에게 선택의 기회를 많이 주도록 교과과정을 계획한다.

⑩ 과목별 교과요목을 작성하고 수업전개 전략을 계획하며, 교재를 비롯해서 필요사항을 준비한다.

⑪ 수업을 전개한다.

⑫ 교육의 평가를 실시한다.

⑬ 평가결과를 교육목표 설정과 교육과정 전반에 걸쳐 반영한다.

3. Boyle의 프로그램 개발 모형

Boyle(1981)은 '프로그램 개발은 이론과 분석, 실천의 포괄적인 종합체'라고 주장하였다. Boyle의 관점의 특징은 다음과 같이 정리할 수 있다(김진화, 정지웅, 2000).

첫째, 프로그램 개발을 조심스럽게 계속교육 및 평생학습의 개념과 연계하였다. 즉, 프로그램 개발은 평생학습에 대한 계속적인 수요를 위한 기회의 구조로 보았다.

둘째, 프로그래밍과 프로그램 개발을 동의어로 보았다.

셋째, 프로그램 개발을 위한 실질적인 모델을 제시하기보다는 프로그램 개발의 기초가 된다고 확신하는 15개의 관련 개념을 제시하였다([그림 V-5] 참조). 앞의 9개는 프로그램 계획 단계, 다음의 4개는 설계와 실행 단계, 마지막 2개는 평가와 관련된 개념이다.

넷째, 프로그램 개발의 역동성을 이해하기 위하여 그가 제시한 15개의 개념들과 실천 국면들이 프로그램 상황에 따라 변한다는 사실을 제시하였다. 그가 제시한 프로그램 형태들은 발전형 프로그램, 제도형 프로그램, 정보형 프로그램이다.

Boyle이 제시한 계획된 변화(Planned Change)에 대한 6가지 가정을 살펴보면 다음과 같다(Boone, 1985).

① 계획된 변화는 사람과 지역사회를 위해 효과적인 경제와 사회적 진보를 위해 반드시 먼저 요구되는 것이다.

② 가장 이상적인 변화는 예정되고 민주적으로 접근되는 것이다.

③ 적절하게 계획되고 실행된다면 계속교육 프로그램은 계획된 변화에 중요한 공헌을 한다.

④ 사람들의 지식, 기술, 태도의 교육적 변화는 경제적, 환경적, 사회적 변화를 위해 필요하다.

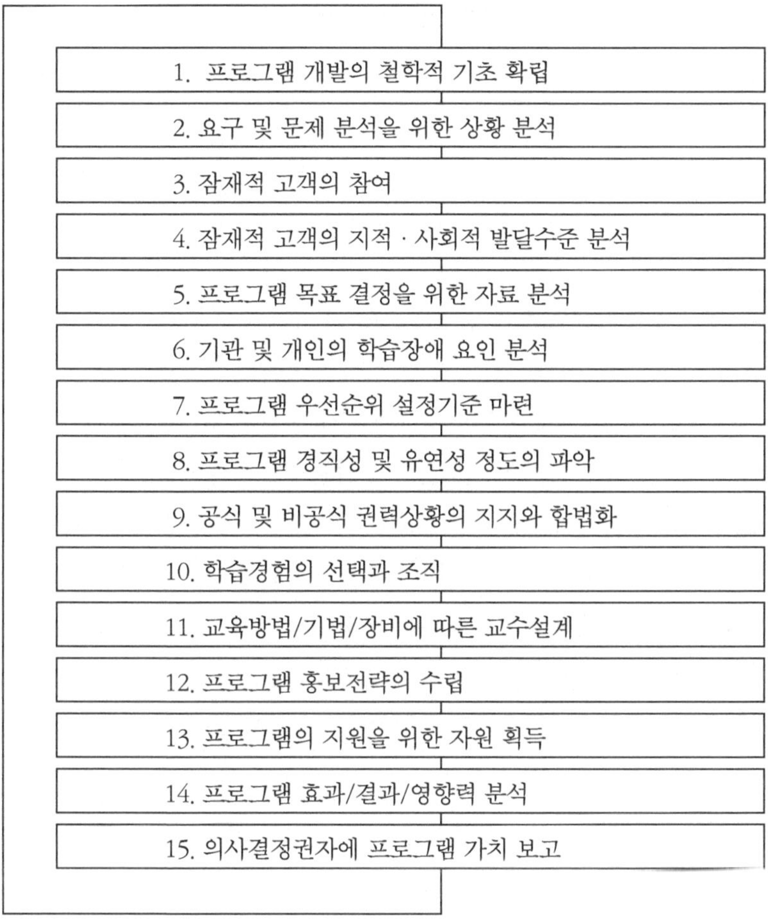

그림 V-5. Boyle의 사회교육프로그램 개발 모형

⑤ 사람들과 지역사회의 경제적, 사회적 진보에 기여하게 될 계속교육 프로그램을 선정하고 조직하고 관리하는 것이 가능하다.

⑥ 주민과 지역사회에는 그들의 문제해결과 더 바람직한 삶의 방식과 윤택한 생활을 성취할 수 있도록 도와주는 성인교육자의 지도와 리더십이 필요하다.

2절 농업교육과정의 개발 과정

1. 농업교육과정의 계획

가. 요구분석

교육적 요구란 바람직한 상태와 현재 상태 사이의 차이(gap)라고 할 수 있다. 교육요구가 제대로 파악될 때, 교육의 유효성을 높일 수 있으며 학습자들의 학습을 촉진할 수 있다. 또한 분석되고 확인된 모든 것을 교육이념과 제반 여건 등 사전에 설정된 기준에 의해 여과해 나가는 의사결정을 통해서 적절한 교육과정의 목적과 목표로 전환하는 과정이 필요하다.

교육과정의 계획에서 우선순위결정이란 요구분석을 통하여 확인된 모든 사항에 대하여 우선순위를 결정하고 우선순위가 높은 사항들을 교육적 요구로 전환하는 과정을 의미한다. 우선순위 결정에서 중요한 요소는 우선순위가 판단되어지는 근거, 즉 우선순위 결정의 기준을 설정하는 것이다. 우선순위 결정을 위한 기준이 설정되면 그다음의 단계는 우선순위 결정 기법을 통하여 실제로 우선순위를 결정하는 것이다. 평점 차트 등을 이용한 양적인 접근이나 심층 면접과 같은 질적 접근 방법으로 우선순위를 결정할 수 있다.

나. 목적 및 목표 설정

교육목적은 교육이 지향하는 기본적인 방향 제시의 표현으로서, 비교적 포괄적이고 궁극적이며, 일반적이고 대체적인 동시에 이상적인 개념이라 할 수 있다. 흔히 교육이념이라는 것이 이에 해당한다. 이에 비하여 교육목표는 구체적이고 세부적이며, 실제적으로 교육활동이 계획되는 교육의 구체적인 방향 제시의 개념으로 사용된다. 따라서 목표는 목적을 실현하기 위한 활동으로 쓰이며, 목적을 더욱 구체적으로 심화시켜 표현한 것이다.

진술 면에서도 목적은 측정이 불가능한 포괄적인 용어를 활용하고, 목표를 진술할 때에는 행동의 측정이 가능한 용어를 쓴다(이무근, 원상봉, 2000).

명확하게 진술된 목적과 목표는 교육과정이 내적 일관성이 있으며 실행 가능하다는 것에 대한 확신을 줄 수 있는 주요 기준을 제공한다. 기준점으로서 교육과정 목적과 목표를 활용하는 것은 이 교육과정 개발 자체가 계획된 대로 기대한 결과를 낳고 행해지는지를 반성해보고 재고찰해볼 수 있는 기회를 제공한다는 의미이다.

2. 농업교육과정의 설계

교육과정 계획 단계에서 각종 분석과 의사결정의 과정을 거친 후 교육과정의 목적이 설정되면, 그다음으로 교육과정 설계 단계에서는 교과별 교육내용을 선정·조직하며 이들 교육내용이 담겨진 교재를 선정하거나 개발해야 한다. 이 과정이 끝나면 내용을 학습자가 어떻게 학습할 것인가에 대한 수업전략과 평가계획이 포함된 교수-학습 설계가 이루어져야 한다.

가. 교육내용의 선정과 조직

교육내용은 교육을 통해서 학생들에게 학습시키고자 하는 '어떤 의도' 즉, 교육목표의 구체적 표현이다(김종서 외, 1997). 농업교육을 비롯한 일련의 직업교육은 산업사회의 발전과 지식기반 사회로의 이행이라는 변화 속에서 이제는 더 이상 교과서의 내용을 기억하고 이해하는 정도로는 폭증하는 지식을 이해하거나 엄청나게 복잡해지는 이 사회에 적응하기 어렵게 되었다. 더욱이 직업교육은 교과를 중심으로 한 지적 능력의 개발도 중요하지만 산업현장에서 직무를 수행할 수 있는 능력이 함양되도록 계획되기 때문에 교육내용의 선정과 조직이 일반교육보다는 더 어렵다(이무근, 원상봉, 2000).

농업교육을 비롯한 직업교육에서의 교육내용 선정을 위해서는 특히 다음과 같은 사항들이 고려되어야 한다(이무근, 원상봉, 2000).

① 기본개념과 원리 중시: 직업교육에 지적 능력개발을 위한 교육내용을 선정하려면 기본개념과 원리를 중시하고, 이를 탐구하여 응용할 수 있으며 전이가치가 높은 지식의 구조화에 강조를 두어야 한다.

② 기초능력과 기능 강조: 직업능력을 개발하기 위해서는 공통적이고 필수적으로 요구되는 기초능력뿐만 아니라 직업세계의 변화 속에서 자신의 직업을 개선, 유지할 수 있는 직업 생존기술까지도 기를 수 있는 교육내용이 선정되어야 한다.

③ 직업군, 직업, 직무, 작업의 순위로 필요한 능력 추출: 교육내용 선정은 직업군, 직업, 직무, 작업의 순위로 필요한 능력을 추출하여 반영함이 바람직하다.

④ 초임직에 필요한 능력: 농업계 고등학교와 전문대학 수준에서 직업교육을 이수하면 졸업과 동시에 특정 직업에 종사하는 데 필요한 능력이 함양될 수 있도록 교육내용이 선정되어야 한다.

⑤ 계속교육 능력: 직업교육은 종국교육이 아니라 평생교육의 개념하에서 지속적으로 학습할 수 있는 능력이 함양되도록 교육내용이 선정되어야 한다.

⑥ 보통교과와 전문교과의 통합, 고등학교와 전문대학의 교육연계 고려: 최근 직업교육의 내용은 보통교과와 전문교과가 가급적 통합되는 방향으로 선정되고 있으며, 고등학교와 전문대학 간의 연계가 강화되고 있는바 이를 고려한 교육내용이 선정되어야 한다.

농업교육과정에 포함되도록 선정된 교육내용이 있다면, 이들을 어떻게 편성하고 조직해야 할 것인가가 중요하다. 일반적으로 교육내용을 조직하고 편성하는 원리로는 계열성의 원리, 계속성 및 반복성의 원리, 통합성의 원리 등이 고려되어야 할 것이다(김진화, 정지웅, 2000).

나. 교재의 선정과 개발

어떤 교과와 관련된 교재를 선정하려고 할 경우 때로는 여러 출판사에서 교재가 개발되어 있어 그 교과와 관련된 교사나 학생은 교재선정에 어려움을 겪을 때가 있다. 예를 들어 고등학교 기술이나 가정 교과목은 2종 도서로 8개 출판사가 교재를 개발하는 경우도 있다. 이러한 경우 우수한 교재를 선정하기 위해서는 ① 교재에 대한 전반적인 이해, ② 읽을 수 있는 수준, ③ 정확성, ④ 적절성, ⑤ 언어와 시각의 유창성, ⑥ 유용성과 다양성, ⑦ 사용가능한 학습 환경 등과 같은 사항(이무근, 원상봉, 2000)을 고려해야 한다.

한편, 교재를 개발할 때는 여러 가지 사항이 고려되어야 하는데 주된 것으로는 시간의 활용가능성, 교과내용·편집·출판·보급에 관한 전문가의 활용가능성, 필요한 재원의 확보 여부, 그리고 교재에 포함될 내용은 무엇인지 또는 교재 개발 기한은 언제까지인지 등 교재개발에 관련된 결정사항, 교재 활용 대상자, 교재개발자 등이다(김진화, 정지웅, 2000).

3. 농업교육과정의 운영

교육과정의 운영은 교육과정을 학교와 교실에서 사용하고 실천하는 과정을 총칭한다. 많은 경우 교육과정은 새로 개발·개정된 것이며, 전면 개정된 것이거나 부분 수정된 것이다. 교육과정이 구현되는 과정을 크게 계획, 설계, 운영, 평가로 나눈다면, 운영은 교육과정을 실행에 옮기는 과정이다. 넓은 의미의 교육과정 운영은 교육활동 그 자체이지만, 좁은 의미의 교육과정 운영은 교실의 수업 운영이 된다.

교육과정 운영은 외부에서 개발한 것을 단순 적용하는 데서, 수정하거나 재구성하는 응용과 실행자들이 직접 창출하여 실행하는 것에 이르기까지 그 수준도 다양하다(권영민, 2004). 우리나라의 경우 학교 교육과정의 대부분은 외부 전문가들에 의해 국가 수준에서 개발된 것을 학교에서 원안대로 그대로 적용하거나 수정 혹은 재구성하여 응용하는 상황이 많은 비중을 차지하고 있다.

국가 수준의 교육과정과 지역수준의 교육과정이 구체적으로 구현되는 형식인 학교 교육과정은 국가 수준 교육과정의 기준과 시·도 교육과정 편성 · 운영 지침을 근거로 하여 지역의 특수성과 학교의 실정, 학생의 실태에 알맞게 각 학교별로 마련한 '단위 학교의 구체적인 실행 교육과정'이다(권영민, 2004). 즉, 그 학교가 수용하고 있는 학생들에게 책임지고 실현해 주어야 할 교육의 목표와 내용, 방법, 평가에 대한 '구체적인 프로그램', '특색을 지닌 설계도', '세부적인 시행 계획'이다. 따라서 학교 교육과정에는 단위 학교의 교육목표와 철학, 학교의 전통과 특성 등이 치밀하게 반영되어 있고, 그 학교의 창의적이고 독특한 교육내용과 방법, 특색 있는 운영 방안이 나타나 있어, 전국의 각 학교가 제각기 다양한 교육의 모습을 보일 수 있게 된다.

한편, 교육과정의 운영을 직접 창출하여 실행하는 수준에 해당하는 것이 7차 교육과정에 명시된 창의적 재량활동과 특별활동, 학교 특성화 프로그램과 같이 교육과정 담당자 자신이 직접 참여하여 개발한 교육과정을 운영하는 것이다. 이는 적용과 응용 수준에 머물러 있는 교육과정의 운영을 보완하기 위한 시책이라고 볼 수 있다. 또한 직접 창출하고 실천하는 입장에서의 교육과정 운영은 학교 또는 교사 수준에서의 교육과정 개발 전체와 동일한 개념으로 인식할 수도 있다.

Boone(1985)은 교육과정을 운영, 관리하는 과정에 일반적으로 이해하고 실천해야 할 원리를 다음과 같이 제시하고 있다.

① 계획·설계된 교육과정을 운영하는 데 필요한 제반여건을 확보하고

마련함에 있어 다양한 기법과 전략을 이용해야 한다.

② 교육과정 운영이 더욱 효과적으로 이루어질 수 있도록 인적·물적 자원을 확인하고 동력화하며 이를 발전적으로 이용해야 한다.

③ 계획·설계된 교육과정의 진행과정을 조정할 수 있어야 한다.

④ 교육과정의 운영과정에서 교육자는 계속적인 강화요인을 제공해야 한다.

⑤ 운영과정에서 학습자의 경험을 적응시키고 재조정하는 노력이 필요하다.

앞서 좁은 의미의 교육과정 운영은 교실 수업의 운영이라는 사실을 언급하였다. 교수-학습지도의 활동이 교실에서 구체적으로 실천되는 것을 수업이라고 한다(오만록, 2002). 즉, 수업 운영이란 수업설계를 통하여 개발된 학습지도안, 또는 수업지도안의 사항들을 교사와 학생들이 직접 실행하는 과정이라고 할 수 있다. 지도 또는 교수(teaching)란 학습자가 바람직한 방향으로 행동의 변화가 이루어지도록 학습을 도와주는 과정이다. 학습(learning)이란 학습자에게 어떤 경험이나 활동을 통해서 비교적 영구성을 지닌 바람직한 행동의 변화가 오는 것을 의미한다. 그래서 수업이란 교수-학습을 포함하는 개념으로서 교사 혼자 열심히 강의만 한다고 되는 것이 아니고 교사와 학습자 간에 상호작용이 필요하다.

4. 농업교육과정의 평가

평가란 한 개인의 어떤 특성이나 성취 결과를 주어진 목적이나 기준에 비추어 그 가치나 달성도를 따지는 과정이다. 또 평가란 어떤 특수 목적을 달성하기 위하여 계획된 프로그램, 성과과정, 접근방법의 타당성 등을 판단하는 데 필요한 정보를 얻는 것이다.

교육과정에 대한 평가와 수업평가는 평가목적의 차이로 인하여 평가에 대한 접근방식에 다소 차이가 있다. 교육과정 평가는 교육과정을 구성하는 개별 요소들, 즉 교육목표의 평가, 교육과정 계획의 평가, 교수·학습 과정의 평가 및 결과의 평가를 의미하며, 이는 국가 또는 학교 수준의 교육과정에 대한 질 관리를 목적으로 한다. 한편, 수업평가는 교육과정의 실제적 구현인 수업과 관련된 활동에 대한 평가를 의미하며, 수업 과정의 개발과 실시와 관련된 교사의 수업행위에 대한 평가와 학업성취도 등 학생들의 행동변화에 대한 평가로 구분할 수 있다.

우리나라 국가수준의 교육과정에 제시된 '교육과정 평가'란 "교육과정의 질을 관리하기 위해서 이루어지는 평가"로 정의한다(권영민, 2004). 교육과정의 질을 관리한다는 말은 목표와 내용, 방법과 평가, 그리고 결과의 요소들이 상호 유기적인 체제로서 운영되도록 언제나 주의를 기울인다는 의미이다. 그리하여 최종적으로 교육 산출의 수준이 높도록, 즉 학업성취 수준이나 그 외의 여러 교육적 결과의 질이 우수하도록 하는 데 필요한 모든 활동을 수행한다는 의미이다. 이러한 의미에서 교육과정 평가는 학업성취를 위주로 하는 학생에 대한 평가와는 다르다. 그것은 교육과정 개발의 전 과정과 학교의 교육과정 운영 전반에 걸친 평가라 할 수 있다.

연구문제

1. 우리나라 농업계 고등학교의 교육과정은 어떤 절차에 의해 개발되고 있는지 알아보자.
2. 농업교육과정의 유형(교양농업교육과정과 직업농업교육과정, 학교농업교육과정과 농촌사회교육과정)별 실제 사례를 찾아보고, 서로 어떻게 다른지 토의해 보자.
3. 우리나라 농업계 고등학교의 교육과정 수준(국가, 지역, 학교, 교사)의 산출물을 찾아서 서로 어떻게 다르고, 서로 어떻게 연계되어 있는지 토의해 보자.
4. Tyler의 교육과정 개발 모형, 이무근의 직업교육과정 개발 모형, Boyle의 사회교육 프로그램 개발 모형을 비교해 보고, 각각의 특징을 찾아보자.

참고문헌

경기도교육청. (2010). 『경기도 고등학교 교육과정 편성 · 운영지침』. 경기도교육청 고시 2010-13.

권영민. (2004). 「국가수준 교육과정 평가 체제의 구축 방안」. 『교육과정연구』 22(1), 19-43.

교육인적자원부. (1992). 『제6차 교육과정의 개요』. 교육부 교육과정 연수자료.

______. (2009a). 『2009 개정 교육과정(총론)』. 교육과학기술부 고시 2009-41.

______. (2009b). 『2009 개정교육과정에 따른 고등학교 교육과정』. 교육과학기술부 고시 2011-361.

김석우, 김대현. (2001). 『교육과정 및 교육평가』. 서울: 학지사.

김종서, 이영덕, 황정규, 이홍우. (1997). 『교육과정과 교육평가』. 서울: 교육과학사.

김진모. (2001). 「기업의 인적자원개발을 위한 역량중심 교육과정 개발」. 『직업교육연구』 20(2), 109-128.

김진화, 정지웅. (1997). 『사회교육 프로그램 개발의 실제』. 서울: 교육과학사.

______. (2000). 『평생교육 프로그램 개발의 실제』. 서울: 교육과학사.

나승일. (1996). 「21세기를 대비한 학교 교양농업교육의 모형」. 『한국농업교육학회지』 28(3), 83-102.

______. (1999). 「초 · 중 · 고교 교과를 통한 교양농업의 지도 내용」. 『한국농업교육학회지』 31(4), 1-20.

마상진, 김영생. (2006). 「농업인의 교육 · 훈련 프로그램에 대한 요구 분석」. 『농업교육과 인적자원개발』 38(1). 1-26.

박도순, 홍후조. (2003). 『교육과정과 교육평가』. 서울: 문음사.

방기혁. (2001). 「웹을 활용한 교양농업교육용 교재개발 및 교육효과 분석」. 『한국농업교육학회지』 33(1), 43-56.

여주자영농업고등학교. (2011). 「학교교육계획서」. 경기: 여주자영농업고등학교.

오만록. (2002). 『학교교육의 이론과 실제』(제2판). 서울: 형설출판사.

이무근. (1997). 「직업농업교육과정의 계획 및 운영」. 이용환 외. 『농업교육학 개론』. 서울대학교출판부, pp. 85-121.

_____. (2003). 『직업교육학 원론』(제3판). 서울: 교육과학사.

이무근, 원상봉. (2000). 『직업교육과정과 평가』. 서울: 교육과학사.

이성호. (1983). 『교육과정과 평가』. 서울: 양서원.

이영덕. (1994). 『교육의 과정』. 서울: 배영사.

이용환, 김성수, 김수욱, 조영철, 이종만, 서우석, 강대구, 송용섭, 나승일, 김진모. (2004). 「전환기 농업교육의 새로운 방향」. 『한국농업교육학회지』 36(3), 1-22.

이종만. (2005). 「농촌사회교육의 새로운 패러다임 탐색」. 『농업교육과 인적자원개발』 37(3), 65-75.

최민호. (1995). 『농촌지도론: 농촌사회교육적 접근』. 서울: 서울대학교 출판부.

홍후조. (2002). 『교육과정의 이해와 개발』. 서울: 문음사.

Boone, E. J. (1985). *Developing programs in adult education*. Englewood Cliffs, NJ: Prentice-Hall.

Boyle, P. G. (1981). *Planning the better programs*. New York, NY: McGraw-Hill.

Posner, R. N. (1982). A cognitive science conception of curriculum and instruction. *Journal of Curriculum Studies*, 14(4), 343-351.

VI. 농업교수학습 지도

나승일

개요

농업교수학습의 기초가 되는 개념, 구성요소, 이론, 원리, 요구조건, 유형과 적용 등을 알아보고, 농업교수학습 방법으로서 집단 교수법, 개별화 교수법을 살펴본 후, 농업교수학습의 설계와 수업기술에 필요한 교수학습의 설계과정, 학습지도안 개발, 수업기술에 대해 고찰한다. 또한 학습부진학생의 지도방법에 대해서도 서술한다.

학습목표

1. 농업교수학습의 기초가 되는 농업교수학습의 개념, 구성요소, 이론, 원리, 요구조건, 유형과 적용을 설명할 수 있다.
2. 집단 교수법과 개별화 교수법의 예를 들고 설명할 수 있다.
3. 교수학습의 설계과정을 설명하고 학습지도안을 작성할 수 있다.
4. 특수집단 학생들을 지도하기 위한 교수학습 지도방법을 설명할 수 있다.

1 농업교수학습의 기초

농업교수학습이란 농업을 교육내용이나 매개체로 하여 가르치고 배우는 것을 의미한다. 즉 농업에 관한 교수(teaching)와 학습(learning)의 복합어이다. 그리고 농업에 관한 교수란 농업에 관한 학습이 잘 일어날 수 있도록 적절한 학습환경을 조성하고, 나아가 실제 학습을 촉진하고 지원하는 것을 의미하며, 이를 흔히 농업학습지도라고도 한다. 이러한 농업학습지도를 효과적으로 수행하기 위해서는, 우선 농업교수학습의 개념, 구성요소, 이론, 원리, 요구조건, 유형과 적용 등을 이해할 필요가 있다.

1절 농업교수학습의 개념

농업교수학습은 교수학습내용으로서 '농업', 가르치는 활동으로서 '교수', 배우는 활동으로서 '학습'이라는 세 가지 개념을 포함하고 있다.

우선, 교수학습내용으로서 '농업'이란 농업교수학습이 농업을 교육내용이나 매개체로 한다는 의미이다. 즉 생산농업을 비롯하여 식물자원, 조경, 식품가공, 동물자원, 원예, 농산물 유통, 농업 서비스에 이르는 농업에 관한 내용이 교수학습의 대상이 된다. 따라서 농업교수학습이란 학습자가 경험을 통해 농업에 관한 내용을 습득하여 지속적으로 변화할 수 있도록 교수자가 도움을 주는 전체 과정이라고 할 수 있다.

그리고 가르치는 활동으로서 '교수(teaching)'란 사전적 의미는 "지식이나 기능을 가르치는 것"을 의미하나, 일반적으로 "학습자에게 학습이 발생할 수 있도록 도움을 주는 의도적이고 계획적인 활동"을 말한다. 이는 교수자가 교수학습을 진행하기 위한 설계, 전개, 평가를 모두 포함하는 개념이다.

또한 배우는 활동으로서 '학습(learning)'이란 "경험을 통해 유기체에게 일어나는 비교적 지속적인 행동이나 인지의 변화"를 의미한다. 그러나 자연적 성숙이나 발달에 의한 행동변화나 약물 · 피로 등에 의한 일시적인 행동변화는 학습이라고 할 수 없다. 즉 학습이란 사전에 의도되고 계획된 다양한 경험으로부터 초래된 행동의 변화를 의미한다. 그렇다고 반드시 학습이 교수의 결과로만 발생하지는 않는다. 학습은 교수 없이도 환경과의 상호작용을 통해 발생할 수 있기 때문이다. 또한 교수가 이루어졌다고 하여 반드시 학습이 발생한 것도 아니다. 예를 들면, 교수자가 아무리 열심히 가르쳐도 학습자가 반응하지 않아 학습이 일어나지 않을 수도 있다.

2절 농업교수학습의 구성요소

농업교수학습은 교수목적, 교수내용, 교수학습 원리, 학습자, 교수자, 환경의 여섯 가지 구성요소의 상호작용 속에서 이루어진다([그림 VI-1] 참조). 즉 교수목적은 교수내용과 학습자를 고려하여 선정되어야 하며, 교수내용은 교수목적에 따라 결정된다. 교수학습 원리는 최적의 학습을 이끌어 내기 위한 교수내용의 조직에 영향을 미치며, 학습자의 특성과 환경은 교수자의 교수학습 방법을 결정하는 데 영향을 준다. 따라서 교수자는 교수학습 설계, 전개, 평가 시에 농업교수학습의 구성요소에 대해 이해할 필요가 있다.

1. 교수목적

교수목적은 교수학습 설계, 전개, 평가의 일련의 교수학습 단계를 통해 학습자들이 궁극적으로 도달하게 될 도착점 행동을 의미한다. 교수목적은

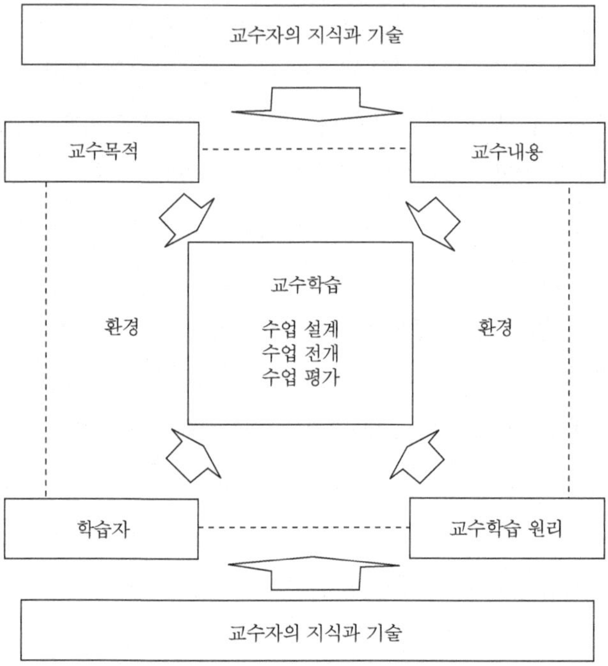

그림 VI-1. 농업교수학습의 구성요소

수업목표 · 학습목표와 혼용해서 쓰이기도 하는데, 수업목표란 가르치는 교수자의 입장에서 학습자들이 도달하게 될 도착점 행동을 의미하며, 학습목표란 배우는 학습자의 입장에서 도달하게 될 도착점 행동을 의미한다. 교수목적은 교수학습을 통해 학습자들이 달성해야 할 지식, 기능 및 태도를 설정하는 것이다.

교수목적을 설정할 때에는 교수자의 수업목표와 학습자의 학습목표가 일치되도록 설정하는 것이 필요하며, 이를 위해서 교수목적 설정 시 학습자의 참여가 중요하다. 또한 설정된 교수목적에 따라 달성해야 할 구체적인 하위목표를 제시함으로써 교수학습의 효율성을 높여야 한다.

2. 교수내용

교수내용은 교수목적의 달성에 필요한 교과내용을 의미한다. 교수내용은 교육내용 · 학습내용과 혼용해서 쓰이기도 하는데, 교육내용이란 가르치는 교수자의 입장에서 가르쳐야 할 교과내용을 의미하며, 학습내용이란 배우는 학습자의 입장에서 배워야 할 교과내용을 의미한다. 교수내용은 교수목적을 달성할 수 있도록 필요한 내용을 선정하고 적절하게 조직해야 한다. 또한 학습자들의 흥미를 유발시킬 수 있도록 구성해야 하며, 학습자들의 특성을 고려하여 내용의 수준을 조절해야 한다.

3. 교수학습 원리

교수학습 원리는 효과적인 교수학습을 위한 교수이론과 학습이론에 기초한 원리를 의미한다. 교수학습 원리에 대한 이해는 학습자의 학습을 촉진하고 교수자의 교수전략과 방법을 선택하는 데 기본이 된다. 교수학습이 효과적으로 이루어지기 위해서는 학습을 자극하는 조건과 상황에 대한 이해와, 교수내용과 학습자의 특성에 적합한 교수학습 원리를 활용하는 것이 필요하다.

4. 학습자

학습자는 교수학습에 가장 크게 영향을 미치는 주체로서, 효과적인 교수학습을 위해서 다양한 학습자의 특성이 고려되어야 한다. 이러한 학습자의 특성으로는 학습자의 흥미, 적성, 배경, 학습양식, 선행학습 수준, 기초학력 수준 등이 있다. 학습자의 특성은 교수학습 설계, 전개, 평가의 일련의 과정에서 반드시 고려해야 하며, 학습자의 특성에 따라 적절한 교수학습 방법이 선택되어야 한다.

5. 교수자

교수자는 교수학습을 이끌어 가는 주체로서, 담당 교과나 전공에 관한 지식 및 기술뿐만 아니라 교수목적, 교수내용, 교수학습 원리, 학습자의 네 가지 요소에 대한 전문성을 갖추어야 한다. 교수자는 담당 교과의 지식과 기술을 일반적인 직업세계 혹은 농업분야 직업세계와 의미있도록 연계시켜야 한다. 또한 교수학습을 효과적으로 계획하고 진행하며 평가할 수 있어야 한다.

6. 환경

환경은 학습이 이루어지는 물리적 환경 및 교수학습 과정에 영향을 미칠 수 있는 심리적 환경을 포함한다. 물리적 환경이란 교실 공간 및 구조, 좌석의 위치 등 학습자에게 물리적으로 영향을 미칠 수 있는 환경을 의미하며, 심리적 환경이란 학습 분위기, 교수자와 학습자 간의 관계와 같이 학습자에게 심리적인 영향을 미칠 수 있는 환경을 의미한다. 학습자들은 환경과의 상호작용을 통해 학습을 강화하게 되며, 환경은 학습을 촉진하거나 저해하는 요인으로 작용한다. 따라서 학습자의 특성에 따라 물리적 환경뿐만 아니라 심리적 환경에 대한 고려가 필요하다.

3절 농업교수학습 이론

농업교수학습 이론이란 교수학습이 어떠한 기제를 통해 이루어지는가를 설명하는 교수이론과 학습이론을 의미한다. 교수학습 이론은 교수학습

패러다임에 따라 다양한 이론이 있지만, 일반적으로 행동주의, 인지주의, 인본주의 이론으로 구분될 수 있다.

1. 행동주의 이론

행동주의 이론은 학습을 "경험의 결과로 나타나는 관찰할 수 있는 행동의 변화"로 정의한다. 따라서 행동주의 이론은 관찰 가능한 행동을 통해서 직접 관찰할 수 없는 행동을 파악하는 데 초점을 맞추고 있다. 또한 행동주의 이론에서는 학습은 기본적으로 자극(S, Stimulus)에 대한 반응(R, Response)이 결합하여 일어난다고 보고 있다. 행동주의의 대표적인 이론으로는 고전적 조건화 이론, 체계적 조건화 이론, 시행착오 이론, 조작적 조건화 이론 등이 있다.

고전적 조건화 이론은 Pavlov의 개의 타액분비 실험을 통해서 제시된 것이다. Pavlov의 실험에 따르면, 개는 원래 음식을 보면 침을 분비토록 되어 있으며(무조건 자극), 종소리에는 반응을 보이지 않는다(중립 자극). 그러나 개에게 음식을 주면서 동시에 종소리를 반복해서 들려 주면(무조건 자극과 중립 자극 동시 제시), 중립 자극인 종소리에도 똑같이 침을 흘리는 반응을 보이게 된다. 이렇듯 무조건 자극에 보였넌 반응이 중립 자극에도 똑같이 보이는 현상을 조건화라고 하며, 이를 학습현상에 반영한 이론이 고전적 조건화 이론이다.

체계적 조건화 이론은 Hull에 의해 제시된 이론이다. Hull은 Pavlov의 고전적 조건화 이론으로는 인간의 행동을 설명할 수 없는 경우도 있기 때문에, 자극과 반응 사이에 개재하는 매개 변인(유기체 변인)을 포함한 체계적 조건화(S-O-R) 이론을 제시하였다. 이 이론은 유기체가 단순히 자극에 반응하는 것이 아니라, 유기체가 가지고 있는 욕구나 습관 등이 작용하여 그 결과로 반응을 보인다고 하였다. 따라서 유기체의 특징에 따라 반응이 다를 수 있음을 강조하고 있다. 체계적 조건화 이론에서 학습은 새로운 습관의 형성이며, 강화에 의해 자극과 반응이 결합되어 이루어진다는 것이다.

시행착오 이론은 Thorndike에 의해 제시된 이론이다. 이 이론은 어떤 문제를 해결하기 위해 시행착오를 하다가, 우연히 목표에 도달하게 되면 그 반응이 점차 내면화되어 학습된다는 점을 강조하고 있다. 시행착오 이론에서는 효과의 법칙, 연습의 법칙, 준비의 법칙이라는 세 가지 법칙을 제시하고 있다. 효과의 법칙이란 만족스러운 결과가 나타나면 반응이 계속되고, 불만족스러운 결과가 나타나면 반응이 약해진다는 것을 의미한다. 연습의 법칙은 자극과 반응의 결합이 반복되면 그 결합이 강해진다는 것을 의미하며, 준비의 법칙은 새로운 사실과 지식을 습득하기 위해 충분히 준비하고 있을수록 결합이 강해진다는 의미이다.

조작적 조건화 이론은 Skinner에 의해 제시된 이론으로, 행동이 자극과 반응의 연합으로 이루어진다는 기존 행동주의자들의 주장과 달리 행동은 반응과 강화의 연합으로 이루어진다는 점을 강조하고 있다. 즉 자발적 행동 뒤에 오는 결과는 유기체에게 자극이 되며, 이것이 만족을 주면 그 행동은 증가하고, 그 반대이면 그 행동이 점차 줄어든다고 하였다. 이처럼 후속 자극의 통제를 통해 행동의 발생 빈도가 조절되는 과정을 조작적 조건화라고 한다. 결국 조작적 조건화 이론은 어떤 행동이 강화를 받으면 그 행동은 증가하고, 벌을 받으면 감소한다는 것이다.

2. 인지주의 이론

인지주의 이론은 직접적인 관찰이 가능한 행동 그 자체보다 학습자 내부에서 일어나는 사고의 능동적 과정에 초점을 두고 있다. 또한 이 이론에서 학습은 학습할 내용과 기존의 인지구조가 상호작용을 통해 의미 있게 연결됨으로써 일어난다고 본다. 이러한 인지주의의 대표적인 이론으로는 장 이론, 인지발달 이론, 정보처리 이론, 구성주의 이론 등이 있다.

장 이론을 제시한 Wertheimer와 Lewin은 실제 현상과 시각적인 지각 사이에는 차이가 있으므로 행동주의자들의 행동을 부분으로 분석하는 것을 반대하였다. 장 이론에서는 전체를 의미하는 장(Gestalt)을 중시하며, 전체는 그 구성요소를 분석하는 것으로는 이해될 수 없다고 하였다. 따라서 학습은 문제상황에 포함된 여러 요소들 사이의 관계성을 인식하는 통찰에 의해서 일어나며, 통찰은 문제해결 과정을 통해서 이루어질 수 있다고 하였다.

인지발달 이론은 문제해결 방법 자체보다는 방법을 정당화시켜 주는 사고의 과정을 중시하며, 아동이 환경에 적응해 가면서 점점 더 효과적인 사고과정으로 발달하게 된다고 하였다. Piaget는 인지발달 이론을 통해 유기체 구조와 환경 자극과의 구성적 통합의 결과 인지발달이 이루어진다고 하여, 한 단계의 추론 및 사고에서 더욱 높은 단계의 추론 및 사고로의 진보를 설명하는 과정에 초점을 두고 있다.

정보처리 이론은 새로운 정보가 투입되어 문제해결이 이루어지며, 일부 정보가 저장되고 필요에 따라 기억으로부터 정보가 인출되는 과정과 방식을 설명하는, 학습자의 내부에서 학습이 이루어지는 기제를 설명하는 이론이다. 정보처리 이론에서는 학습과제를 반복하거나 과제의 의미를 발견하도록 하고, 학습과제는 가능한 한 체계적으로 조직하고 분류하는 구조화를 강조하고 있다.

구성주의 이론은 학습에서 학습자가 자신의 경험, 흥미에 따라 학습내용을 스스로 구성해 나가는 과정을 중시한다. 구성주의 이론은 학습자가 스스로 지식을 구성하기 때문에, 교수자가 일반적으로 학습자에게 지식을 전달하고 학습자는 지식을 무조건 수용하는 것을 반대한다. 따라서 구성주의 이론에서는 학습자에게 주어진 정보에 늘 의문을 갖도록 자극하고, 스스로 가설을 세우고 검증하는 태도를 갖도록 격려하는 일을 강조한다. 또한 교수자는 무조건 지식을 전달하려고 하지 말고, 이미 알려진 지식도 검증하게 하도록 안내하는 것이 필요하다.

3. 인본주의 이론

인본주의 이론은 내적 인간에 대한 관심을 갖고 인간성과 자아실현을 강조하는 이론으로, 인간이 외부의 환경자극에 조건화된다는 행동주의를 비판하면서 등장한 이론이다.

인본주의는 Rogers로 대표되는 인본주의 심리학자에 의해 체계화된 이론으로, 학습에서 학습동기를 강조하였다. 즉 인간은 자신의 행동을 환경의 통제에 의해서가 아니라 스스로의 의지로 결정하는 주체라는 것이다. 인본주의 이론은 학습자의 학습동기를 최대한 끌어낼 수 있도록 하는 것과, 학습이 학습자 자신에게 어떤 의미가 있는지를 스스로 깨닫게 해주는 것을 강조하고 있다.

인본주의 이론의 대표적인 사례로는 Rogers의 내담자 중심 상담이 있다. 그리고 현실요법이라는 상담 및 심리치료 이론에 근거하여 실패 없는 학교를 조성하도록 권장한다. 학습자의 자기이해 및 책임감 개발을 위한 학급회의 교수모형을 주장한 Glasser 등도 이에 해당한다.

4절 농업교수학습의 원리

농업교수학습의 원리는 효과적인 교수학습이 이루어질 수 있는 토대를 제공한다. 교수자가 전공에 대한 전문지식을 보유하고 있더라도 교수학습 원리에 대한 이해가 없다면 교수학습을 성공적으로 진행할 수 없다. 마찬가지로 교수자가 열정을 가지고 교수학습을 진행한다 하더라도 학습자에게 학습이 일어나지 않는다면 교수학습은 제대로 이루어졌다고 할 수 없을 것이다. 따라서 교수학습이 잘 일어날 수 있도록 도와주는 교수학습 원리에 대한 이해가 선행되어야 한다. 이러한 교수학습 원리로는 내용조직, 학습 동기화, 학습강화, 교수학습법에 관한 원리가 있다.

가. '내용조직' 원리

[원리 1] 학습자가 빠르게 배우고 오래 기억할 수 있도록 교과내용을 의미 있게 하고 구조화해야 한다.

학습자는 학습해야 할 내용 간의 관계와 핵심적 내용이 알기 쉽도록 구조화되어 있을 때 더 쉽고 빠르게 배울 수 있다. 따라서 교수자는 교수목적, 학습자의 특성, 난이도와 계열성 등을 고려해서 교과내용을 구조화해야 한다. 예를 들어, 담당 수업에서 활용되는 교재의 목차 순서에 따라 수업을 진행하는 것보다 학습자의 수준에 맞게 재구조화하는 것이 더 효과적일 수 있다. 또한 교수자는 학습자에게 학습의 핵심 내용과 내용의 시작 및 끝을 명확하게 알려줄 필요가 있으며, 핵심 요점을 강조하고 질문에 구조화된 응답을 해야 한다.

[원리 2] 교과내용과 학습경험은 학습자의 출발점 수준에서 제공되어야 한다.

학습자의 출발점 수준이란 학습자의 현재 수준을 의미한다. 학습자는 자신의 현재 수준에 맞는 내용을 배울 때 더 잘 배우게 된다. 따라서 교수자는 학습자의 현재 수준을 고려하여 교과내용과 학습경험을 선정하고 제시해야 된다. 즉 학습자의 선행지식이나 학습경험 수준에 따라 교과내용을 구조화하는 것이 필요하다. 학습자의 수준을 고려하지 않고 지나치게 어렵거나 쉬운 내용을 그대로 제시하는 것은 효과적인 교수학습을 방해하게 된다.

나. '학습동기화' 원리

[원리 3] 학습자의 요구, 흥미, 포부를 고려하여 학습활동이 제시될 때 학습자는 동기화된다.

학습자의 동기화는 더 효과적인 교수학습을 가능하게 하며, 학습자는 자신의 요구, 흥미, 포부에 부합하는 내용에 대해 학습할 때 더 강한 동기를 갖게 된다. 따라서 교수자는 개별 학습자의 요구, 흥미, 포부를 미리 파악하여 학습활동의 조직에 반영해야 한다. 또한 학습자의 학습을 촉진하기 위해서는 학습자의 요구에 따라 교수학습 내용과 방법을 결정하는 것이 필요하다.

[원리 4] 학습자는 목표설정과 학습활동 계획에 참여함으로써 동기화된다.

학습자는 교수학습 설계, 전개, 평가의 일련의 교수학습 단계에 참여할 때 더 적극적으로 수업에 임하게 된다. 따라서 학습활동을 제시할 때, 교수자가 일방적으로 제시하는 것보다 학습자가 참여할 수 있는 기회를 제공해야 한다.

[원리 5] 성공은 동기유발의 강력한 원동력이다.

학습자가 학습과정에서 성공을 통해 성취감을 맛볼 경우 더욱 동기화되며 수업에 열심히 참여하게 된다. 따라서 교수자는 교과내용이나 학습내용을 제시할 때 학습자의 수준과 내용의 난이도를 고려해서 가급적 세분하여 단계적으로 제시하고, 단계마다 학습자가 성공을 통해 성취감을 맛볼 수 있도록 구성해야 한다.

[원리 6] 학습자는 성취 가능한 내용을 학습할 때 동기화된다.

학습자는 자신의 능력범위 내에서 가능한 내용을 학습할 때 더 동기화된다. 따라서 교수자는 학습자가 쉽게 포기하지 않도록 학습자의 능력범위를 고려해서 학습내용을 선정해야 한다. 학습자의 개별적인 차이를 고려해서 차별화된 학습내용을 제시하는 것이 바람직하다.

다. '학습강화' 원리

[원리 7] 학습자 행동에 대한 강화는 효과적인 학습을 가능하게 한다.

학습자는 자신의 학습에 대해 적절한 강화가 이루어질 때 더 잘 학습한다. 따라서 수업시간에 학습자가 바람직한 행동변화를 보였을 경우 적절한 강화원리를 적용해야 한다. 즉 학습자가 바람직한 행동을 보였을 때에는 칭찬, 격려, 점수부여 등의 긍정적인 강화를 제공하고, 바람직하지 못한 행동을 보였을 때에는 그 행동을 제거하고 수정하기 위해 부정적 강화를 사용해야 한다.

[원리 8] 학습자의 바람직한 행동이 일어난 뒤에 즉각적으로 강화가 이루어져야 한다.

학습자는 자신의 행동 직후에 강화를 받을 때 더 잘 학습할 수 있다. 따라서 학습자의 바람직한 행동변화가 일어나면 그 즉시 긍정적인 강화를 제공하여 강화의 효과를 극대화해야 한다. 학습자의 성과에 대한 적절한 강화는 학습을 보다 효과적으로 하는 데 도움을 준다.

라. '교수학습법' 원리

[원리 9] 교수자의 의도하에 지시된 학습이 그렇지 않은 학습보다 더 효과적이다.

지시된 학습이란 교수자가 의도된 목표를 가지고 교육내용을 조직하고, 적절한 수업자료와 기술을 활용하여 학습기회를 제공하는 것을 말한다. 지시된 학습은 학습자에게 배워야 할 내용, 활동, 자료 등을 명확하게 알려줌으로써 더 효과적인 학습을 가능하게 한다. 따라서 교수자는 학습자에게 학습할 내용과 예상되는 결과를 설명해 줘야 하며, 적절한 교수학습 방법을 선택해야 한다.

[원리 10] 학습을 극대화하기 위해서는 교과내용에 대해 학습자 스스로 탐구하게 해야 한다.

학습자는 교수자에 의해 지도되는 내용보다 스스로 학습하는 방법을 배움으로써 더 효과적으로 학습하게 된다. 이를 위해서 교수자는 학습자들이 스스로 탐구할 수 있도록 문제 중심의 학습경험을 제공해야 한다. 또한 학습자의 학습이 촉진될 수 있는 수업방법을 활용하고, 학습자가 해결할 수 있는 적절한 문제를 제시해야 한다.

[원리 11] 학습자는 실제 활동을 통해서 학습한다.

학습자는 학습한 것을 실제 활용함으로써 더욱 잘 이해하게 된다. 즉 이론적으로 배운 내용을 실습을 통해 적용해 봄으로써 학습을 강화할 수 있다. 따라서 학습이 제대로 이루어지기 위해서는 실제적인 적용활동이 추가되어야 하며, 이를 위해서 학습내용과 관련된 실습이나 활동이 제시되어야 한다.

[원리 12] 학습과정 및 결과에 대한 피드백을 제공해야 한다.

학습자의 강점과 약점을 진단할 수 있는 피드백은 더 효과적인 학습을 가능하게 한다. 따라서 교수자는 간단한 퀴즈나 질문, 학습활동 관찰 후의 지도조언, 노트나 과제물에 대한 평가 등의 피드백을 학습자에게 지속적으로 제공해야 한다. 이러한 피드백은 학습자 스스로 학습내용을 반성하게 하고, 학습결과에 대한 정보를 제공할 수 있다.

5절 농업교수학습의 요구조건

농업에 관한 내용을 지도할 때에는 교수목적과 교수내용에 따라 다양한 방법이 활용될 수 있다. 그러나 교수학습 과정을 통해 학습자의 바람직한 행동변화가 일어난다면, 이를 효과적인 교수학습이라고 할 수 있을 것이다. 학습자의 바람직한 행동변화를 유도하는 효과적인 교수학습을 위해서는 민주성, 유용성, 준비성, 동기화, 구조화, 경험학습, 발견, 피드백의 조건에 대한 이해가 필요하다([그림 VI-2] 참조).

1. 민주성

교수학습을 진행하기 위해서는 교사의 민주적인 행동이 요구된다. 이는 교사가 학생들에게 대우받고자 하는 대로 학생들을 대우해야 한다는 것을

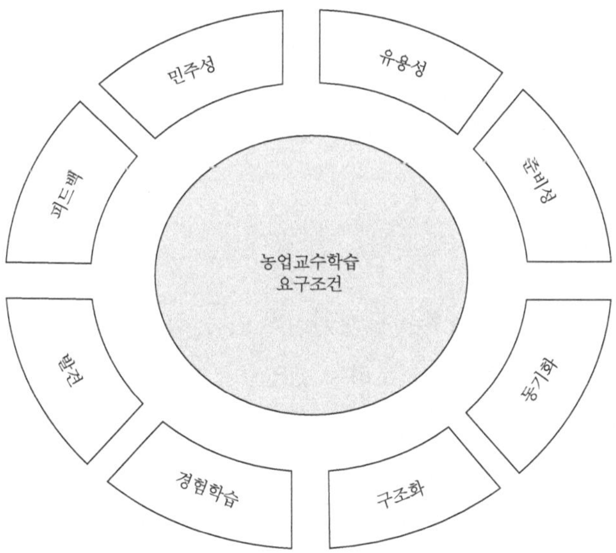

그림 VI-2. 농업교수학습의 요구조건

의미한다. 또한 수업상황에서 학생들의 의견을 무시하고 자신의 의견만을 강조하는 독재자가 아니라, 학생과 의사소통할 수 있는 사회자처럼 행동해야 한다. 이를 위해서 수업계획 단계부터 학생들의 참여를 유도하고, 학생들의 요구를 반영하여 수업을 진행해야 한다. 이는 교사가 학생들에게 지식을 주입하는 것이 아니라, 학생들이 인지할 수 있도록 도와주는 조력자의 역할이 중요함을 말해 준다.

2. 유용성

일반적으로 교사와 학생들은 현재 혹은 가까운 미래에 활용될 수 있는 지식과 기술에 더 큰 관심을 기울인다. 전통적으로 교사들은 학생들이 미래를 준비하는 데 필요한 지식을 가르쳐 왔다. 이처럼 현재 혹은 미래에 학생들에게 필요한 내용을 가르치는 것을 유용성이라고 한다. 그러나 미래에 유용한 내용을 가르치는 것은 매우 어렵다. 왜냐하면 현재 사용되지 않는 지식은 곧 잊어버리고, 더구나 학생들의 흥미를 자극하기 어렵기 때문이다. 따라서 교사는 학습내용이 학생들에게 유용한 지식이라는 것을 지속적으로 일깨워 주는 것이 중요하다.

3. 준비성

준비성은 유용성과 매우 밀접한 관련이 있다. 즉 배울 준비가 되어 있지 않은 학생들을 가르치려고 시도하는 것은 쓸모가 없기 때문이다. 학생들은 지금 바로 활용할 수 없는 내용은 배울 준비를 하지 않는 경향이 있다. 따라서 교사는 학생들이 학습할 준비를 갖추도록 이끌어야 하며, 이를 위해서는 학생들이 지속적인 흥미를 갖도록 해야 한다.

4. 동기화

학생들은 스스로 학습하고자 하는 내용에 대해서 더 집중하게 된다. 즉 학생들이 학습에 동기화되어 있을 때 학생들의 성취와 만족은 향상된다. 동기화는 학습에 대한 단순한 흥미보다 더 중요하며, 이는 개인적으로 관심이 있는 내용에 대해 내면화된 학습욕구이다. 특히 학습자의 동기화 수준은 계속해서 변할 수 있기 때문에, 효과적인 교수학습을 위해서는 교사들은 학생들의 동기화 수준을 높일 수 있도록 지속적으로 노력해야 한다.

5. 구조화

교수학습은 체계적으로 조직될 필요가 있으며, 학생들의 학습양식은 다양하기 때문에 구조화되고 조직화된 교수학습이 중요하다. 핵심 내용이 강조되지 않거나 논리적인 구조화와 조직화가 부족하다면, 학생들은 수업에 집중할 수 없다.

물론, 수업내용에 대한 구조화나 조직화뿐만 아니라, 수업계획 단계에서의 구조화와 조직화도 중요하다.

6. 경험학습

일반적으로 사람들은 경험한 내용을 배우게 된다. 만약 우리가 농업에 관한 문제에 대해서 이야기를 나눈다면, 농업에 관한 문제를 배우는 것이 아니라 단지 이야기하는 법을 배우는 것이다. 교수학습은 학생들에게 기대되는 행동에 근거한 활동 위주로 진행되어야 하며, 학생들이 배운 것을 활용할 수 있을 때에야 비로소 완성된다. 일부 직무에 대해서만 가르치는 것은 충분하지 않다. 농업적 활동에 기초해서 수업이 이루어져야 하고, 수업에서 배운 내용은 행동으로 나타나도록 해야 한다.

7. 발견

교수학습에서 '발견'은 학생 스스로 문제를 인식하고 정보를 모으며 해결책을 탐색하고 결론을 내리는 학생 중심의 교수학습을 의미한다. 반면, 교사 중심 교수학습은 도전이나 안내보다는 강의에 더 의존한다. 일반적으로 학생들은 교사의 안내에 따라 원리나 해결책을 스스로 발견할 수 있는 기회가 제공될 때 더욱 동기화되고 성취감을 느낀다.

8. 피드백

학생들에게 학습과정과 결과에 대한 피드백을 제공해 주는 것은 매우 중요하다. 피드백과 강화에 대한 다양한 이론들이 있지만, 일반적으로 학생들의 지속적인 향상을 위해서는 피드백이 필요하다. 피드백은 학생들의 성과나 성취에 대해 제공되는 정보인 반면, 강화는 학생들의 성과에 대해서 격려하거나 억제하기 위한 언어적 · 물리적인 자극이다.

학생들의 성과에 대한 피드백은 자주 주어져야 한다. 피드백은 공식적이거나 비공식적일 수 있고, 간결하거나 광범위할 수도 있으며, 글로 전달되거나 말로 전달될 수 있다. 긍정적인 강화는 부정적인 강화보다 더 나은 경우가 많지만, 이 두 가지는 선별적으로 적절하게 활용되어야 한다.

6절 농업교수학습의 유형과 적용

농업교수학습의 유형은 장소, 대상, 내용 등의 분류기준에 따라 다양하게 구분될 수 있다. 장소에 따라서는 교실수업, 실험실습실 수업, 현장 산

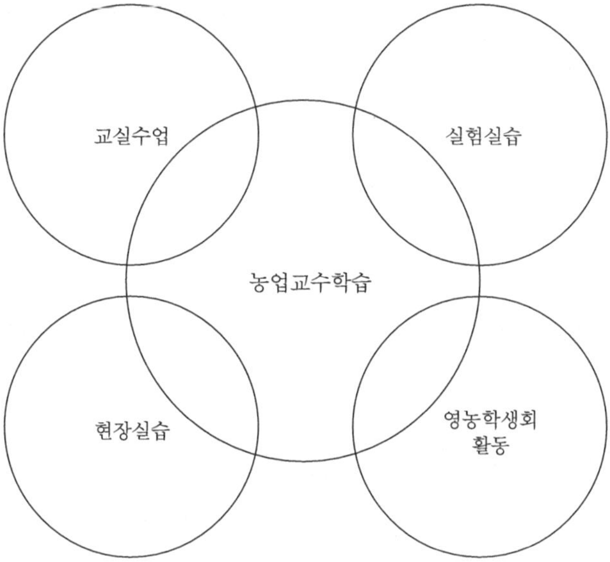

그림 VI-3. 농업교수학습의 유형

업체 실습 등으로 구분될 수 있으며, 대상에 따라서는 교양농업교육, 직업농업교육 또는 학교농업교육, 사회농업교육으로 구분될 수 있다. 또한 내용에 따라서는 식물자원, 원예, 조경, 동물자원 등 농업분야별 농업교수학습으로 구분될 수 있다. 이 중에서 농업계 고등학교에서의 농업교수학습은 일반적으로 교실수업, 실험실습, 현장실습 및 영농학생회 활동으로 구분된다([그림 VI-3] 참조).

일반적으로 교실수업은 새로운 내용을 교육하거나 개념과 원리를 가르친다는 점에서 중요하며, 실험실습, 현장실습 및 영농학생회 활동은 교실수업을 통해 배운 내용을 실제 적용한다는 측면에서 중요하다.

1. 교실수업

교실수업은 농업에 관한 기본 지식과 기술을 가르치기 위해서 교실 내에서 이루어지는 수업을 의미한다. 교실수업은 농업에 관한 여러 가지 개념과 정보 등을 가르치는 데 적절하다. 특히 처음으로 소개되는 농업학습 내용을 지도할 때, 학급 학생수가 많을 때, 짧은 시간 안에 많은 학습내용을 취급해야 할 때, 지능을 요하는 농업지식을 지도할 때 효과적이다. 또한 고학년보다 저학년, 농업생산에 관한 기술보다는 농업에 대한 이해를 지도할 때 많이 활용될 수 있다.

반면, 학습자에게 실제 경험의 기회를 제공하기 어려우며, 학습자 중심이 아닌 교수자 중심의 교수학습이 될 수 있다. 또한 학습자의 흥미와 동기유발에 어려움이 있으며, 내용 전달에 치우칠 가능성이 높은 단점이 있다.

효과적인 교실수업을 위해서는 학습자의 특징과 수준을 잘 파악하여 수업자료를 준비해야 하며, 학습자의 흥미유발과 주의집중을 위해 다양한 교수매체를 활용해야 한다. 또한 강의식 수업뿐만 아니라 토의식 수업, 과제부여 등의 다양한 교수학습 방법을 활용할 필요가 있다.

2. 실험실습

실험실습은 학교 내의 농장, 목장, 묘포, 공작실, 실험실습실에서 교실수업에서 배운 지식과 이론을 실제 적용해 보는 것을 의미한다. 농업분야는 학습자의 지적·정의적 영역의 발달에 비해서 심동적 영역의 발달이 중요하기 때문에, 학습자에게 실제 활동을 할 수 있는 기회를 제공하는 실험실습이 중요하다. 실험실습은 학습자의 자기주도적 학습능력을 신장시키고, 농업현장과 직접 관련된 기술을 향상시키는 데 도움을 줄 수 있다. 또한 농업분야에 대한 절차와 원리에 관한 추상적인 이론을 실제 실습해 봄으로써 학습내용을 내면화하고 의미를 부여할 수 있는 장점이 있다.

반면, 교실수업에 비해 준비에 많은 시간이 소요되고, 실습을 진행하기 위한 재료와 장비가 필요하며, 대규모 집단을 대상으로 하는 수업에는 적용하기 어려운 단점이 있다.

효과적인 실험실습을 위해 교수자는 학습자의 안전과 준비상태를 사전에 점검하고, 실습내용의 조직과 실습기술에 관한 내용을 충분히 준비해야 한다. 또한 실제 농업분야에 적용할 수 있는 실습내용을 선정해야 한다.

3. 현장실습

현장실습은 실험실습과 마찬가지로 교실수업에서 학습한 내용을 실제로 적용해 보는 것으로, 실험실습이 학교 내에서 이루어지는 반면, 현장실습은 학교를 벗어나 관련 산업체 및 농가에서 주로 이루어진다. 즉 현장실습은 학교 밖에서 담당교사와 실습업체 관계자의 체계적인 교수학습과 관리에 의해 이루어지는 농업분야의 모든 교육적인 활동을 의미한다.

농업교수학습에서 현장실습은 학습의 개선, 개인적 발달, 직업적 발달 측면에서 중요한 의의를 가지고 있다. 우선, 학습의 개선 측면에서 학습자들은 교실수업에 비해 현장실습을 통해 더 많이 학습하는 경향이 있다. 이는 학습자들은 현장실습을 통해 학습에 대한 필요성을 느끼게 되며, 교실수업에서 배웠던 내용을 실제 실습할 기회를 갖기 때문이다. 개인적 발달 측면에서 현장실습은 학습자들의 능력을 개발할 수 있는 기회를 제공하며, 이를 통해 학습자들은 책임감, 바람직한 직업습관, 준비성, 대인관계 능력, 유연성 등을 배움으로써 개인적인 발달을 도모할 수 있다. 직업적 발달 측면에서 현장실습은 학습자들이 직업세계로 진입하는 데 도움을 주며, 실제 직업을 탐색해볼 기회를 제공해 준다. 그리고 현장실습을 통해 진로선택에 대한 정보를 얻을 수 있으며, 관심 분야의 전문성을 개발하는 데 도움을 준다.

효과적인 현장실습을 위해서는 학습자의 흥미를 자극할 수 있도록 현장실습이 이루어져야 한다. 학습자의 흥미를 자극하기 위한 방법으로는 이전

현장실습생들이 현장실습을 통해 얻은 성취 결과와 과정 등을 제시하는 것이 좋다. 또한 현장실습에서는 실제적인 문제에 기반한 문제해결 교수학습 방법이 적합하다. 교수자들은 학습자의 경험을 이끌어 내야 하며, 이를 위해 학습자들은 그들이 참여하는 수업과정과 내용에 대해서 실습하도록 격려되어야 한다. 그리고 현장실습은 학습자들이 수업, 영농학생회 참석, 실습경험 등을 통해 배운 지식을 실제 현장에서 적용하도록 해야 한다. 따라서 현장실습에서 적용되는 교수학습에 대한 치밀한 사전 계획이 중요하다.

4. 영농학생회 활동

영농학생회(FFK) 활동은 영농학생회가 주최하고 전개하는 사업이나 활동에 참여함으로써 지도성, 과학성, 협동성을 함양하는 것이다. 영농학생회 활동은 영농활동을 비롯한 여러 가지 경험을 통해 농민이나 농업 관계직 종사자로 성장할 수 있도록 도움을 준다. 영농학생회 활동을 통해 학습자들은 농업분야에 대한 과제활동, 각종 회의 및 행사, 발표회, 전시회, 품평회, 연수회, 견학, 현장실습, 특강, 기능검정, 봉사활동, 홍보활동 등의 다양한 형태의 활동들을 수행하게 된다. 이러한 다양한 프로그램을 통해 학습자들은 농업분야의 전문지식과 기술을 습득할 수 있으며, 선도적 영농인이 되기 위한 다양한 경험을 얻을 수 있다. 효과적인 영농학생회 활동이 되기 위해서는 교육적인 가치가 있는 활동이 필요하며, 학습자의 관심과 흥미를 불러일으킬 수 있는 과제를 부여해야 한다. 또한 학습자 스스로의 능력으로 달성할 수 있는 활동을 하는 것이 바람직하다.

2 농업교수학습 방법

농업교수학습 방법이란 농업에 대한 내용을 가르치고 배우는 데 활용되는 기법 및 접근을 의미한다. 이러한 방법 중에서 농업과 관련된 내용 및 문제를 해결하는 과정을 학습자들이 인식하고 실행하는 것을 효과적으로 도와줄 수 있는 방법을 선택하는 것이 중요하다.

교수학습 방법은 학습자의 학습과정을 도와주는 교수자의 입장에서 교수법이라고도 한다. 또한 교수법이 실제 수업현장에서 구현되는 형태에 따라 크게 집단 교수법(group teaching techniques)과 개별화 교수법(individualized teaching techniques)으로 나눌 수 있다.

1절 집단 교수법

집단 교수법이란 비슷한 특성을 가지고 있는 학습자 집단에 적합한 수업을 제공하기 위한 방법이다. 이는 교수자와 시간 등 다양한 환경적 제한으로 인해 많은 학습자들을 동시에 가르칠 수 없기 때문이다.

집단 교수법에는 전통적인 교수법인 강의법 및 토의법을 비롯하여 최근 많이 활용되는 문제해결법과 프로젝트법 등이 있으며, ICT 활용 교수법은 교육자료의 효과적 활용방법으로 대두되고 있다. 집단 교수법은 교육내용에 따라 활용에 차이가 있으며, 농업교육에서 활발히 활용되는 집단교수법으로는 강의법, 토의법, 실험실습, 시뮬레이션, 시연, 역할연기, 협동학습, 문제중심학습(PBL), 프로젝트법, 팀티칭 등이 있다.

1. 강의법

강의법이란 구두로 정보, 아이디어, 사실, 개념 등을 제공하는 교수법을 말한다. 강의법은 학습내용이 비교적 단순한 경우, 전체적인 전망을 제시하거나 단원을 요약하는 경우, 시간에 비해 가르쳐야 할 내용이 많은 경우에 적절한 교수법이다. 그러나 학습목표 달성을 위해 학습자의 능동적 참여가 요구되는 경우나, 정보가 매우 복잡하고 추상적이고 세부적인 경우에는 적절하지 않을 것이다.

강의법을 활용한 교수모형은 매우 다양하다. 하지만 강의법의 주된 목적이 학습자들이 새로운 개념을 습득하도록 하는 것이므로 개념획득 교수모형과 선행조직자 교수모형이 중요하다고 할 수 있다. 개념획득 교수모형은 ① 자료 제시 및 개념 규명, ② 획득된 개념 검증, ③ 사고전략 분석의 3단계로 이루어지며, 선행조직자 교수모형은 ① 조직자 제시, ② 학습과제 제시, ③ 인지조직 강화의 3단계로 이루어진다. 개념획득 교수모형과 선행조직자 교수모형의 단계별 활동은 〈표 VI-1〉과 같다.

농업교육 현장에서 강의법을 활용하여 효과적으로 수업하기 위해서는 다음 사항에 주의해야 한다.

① 학습자 정보 수집: 학습자의 흥미를 유발하기 위해 반드시 필요한 과정이다.

② 학습자 수준에 맞는 학습목표 및 내용 선정: 효과적인 강의를 위해서는 학습자의 수준을 고려하여 학습목표와 내용을 다루어야 한다.

③ 적절한 교수매체 준비: 학습자의 흥미를 유발하기 위해서는 적절한 교수매체를 준비하여 활용하는 것이 중요하다. 따라서 교수매체를 사전에 준비 · 점검해야 하며, 교수매체가 유인물인 경우는 학습자 수만큼 나누어 줄 수 있도록 충분한 수량을 준비하는 것이 좋다.

표 VI-1. 강의법에 사용되는 개념획득 교수모형과 선행조직자 교수모형

개념획득 교수모형		선행조직자 교수모형	
교수단계	교수활동	교수단계	교수활동
자료 제시 및 개념 규명	• 구체적인 수업방법 소개 및 자료 제시 • 가설 설정 및 검증 • 핵심적 속성에 따라 개념 정의	조직자 제시	• 과제의 목표 제시 • 조직자 제시 • 학습자의 사전 지식, 경험에 대한 인지 재촉
획득된 개념 검증	• 가설 확정, 개념 명명, 핵심 속성 개념 재진술 • 추가적인 예 설정	학습과제 제시	• 자료 제시 • 주의 유지 • 내용 조직구조의 명확화 • 학습경험의 논리적 순서 명확화
사고전략 분석	• 사고 진술 및 가설 속성에 대한 분석 • 가설의 유형에 대한 분석	인지조직 강화	• 통합적 조정의 원칙 사용 • 능동적 수용학습 촉진 • 주제에 핵심적 접근 유도 • 명확화

2. 토의법

토의법이란 어떤 주제에 대해 교수자와 학습자, 또는 학습자 간에 언어를 매체로 의견을 상호 교환하는 교수학습 방법이다. 토의법은 학습자들을 수업에 능동적으로 참여하도록 하여 학습자의 문제해결 능력, 비판적 사고능력, 의사소통 능력, 창의적 사고능력 등을 향상시켜 준다. 하지만 토의법은 수업진행 속도가 느려지며, 일부 학습자만이 참여하는 경우가 발생하는 등 다양한 문제점이 발생할 수 있다.

토의법에는 브레인스토밍, 버즈 그룹, 패널 토의, 심포지엄 등이 존재한다. 각 토의법의 정의 및 진행 시 주의사항은 〈표 VI-2〉와 같다. 토의법을 활용하여 수업을 진행하기 위해서는 적절한 절차에 따라 전개할 필요가 있다. 토의법을 활용한 교수모형은 ① 준비 단계, ② 토의 단계, ③ 공유 단

표 VI-2. 각 토의법의 정의 및 진행시 주의사항

종류	정의	진행시 주의사항
브레인 스토밍	특정한 주제나 문제점에 대해 학습자가 자신의 의견이나 아이디어를 자유롭게 제시하도록 하는 방법	• 진행자와 기록자 필요 • 기록은 모든 학습자가 볼 수 있도록 칠판에 작성 • 주제는 구체적으로 설정 • 주제는 학습자 수준과 흥미를 고려하여 설정 • 토의 진행 도중 학습자의 의견에 대한 비판 금지 • 자신의 생각을 자유롭게 표현하도록 촉진
버즈 그룹	학습자를 3~7명으로 소집단으로 편성하여 특정한 주제나 문제점에 대해 토론하도록 하는 방법	• 인원을 3~7명으로 집단 편성 • 교수자가 토의 주제에 대해 학습자의 이해를 돕기 위해 설명 • 각 그룹의 대표와 기록자 선정 • 모든 학습자들이 토의에 참가하도록 촉진
패널 토의	소집단이 특정 주제에 대해 토의를 하는 것을 청중이 방청하는 형태의 토의방법	• 인원은 3~4명으로 하되 다양한 학습자가 패널에 참가 • 학습자가 쉽게 들을 수 있도록 교실 한가운데에서 토의 진행 • 교수자 혹은 학습자 중 한 명이 패널토의 진행을 중재하는 역할 수행
심포지엄	특정 주제에 대해 전문지식을 가진 몇 사람이 각자 사전에 연구하여 발표하며 청중과 질의응답을 하는 토의방법	• 학습내용에 대한 발표자 선정 및 사전 준비 • 일반 학습자 역시 학습내용에 대한 사전 학습 실시 • 교수자는 활발한 질의응답 촉진

표 VI-3. 토의법 교수모형

교수단계	교수활동
준비 단계	• 토의주제 선정 • 토의방법 선정
토의 단계	• 토의 실시(자유로운 의견 개진 및 의견의 목록화) • 의견 종합 및 발표물 준비
공유 단계	• 토의결과 발표 • 질의응답 실시
마무리 및 평가	• 요약 및 정리 • 차시 예고 및 평가

계, ④ 마무리 및 평가의 4단계로 이루어진다. 단계별 구체적인 활동은 〈표 VI-3〉과 같다.

3. 실험실습

실험은 새로운 사실을 발견하거나 어떤 가설을 검증하기 위한 활동이며, 실습이란 이론적으로 학습한 내용을 실제로 실행해봄으로써 기능을 숙련하는 활동을 말한다. 실험실습은 농업교육에서 많이 활용될 수 있다. 즉 이론수업을 통해 얻은 지식이나 이론을 실제로 증명해보이거나 몸에 익히도록 함으로써 학습자의 자기주도적 학습능력과 문제해결능력 향상에 매우 효과적인 방법이다.

실험실습을 활용하여 수업을 진행하기 위해서는 적절한 절차에 따라 전개할 필요가 있다. 실험실습을 활용한 교수모형은 ① 자료 수집 및 확인, ② 실험실습, ③ 설명 조직, ④ 실험실습 과정 분석의 4단계로 이루어진다. 단계별 구체적인 활동은 〈표 VI-4〉와 같다.

실험실습을 활용하여 효과적으로 수업을 진행하기 위해서는 다음 사항을 주의해야 한다.

① 실험실습 지시서를 활용한다. 학습자의 원활할 실험실습 진행을 위해 지시서를 준비하는 것이 효과적이다. 실험실습 지시서에 포함되어야 하는 내용으로는 실험실습 내용, 재료, 절차, 주의사항 등이다.

② 시설, 재료 및 장비를 철저히 준비한다. 학습자들이 성공적인 실험실습을 하기 위해서는 필요한 시설, 재료, 장비가 모두 적절히 갖추어져 있어야 한다.

③ 실험실습에서 학습자들의 안전이 가장 중요하므로, 실험실습실 내의 위험요소를 제거하는 것이 필요하다.

표 VI-4. 실험실습 교수모형

교수단계	교수활동
자료 수집 및 확인	• 문제의 속성 및 조건 확인 • 문제발생 상황 확인 • 실험실습에 필요한 자료 수집
실험실습	• 인과관계에 대한 가설 설정 • 실험실습 실시(다양한 방법을 활용하여 실험실습 지도)
설명 조직	• 설명과정에 대한 조직화
실험실습 과정 분석	• 실험실습 과정 분석 및 효과적인 전략 개발

4. 시뮬레이션

시뮬레이션(simulation)이란 특정한 상황을 최대한 실제적인 것처럼 재연하여 활용하는 방법이다. 이러한 방법을 활용하는 가장 대표적인 예가 비행기 조정이나 자동차 운전 시뮬레이션이다. 이 방법은 실습비용이 비싸다든지, 실생활에서 개념을 배우기가 곤란하거나 학습자에게 위험부담이 높을 경우에 사용한다. 농업교육에서 역시 농기계 실습과 같은 경우 시뮬레이션을 활용하여 수업을 진행할 수 있다.

시뮬레이션을 활용하여 수업을 진행하기 위해서는 적절한 절차에 따라 전개할 필요가 있다. 시뮬레이션을 활용한 교수모형은 ① 소개, ② 참가자 훈련, ③ 시뮬레이션 작동, ④ 참가소감 발표의 4단계로 이루어진다. 단계별 구체적인 활동은 〈표 VI-5〉와 같다.

시뮬레이션을 활용하여 수업을 진행하고자 할 때에는 다음 사항을 유의해야 한다.

① 필요한 재료 및 장비를 철저히 준비한다. 시뮬레이션은 최대한 실제 상황과 비슷하게 하는 것이 매우 중요하다.

② 학습자가 시뮬레이션 실시 계획을 정확히 인지하도록 한다. 어떤 목적으로 실시하며, 주의사항은 어떤 것이 있는지 정확히 인지할 수 있

표 VI-5. 시뮬레이션 교수모형

교수단계	교수활동
소개	• 시뮬레이션의 적용 범위와 구현될 수 있는 개념 제시 • 시뮬레이션과 게임에 대한 설명 • 시뮬레이션에 대한 개요 설명
참가자 훈련	• 규칙, 역할, 절차, 점수, 의사결정 유형, 목표 등에 대한 시나리오 작성 • 역할 분담 • 연습 시뮬레이션 실시
시뮬레이션 작동	• 게임활동과 게임관리 실시 • 피드백과 평가 제공 • 잘못 알고 있는 점에 대한 명확화
참가소감 발표	• 시뮬레이션 과정에 대한 분석 및 실제 활동과의 비교 • 시뮬레이션 활동과 교과내용과의 연관성 • 시뮬레이션에 대한 평가 및 추후 계획

도록 정보를 제공하는 것이 중요하다.

③ 학습자가 실시한 시뮬레이션에 대해 토론하고 일반화를 도출할 수 있는 기회를 제공해야 한다. 실제 행동을 통해 습득한 내용을 학습자들 간의 의견교환을 통해 종합 정리하는 것이 중요하다.

5. 시연

시연(demonstration)은 기능이나 수행과정을 학습시키기 위해 필요한 행동을 직접 보여주는 방법을 의미한다. 이는 농업교육에서 심리운동적 영역의 내용을 가르치는 데 매우 중요한 방법이라고 할 수 있다. 연시를 하는 교수자는 해당 기술 및 과정에 대해 잘 알고 있어야 하며, 기술도 상당히 숙련되어 있어야 한다.

시연을 활용하여 수업을 진행하기 위해서는 적절한 절차에 따라 전개할 필요가 있다. 시연을 활용한 교수모형은 ① 준비 단계, ② 시연 단계, ③ 응

표 VI-6. 시연 교수모형

교수단계	교수활동
준비 단계	• 전시 학습내용 확인 및 학습목표 제시 • 시연 내용과 관련하여 동기부여
시연 단계	• 기능 시연과 각 단계의 연계성 제시 • 주의사항 제시
응용 단계	• 학생들의 실제 연습 실시 • 반복적인 연습
평가 단계	• 질문을 통한 요약 및 정리 • 학생들의 성취도 평가 및 피드백 • 차시 예고

용 단계, ④ 평가 단계의 4단계로 이루어진다. 단계별 구체적인 활동은 〈표 VI-6〉과 같다.

시연을 활용하여 효과적으로 수업을 진행하기 위해서는 다음 사항을 주의해야 한다.

① 달성 가능한 목표를 설정한다. 시연은 한정된 분량을 학습자에게 이해시키는 데 있어 다소 시간이 많이 소요되므로 주제 및 내용의 범위 선정은 달성 가능한 범위 내에서 이루어져야 한다.

② 시연행동을 명확하게 한다. 시연에서 중요한 것은 학습자가 시연행동을 잘 보고 들을 수 있도록 하는 것이다.

③ 보조자료를 적절히 활용한다. 시연을 활용할 때 보조자료를 활용하는 것은 매우 유용하다.

④ 반복적으로 연습시킨다. 교수자가 적절하게 시연을 하더라도 학습자가 그대로 따라 하지 못하는 경우가 많이 있으므로 반복적인 연습이 매우 중요하다.

6. 역할연기

역할연기(role playing)는 인간관계 등에 관한 사례를 몇 명의 학습자가 나머지 학습자들 앞에서 실제의 행동으로 연기하고, 사회자가 청중들에게 그 연기 내용을 비평 · 토론하도록 한 후, 결론적인 설명을 하는 교수학습 방법이다. 역할연기는 학습자들이 흥미를 가지게 하여 다른 활동에 더욱 집중할 수 있도록 하는 방법으로 매우 효과적이라고 할 수 있다.

역할연기를 활용하여 수업을 진행하기 위해서는 적절한 절차에 따라 전개할 필요가 있다. 시연을 활용한 교수모형은 ① 집단활동 준비, ② 참가자 결정, ③ 상연 준비, ④ 관찰자 준비, ⑤ 상연, ⑥ 토의 및 평가, ⑦ 재상연, ⑧ 토의 및 평가, ⑨ 경험 교환 및 일반화의 9단계로 이루어진다. 단계별 구체적인 활동은 〈표 VI-7〉과 같다.

역할연기를 활용하여 수업을 진행하면 학습자가 자신이 배우고자 하는 내용을 실제적으로 경험해 봄으로써 학습할 수 있다. 또한 ① 실제 타협과

표 VI-7. 역할연기 교수모형

교수단계	교수활동
집단활동 준비	• 문제 규명 및 안내 • 예화를 해석하고 문제점 탐색 • 역할연기 설명
참가자 결정	• 역할 분석 • 역할 연기자 선정
상연 준비	• 행동순서 결정 및 역할 재확인 • 문제상황 돌입
관찰자 준비	• 관찰항목 결정 • 관찰과업 분담
상연	• 역할연기 시작 및 진행 • 역할연기 중단
토의 및 평가	• 역할연기에서의 각종 동작(사태, 위치, 현실감) 검토 • 주요 초점 토의 • 차후 상연할 역할연기 수정
재상연	• 수정된 역할연기 상연 • 차후 행동대안 제시
토의 및 평가	• 역할연기의 각종 사건, 행동 재검토 • 주요 초점 토의 및 차후 상연할 역할연기 수정
경험 교환 및 일반화	• 문제상황과 실제 경험, 현재의 문제점들과 연관지어 경험 교환 • 행동의 일반원칙에 대한 탐색

설득 등의 행동을 통한 복잡하고 추상적인 개념에 대한 이해, ② 인지적 · 정의적 · 심동적 영역의 균형 잡힌 발달, ③ 적극적인 수업 참여를 통한 학습동기의 증가, ④ 사회적 상호관계에 대한 이해 및 적응 등의 효과를 볼 수 있다.

7. 협동학습

협동학습(cooperative learning)은 소집단을 구성하는 모든 구성원들이 주어진 학습목표나 과제를 공동으로 노력하여 달성하게 하는 교수학습 방법이다. 이러한 방법을 통해 학습자가 혼자서 학습하는 것보다 더 많은 양을 효율적으로 학습할 수 있으며, 동료 학습자의 학습방법을 보고 배울 수 있는 기회를 가질 수 있다. 또한 협동학습은 학습과정에서 학습자가 협력적 태도를 함양할 수 있어 추후 사회생활에 적응하는 데 도움이 된다.

반면, 협동학습에서 소집단을 구성하는 개개인의 능력 및 배경 등 다양한 특성을 가지고 있어 자칫 일부 학습자를 위한 학습이 될 수 있다는 단점이 있다. 또한 학습과정이나 학습목표의 달성보다는 집단 상호작용만을 중요시하여 당초 목표치를 달성하지 못하는 경우도 발생할 수 있다는 것을 유의할 필요가 있다.

협동학습을 활용하여 수업을 진행하기 위해서는 적절한 절차에 따라 전개할 필요가 있다. 협동학습을 활용한 교수모형은 매우 다양하다. 이 중 대표적인 교수모형으로 STAD(Student Team Achievement Division), TGT(Teams Game Tournament), Jigsaw I, Jigsaw II 등이 있다. 각 모형에 대한 개발자, 특징, 단계를 살펴보면 〈표 VI-8〉과 같다.

이 외에도 협동학습을 활용한 수업은 다양한 형태로 이루어질 수 있다. 특히 농업교육이 이루어지는 현장환경, 학습내용 등 다양한 요인에 의해 달라질 수 있다. 단, 어떠한 방법으로 협동학습을 진행하든지 명심해야 할

표 VI-8. 협동학습을 활용한 교수모형

교수모형	개발자	특징	교수단계
STAD (Student Team Achievement Division)	존스 홉킨스 대학의 Slavin 등(1995)에 의해 개발	• 집단보상, 개별적 책무성, 성취결과의 균등배분의 전략 활용 • 팀은 4~5명으로 구성	수업목표 제시 → 팀 내 개별학습 → 팀 내 협동학습 → 결과 도출 및 보고서 작성 → 전체 보고 및 토의 → 교사 정리 → 개별 평가 → 팀 점수 산출 → 결과 도출 및 보고서 작성
TGT (Teams Game Tournament)	David Devries, Keith Edwards (1973)가 개발	• 게임을 이용한 각 팀 간의 경쟁 유도	수업목표 제시 → 팀 내 개별학습 → 팀 내 협동학습 → 결과 도출 및 보고서 작성 → 전체 보고 및 토의 → 교사 정리 → 토너먼트 게임 → 팀 점수 산출 → 결과 도출 및 보고서 작성
Jigsaw I	Aronson 등(1978)에 의해 최초 개발	• 특별한 학습과제나 학습자료 활용 • 팀은 3~7명으로 구성하며 리더 선출	팀 구성 → 개인별 전문과제 선택 → 과제별 모임(전문가팀) → 전문가 집단 협동학습 → 모집단 협동학습 → 개별 평가
Jigsaw II	Slavin(1983)이 수정한 Jigsaw 모형	• Jigsaw I 모형에 집단보상 첨가	팀 구성 → 개인별 전문과제 선택 → 과제별 모임(전문가팀) → 전문가 집단 협동학습 → 모집단 협동학습 → 개별 평가 → 팀 점수 산출

것은, 몇몇 특징 학습자 중심으로 학습이 이루어지는 것을 방지해야 한다는 것이다.

8. 문제중심 학습

문제중심 학습(Problem Based Learning, PBL)은 구성주의 원칙을 적용한 학습설계 모형으로, 학습 촉진자에 의해 제시된 문제를 해결하기 위하여 학습자들이 5~7명 정도의 소그룹으로 편성되어 그룹토론 등의 협동학습을 하는 방법을 의미한다. 즉 문제해결 과정에서 학습자들이 자신과 관련 있는 주제를 분석하고 해결하는 방안을 탐구하는 능동적인 학습활동이라 할 수 있다.

문제중심 학습을 활용하여 수업을 진행하기 위해서는 적절한 절차에 따라 전개할 필요가 있다. 문제중심 학습의 교수모형은 ① 그룹형성과 1차 모임, ② 1차 집단토의, ③ 자기주도 학습, ④ 2차 집단토의, ⑤ 평가의 5단계로 이루어진다. 단계별 구체적인 활동은 〈표 VI-9〉와 같다.

문제중심 학습의 성공적 운영을 위해서는 적절한 문제의 개발이 매우 중요하다. 문제를 개발하는 과정은 다음 절차에 따라 이루어져야 한다.

① 내용 및 기술 선택: 학습자가 알아야 하거나 할 수 있어야 하는 것 중에서 선택한다.

② 가용 자원의 결정: 문제를 해결하기 위해 필요한 정보의 접근방법을 확보한다.

③ 문제 진술문의 작성: 교육과정과 학습자의 경험에 기초하여 비구조화된 문제를 진술한다.

④ 동기화 활동의 선택: 학습자의 적극적인 참여를 유도할 수 있는 활동 및 방법을 선택한다.

⑤ 핵심적인 질문 개발: 학습자가 문제에 홍미가 생긴 후 과제에 대해

표 VI-9. 문제중심 학습 교수모형

교수단계	교수활동
그룹형성과 1차 모임	• 자유롭게 말하도록 격려하고 분위기 조성
1차 집단토의	• 학습목표 설정 및 학습과제 선정 • 구성원의 역할과 일 분담
자기주도 학습	• 학습자들은 배우고자 하는 것을 스스로 학습 • 학습자 간 피드백을 통한 협동학습 실시
2차 집단토의	• 학습자료 공유와 학습과제 재분석
평가	• 문제해결자, 자기주도 학습자, 그룹 구성원으로서 자기평가 실시 • 동료평가 실시

몰입할 수 있게 유도한다.

⑥ 평가전략의 결정: 다양한 평가방법 중 학습정도를 평가하는 데 적절한 방법을 선택한다.

9. 문제해결법

문제해결법이란 학습자에게 문제를 던져 주고 그것을 해결해 나가는 과정을 통해 학습이 이루어지게 하는 교수학습 방법이다. 이 방법은 학습자의 사고과정을 중시하고, 지식이나 기능의 습득에만 그치지 않고 학습자들로 하여금 문제를 발견하는 능력, 문제를 분석하고 자료를 수집하는 능력, 자료를 비판하고 조직하는 능력 등을 종합적으로 배우게 하는 방법이다.

문제해결법을 활용하여 수업을 진행하기 위해서는 적절한 절차에 따라 전개할 필요가 있다. 문제해결법의 교수모형은 ① 문제 파악, ② 문제와 관련된 요인 분석, ③ 문제해결책 수집, ④ 문제해결의 우선순위 결정, ⑤ 해결방안 실행, ⑥ 결과 평가의 6단계로 이루어진다. 단계별 구체적인 활동은 〈표 VI-10〉과 같다.

표 VI-10. 문제해결법 교수모형

교수단계	교수활동
문제 파악	• 무엇이 문제인가를 파악하여 명료하게 정의
문제와 관련된 요인 분석	• 문제에 수반되거나 관계되는 요인 파악 • 문제해결의 전제조건, 해결방안 찾기 위한 정보 및 조건 파악
문제해결책 수집	• 정보 활용한 질문과 토론 실시 • 정보를 조직적으로 정리
문제해결책의 우선순위 결정	• 임시 해결방안을 기록하여 목록화 • 적용 가능성을 고려한 우선순위 부여
해결방안 실행	• 최적의 해결방안 직접 실행 • 해당 분야의 전문가와 상의 및 집단토론을 통한 간접적 실행
결과 평가	• 실행 결과 평가 • 추후 피드백을 통한 해결책의 수정 · 보안

문제해결법을 활용하여 수업을 할 경우 학습자의 자율성을 기를 수 있고, 학습자의 흥미에 부합할 수 있다. 그리고 학생들에게 장차 직면하게 될 문제에 대해 해결하는 태도와 도전적인 태도를 길러 준다.

10. 프로젝트법

프로젝트법이란 농업교육에 있어 흔히 사용될 수 있는 학습지도 형태로, 학습자의 마음속에 생각하고 있는 것을 구체적으로 실현하기 위해 스스로 구안하여 실천하는 방법을 말한다. 구체적으로 학습결과로서 어떤 형태의 과제물이 요구되고, 광범위하고 다양한 학습활동이 활용될 수 있으며, 해당 학습주제와 관련된 일련의 여러 단일과제를 실시하여 수업을 이끌어 가는 교수학습 방법을 말한다.

프로젝트법은 1920년대에 Dewey와 Kilpatrick 등이 주창한 이래 학습지도법으로 많이 활용되고 있다. 이들의 의견에 의하면, 학습은 학습자의 실제적 활동에 의해 이루어진다고 한다.

또한 프로젝트법은 학습자의 실제 활동을 통한 학습에 기초를 두고 문제해결의 학습활동을 강조하기 때문에, 문제해결법과 유사한 점이 많다고 할 수 있다.

프로젝트법을 활용하여 수업을 진행하기 위해서는 적절한 절차에 따라 전개할 필요가 있다. 프로젝트법의 교수모형은 ① 목적 단계, ② 계획 단계, ③ 수행 단계, ④ 평가 단계의 4단계로 이루어진다. 단계별 구체적인 활동은 〈표 VI-11〉과 같다.

표 VI-11. 프로젝트법 교수모형

교수단계	교수활동
목적 단계	• 학습문제 선택 및 학습목표 확인 단계 • 학습자 스스로 프로젝트를 선택하고, 교수자는 조언 제공
계획 단계	• 재료, 실행 과정상의 문제점 등을 고려하여 구체적인 계획 수립 • 상호 토론을 통한 합리적이고 실행 가능한 계획 수립
수행 단계	• 학습자가 실제 프로젝트를 수행하는 단계로 가장 많은 시간 소요 • 인내력 있게 활동하도록 격려하고, 중도탈락을 막도록 지도
평가 단계	• 프로젝트의 목적 달성 여부 평가 • 학습자 상호 평가나 교수자 평가를 통해 실시

11. 팀티칭

팀티칭은 학습자에게 더욱 넓은 안목을 주기 위해 전문성을 지닌 2명 이상의 교수자가 팀이 되어 교수설계, 교수준비, 수업진행, 평가 등의 활동을 공동으로 진행하는 방법을 의미한다.

팀티칭 방법은 교과내용 특성이 다른 여러 개의 분야로 분리되는 경우 적합한 수업방법이다. 팀티칭을 통해 학습자는 다양한 전문적인 학습내용을 접할 수 있으며, 교수자 역시 자신의 개성을 살려 지도할 수 있다. 또한 교수자들 간의 상호 평가를 통해 지도방법을 개설할 수 있으며, 학습집단 및 학습공간의 활용에 대한 유연성 증가 등의 효과가 있다.

팀티칭 수업은 다른 방법과는 달리 여러 명의 교수자가 함께 진행하는 수업이므로, 무엇보다 교수자 간의 협력이 중요하다. 팀티칭 수업의 유형은 팀티칭 파트너가 누구인가에 따라 리더/보조 교수자 유형, 다수의 교수자 유형, 협력 교수자 유형, 외부 강사 유형 등이 있다. 각각의 유형의 특징을 살펴보면 〈표 VI-12〉와 같다.

표 VI-12. 팀티칭 수업의 유형 및 특징

유형	특징
리더/보조 교수자	• 해당 교과목에 대한 경험이 풍부한 교수자와 그렇지 못한 교수자로 구성 • 리더 교수자는 수업 전반을 책임짐. • 평가는 공동으로 수행
다수의 교수자	• 여러 명의 교수자가 협력하여 교수설계, 수업진행, 평가를 함께 실시 • 교수설계의 경우 공동으로 진행 • 학습집단을 분담하여 각자 맡은 학습자를 대상으로 진행하는 방법도 있음.
협력 교수자	• 여러 명의 교수자가 모든 영역에 대해 동일한 책임과 수업을 분담하여 진행 • 학생 입장에서는 여러 명의 교수자를 접할 수 있으며, 교수자 입장에서는 수업 부담의 감소 효과가 있음.
외부 강사	• 한 명의 교수자가 수업 전반을 이끌면서 일부분을 외부 강사가 담당 • 수업 전반에 대한 책임은 원래 수업을 담당하는 교수자에게 있음.

2절 개별화 교수법

학습자 중에는 교수자의 도움을 거의 받지 않고 스스로 학습목표를 달성할 수 있는 학습자가 있는 반면, 교수자의 지도 없이는 아무것도 수행하지 못하는 학습자도 존재한다. 예전에는 학습자의 개인차를 고려하지 않은 채 수업을 진행하였다. 하지만 최근에는 학습자의 특성에 따라 개인적 목표, 학습능력, 학습양식 등이 각기 달라져야 한다는 인식이 확산되고 있으며, 자기주도 학습이 강조되고 있다.

이러한 흐름에 따라 중요하게 인식되는 것이 바로 개별화 교수법이다. 개별화 교수법은 다양한 형태가 있으며, 집단 교수법 중 실험실습과 같은 방법은 개별학습에 활용될 수 있어 개별화 교수법에도 포함될 수 있다. 이 외에 농업교육에서 활용되고 있는 개별화 교수법에는 지도학습, 개별학습 등이 있다.

1. 지도학습

지도학습(supervised study)은 농업교육에서 흔히 사용하는 방법으로 학습은 근본적으로 학습자의 자율적 활동이며, 교수자가 항상 지시적 위치에서 지도하지 않아도 된다는 전제하에 전개되는 학습지도 형태이다.

지도학습은 개인학습이나 소규모의 집단학습 형태로 전개되는데, 학습자는 교수자가 승인한 학습문제나 과제를 가지고 교수자의 지도하에 자기 스스로 학습하게 된다. 지도학습에 의해 학습자는 문제를 해결하고 원리나 이론을 학습하지만, 더 중요한 것은 학습자 스스로 학습하는 방법을 습득하는 데 있다.

지도학습을 시작하기 전에 교수자는 학습자의 흥미를 유발하고, 학습자 스스로 학습할 수 있는 책자나 잡지, 참고문헌 등의 학습자료를 준비해야 한다. 이를 바탕으로 학습자에게 여러 가지 과제를 제시해 준다. 학습자는 교수자가 제시해 준 내용을 중심으로 각자 학습하며, 학습한 결과를 서로 발표 · 종합하여 교수자의 지도하에 가장 적절한 것을 선택하여 정리하는 것이다.

지도학습은 학습자의 연령, 흥미, 성취동기, 그리고 태도에 따라 학습의 양이나 질에 차이가 난다. 또한 참고자료와 교수자의 개인지도 기술 및 추수 지도에 따라 학습이 많은 영향을 받는다.

지도학습을 활용하고자 할 때 교수자는 다음 사항에 유의해야 한다.

① 학습자를 순회하며 학습상황을 관찰하는 것이 필요하다.

② 올바르게 학습하고 있을 경우, 인정해 주며 계속 학습할 수 있도록 촉진한다.

③ 올바르지 않게 학습하고 있는 경우, 조기에 발견하여 시정해 주는 것이 효과적이다.

2. 개별학습

개별학습(independent study)은 교수자의 구체적인 안내나 지도 없이 학습자 스스로 자기에게 필요한 지식이나 기능을 익히도록 하는 방법이다. 이는 지도학습과 거의 비슷한 개념이나, 지도학습이 교수자의 간접적인 지도하에 실시되는 학습인 반면, 개별학습은 학습자 혼자 학습을 진행하는 것으로 다소 차이가 있다.

개별학습의 일차적인 역할은 개별학습자의 요구를 충족시키는 데 있다. 학습자들은 서로 다른 흥미, 능력, 학습속도 등을 가지고 있는데, 개별학습은 이를 충족시켜 주는 역할을 한다. 또한 개별학습에서 교수자는 단지 촉진자로서의 역할을 수행하게 되어, 학습자는 스스로 학습하는 능력을 함양할 수 있게 된다.

개별학습의 다른 역할은 학습자에게 학습의 즐거움을 제공한다는 것이다. 토론이나 지도학습 등을 남용할 경우 학습자는 지루함을 느끼게 된다. 이에 반해 개별학습은 학습자에게 새로운 도전의 장이 됨과 동시에 신선한 충격이 되며, 즐거움을 느낄 수 있게 해준다.

개별학습은 학습과정의 모든 것은 학습자 스스로 하는 것이다. 하지만 학습자의 개별학습 과정이 적절하게 진행되기 위해 교수자가 수행해야 하는 역할 역시 존재한다.

개별학습을 효과적으로 활용하기 위해서는 다음 사항을 유의해야 한다.

① 교수자는 학습자가 학습하고자 하는 것과 관련된 참고자료 등에 대해 안내한다.

② 교수자는 학습자가 자유롭게 질문할 수 있는 분위기를 조성한다.

③ 교수자는 학습자와 인접한 위치에 있어야 한다.

④ 학습자의 학습이 끝난 후 평가와 함께 피드백을 제공한다.

3 농업교수학습 설계와 수업기술

농업교수학습 설계란 학습자가 농업에 관한 내용을 효과적으로 학습할 수 있도록 제반 교수학습 활동을 설계하는 활동을 의미한다. 일반적으로 교수학습이 교과목별로 이루어지므로 교수학습 설계는 담당과목 중심으로 이루어진다. 교수학습 설계가 이루어진 후에는 실제 수업에 적용하는 기법이나 방법에 해당하는 수업기술을 이해할 필요가 있다.

1절 교수학습 설계과정

교수학습 설계는 교수자에 의해 이루어지는 활동으로 일반적으로 교수설계라는 용어를 많이 사용한다. 교수설계 과정은 학습자의 효과적인 학습을 촉진하기 위한 제반 교수학습 활동을 설계해 가는 과정이다. 일반적으로 교수자는 교수설계시 담당과목의 교육과정 해설서나 교사용 지도서를 참고한다. 이러한 교수설계 과정의 결과물에는 연간 학습지도계획, 학기별 학습지도계획, 수업계획서, 학습지도안이 있다. 연간 학습지도계획 및 학기별 학습지도계획은 담당과목을 1년 혹은 한 학기 동안 지도하기 위해 설계한 계획이며, 수업계획서 및 학습지도안은 단위수업을 기준으로 학습자를 지도하기 위한 설계계획을 의미한다.

교수설계는 일반적으로 [그림 VI-4]와 같이 교수목적 확인, 교수내용 분석, 학습자 및 환경 분석, 학습목표 설정, 평가계획 수립, 교수전략 개발, 교수매체 선정 및 개발, 교수설계 결과물, 피드백의 과정을 거친다. 그러나 교수학습 설계는 제시된 순서대로만 이루어져야 하는 것은 아니다. 교수내용 분석과 학습자 및 환경 분석의 경우 순서에 관계 없이 진행될 수 있으

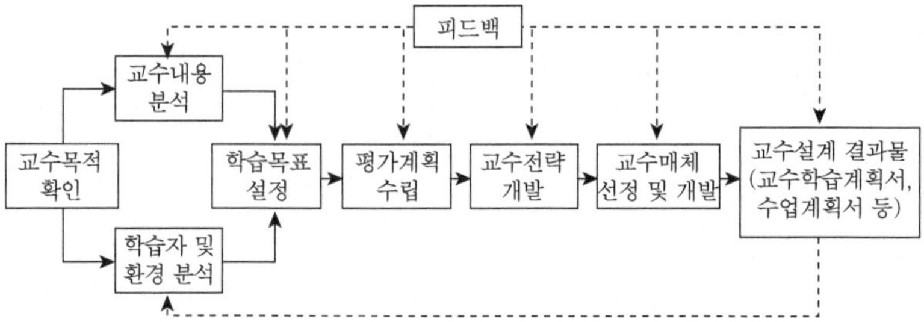

그림 VI-4. 교수학습 설계과정

며, 때로는 동시에 이루어질 수 있다.

다만, 학습목표 설정 후에는 바로 평가계획 수립 단계가 필요하다. 또한 피드백 역시 교수설계의 각 단계에서 이루어질 수 있다.

1. 교수목적 확인

교수목적은 교수자가 담당과목이나 단위수업을 통해 학습자로 하여금 궁극적으로 성취시키고자 하는 지식, 기능 및 태도를 의미한다. 이러한 교수목적의 확인은 교육과정 해설서, 연간 학습지도계획서, 교사용 지도서 및 교과목 개요 등을 참고하여 설정할 수 있다.

교수목적 설정 시 학습내용에 대한 분석을 통해 학습자가 이해하기 쉽도록 설정해야 하며, 해당 교수학습과 관련한 사회적 요구를 반영해야 한다.

2. 교수내용 분석

교수내용 분석은 확인된 교수목적을 달성하기 위해 수업을 통해 다루어야 할 내용을 분석하는 것이다. 이는 교수목적을 성취하기 위해 필요한 학습내용을 선정하는 것으로, 교재분석 · 직무분석 · 주제분석 등을 통해 이루어질 수 있다. 또한 최근 학계의 동향, 현장 전문가의 자문 등을 통해 도출할 수도 있다.

이때 주의할 점은, 교수내용의 난이도와 계열성을 고려하여 배치해야 한다는 것이다.

3. 학습자 및 환경 분석

학습자 및 환경 분석은 특정 학습과제와 관련한 학습자의 특성 및 학습환경을 분석하는 것이다. 이것은 학습자의 출발점 행동(학습관련 지식, 기능, 태도 등), 일반적 특성(학습자의 학습능력, 연령, 성별, 사회 · 경제적 경험 및 배경 등) 및 태도(자신감, 두려움, 학습동기, 기대심리 등) 등을 분석하는 것이다. 학습자 및 환경 분석은 학습자 설문조사, 학습자 면담, 동료 교수자로부터의 정보, 학생카드 및 전 학년 성적표 등을 통해 분석할 수 있다.

이때 주의할 점은, 분석하는 과정에서 학습자의 심리적 불편함을 주어서는 안 된다는 것이다.

4. 학습목표 설정

학습목표 설정은 해당 교수학습 활동이 끝난 후 학습자가 최종적으로 성취해야 할 바람직한 도달점을 설정하는 것이다. 이것은 포괄적이고 추상적인 교수목적과는 달리 구체적이고 행동중심의 목표를 의미한다.

가장 이상적으로 학습목표를 설정하기 위해서는 학습한 이후 궁극적으로 도달해야 하는 '도착점 행동', 학습자가 그와 같은 행동을 나타낼 수 있는 '상황과 조건', 그리고 그 행동을 평가하기 위한 '평가기준'을 포함하도록 제시해야 한다.

그러나 일반적인 학습목표 설정은 학습자가 '학습해야 할 내용'과 학습

표 VI-13. 잘못된 학습목표 진술

오류의 유형	잘못된 학습목표	올바른 학습목표
교수의 활동을 학습목표로 진술	• 현미경을 통해 미생물을 관찰한다.	• 관찰한 미생물의 특징을 열거할 수 있다.
학습의 결과가 아닌 과정으로 진술	• 빵의 성분에 대해 토의한다.	• 빵의 성분을 설명할 수 있다.
교과목의 내용이나 주요 제목으로 나열	• 버터의 제조공정을 이해한다.	• 버터의 제조공정 과정을 설명할 수 있다.
두 가지 행동목표로 진술	• 달걀의 특성을 이해하고 마요네즈를 만들 수 있다.	• 달걀의 특성을 이용한 마요네즈를 만들 수 있다.

자가 성취해야 할 '도착점 행동'을 관찰 가능한 동사를 사용하여 진술한다.

학습목표를 설정할 때 다음 사항을 유의해야 한다.

① 학습자가 동작의 주체가 되도록 표현해야 한다.

② 행동적으로 관찰 가능한 동사(~ 분류할 수 있다, ~ 표로 나타낼 수 있다, ~ 설명할 수 있다 등)로 표현해야 한다.

③ 하나의 학습목표에 하나의 행동동사만 포함되도록 해야 한다.

④ 도달점 행동의 특성이 무엇이며 어떠한 수준을 요구하는지 주의하여 진술해야 한다.

〈표 VI-13〉은 잘못된 학습목표 진술의 예이다.

5. 평가계획 수립

평가계획 수립은 학습자의 학습목표 도달 여부를 측정하기 위한 계획을 수립하는 것이다. 이것은 학습자의 성취 정도를 파악하고 피드백을 제공하기 위한 것으로 평가기준, 평가내용, 평가방법, 평가시기 및 평가횟수 등을 구체적으로 결정하는 것이다.

이때 주의할 점은, 평가는 잘못을 지적하기 위한 것이기보다 성과를 측정하고 추후 교수학습에 반영하여 학습의 효율성을 높이기 위한 의미에서 접근해야 한다는 것이다. 따라서 결과지향적인 총괄평가뿐 아니라 과정지향적인 형성평가도 매우 중요하다.

6. 교수전략 개발

교수전략 개발은 수업을 전개할 방법과 절차를 개발하는 것이다. 즉 학습목표의 성취를 최대화하기 위한 것으로, 학습자 집단의 구성, 수업방법 및 교수전략 등을 구체적으로 개발하는 것이다. 구체적인 교수전략에는 동기유발 전략, 학습내용 제시 전략, 내용 계열화 전략, 연습, 피드백 등이 있다.

이때 주의할 점은, 교수내용 분석과 학습자 및 환경 분석, 학습목표 등의 특성을 고려하여 학습자의 입장에서 최선의 교수전략 및 수업방법을 선택해야 한다는 것이다.

7. 교수매체 선정 및 개발

교수매체 선정 및 개발은 교수전략에 따라 교수자료를 실제로 개발하거나 선정하는 단계이다. 교수자료는 수업활동에 필요한 모든 자료로 교과서·참고서·실습지침서 등의 인쇄물과, 그림·차트·비디오 등의 시청각 매체, 표본·공작기계 등과 같은 실험실습 자료 등이 있다.

수업교재의 경우 해당 분야의 전문가가 이미 개발한 서적을 활용할 수도 있고, 교수자가 직접 개발하여 활용할 수도 있다.

이때 주의할 점은, 하나의 교재만을 사용할 경우 체계적으로 가르칠 수 있다는 장점이 있으나, 수업내용이 한정되고 틀에 박힌 수업이 될 수 있다는 것이다. 따라서 참고문헌이나 시청각 자료, 유인물 등을 최대한 활용할 필요가 있다.

2절 학습지도안 개발

학습지도안(lesson plan)은 교수설계 과정을 통해 산출된 결과물로서, 수업이 이루어지는 동안 지침서 역할을 한다. 학습지도안은 교수학습지도안, 교수학습과정안, 지도안, 교안 등의 용어로 혼용해서 불리는, 학습내용을 효과적으로 전달하기 위해 진술해 놓은 수업지도 계획서이다.

일부 교수자의 경우 학습지도안을 형식적인 것으로 생각할 수도 있지만, 실제로 교수학습을 성공적으로 전개하기 위해서는 필수적이라 할 수 있다. 특히 초임 교수자의 경우, 학습지도안을 작성함으로써 체계적으로 수업을 구성할 수 있을 뿐 아니라, 수업에 대한 심리적인 불안감을 줄일 수 있다.

1. 학습지도안 양식

학습지도안 양식은 어떤 일정한 규격이나 형태가 정해져 있는 것이 아니라, 교수자 개개인의 교수방법이나 특성에 따라 매우 다양하게 사용될 수 있다. 수업에서 전달할 핵심 내용을 적어 놓은 종이카드 형태에서부터 수업의 상세한 시나리오를 표시한 구체적인 것까지 매우 다양하다. 베테랑 교사의 경우 학습지도안을 작성하지 않고 그동안의 경험에만 의지하여 수업을 진행하는 경우가 있는데, 이 경우 수업이 원하는 목표 성취와는 다르게 엉뚱한 방향으로 흘러가기 쉽고, 전달하고자 했던 사회 · 경제 · 문화적 변화 등을 반영하기 어렵다.

일반적으로 학습지도안의 내용은 구체적이고 체계적으로 제시하는 것이 바람직하다. 즉 그것만 가지고도 누구나 효과적인 수업을 전개할 수 있어야 한다. 학습지도안의 형식은 교수자마다 약간의 차이가 있을 수 있겠지만, 여기에 교과목의 특성, 학습내용, 교재의 종류, 학습주제 및 학습목표, 평가계획 등이 충분히 구체적으로 제시되어야 한다.

2. 학습지도안 작성

학습지도안은 앞서 제시한 교수설계 과정을 적용하여 작성할 수 있다. 학습지도안은 대단원의 개괄적인 학습지도안 작성에서부터 소단원이나 본시 학습지도안 작성에 이르기까지 교수설계 과정을 거쳐 완성된다.

여기서는 농업계 고등학교 '식품과학' 과목의 'III. 식품재료의 종류와 특성 - 1. 식물성 식품재료 - (1) 곡류'의 교수학습을 위한 학습지도안이 작성되는 과정을 통해 학습지도안 작성방법을 제시하였다.

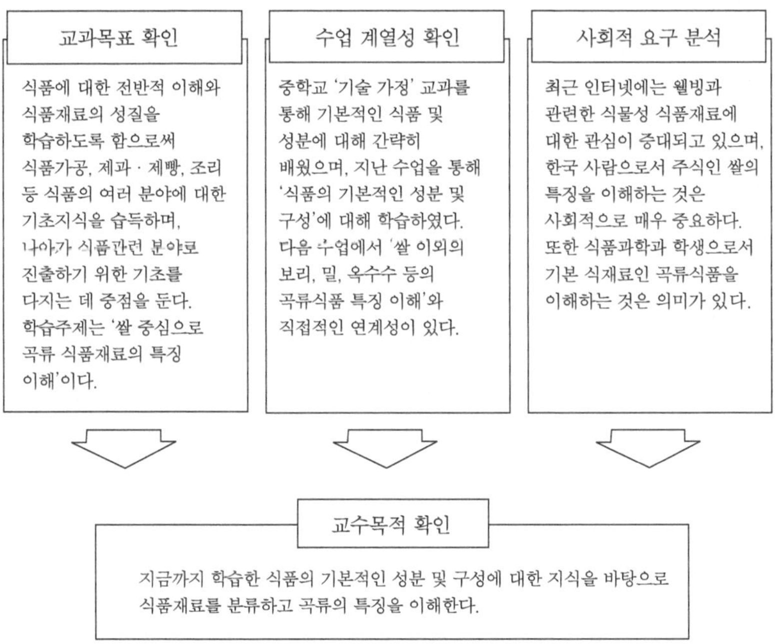

그림 VI-5. 교수목적 확인

가. 교수목적 확인

교수목적 확인은 교과목표 확인, 수업 계열성 확인, 사회적 요구 분석을 통해 이루어진다. 즉 교과목표 확인은 ① 교사용 지도서 등의 '교과 교수목적'과 연간 학습지도계획 해당 주의 '학습주제'를 확인하고, ② 전후 수업주제를 보고 '수업의 계열성'을 확인하며, ③ 주제와 관련한 인터넷 검색 등을 통해 관련된 '사회적 요구'는 무엇이 있는지 확인한다.

나. 교수내용 분석

교수내용 분석은 교수목적을 확인한 후 관련문헌을 참고하여 이루어진다. 이때 주의할 것은, 적절한 난이도의 교수내용을 선정해야 하며, 수업내용 간의 계열성을 고려해야 한다는 것이다.

'곡류 식품재료의 특징 이해' 수업의 교수내용을 선정하기 위해 교재와 여러 문헌을 분석한 결과 다음의 교수내용을 선정할 수 있다.

① 다양한 식품재료의 분류법(동식물 여부, 식품군 등)과 기준

② 곡류 식품의 전반적인 특징과 도정도

③ 쌀의 구조와 성분상의 특징

④ 쌀의 이용 및 저장상의 특징

다. 학습자 및 환경 분석

학습자 및 환경 분석에서는 연간 학습지도계획 및 교사용 지도서 등에서 분석하였던 학습자의 특성을 확인하고, 그 이후의 변화된 사항은 없는지 조사한다. 수업을 통해 간단한 설문조사를 실시하거나, 수강생 면담 등을 통해 미리 특성을 파악할 수 있다.

'곡류 식품재료의 특징 이해' 수업의 학습자 및 환경 분석은 학습자 실태조사를 위한 설문지 및 학생들에 대한 질문을 통해 분석할 수 있다.

구체적인 분석 결과는 다음과 같다.

① 학생들이 기본적인 식품재료의 분류를 이해하고 있다.
② 곡류 식품의 구체적 성분상 특징 및 도정도는 파악하지 못하고 있다.
③ 대부분 학생들이 졸업 후 2년제 혹은 4년제 대학에 진학하기를 원하고 있다.
④ 구체적 실물자료에 적극적인 흥미를 보이고 있다.
⑤ 조리관련 분야로 취업하는 학생이 많아 지속적 교육이 필요하다.

라. 학습목표 설정

교수목적 확인, 교수내용 분석, 학습자 및 환경 분석을 통해 수집된 자료를 바탕으로 구체적으로 설정한다. 학습목표는 최대한 구체적이고 명확하게 작성되고, 학습자의 입장에서 관찰 가능한 형태로 진술해야 한다.

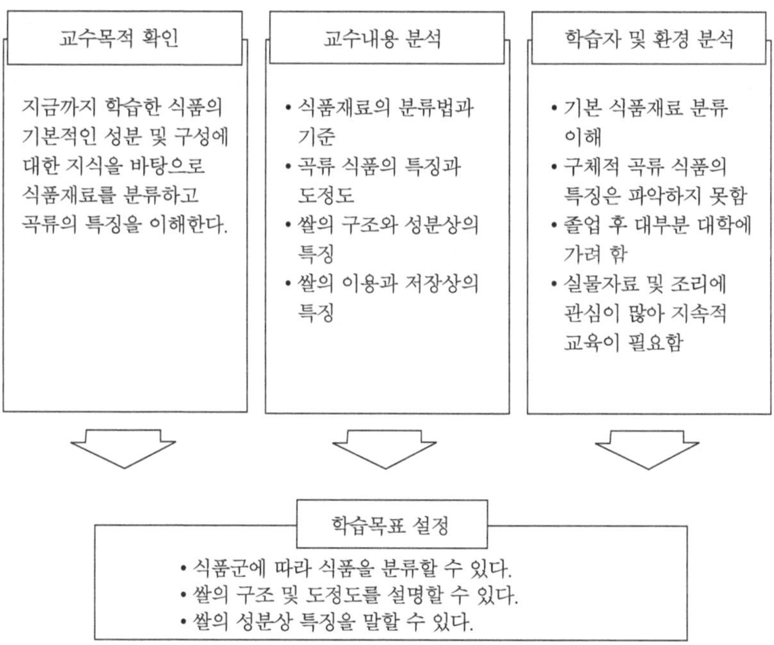

그림 VI-6. 학습목표 설정

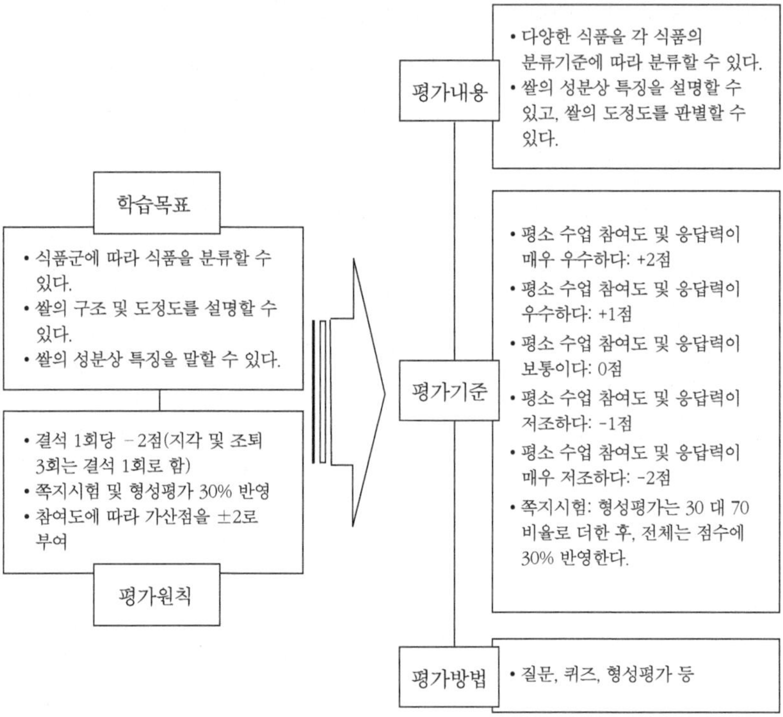

그림 VI-7. 평가계획 수립

마. 평가계획 수립

평가계획은 연간 학습지도계획의 평가원칙과 학습목표를 기반으로 평가내용, 평가횟수, 평가방법 및 평가기준을 구체적으로 설정하여 수립한다.

바. 교수전략 설정

교수전략 설정은 학습목표를 가장 효율적으로 달성할 수 있는 교수방법 및 교수전략을 선택하는 것이다. 학습지도안에서는 단위시간별 교수방법 및 교수전략을 선택하게 된다.

'곡류 식품재료의 특징 이해' 수업은 단원의 도입부로서 일반적인 식품들의 분류와 곡류 식품에 대한 이론적인 부분을 배우는 수업이므로 주로 강의법 위주로 진행한다. 다만, 수업중 질의응답을 통해서 학생들이 수업 내용을 파악하고 있는지 주기적으로 체크해야 하며, 이 수업을 수강한 학생들이 조리 혹은 제과·제빵 실습 과목을 수강할 것을 고려하여 수업을 진행해야 할 것이다.

사. 교수매체 선정 및 개발

교수매체 선정 및 개발은 교수전략과 학습목표에 근거하여 가장 효과적으로 학습을 촉진하는 전달매체를 선정 및 개발하는 것이다. 이것은 수업 내용의 유형에 따라 다양한 매체를 활용할 수 있다.

'곡류 식품재료의 특징 이해' 수업에서는 강의법 수업에 맞는 파워포인트 강의자료를 준비하고, 칠판의 판서를 이용한다. 그리고 수업에서 학생들의 흥미를 유도하고 집중력을 향상하기 위해 도정미 샘플을 제작하여 수업에서 보여줄 수 있도록 한다.

또한 학생들에게 좀더 추가적인 내용을 전달하기 위해 참고자료 유인물을 준비할 수 있다.

3. 학습지도안 예시

〈표 VI-14〉의 학습지도안 예시는 주로 농업계 고등학교 식품가공과 1학년 학생들이 수강하고 있는 '식품과학' 과목의 학습지도안이다. 수업의 일반적인 절차에 따라 학습을 위한 준비 단계인 '도입', 학습활동을 통한 획득 및 수행 단계인 '전개', 학습의 정리 및 재생과 전이 단계인 '마무리' 과정을 거쳐 진행된다.

학습내용이 이론 및 개념의 전달이므로 강의법을 사용하였으며, 개념획득 모형을 적용하였다. 수업시간은 고등학교의 50분 수업 기준이다.

표 VI-14. 학습지도안 예시

<table>
<tr><th colspan="7">학습지도안</th></tr>
<tr><td rowspan="2">단원</td><td colspan="4" rowspan="2">III. 식품재료의 종류와 특성
1. 식물성 식품재료
(1) 곡류</td><td>차시</td><td>9/12</td></tr>
<tr><td>담당</td><td>○○○</td></tr>
<tr><td>학습 목표</td><td colspan="6">1. 식품군에 따라 식품을 분류할 수 있다.
2. 쌀의 구조 및 도정도를 설명할 수 있다.
3. 쌀의 성분상 특징을 말할 수 있다.</td></tr>
<tr><td>학습 대상</td><td colspan="3">1학년 식품기공과 35명</td><td colspan="2">학습장소</td><td>1학년 식품가공과 교실</td></tr>
<tr><td>학습 시간</td><td colspan="3">50분</td><td colspan="2">수업방법</td><td>강의식(개념획득 모형)</td></tr>
<tr><td>수업 자료</td><td>교사</td><td>도정미 샘플, 유인물, ppt, 형성평가</td><td>학생</td><td colspan="3">교과서, 노트, 필기구</td></tr>
<tr><td colspan="2" rowspan="2">교수-학습 단계</td><td colspan="2">교수-학습활동</td><td rowspan="2">시간(분)</td><td rowspan="2">자료</td><td rowspan="2">유의점</td></tr>
<tr><td>교사</td><td>학생</td></tr>
<tr><td>도입</td><td>흥미 유발</td><td>• 인사 및 출석 확인(인원)
• 전시학습 내용을 PPT와 구두설명을 통해 간단히 정리
• 단원 제목 및 학습목표 판서
• 실생활에 밀접한 쌀에 대한 여담을 통해 흥미 유발</td><td>• 출석 체크 동안 자세 바르게
• PPT 화면을 보며 전시학습의 내용 정리
• 다 같이 학습목표를 따라 읽으며 수업목표 숙지
• 설명을 듣고 수업에 대한 기대감을 갖고 수업에 참여</td><td>5</td><td>출석부, PPT, 칠판</td><td>바른 자세로 임하며, 설명이 길어지지 않도록 함.
판서는 잘 보이도록 하며, 동기 유발시 적절히 질문법을 사용함.</td></tr>
<tr><td>전개</td><td>자료 제시 및 개념 규명</td><td>• 동 · 식물 여부에 따라, 생산장소에 따라, 식품군에 따라 식품재료의 분류방법 소개
• 곡류 식품의 종류 나열
• 곡류 중에서 벼의 구조를 그리고 구성 및 특징 설명
• 쌀이 주식으로 쓰이는 것뿐 아니라 여러 가지 식품에 쓰이는 것을 문답법을 통해 제시
• 쌀의 저장조건 설명</td><td>• 분류방법의 다양성을 알고 기준 숙지
• 식사구성안의 식품군에 따른 분류 다섯 가지 숙지
• 곡류 식품의 종류 기억
• 벼의 구조를 순서대로 숙지
• 적극적으로 질의응답에 임하며, 쌀로 만든 여러 가지 식품 기억
• 저장에 필요한 조건 숙지</td><td>14</td><td>칠판, PPT</td><td>판서의 경우 뒤에 있는 학생까지 보이도록 고려함.
질의응답은 학생의 수업 참여도를 고려함.</td></tr>
</table>

표 VI-14. 이어서

교수-학습 단계		교수-학습활동		시간(분)	자료	유의점
		교사	학생			
전개	획득된 개념 검증		• 도정도의 개념을 알고, 눈으로 확인하며, 특징을 파악할 수 있도록 함. • 쌀의 성분 및 조성상 특징을 이해하고 필기함(유인물).			
	사고 전략의 분석	• 식사구성안의 다섯 가지 식품군에 따라 식품재료를 분류할 수 있는지 간단한 질의응답을 통해 확인 • 곡류 식품 중 쌀의 영양성분 및 구조를 분석하여 식품 산업에 적용할 수 있는 사례 토의	• 식품재료를 다섯 가지 식품군에 따라 분류하여 최초 들었던 개념을 이해하도록 함. • 수업 초반에 학습한 쌀의 구조 및 영양성분을 통해 이용할 수 있는 산업분야와 연계시켜 보고 그 특징을 활발히 토의	10	칠판, PPT	수업 전개 초반의 개념을 회상하며 활발한 토의활동에 참여함.
마무리	학습 내용 정리 및 형성 평가	• 오늘 수업의 내용을 간략히 정리하며 중점 사항을 강조하여 말함. • PPT 자료 이용 형성평가	• 배운 내용을 머릿속에 그리며 중요 사항 복습 • 형성평가문제 풀기	7	PPT, 쪽지 시험	중점 체크하며 인상적으로 정리함. 적절한 난이도로 시간을 지키도록 함.
	숙제 및 차시 예고, 정리 및 인사	• 도정률 · 도감률의 개념을 묻는 과제 제시 • 차시 예고 간단히 소개 • 마무리하고 인사	• 과제를 필기할 수 있도록 함. • 예습을 할 수 있도록 함.	3	설명	제시간에 마무리하도록 함.

3절 수업기술

수업기술이란 효과적인 수업진행을 위해 필요한 방법이나 기법을 의미한다. 실제 교수학습 과정은 여러 가지 다양한 내·외부 환경요인에 영향을 받는다. 어느 환경에도 상관 없이 효과적인 수업을 진행하기 위해서는 다양한 수업기술을 숙지할 필요가 있다. 이와 같은 수업기술을 적절하게 활용함으로써 학습자의 몰입을 유도하고 수업의 효과를 극대화할 수 있다.

1. 신뢰감을 형성하는 기술

교수자와 학습자 간의 신뢰감은 학습의욕과 학습에 대한 참여율을 높여준다. 수업은 교수자가 학습자에게 일방적으로 학습내용을 전달하는 과정이 아니라, 학습자와 교수자 간의 상호관계이다. 따라서 교수자는 학습내용을 전달하는 것 못지않게 학습자와의 신뢰감을 형성하는 것이 중요하다. 신뢰감이 형성되어 있는 경우에는 학습자가 학습내용을 제대로 이해하고 있는지, 선호하는 학습내용 및 방법은 무엇인지, 강의에 대한 만족도는 어떠한지 등을 즉시 피드백 받을 수 있으며, 이를 통해 수업을 적극적으로 개선해 가는 데 도움을 줄 수 있다.

교수자는 신뢰감을 형성하고 지속적으로 유지하려는 노력이 필요하다. 왜냐하면 신뢰감은 교수자의 말 한마디에도 쉽게 무너질 수 있기 때문이다.

신뢰감을 형성하기 위한 전략은 다음과 같다.

① 학습자들과 자기소개 기회를 갖는다.

② 학생들을 이해하려고 노력하고 열의를 보인다.

③ 평가에 있어 공정함을 보인다.

④ 학생들을 하나의 인격체로 대한다.

⑤ 학습의 결과보다는 과정을 중시한다.

⑥ 학습자가 적극적으로 참여할 수 있는 여건을 조성한다.
⑦ 학생의 이름을 외워서 호명하도록 한다.
⑧ 학습자가 건의할 수 있는 창구를 마련한다.

2. 학습자의 동기유발 기술

학습동기를 높이는 것은 학습에 대한 의욕을 높여줌으로써 학습을 촉진한다. 이것은 학습해야 할 것을 모르거나, 학습내용이 지루하다고 느낄 때, 학습에 대한 자신감이 부족할 때, 성취에 대한 포부 수준이 낮을 때, 선행학습이 부족하여 학습에 대한 흥미가 낮을 때 유용한 방법이다.

학습동기를 촉진시키기 위한 전략은 다음과 같다.

① 학습내용에 학습자의 흥미와 주의를 집중시킨다.
② 학습내용을 학습자의 필요나 가치와 연결하여 집중을 지속시킨다.
③ 배운 것을 실제 활용할 수 있다는 자신감과 긍정적 기대를 갖게 한다.
④ 노력에 대한 보상을 통해 성취감 및 만족감을 느끼게 해준다.

3. 적절하게 설명하는 기술

학습내용을 적절하게 설명하면 더 효과적으로 전달할 수가 있다. 교수자는 자신의 전공지식을 알고 있는 것에 그치는 것이 아니라, 학습자에게 효과적으로 전달해야 한다. 교수자의 입장에서 논리적이고 전문적으로 설명한다 하더라도 그것이 학습자에게 제대로 전달되지 않는다면 바람직한 수업이라고 말할 수 없다. 이를 위해서는 학습자의 입장에서 수업내용을 전달하도록 해야 한다.

학습내용을 적절하게 설명하면 학습자가 쉽게 받아들일 수 있기 때문에 더 효과적인 수업이 될 수 있다.

학습내용을 적절하게 설명하기 위한 전략은 다음과 같다.

① 교수자가 학습내용에 대한 전문성과 자신감을 보인다.

② 학습의 계열성을 고려하여 설명한다.

③ 설명하는 속도를 적절히 조절한다.

④ 목소리 크기나 톤에 변화를 준다.

4. 효과적으로 판서하는 기술

판서를 효과적으로 활용하면 수업 집중력을 높여 주고 학습 몰입을 촉진할 수 있다. 과거에 비해 시청각 기자재가 많이 개발됨에 따라 판서를 하는 경우가 많이 줄었으나, 칠판은 여전히 학습내용의 전달을 위한 가장 중요한 수업도구 중 하나이다.

그러나 수업의 대부분을 판서하는 데 보내거나, 두서없는 판서, 교수자 자신만이 알아볼 수 있는 필체의 판서 등은 판서의 효과를 낮춘다. 따라서 판서를 체계적으로 활용하고 시기적절하게 사용해야 한다.

효과적인 판서를 위한 전략은 다음과 같다.

① 판서를 위해 미리 체계적인 계획을 세운다.

② 분필의 색을 고려하여 판서한다.

③ 글자의 크기와 그림 크기 등을 고려한다.

④ 시선을 칠판이 아닌 학생에들에게 두도록 한다.

⑤ 학생들의 시야를 고려하여 판서한다.

⑥ 긴 설명문이나 복잡한 그림은 미리 준비하도록 한다.

5. 시연을 보이는 기술

시연은 학습자에게 흥미를 유발시키고, 기능이나 기술을 전달하는 데 유용한 방법이다. 학습내용에 따라 여러 번 설명하는 것보다 한 번 시연을 보이는 것이 더 효과가 있는 경우가 있다. 특히 학생들에게 생소한 내용일수록 시범을 보이는 것이 더욱 효과적이다.

그러나 시연은 대규모 인원을 대상으로 하기에는 부적당하며, 효과적으로 전달하지 못하면 오히려 역효과가 나기도 한다. 따라서 시연을 보이는 기술을 제대로 아는 것이 중요하다.

시연 준비와 시연 단계에서 효과적인 시연 전략은 다음과 같다.

가. 시연 준비

① 학습목표를 확인한다.

② 시연에 필요한 도구 및 재료를 준비한다.

나. 시연 단계

① 시연에 관한 설명을 한다.

② 단계별 여유를 두고 시연을 진행한다.

③ 질의응답을 통해 학습자와 적절한 상호작용을 유도한다.

④ 학생들의 시야를 고려하여 모든 학습자가 볼 수 있도록 한다.

⑤ 시연의 실시 후에는 학습자가 직접 연습할 수 있는 기회를 준다.

6. 적절하게 질문하는 기술

질문을 하는 것은 학습자의 수업이해 정도를 확인하거나 학습자와 상호작용을 촉진하기 위해서 매우 중요하다.

질문은 수업의 흐름에 따라 다양한 목적으로 사용될 수 있다. 도입 단계에서 실시하는 질문은 학습자의 선행학습 수준을 파악하거나 동기를 유발하게 하고, 전개 단계에서는 학습자의 학습성과를 확인하거나 즉각적인 피드백을 제공해 준다. 그리고 마무리 단계에서는 수업내용을 요약하고 미진한 부분을 보충 지도해 줄 수 있다.

효과적인 질문을 위해서는 적절한 질문을 준비하는 것이 중요하다. 질문을 준비할 때는 학습목표를 고려하여 질문의 유형과 수준을 결정해야 한다. 질문은 학습목표의 행동영역, 즉 인지적 영역, 정의적 영역, 심리운동적 영역별 수준에 따라 적절하게 제시해야 한다.

한편, 좋은 질문은 다음과 같은 특성을 가지고 있다.

① 흥미 있고, 사고를 자극하며, 수업내용과 관련이 있다.

② 때와 상황에 적당하다.

③ 임의로 추측해서 답할 수 있는 것보다 깊은 생각을 요구한다.

④ 질문 속에 답을 암시하지 않는다.

⑤ 하나의 질문에는 하나의 관념만을 포함한다.

⑥ 어려운 용어보다는 학습자에게 친근한 용어를 사용한다.

또한 질문기술에 있어서 중요한 것은, 질문에 대한 응답을 받는 요령이다. 좋은 질문은 학습자가 깊이 생각하고 정확하게 답할 수 있도록 유도할 수 있어야 한다.

효과적인 질의응답을 위해서는 다음 사항을 유의해야 한다.

① 답변을 논리적으로 할 수 있도록 충분한 시간을 준다.

② 질문시 학습자의 마음이 상하지 않도록 주의한다.

③ 정확한 대답이 나왔을 경우, 인정이나 칭찬의 반응을 보이며 확답한다.

④ 부분적으로 정확한 대답이 나왔을 경우, 정확한 부분에 대해서는 자신감을 주고, 부정확한 부분은 다른 학습자를 통해 고쳐 준다.

⑤ 틀린 대답이 나왔을 경우, 무비판적인 반응을 보이며 다시 기회를 주거나 다른 학습자에게 기회를 준다.

7. 학습을 강화하는 기술

학습강화는 학생들에게 바람직한 행위가 일어났을 때 그것을 촉진하고, 바람직하지 않은 행위가 일어났을 때 그것을 억제하는 활동을 말한다. 전자를 '긍정적 강화', 후자를 '부정적 강화'라고 한다.

일반적으로 강화는 부정적인 강화보다는 긍정적인 강화를 하는 것이 교육적으로 바람직하다. 그러나 긍정적인 강화만으로는 바람직한 방향으로 유도하기 어려운 경우가 있으므로, 상황에 따라 긍정적 강화와 부정적 강화의 균형을 이룰 필요가 있다.

또한 학습강화는 행위가 일어난 후에 즉시 제공하는 것이 가장 효과가 있으므로, 신속한 강화를 통한 수업촉진이 필요하다.

상황에 따른 긍정적 강화와 부정적 강화의 전략은 〈표 VI-15〉와 같다.

표 VI-15. 상황에 따른 긍정적 강화와 부정적 강화

구분	상 황	강화전략
긍정적 강화	설명 중	• 학생을 바라본다. • 학생에게 미소를 보낸다. • 학생의 긍정적인 면을 부각하여 언급한다.
	질의응답 시	• 응답하는 동안 고개를 끄덕이거나 만족스런 표정을 짓는다. • 틀린 답변도 주저하지 않도록 격려한다. • 좋은 답변시 바로 칭찬이나 행동을 보여준다.
	성과가 우수한 경우	• 다른 학습자들 앞에서 소개한다. • 작품의 경우 전시하거나 전체에게 알린다. • 교수자의 도우미로 활용하여 타 학습자를 돕도록 한다.
부정적 강화	수업 중 떠드는 경우	• 고개를 젓거나 얼굴을 찌푸린다. • 수업중 응시하거나 수업 후 남도록 한다. • 성적에 반영하도록 한다. • 학생 주변을 자주 돌아다녀 무언의 주의를 준다.
	수업 중 조는 경우	• 질문을 적절히 사용하여 졸지 않도록 한다. • 따로 면담을 통해 졸지 않도록 주의를 준다. • 수업중 실습이나 연습문제 등을 수행하도록 한다.

8. 지각 및 결석을 줄이는 기술

지각이나 결석이 많으면 교수자의 의욕을 감소시키고, 학생 개인에게도 불이익이 된다. 나아가 다른 학생들에게 좋지 않은 분위기를 확산시킬 우려도 있다. 지각 및 결석을 줄이는 것은 학습자에게 시간의 중요성과 근면한 자세를 가르치는 데 도움이 된다. 따라서 지각 및 결석을 줄이기 위한 구체적인 기술이 필요하다.

지각이나 결석을 줄이기 위한 구체적인 전략은 다음과 같다.

① 교수자 자신이 모범을 보인다.

② 출석의 중요성을 강조하고 출석을 점검한다.

③ 출석률이 높으면 이익이 되는 환경을 제공한다.

④ 적극적 참여를 통해 수업에 흥미를 갖도록 한다.

9. 학습자의 문제행동을 다루는 기술

학습자의 문제행동은 수업에 집중하지 못하고 오히려 수업을 방해하는 행동을 말한다. 이것은 교수자뿐 아니라 학습자의 의욕을 저하시키고 수업 전체를 방해하게 된다. 따라서 문제행동을 효과적으로 다루고 적절히 대처하는 것이 필요하다.

수업 중 문제행동을 예방하거나 발생한 행동에 대처하기 위한 전략으로는 다음과 같은 것이 있다.

① 첫 수업에서 수업의 규칙을 분명히 밝힌다.

② 수업내용의 중요성을 강조한다.

③ 난이도를 고려하여 지루하지 않도록 한다.

④ 잡담하는 학생을 똑바로 쳐다본다.

⑤ 잡담내용을 조용히 듣는다.

⑥ 엎드려 자는 경우는 직접적으로 주의를 준다.

⑦ 감정적으로 대처하지 않도록 한다.

⑧ 지나치게 문제행동을 할 경우 퇴실시킨다.

4 특수집단 지도법

특수집단 지도법이란, 농업교육에 있어 일반적인 학습자와 다른 특성을 지니고 있는 학습자 집단을 대상으로 효과적인 학습이 이루어질 수 있도록 지도하는 접근법을 의미한다.

농업교육의 대상이 되는 학습자는 매우 다양한 특성을 가지고 있다. 이 중에는 학교의 일반적인 학습자에 비해 학업성취도가 떨어지는 학습부진학생이 있으며, 신체적인 특성이나 학습능력이 비정상적인 장애학생, 그리고 농업관련 업종에 종사하고 있는 성인들이 농업교육의 대상이 될 수 있다. 따라서 학습부진학생, 장애학생, 성인 학습자가 가지고 있는 독특한 특성을 반영하여 지도할 수 있어야 한다.

1절 학습부진학생 지도

1. 학습부진학생의 특성

농업계 고등학교 학생들은 일반적으로 일반계 고등학교 학생들과 비교해서 학업성취도가 낮은 수준이라고 할 수 있다. 더욱이 농업계 고등학교에서의 일반학생보다 학업성취도가 떨어지는 학습부진학생에게는 이들에게 적합한 교수학습 방식을 신중하게 도입해야 한다.

학습부진학생들은 교사가 제시하는 단서에 우수한 학생들처럼 기민하게 반응하지 못할 뿐만 아니라, 스스로 의미를 구성해 나갈 기본 지식과 기능이 부족하다고 할 수 있다.

이 외에도 학습부진학생의 특성은 다음과 같다.

① 기억력이 낮음

② 조작능력 결핍

③ 학습방법 미숙

④ 학습 지구력 부족

⑤ 기초계산능력 부족

⑥ 느린 학습속도

⑦ 학습동기와 흥미 부족

⑧ 주의집중력 및 학습태도 미흡

학습부진학생의 효과적인 학습을 위해서는 교수학습 방법이나 교수설계의 단계에서 이러한 특성을 반영할 필요가 있다.

일부 교수자들의 경우, 이러한 노력을 기울이지 않은 채 방치하거나 학습자의 능력 부족을 탓하는 경우도 있다. 하지만 교수자의 입장에서 중요한 것은, 학습자의 학습능력 수준이 낮은 것이 아니라, 학습자의 부족한 부분을 어떻게 향상시킬 것인가에 초점을 맞추는 것이다.

2. 학습부진학생의 지도방법

학습부진학생은 일반학생과 비교하여 기본적인 인지능력이나 행동, 정서가 다르기 때문에, 설명 위주의 수업으로 원리나 내용을 깨닫도록 하기보다는 직접적인 선 체험, 후 개념 및 원리를 이해하도록 가르치는 것이 바람직하다. 또한 대부분의 학습부진학생의 경우, 스스로 학습능력이나 학습

방법을 개선할 수 없기 때문에, 수업 중 또는 수업 외 시간에 특별한 지도가 필요하다.

가. 수업 중 지도

일반적으로 수업의 내용은 중간 수준의 학생에 맞추어져 있다. 그러므로 학습이 우수한 학생이나 학습이 부진한 학생들은 수업에서 소외되는 경향이 있다. 심지어 학습부진학생들이 어쩔 수 없이 학습에서 배제되는 것을 당연하게 생각하는 경향도 있다. 물론, 학습부진학생 모두를 고려한 수업을 진행하기는 힘들지만, 학습부진학생을 지도할 때에는 다음과 같은 사항들을 특히 더 고려하여 수업을 진행해야 한다.

① 학습목표를 구체적으로 제시한다.
② 학습부진학생의 수준에 맞고 학습의 흥미를 느낄 수 있도록 학습내용을 재구성한다.
③ 쉬운 내용부터 시작해서 점점 수준을 높여 나간다.
④ 교육내용을 이해하기 쉽도록 표나 그림 등을 자주 이용한다.
⑤ 학습에 필요한 시간을 충분히 제공한다.
⑥ 학생들이 취약한 부분을 자세히 다룬다.
⑦ 기회가 있을 때마다 관련된 기초개념이나 이론에 대해 추가적인 설명을 한다.
⑧ 함께 배우는 학생 중에 학습 도우미를 선발하여 학습부진학생의 학습을 돕도록 한다.
⑨ 학생들 간 서로를 격려하고 강화하는 분위기를 조성한다.
⑩ 학습부진학생의 발전에 대해 적절한 보상을 줌으로써 학습부진학생의 학습의욕을 고취시킨다.

나. 수업 외 지도

학습부진학생은 수업 외적인 측면에서도 다양한 지도방법을 활용할 필요가 있으며, 이러한 수업 외적인 측면으로는 다음과 같은 방법이 있다.

① 학습부진학생을 위한 상담: 상담을 통해 부진한 학습부분과 학생들이 이용할 수 있는 상담시설을 알려준다. 대부분의 학생들은 이용할 수 있는 상담기관이나 시설을 잘 알지 못하기 때문에, 학교 이외의 지역사회에서도 상담이 가능한 것을 알려주고, 학생들이 필요에 따라 적절한 상담을 받을 수 있도록 도와준다.

② 역할모델 제공: 학습부진학생에게 학습에 대한 동기를 부여해 줄 수 있는 역할모델로서의 조언자나 필요한 사람을 연결시켜 준다. 이러한 역할모델은 학생들로 하여금 최고의 능력을 발휘하여 공부할 수 있도록 동기를 부여한다.

③ 학습방법 교수: 기억법, 노트필기법, 수업시간에 집중하는 법, 시험요령 등 기본적인 학습방법을 가르친다.

④ 보충학습: 학습부진학생을 대상으로 보충학습을 지도한다. 보충학습을 통해 본 수업을 제대로 이해할 수 있도록 지도해야 한다. 또한 친구들과의 소집단을 구성하여 학습할 수 있도록 한다.

⑤ 성취 가능한 목표 설정: 학습부진학생에게 현실적인 기대수준을 설정하도록 한다. 학습부진학생에게 성취 가능한 현실적인 목표를 설정하게 함으로써 성공을 경험할 수 있도록 이끌며, 더불어 충족될 수 없는 완벽에 대한 욕구를 저지하고 적절한 기대를 통해 완벽주의에 집착하지 않도록 하는 것이 바람직하다.

2절 장애학생 지도

1. 장애학생의 특성

모든 학생은 신체적인 특성이나 학습능력이 각자 서로 다르다. 그 차이가 크지 않은 경우 일반교육 프로그램으로부터 혜택을 받을 수 있으나, 신체적인 특성이나 학습능력이 규준과 크게 달라서 개별화된 특수교육이 필요한 학생을 장애학생이라고 한다. 장애학생이란 학습장애아, 정서장애아, 지체부자유아, 감각장애아 등을 포함하는 포괄적인 용어이다.

한편, 장애란 특정 신체기관이 상실되었거나 기능이 저하된 것을 의미하며, 손상이라는 용어로 혼용되고 있다. 다시 말해, 장애는 어떤 과제(보기, 읽기, 걷기 등)를 대부분의 사람들이 하는 방식으로 수행하는 능력이 제한된 것을 말한다. 따라서 장애학생은 특수교육이 필요가 명백한 신체특성과 학습 및 행동양성을 보인다. 장애학생은 지적장애아, 학습장애아, 정서 및 행동장애아, 의사소통장애아, 청각장애아, 시각장애아, 지체장애아, 중도장애아로 분류되고 있으나, 모든 학생은 각각 개인적인 특성을 가지고 있어서 동일한 장애범주로 분류된 경우에도 서로 다르기 때문에, 일반학생과 전혀 다른 범주의 집단으로 간주해서는 안 된다.

2. 장애학생의 지도방법

최근 농업계 고등학교에서는 일반학생과 장애학생을 한 학급에서 함께 교육하는 경우가 있다. 이러한 통합교육의 교육적 의도는 장애학생과 일반학생이 함께 공부하고 생활하면서 자연스러운 사회적 관계를 맺을 수 있도록 하는 데 있다. 즉 통합교육은 장애가 있거나 혹은 없는 모든 학생들이 같은 교육장소에서 공통된 교육활동에 참여하고 상호교류를 통해 서로 다른 지식이나 인식의 경험을 창출하고 나눌 수 있는 데 그 목적이 있다고 할 수 있다.

그러나 실제로 통합학급을 운영 중인 농업계 고등학교를 살펴보면, 특수교사를 제외한 통합학급 교사, 교과담당 교사 등의 장애학생에 대한 이해 부족으로 제대로 된 교육이 이루어지지 못하고 있는 경우를 종종 볼 수 있다.

농업계 고등학교에서의 장애학생 교육은 어느 한 주체가 일방적으로 교육을 해서는 성립되지 않으며, 통합학급 교사, 특수학급 교사, 각 교과담당 교사, 일반학생과 장애학생, 장애학생 부모와의 상호작용과 이해, 배려를 통해 교육이 이루어져야만 소기의 성과를 거둘 수 있다.

농업계 고등학교에서 장애학생을 지도하기 위해서는, 먼저 장애학생과 일반학생이 공통적으로 경험할 수 있는 협력적인 교수학습이 이루어져야 한다. 즉 통합교육의 교수학습 상황을 구체적으로 다루기 위해서는 다음과 같은 원리들이 전제가 되어야 한다.

① 일반교사, 특수교사가 팀을 구성하여 '하나의 교육'을 이끌어 나가는 협력교수 체제를 조성해야 한다.

② 학생 중 어느 누구도 분리되거나 제외됨 없이 개별화된 교육적 요구가 고려되어야 한다.

③ 장애학생의 학습과 삶의 현장이 협력적이고 상호 의사소통이 가능한 상황에서 언제나 새롭게 일어나야 한다.

④ 학생들 자신의 삶을 실현할 수 있도록 하고, 적절한 교육내용을 가지고 개개인의 주관적인 도움이 고려되는 속에서 학습이 이루어져야 한다.

⑤ 장애학생과 일반학생이 함께 활동할 수 있는 공통의 교육과정과, 장애학생의 장애 종류와 정도를 고려한 교육과정의 내용 조절, 다양한 교수학습의 조절이 요구된다.

따라서 농업계 고등학교에서 장애학생을 지도하기 위해서는, 먼저 장애학생과 일반학생이 공통적으로 경험할 수 있는 협력적인 교수학습이 이루어져야 한다.

앞에서 제시한 원리를 바탕으로 농업계 고등학교에서 장애학생의 지도 방법을 살펴보면 다음과 같다.

① 학급 구성원으로서 자리매김할 수 있도록 여건을 조성한다.

새로운 환경에 놓인 장애학생이 일반학생과 함께 생활하기 위해서는 먼저 학급 구성원으로서 적응할 수 있도록 여건을 조성하는 것이 필요하다. 이를 위해서는 먼저 장애학생의 모델링이 될 수 있는 학생과 같이 앉도록 하거나, 학급 이탈을 하지 않는 경우 일반학생과 차별 없이 자유롭게 앉을 수 있도록 한다. 이탈하거나 착석이 어려운 경우에는 창가 쪽 첫째 줄이나 둘째 줄에 앉혀 마음대로 움직일 수 없도록 자리를 배정해 준다.

② 학급에서의 역할을 지정한다.

학급에서 주어지는 1인 1역은 학습 구성원으로서 소속감을 갖게 하는 좋은 방법이다. 따라서 장애학생에게 학급에서 규칙적이며 지속적으로 지켜야 할 일들 가운데 가능한 일을 부여하여 그 역할의 수행을 통해 소속감과 성취감을 느낄 수 있도록 해야 한다. 교사는 처음 장애학생을 지도할 때 장애학생의 잦은 실수 때문에 문제만 일으키는 것으로 느낄 수 있으나, 반복 지도하면 끝까지 자신의 몫을 충실히 수행할 수 있다는 것을 유념해야 한다.

③ 학급 규칙을 준수할 수 있도록 강조한다.

장애학생에게도 학급 규칙은 일반학생과 똑같이 지켜야 한다는 것을 알려 주고 일관성 있게 적용해야 한다. 또한 교사와 지켜야 할 약속도 협의하여 규칙을 숙지할 수 있도록 충분한 시간을 제공한다. 이때 학급 규칙은 간단명료하고, 장애학생을 비롯한 모든 학생이 그 행동에 따른 결과를 분명히 알 수 있도록 해야 한다. 학급 규칙은 일관된 태도로 적용하되 점진적으로 접근해야 한다.

④ 장애학생의 학교생활 적응 및 학습을 위한 도우미 학생을 지정한다.

30~40명이 되는 학급에서 장애학생이 일반학생과 함께 생활하기 위해서는 장애학생을 위한 도우미 학생을 지정하는 것이 바람직하다. 이는 장애학생의 성공적인 학교생활을 도울 뿐만 아니라, 일반학생이 장애학생에 대한 인식을 새롭게 할 수 있는 긍정적인 효과도 있다. 즉 일반학생에게 도우미 활동을 통해 장애학생과 어울려 생활하는 방법과 돕는 방법, 그리고 서로 다른 사람에 대한 배려와 다양한 사회적 활동 등 자연스러운 인성교육이 가능하다고 할 수 있다.

3절 성인 농업인 지도

1. 성인 농업인의 특성

농업인을 대상으로 한 농업교육을 실시할 때에는 사전에 그 대상인 농업인에 대한 이해가 필수적으로 선행되어야 한다. 다시 말해서, 농업인을 비롯한 성인들은 청소년들과 같이 학습할 능력이 있는 것은 사실이나, 청소년들과는 다른 교육적 특징을 가지고 있기 때문에, 교수자들은 성인으로서의 농업인에 대한 이해를 바탕으로 교육해야 한다.

성인 농업인의 특성을 살펴보면 다음과 같다.

① 성인 농업인은 많은 생활의 경험을 가지고 있기 때문에, 이러한 경험들은 그들의 관심영역을 넓히고, 이성과 판단력을 강화시키고, 문제해결자로서의 능력을 배양시킨다.

② 성인 농업인은 직업적 성취나 개인적 성취 또는 자아실현 욕구가 강하기 때문에 학습에 동기화가 많이 되어 있다. 또한 농업인은 활동지향적이고, 직접적인 유용성이 있는 내용에 더 많은 관심을 가지며,

이에 따라 그들이 배운 것에 대한 직접적인 적용을 바란다.

③ 성인 농업인은 시간적 제약 속에서 많은 역할과 책임을 수행해야 한다. 그러므로 교수자는 이러한 성인 농업인의 제한된 시간과 다양한 지위와 역할에 대해 관심을 기울여야 한다.

④ 성인 농업인은 대부분 오랜 기간 학습과는 유리된 생활을 해왔기 때문에 수업에 불안감을 보인다. 또한 이러한 선입관 때문에 새로운 학습을 어렵게 할 때도 있다. 그렇지만 대부분의 농업인은 건강이 허락하고 동기화만 되어 있다면 학습하려고 할 것이다.

⑤ 성인 농업인들의 개인차는 학생들의 개인차보다 그 정도가 심하다. 그러므로 이런 개인차를 고려한 교육이 필요하다.

⑥ 성인 농업인은 농업생산에 실질적으로 도움이 되는 마케팅 능력 및 경영능력, 주요 기술 및 신기술 습득에 대한 교육요구가 높기 때문에 교육내용을 선정할 때에는 이를 고려해야 한다.

⑦ 성인 농업인은 강의와 같은 교육방법보다는 실제로 느끼고 경험해 볼 수 있는 견학이나 실험실습식 수업을 선호하므로, 농업인을 가르칠 때에는 강의의 비중보다는 실제로 체험해 볼 수 있는 수업방법을 고려해야 한다.

2. 성인 농업인의 지도방법

성인 농업인은 청소년과는 분명히 다른 특성을 보이고 있기 때문에, 교수자들은 이러한 농업인의 특성을 충분히 고려하여 교육해야 한다. 또한 성인 농업인을 대상으로 한 교육은 보통 일반성인을 대상으로 한 교육과는 차이가 있기 때문에, 교수자들은 이러한 차이 또한 고려하여 교육을 해야 한다.

일반적으로 성인농업인을 대상으로 한 교육은 다음과 같은 특징을 나타낸다.

① 교육목표가 실천성이 강조되는 농업인의 행동변화에 역점을 둔다.

② 교육내용은 특수한 장기교육을 제외하고 당면한 과제의 해결과 새로운 기술이나 정보 등 실용도가 높은 내용이 강조된다.

③ 남녀노소, 기술수준과 요구의 차이 등 교육대상자의 사회·경제적 특성이 다양하다.

④ 교육대상자의 다양성, 교육내용의 전문성과 실용성, 농업의 취약성 등으로 인하여 농업인을 가르치는 교수자는 높은 수준의 전문소양이 요구된다.

⑤ 성인 농업인의 참여를 높이고 구체적인 경험을 획득시키기 위한 실증적 교육을 중요시한다.

⑥ 성인농업인의 영농 형편상 장기출타가 요구되는 집합교육은 어렵기 때문에 단기 핵심기술 교육 및 수시 영농단계별 현장교육이 이루어진다.

위에서 언급한 것과 같이 교수자는 성인 농업인의 특성과 농업인 교육의 특성을 고려하여 성인 농업인을 교육해야 한다.

성인 농업인을 위한 교육방법에 대해 살펴보면 다음과 같다.

① 실용적 학습내용을 중심으로 교육한다.

성인 농업인들은 그들의 일상생활이나 직업에 관련된 문제와 필요를 중심으로 한 학습내용을 간결하고 요령 있게, 실제에 적응하기 쉽게 구성하여 지도해야 한다. 학습내용이 이론적이고 학문적일 경우 학습효과가 감소된다.

② 다양한 교육방법을 활용한다.

성인 농업인을 대상으로 한 농업교육은 일반적인 학교교육과는 다르므로 강의법 외에 현장견학, 토의, 성공사례 발표 등 학습내용에 따라 적절한 교수방법을 사용한다. 또한 가급적 지루함을 느끼지 않고 즐겁게 학습할 수 있도록 다양한 교재를 활용해야 한다. 학습장소도 교실보다는 현장중심으로 구성하고, 구성원 간의 원활한 의사소통이 이루어질 수 있도록 해야 한다.

③ 교육장소의 환경이 불편이 없도록 한다.

성인 농업인들은 육체적·정신적으로 학생들보다 피로한 상태에 있고 상대적으로 강의를 받는 습관이 되어있지 않으므로 의자·책상 등이 편안해야 하며, 조명·온도·통풍·난방·마이크·칠판 등도 잘 구비되어 있어야 한다.

④ 성인 농업인들이 실제로 접할 수 있는 사례를 들어 설명한다.

외국에서 일어난 일이나 그 지역과 멀리 떨어진 지역에서 발생한 일보다는 가까운 곳에서 일어난 사례들을 설명하는 것이 효과적이다. 따라서 교수자는 농업인들이 거주하고 있는 지역에서 일어나고 있는 내용들을 잘 정리하여 기록해 두는 것이 바람직하다.

⑤ 교육 종료 후 서로 교제할 수 있는 기회를 제공한다.

성인 농업인들이 교육이 끝나고 바로 헤어지기보다는 다과회를 통해 서로 자유롭게 대화할 수 있는 기회를 마련해 주면, 학습효과나 교수자와 농업인, 농업인들 간의 인관관계 조성에 크게 도움이 된다.

연구문제

1. 행동주의, 인지주의, 인본주의 학습이론이 실제 수업에서 어떻게 적용되는지 그 사례를 말해보자.
2. 농업교수학습 이론이 실제의 교안 작성에 어떻게 적용되고 있는지 조사해 보자.
3. 문제해결식 학습지도안은 어떻게 작성하는지 알아보자.
4. 학생지도와 성인지도 사이에는 어떤 점이 다른지 토의해 보자.

참고문헌

권영창, 가영희, 성낙돈, 조양자. (2006). 『효과적인 교수-학습을 위한 교육방법론』. 서울: 형설출판사.

김경배, 김재건, 이홍숙. (2001). 『교과교육론』. 서울: 학지사.

김윤옥. (2005). 『(학습장애 학생을 위한) 교수-학습 전략』. 서울: 교육과학사.

나승일. (2001). 『사회변화와 농업계 고등학교 학생의 특성을 고려한 교수학습전략 탐색』. 2001년도 한국농업교육학회 정기학술대회.

_____. (2001). 『전문대학 교육에 적합한 교수모형 개발 연구』. 전문대학 교수-학습개발협의회.

_____. (2004). 『대학에서의 효과적인 교수법 가이드』. 서울: 서울대학교출판부.

_____. (2005). 『농업계 고등학교의 교수학습 방향』. 2005년 한국농업교육학회 · 한국농업교육협회 공동학술대회.

나승일, 이명훈, 한홍진, 마상진, 김진실. (2003). 『산업교육실습 이해와 실제』. 서울: 교육과학사.

박영균, 주동범. (2005). 『한국의 장애학생 통합교육을 위한 정책방안탐구』. 서울: 한국청소년개발원.

변영계. (2005). 『교수-학습 이론의 이해』. 서울: 학지사.

윤점룡. (2005). 『장애학생의 이해와 교육』. 서울: 학지사.

이무근, 김재식, 김판욱. (1991). 『실기교육방법론』. 서울: 교육과학사.

이용환, 송해균, 이무근, 김재기, 김수욱, 정철영, 강대구, 박행모. (1997). 『농업교육학 개론』. 서울: 서울대학교출판부.

최민호. (1998). 『농촌지도론』. 서울: 서울대학교출판부.

Borich, G. D. (2004). *Effective teaching methods*. Upper Saddle River, NJ: Pearson Merrill Prentice Hall.

Catling, A. (1996). *Competence-based teaching and training*. London, UK: City & Guilds Macmillan.

Cruickshank, D. R., Bainer, D. L., & Metcalf, K. K. (1995). *The act of teaching*. New York, NY: McGraw-Hill Inc.

Jacobsen, D. A., Eggen, P., & Kauchak, D. (2006). *Methods for teaching*. Upper Saddle River, NJ: Pearson Merrill Prentice Hall.

Joyce, B., & Weil, B. (1996). *Models of teaching* (5th ed.). Boston, MA: Allyn and Bacon.

Newcomb, L. H., McCracken, J. D., & Warmbrod, J. R. (1993). *Methods of teaching agriculture*. Danville, IL: The Interstate Printers & Publishers.

Niel, A. E., & Clifton, L. S. (1996). *Learning how to teach*. Alexandria, VA: American Vocational Association.

Phipps, L. J., & Osborne, E. W. (1988). *Handbook on agricultural education in public school*. Danville, IL: The Interstate Printers & Publishers.

VII. 농업교육교재

이 찬

개요

농업교육교재의 개념에 대해 살펴보고, 농업교육의 내용에 따라 활용될 수 있는 교재 유형을 제시하며, 교재활용의 필요성을 제시한다. 그리고 ASSURE 모형에 따라 수업에서 교수매체를 어떻게 선정하고 활용하는지에 대해 살펴본다.

학습목표

1. 교재의 개념을 설명할 수 있다.
2. 교재의 종류를 제시할 수 있다.
3. 교재활용의 필요성을 설명할 수 있다.
4. ASSURE 모형에 따른 교수매체의 선정과 활용방법을 설명할 수 있다.

1 농업교육교재의 개념

농업교육교재는 교육에서 일반적으로 사용되고 있는 교재에 대한 개념을 먼저 이해할 필요가 있다. 일반적으로 사용되고 있는 '교재'는 교육목적을 달성하기 위하여 조직된 교육내용을 담거나 전달하는 매체로 정의하며 영어로는 educational materials로 표현할 수 있다. 교재와 관련된 용어는 교재의 사용목적과 사용방법에 따라 다양한데, 교수용 보조자료, 수업매체, 교육매체, 교육자료, 교재교구, 시청각자료, 또는 teaching aid, instructional material, instructional media, learning resource, subject 등이 그것이다.

교육교재는 교육의 형태와 방법이 발전해오면서 기존의 교재의 약점을 보완할 수 있는 다양한 형태의 교재들이 등장하게 되었다. 특히 교육학에서 시청각교육이 발전하면서 기존의 인쇄교재 중심에서 시청각보조교재가 등장하였으며, 시청각교육이 시청각 통신, 교육공학으로 발전하면서 시청각교재에 관련된 용어들도 계속 변화되어 수업매체, 교육자료 또는 학습자료 등의 용어를 사용하게 되었다.

Gerlach와 Ely(1980)는 매체의 뜻을 넓게는 학습자로 하여금 지식 · 태도 · 기능을 얻도록 하는 조건이 사람 · 물건 · 사건 등이라고 볼 수 있으며, 좁게는 시각정보나 언어정보를 파악 · 처리하여 재현하는 데 쓰이는 그래픽, 사진을 비롯한 전자적 혹은 기계적 수단으로 정의하였다(이용환 외, 2007).

또한 교육자료라는 용어도 많이 사용되고 있는데, 우리나라에서는 대통령령(1969년 11월 25일 제 4306호)에 의해 교육자료를 학생의 학습효과를 증진하기 위해 각종 학교에서 교수용으로 사용되는 교육영화, 슬라이드, 사진, 음반, 괘도, 표본, 지도, 지구의, 기타 교육부장관이 지정하는 교재라고 정의하고 있다.

수업매체나 교육자료는 교과내용보다는 교육목표 달성을 위한 매개체로서의 의미가 강하다. 앞으로 교재는 교과서에 담긴 내용만으로 한정하기도 어렵고, 그렇다고 하여 교과서 내용을 배제한 매체만으로 한정하기도 어렵다. 그러므로 교재는 학습환경 속에서 교육이 일어나도록 해주는 모든 매개물로 보아야 하며, 이에는 내용과 매체가 포함된 개념으로 파악해야 한다(이용환 외, 2007).

교재란 교육이 전제로 되어 있다는 점, 교육목표 달성을 위한 매개가 되고 있다는 점, 그리고 매개물에는 내용과 매체가 모두 포함된다는 특징이 있다. 예를 들어, 영화교재라고 하면 교육용으로 사용된다는 전제 아래 영화필름에 담긴 내용, 내용을 담고 있는 필름, 영사기 등이 모두 영화교재에 포함된다.

농업교육교재는 농업교육용으로 사용되는 교재를 말한다. 농업교육교재는 농업관련 교과서만이 아니라 교육내용을 담거나 운반하는 용기로의 매체, 나아가 농업교육에 필요한 농업시설, 들에 난 잡초까지도 교육적 필요로 이용될 때 교재에 포함될 수 있다.

2 농업교육교재 활용의 필요성

교육에서 교재를 활용하는 것은 교육 효과성의 측면에서 중요하다. 교재활용의 효과성을 학자들은 다양한 연구를 통해 입증하였는데 Bruner(1960)는 그의 교수이론에서 학습자에게 제공되는 교육내용을 전달할 때 직접적 경험이나 영상적인 표현은 언어와 같은 상징적인 표현보다 더 의미가 정확하게 전달되고 이해하기 쉽다고 설명하며 수업 시에 교육내용을 효과적으로 전달하기 위해서는 먼저 직접적인 경험에서부터 영상적 표현, 그리고 언어와 같은 상징적 표현 순으로 제시되어야 한다고 제안했다.

교육의 효과는 커뮤니케이션의 측면에서 교사가 전달한 내용을 기억할 수 있는 시간과 기억할 수 있는 내용의 분량을 가지고 평가할 수 있다. 특히 현재와 같이 기억력이 중요시되는 교육환경 속에서는 학습한 것을 많이, 그리고 오랫동안 기억시킬 수 있는 방법은 대단히 중요한 의미를 가진다.

교육내용을 단순히 책으로만 전달하는 것보다 시각과 청각을 활용한 매체를 선택하여 전달하는 것이 학생들이 교육내용을 기억하는 분량과 시간의 차원에서 훨씬 효과가 증가할 수 있다. 이 효과를 증명한 연구에 따르면 책을 읽을 경우 읽은 것 중의 10%만이 기억되며, 듣는 것은 20%, 보는 것은 30%가, 그리고 말한 것은 80%가 기억되는 것으로 나타났다. 이는 결국, 매체를 다양하게 구성하고 학습자를 교육에 적극적으로 참여시켜 학습자 스스로가 발표하게 한다면 기억할 수 있는 정보의 양을 늘릴 수 있게 되어 교육 효과를 개선할 수 있음을 의미한다.

이렇듯 시청각 교육을 주장하는 사람들은 전통적인 교육이 너무 언어 중심으로 흘러 학습이 재미가 없고 무의미한 언어의 암송에 빠진다고 비판하면서, 시청각 교재를 다양하게 사용할 것을 주장한다. 물론 시청각 매체를 다양하게 사용하는 것이 교육효과를 높이는 좋은 방법이기는 하나, 그렇다고 해서 활자로 된 교과서 등 인쇄물의 중요성을 낮게 평가해서는 안 된다.

Carrol(1974)은 인쇄물이 직접·간접경험을 제공해 주는 주요한 원천이므로, 새로운 교육과정을 개발할 때에는 기본 교과서, 실험실습 기구와 영화필름, 녹음자료 등 부교재와 같은 인쇄물을 포함한 다양한 형태의 부교재 개발에 노력을 기울여야 한다고 주장하였다. 이러한 교재는 교육과정과 분리될 수 없으며, 따라서 교육과정의 요구에 알맞게 개발 및 활용되어야 한다. 즉, 교육과정의 성패는 바로 교수활동에 사용될 인쇄물의 준비에 소요된 관심과 노력에 의해 크게 좌우된다고 할 수 있다.

Carrol(1974)은 인쇄물의 가치를 다음과 같이 주장하였다.

첫째, 인쇄물은 이미 다른 사람들에 의해 잘 분석되어 있는 사실이나 정보를 담고 있으므로, 학습자는 인쇄물을 통해 자신에게 필요한 수준까지 효율적으로 학습할 수 있다.

둘째, 인쇄물은 복잡한 개념과 관계를 학습할 때 매우 효과적이다. 왜냐하면 인쇄물은 그 자체가 그것을 이해할 수 있도록 주의 깊게 구성되어 있기 때문이다. 다만 교과서의 경우, 학습효과를 향상시키기 위해서는 삽화, 표, 다이어그램, 동영상자료 등 적절한 매체가 보강되어야 할 것이다.

셋째, 인쇄물은 일차적으로 사람이나 물건을 다루는 것을 교육목표로 하는 학습에 대해서는 낮은 효과를 보인다. 예를 들어, 채광이나 통풍을 위한 가지솎기 방법을 배울 때에는 교과서보다는 활동을 곁들인 구체적 경험, 교사의 시연 등이 더 효과적일 것이다.

이렇게 인쇄물과 시청각 교재를 효과적으로 활용한다면 다음과 같은 효과를 얻을 수 있다. 첫째, 표준화된 교수활동을 전개할 수 있다. 둘째, 교수활동의 흥미를 유발할 수 있으며, 더욱 긍정적인 방향으로 교수자의 역할을 변화시킬 수 있다. 셋째, 교재 사용 시 매체를 활용하여 학습과정에서 교수자와 학습자 간 활발한 상호작용을 전개해 나갈 수 있다. 넷째, 교재 내용을 바탕으로 체계적인 교수활동계획을 수립하여 적재적시에 적절한 활동을 진행하고, 불필요하게 소요되는 시간을 절약할 수 있다. 다섯째, 학습자들의 배움과 학습과정 자체에 대한 긍정적인 태도를 형성시킬 수 있다. 여섯째, 학습의 질적 향상을 도모할 수 있다.

3 농업교육교재의 종류

1절 농업교육교재의 분류 기준

교재의 종류는 매우 다양하므로 각 유형에 따른 특성에 따라 구분하여 이해하고, 특성에 따라 활용하는 것이 중요하다. 교재의 유형을 나누는 기준은 학자에 따라 다양하다. 먼저 Hoban과 Zisman(1937)은 최초로 교수매체의 분류기준을 제시하였는데, 교재의 범위를 더욱 넓혀서 사람의 경험을 구체성과 추상성의 정도에 따라 분류하였다. Hoban은 견학이나 실물, 모형은 구체적인 매체에 속하고 지도, 도표, 언어가 추상적인 매체에 속한다고 밝혔다. 즉, 실제로 경험하며 사실과 가까운 정보를 제공하는 매체일수록 구체적인 매체로 분류하여 더욱 정확한 내용을 전달하고, 문자나 그림과 같이 학습자의 해석이 필요한 매체는 추상적으로 분류하여 이해도가 견학, 실물, 모형보다 낮다고 주장하였다([그림 Ⅶ-1] 참조).

또한 Dale(1969)은 교재의 범위를 더 넓혀서 사람의 경험을 구체성과 추

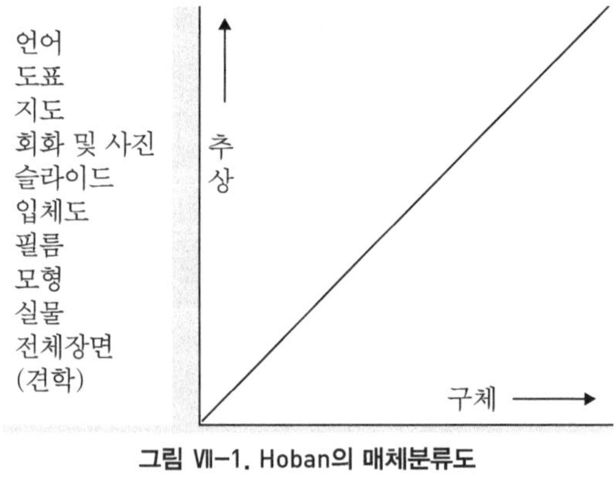

그림 Ⅶ-1. Hoban의 매체분류도

상성의 정도에 따라 분류한 경험의 원추형을 제시하였다. 경험의 원추는 학습자가 가지는 경험을 추상적 단계, 영상적 단계, 행동적 단계로 나누고 있으며 직접적 경험을 통한 행동적 단계에서 시청각적 자료를 통한 경험이나 관찰을 통한 영상적 단계, 그리고 언어와 시각적 기호를 통해 이해를 도모하는 상징적-추상적 단계로 진전되면서 개념 형성이 이루어진다는 것을 제시하고 있다. 즉, 학습자는 실제행동을 해봄으로써 경험을 통해 학습하고, 매체를 통해서 보고 들으며 실행하는 관찰에 의한 학습, 마지막으로 언어에 의한 상징화 과정, 즉 추상에 의한 학습을 통해 개념을 형성할 수 있다는 것이다([그림 Ⅶ-2] 참조).

한편 中內敏夫(1973)는 교재교구를 언어적인 것과 비언어적인 것으로 나누고, 언어적인 것은 시각적인 것과 청각적인 것으로, 비언어적인 것은 표현적인 것과 실물적인 것으로 분류하였는데 그 내용은 [그림 Ⅶ-3]과 같다.

또한 윤승금(2004)은 기자재와 기술을 사용하여 교육내용을 전달할 수 있는 교재를 6가지의 범주로 분류하였다. 먼저 물체나 사건을 사진으로 촬

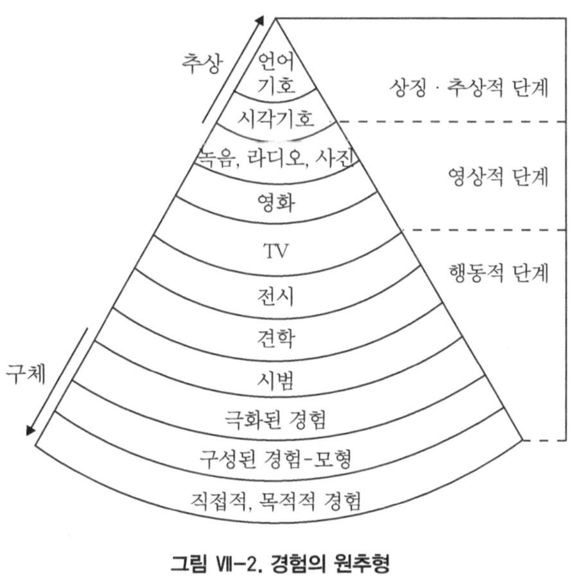

그림 Ⅶ-2. 경험의 원추형

언어적인 것	시각적인 것	교과서, 보조독본, 프로그램화된 책, 실습안내판, 학습노트, 가훈, 교훈, 급훈, 표어류, 생활기록부 등
	청각적인 것	라디오, 테이프 레코드, 언어실습실, 삽화, 민화, 전승 동요 등
비언어적인 것	표현적인 것	그림, 괘도, 사진, 슬라이드, 영화, 포스터, 각종 모형과 장치, 도표, 도해, 집단토의 규정, 사회과학용 테이프, 뜀틀 등 각종 체육교구, 각종놀이, 각종 축제 등
	실물적인 것	표본, 프레파라트, 시뮬레이션, 장난감, 인공적인 자연물, 화석과 같이 원형을 그대로 나타내는 것

그림 Ⅶ-3. 中內의 교재 교구 분류

영한 정사진, 실제의 사건을 재생해 소리로 전달하는 오디오 자료, 실제의 행동이나 그래픽 표상체로부터 만들어진 색채나 흑백의 움직이는 이미지를 포함하는 영화나 비디오 자료, 시청각전자분배시스템을 포괄하는 텔레비전 카테고리, 실제 물체나 사건을 대신하는 실물과 실제상황을 작은 규모로 복제해 놓은 모의실험 및 실물, 마지막으로 언어적 · 영상적 · 음향적 정보를 미리 정해진 반응을 전달하도록 설계한 프로그램 등이 있다.

표 Ⅶ-1. 시각매체와 청각매체의 활용

시각매체	청각매체
1. 메시지가 복잡할 때 2. 출처가 중요할 때 3. 메시지가 길 때	1. 즉각적인 주의 집중이 요구될 때 (결정적인 정보는 청각매체를 사용할 때 더 잘 수용됨)
4. 주위환경이 시끄러울 때	2. 비교적 간단한 배열을 채택할 때
5. 배열이 복잡할 때	3. 차원이 단순할 때
6. 정확한 공간적인 구별이 요구될 때	4. 정확한 공간적인 구별이 요구되지 않을 때
7. 동시적인 제시가 바람직할 때	5. 계열적인 제시가 적당할 때
8. 많은 차원이 요구될 때(시각적 차원은 공간의 통합, 강조, 과장, 시간, 깊이, 색깔, 활동 등을 포함)	6. 전자적인 확정, 전달, 녹음이 가능하거나 바람직할 때

다양한 교수매체 중 교육의 내용과 특성에 맞게 매체를 선정하여 활용하는 것이 중요하다. Marsh(1983)는 특히 교육에서 가장 많이 활용되는 시각매체와 청각매체의 특성을 아래 표와 같이 제시하면서 그 특성에 맞추어 매체를 선택해야 한다고 주장하였다(<표 Ⅶ-1>참조).

4 농업교육교재의 유형

농업교육교재의 유형은 [그림 Ⅶ-4]와 같이 인쇄물, 멀티미디어 자료, 실물 등으로 나누어 볼 수 있다. 첫 번째로 인쇄물의 대표적인 예인 교과서는 교육 목표를 달성하기 위해 교육과정에 제시된 내용을 구조화한 교수-학습활동의 기본도서로, 농업교육교재는 교육인적자원부에서 발행된다. 농업교육 교과서는 현행 교육과정상 원예기술Ⅰ, 원예기술 Ⅱ, 작물생산기술, 산림자원기술, 생활원예, 농업경영, 농업정보관리, 조경기술 Ⅰ, 조경기

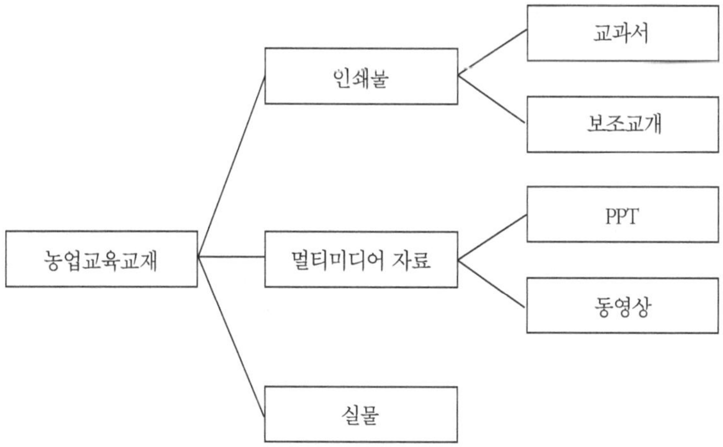

그림 Ⅶ-4. 농업교육교재의 유형

술 Ⅱ, 생물공학기초, 농업기초기술, 숲과 인간, 생산자재, 재배, 원예, 농업 이해, 조경 등 17권이 편찬되어 있다. 교과서 구성은 기본개념, 원리, 법칙, 이론에 대한 설명과 함께 이해를 돕기 위한 그림 및 도표 등이 많이 삽입되어 있다. 또한, 실험 · 실습이 많은 과목의 경우, 실험 · 실습의 절차가 사진과 함께 자세하게 기술되어 있다.

한편, 학습자에게 교육 내용을 이해하기 쉽게 전달하고 교수학습 효과를 높이기 위해서는 교과서 외 보조교재가 필요하다. 보조교재는 교과서상의 교육목표와 내용을 보완하고 효과적인 이해를 돕는 역할을 한다. 보조교재의 소재는 기타 참고문헌이나 논문 등에서 찾을 수 있으며, 이를 학습에 효과적으로 이용하기 위해서는 학습자 분석, 교육목표의 진술, 교육내용 및 방법의 분석 등을 통해 원(原)자료를 재구성해야 한다. 이렇게 재구성된 자료를 바탕으로 인쇄물 형식의 자료를 제작하는 것 또한 교사의 역할 중 하나이다.

두 번째로, 멀티미디어 자료는 문자, 그림, 음성, 동영상 등 다양한 전달 방식이 혼합되어 있는 매체로, 포스터나 화보, 마이크로소프트 파워포인트(PPT)로 제작된 자료나 동영상 등이 이에 해당한다. 멀티미디어 자료는 학습자를 다양하게 자극하여 학습동기와 흥미를 유발하고, 구두로 설명하기 어려운 내용이나 실습을 진행하기 어려운 내용을 간접적으로 경험할 수 있다는 장점이 있다. 멀티미디어 자료를 활용한 수업 진행 시 유의할 점은 다음과 같다. 첫째, 재미에만 지나치게 편중되거나 즐기는 것으로 끝나지 않도록 해야 하며, 둘째, 교육목표에 최대한 부합하는 멀티미디어 자료를 선정하고 학습자 특성 및 교육환경 특성에 알맞게 가공하여 활용 효과성을 극대화해야 한다는 점이다. 현재 농업교육과 관련된 멀티미디어 자료는 [그림 Ⅶ-5], [그림 Ⅶ-6]의 농업교육포털서비스(http://www.agriedu.net/), [그림 Ⅶ-7], [그림 Ⅶ-8]의 농촌진흥청(http://www.rda.go.kr/) 등의 웹 사이트나 기타 블로그 등을 통해 확인할 수 있다.

그림 Ⅶ-5. 농업교육 관련 멀티미디어 자료(PPT)의 예
자료: 김진모. (2007). 『농업인안전교육프로그램개발』. 수원: 농촌자원개발연구소.

그림 Ⅶ-6. 농업교육 관련 멀티미디어 자료(PPT)의 예
자료: 김진모. (2007). 『농업인안전교육프로그램개발』. 수원: 농촌자원개발연구소.

그림 Ⅶ-7. 온라인 농업인 교육 서비스 예(AgriEDU)

자료: 통합농업교육정보서비스. (2013). 통합농업교육정보서비스 홈페이지.
Retrived from http://www.agriedu.net

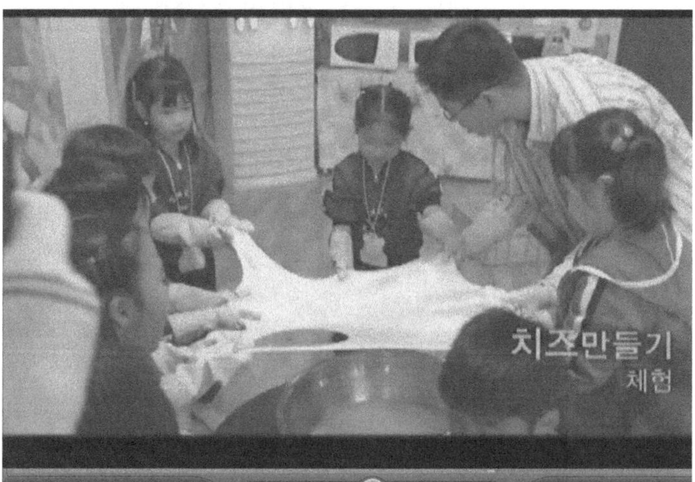

그림 Ⅶ-8. 농업교육 관련 동영상 자료의 예(농어업인력포털서비스)

자료: 통합농업교육정보서비스. (2013). 통합농업교육정보서비스 홈페이지.
Retrived from http://www.agriedu.net

세 번째로 실물자료는 실습식 수업을 진행할 때 필요한 교재로, 앞서 제시된 인쇄물과 멀티미디어 자료와 함께 활용될 수 있다. 예를 들어, 묘목 접붙이기 기능을 배우는 것이 교육목표라면, 접을 붙이는 이유를 말로써 설명하고, 좋은 대목과 삽수를 접붙여서 성공한 과수원의 예를 슬라이드로 보여주고 난 다음, 접붙이는 요령을 교사가 시범을 보인 후 학생들이 실제로 실습하게 한다. 이 경우에는 교사의 교재, 슬라이드, 교사의 시범, 복숭아 대목과 삽수라는 실물 등의 교재가 선정되고 조직되어야 한다. 이러한 교육목표를 달성하기 위해서는 위와 같이 다양한 교재를 동원하는 것이 더욱 효과적이다.

5 농업교육교재 연구

교육이란 학습자, 교사, 교육내용, 교육방법, 교재, 교육시설 등으로 이루어지는 하나의 시스템이다. 교육의 효과는 학습자의 행동변화인데, 이 변화는 교육시스템의 종합적인 결과이다. 그것은 각 하위요소 하나하나로부터 영향을 받지만, 최종적인 효과는 하위요소들의 총합으로 이루어지는 시스템의 정도로 결정된다. 교육의 구성요소 중 하나인 교재란 교육목적을 달성하기 위하여 조직된 교육내용 및 이를 담고 있거나 전달하는 매체(이용환, 1991)로써, 흔히 교육내용과 전달수단이 혼합된 교과서 및 보조자료 등의 학습자료를 총칭한다.

이용환(1991)은 교육시스템 측면에서 교재연구의 정의를 교육목적을 효율적으로 달성하기 위하여 내용선정 단계에서부터 그것을 제시하는 단계에 내용과 매체에 관하여 연구하는 것으로 정의하였다. 따라서 교재연구는 교과목에 대한 내용 그 자체를 연구하는 것이 아니라, 특정한 교육목표,

특정한 학생, 특정한 교육시설과 같은 세 요소로 이루어지는 교육환경에서 교육목표를 효율적으로 달성할 수 있도록 교육계획을 분석하여 적절한 매체를 선정하고, 교육내용을 재조직하며, 이러한 것을 제시하는 순서와 방법까지도 고안하고 연구하는 것을 말한다. 그러므로 교재연구를 할 때 교과내용에 대한 연구만을 하거나 어떤 매체로써 전달할 것인가에 대한 연구만으로는 불완전하다. 어떤 내용을 어떤 매체에 어떤 방식으로 조직 및 배열하여 제시할 것인가에 대한 전 과정을 연구하는 것이 바로 교재연구이다.

위와 같은 맥락에서 봤을 때, 농업교재 연구란 농업교육환경에서 최선의 교육효과를 달성할 수 있도록 교재를 계획 · 제작 · 선택 · 이용하는 것에 관해 연구하는 것을 말한다. 농업교재를 연구할 때에는 농업교육에서 다루는 교육내용과 농업교육과 관련된 내용을 효과적으로 전달할 수 있는 매체에 대한 연구가 동시에 이루어져야 한다. 이때 학생들에게 제시할 내용의 선정과 조직, 사용할 매체와 제시 순서, 방법 등을 결정하는 기준은 학습목표와 학습자이다.

그림 Ⅶ-9. 농업교육 관련 멀티미디어 자료의 예(농촌진흥청)
자료: 농촌진흥청. (2013). 농촌진흥청 홈페이지. Retrived from http://www.rda.go.kr

그림 Ⅶ-10. 농업교육 관련 동영상 자료의 예(농촌진흥청)
자료: 농촌진흥청. (2013). 농촌진흥청 홈페이지. Retrived from http://www.rda.go.kr

6 교재연구의 절차와 방법

교재연구를 위한 사전준비로서 교육목표, 교육내용, 학습자, 교수방법 혹은 교수전략 등을 연구해야 한다. 왜냐하면, 교재는 단독으로 존재하는 것이 아니라, 특정한 학습상황 속에서 의미를 가지기 때문이다(이용환 외, 2007).

이러한 맥락에서 농업교육에서의 교재연구는 농업교육의 학습상황을 고려하며 이루어져야 한다. 즉, 농업교육 교재연구란 농업교육에 대한 내용과 전달수단이 혼합된 학습자료로서의 교재에 관하여 연구하는 것을 의미한다.

한편, 교과서가 교재로 활용되기 위해서는 담당교사의 교과서 재구성이 필요하다. 즉, 교과목을 담당한 교사가 자기가 맡은 학생, 학교의 교육목표, 교육시설 등을 고려하여 교과목의 교육목표, 교육내용, 교수방법 등을 결정하고 이에 가장 적합한 교재를 고안해 내는 것이 중요하다(이용환 외, 2007).

특히, 오늘날 멀티미디어와 웹 기반 교육이 활성화되고, 웹을 기반으로 한 다양한 콘텐츠들이 구축되어 있는 현실에서 많은 교사들은 매체를 활용하여 교재를 개발하고 있는 실정이다. 이러한 상황에서 ASSURE 모형을 활용한 교재개발의 중요성이 더욱 커지고 있다. ASSURE 모형은 매체와 공학을 결합하는 수업을 계획하고 수행하는 절차적 지침으로 정의되며 수업의 계획과 실행, 평가의 각 단계 머리글자를 딴 이름 외에도 효과적인 수업을 보증한다(assure)는 의미를 내포한다. ASSURE 모형은 매체와 공학을 교실 수업에서 실제로 사용하기 위한 계획에 초점을 둔 모형으로 개

표 Ⅶ-2. ASSURE 모형의 단계

구분		내용
A	Analyze learners 학습자 분석	• 학습자의 연령, 학년, 직업, 지위, 문화, 사회, 경제적 요인을 확인하여 분석한다. • 학습자들의 구체적인 출발점 능력을 확인한다. • 학습자의 심리적 특성과 같은 학습양식을 파악한다.
S	State objective 교육목표 진술	• 수업을 통해 학습자의 어떤 행동변화를 목표로 하는지 서술한다. • 개별학습자의 능력에 맞게 목표를 설정할 필요가 있다.
S	Select method, media and materials 교육내용, 방법, 매체 및 자료선정	• 교육내용에 따른 교육방법을 선정한다. • 교육목표와 교육방법을 고려하여 매체유형을 선정한다.
U	Utilize media and materials 매체와 자료의 활용	• 교육에 활용될 매체와 자료를 준비하여 학습자들에게 학습경험을 제공한다. • 자료는 학습자와 교육목표에 적합한지 사전 검토가 필요하며, 자료 활용에 알맞은 환경 및 학습자의 준비도 필요하다.
R	Require learner participation 학습자 참여 유도	• 학습자들이 자율성과 주도성을 가지고 학습에 참여할 수 있도록 돕는다. • 토론, 퀴즈, 워크숍, 피드백 등의 방법을 활용할 수 있다.
E	Evaluate and revise materials 평가와 수정	• 학습자가 수업목표를 달성하였는지 평가한다. • 수업에 활용된 매체의 효과성을 평가한다.

별 교사가 매체와 공학을 학급에서 사용하려고 계획할 때 효과적인 모형이다(〈표 Ⅶ-2〉 참조).

수업 개발 과정은 수업이 수행문제의 적절한 해결책인지의 여부를 결정하기 위한 요구사정(needs assessment)으로부터 시작하여 공학을 수업에 효과적으로 적용하기 위해 어떻게 체계적으로 계획할 것인가를 결정하게 된다.

1절 학습자 분석

교재연구를 위한 사전준비로서 가장 중요한 것은 학습자를 분석하는 것이다. 교육은 학습자가 현재 위치한 곳에서 시작하는 것이기 때문에, 교육효과를 증진하기 위해서는 학습이 시작되기 전, 학습자의 현재 수준을 명확히 알 필요가 있다. 또한, 수업매체와 공학이 교육에 효과적으로 활용되려면 학습자의 특성과 방법, 매체 및 자료 내용이 서로 잘 맞아야 한다. 학습자의 모든 특성을 분석하는 것은 불가능하지만 일반적 특성, 구체적 출발점 능력, 학습양식 등의 분석을 통해 수업에 가장 적합한 자료와 방법, 매체를 결정할 수 있다.

1. 일반적 특성

학습자의 연령, 학년 수준, 직업이나 지위, 가정환경, 문화적 혹은 사회경제적 요인 등을 폭넓게 확인하는 것을 의미한다. 예를 들어 교과에 대해 무관심한 학습자라면 극적인 비디오테이프, 시뮬레이션 게임, 공학 기반 활동과 같은 자극을 크게 주는 수업을 고려할 수 있다. 또한 처음으로 새로운 개념을 배우는 학습자는 현장견학, 역할놀이 등과 같은 더 직접적이고 구체적인 활동을 계획할 수 있고 상위 수준의 학습자들은 보통 수준의 시청각자료나 언어적 자료의 사용만으로도 충분히 학습할 수 있다.

친숙한 학습자를 가르치는 교사는 학습자의 일반적 특성을 이미 분석한 상태일 것이나 새로운 학습자를 맡았을 경우 혹은 일반적 학습이 아닌 경영 분야 피훈련자, 시민 클럽, 청소년 집단과 같은 조직을 맡았을 경우에는 일반적 특성을 파악하기가 어렵다. 이때는 학업성적과 그 외 다른 기록들을 보거나 대화 또는 직접적 질문을 통해 일반적 특성을 파악하게 되며 이를 통해 학습자의 유형, 배경, 기대 및 분위기에 대한 단서를 얻는 것이 중요하다.

2. 구체적 출발점 능력

수업을 시작하기 전 학습자가 선수지식 혹은 기능을 가지고 있는지에 대한 확인으로 출발점 능력을 확인하게 된다. 출발점 검사(entry test)는 학습자들이 필요한 선수요건을 가지고 있는지에 대한 여부를 결정하는 공식적, 비공식적 진단이다. 선수요건(prerequisites)은 학습자가 어떤 수업을 잘 이해하기 위해 미리 가지고 있어야 하는, 교사나 매체로부터 학습하지 않은 능력으로, 교재에서 다루어야 할 내용의 종류와 수준을 정하는 데 활용된다. 사전검사(pretest)는 학습자가 앞으로 학습할 내용을 이미 알고 있는지에 대한 검사로, 출발점 검사를 통해 학습자의 선수요건을 확인하고, 사전검사를 통해 앞으로 학습할 내용에 대한 검사를 시행한다.

학습자들이 이미 알고 있는 것을 분석함으로써 교사는 적절한 방법과 매체를 선택할 수 있다. 예를 들면 출발점 능력이 다양한 집단을 대상으로 수업을 진행해야 한다면 학습자 개인의 학습 속도대로 학습하는 개별 수업 자료를 준비하거나 혹은 그 밖의 개별화 수업방법을 고려해 보아야 한다.

3. 학습양식

한 개인이 학습 환경을 지각하고 상호작용하고 정서적으로 반응하는 방식을 결정하는 일단의 심리적 특성을 학습양식이라 한다. 전통적으로 IQ는 한 개인이 효과적으로 학습하는 데 가장 큰 영향을 미치는 요소로 평가되었다. Gardner(1999)는 이러한 IQ의 개념과 단일한 관점을 비판하고 지능의 9가지 측면을 확인하였다. 언어적/음운적 지능, 논리적/수학적 지능, 시각적/공간적 지능, 음악적/율동적 지능, 신체적/근육 운동적 지능, 대인간적 지능, 개인 내적 지능, 자연 분석적 지능, 실존적 지능이 그것이다. Gardner의 이론에 따르면 교사는 상이한 학습양식을 알고 있어야 하고, 이에 따라 다양한 수업 상황을 제공해야 한다. 교사, 교육과정 계획자, 매체 전문가가 학습자들에게 이러한 상이한 측면의 지능을 개발할 기회를 주는 교육과정을 설계하기 위해 협력해야 함을 시사한다.

문헌에서 논의된 학습양식 변인은 지각적 선호와 강점, 정보처리 습관, 동기적 요소 그리고 생리적 요소로 범주화될 수 있다.

가. 지각적 선호와 강점

학습자들은 사용하기 좋아하고 잘 적응된 다양한 감각적 통로를 가지고 있으며 이는 청각, 시각, 촉각, 근육운동 지각을 포함한다. 이러한 변인의 중요성을 지지하는 연구자들은 대부분의 학습자들이 청각적 수용을 선호하지 않기 때문에 강의식 수업에 지나치게 의존하는 것은 바람직하지 않다고 본다. 또한 학습속도가 느린 학습자들은 촉각 혹은 운동지각적 경험을 선호하는 경향이 있다. 촉각과 운동 지각적 양식의 의존 정도는 학습자가 성숙해감에 따라 점차 감소한다.

나. 정보처리 습관

'사고양식(mind style)'이라는 Gregorc의 모형을 Butler(1984)가 더욱 발전시켰는데, 학습자를 구체적/추상적, 계열적/무선적 양식으로 크게 구분한다. 이것은 다시 네 가지 범주로 세분되는데 구체적 계열적, 구체적 무선적, 추상적 계열적, 추상적 무선적 양식이다.

구체적 계열적 학습자들은 논리적 순서로 제시된 직접적 체험적 경험을 선호하고 워크북, 프로그램 수업, 시연, 구조화된 실험실습 등의 방법에서 가장 잘 학습한다. 구체적 무선적 학습자들은 시행착오적 접근, 탐구적 경험으로부터 빠르게 결론을 내리는 경향이 있고 게임, 시뮬레이션, 독립적인 연구 프로젝트, 발견학습과 같은 방법을 선호한다. 추상적 계열적 학습자들은 특히 논리적 계열로 제시될 때 언어적 상징적 메시지를 잘 해독하여 읽거나 발표를 듣는 것을 선호한다. 추상적 무선적 학습자들은 사람이 하는 설명으로부터 의미를 잘 추출하여 메시지뿐만 아니라 화자 음성의 음조나 스타일에 반응한다. 집단토의, 질의 응답식 강의, 비디오 테이프, TV 시청 등의 방법으로 잘 학습한다.

다. 동기적 요소

동기(motivation)는 사람이 어떤 목표나 경험 쪽으로 향하거나 혹은 거부하도록 선택하게 하는 내적 상태이다. 이것은 사람이 무엇을 할 수 있는 것보다 무엇을 할 것으로 정의된다. 동기는 학습자들이 어떤 수업목표에 주의를 기울이거나 무시하는지를 결정함으로써 학습에 영향을 준다.

동기 요소(motivator)는 내적 혹은 외적 동기 요소로 범주화할 수 있다. 내적 동기요소는 도전감이나 호기심과 같은 과제 그 자체나 경험 측면에 의해 생성된다. 주의 집중 시간이 짧은 학습자는 컴퓨터 게임을 할 때는 몇 시간을 보내지만 교과서를 읽는 데는 10분을 지속하기 힘들 것이다. 외적 동기요소는 경험 혹은 과제와 직접 관련되지 않은 성적 혹은 인정과 같은 요인에 의해 생성된다. 대부분의 연구에서 내적 동기 요소가 일반적으로 더 효과적임이 발견되었다. 내적으로 동기화된 학습자들은 자료에 대한 그들의 개인적 흥미 때문에 더 열심히 학습할 것이기 때문이다.

학습자의 동기를 기술하는 데 도움이 되는 접근은 Keller(1987)의 ARCS 모형이다. Keller는 동기의 네 가지 본질적 측면을 기술하였다. 첫째, 주의집중(attention)은 학습자들이 수업을 재미있고 가치 있는 것으로 지각하는지 여부를 말한다. 둘째, 관련성(relevance)은 학습자들이 수업을 어떤 개인적 요구 혹은 목적과 부합되는 것으로 지각하는지 여부를 말한다. 셋째, 자신감(confidence)은 학습자들이 그들 자신의 노력에 근거한 성공에 대한 기대 여부를 말한다. 넷째, 만족감(satisfaction)은 학습자들이 수업에서 받는 내적, 외적 보상을 말한다.

라. 생리적 요인

성차, 건강, 환경조건과 관련된 요인은 학습 효과성에 분명한 영향을 주는 요인 중 하나이다. 학습자들의 학습양식에 대한 정보를 얻는 목적은 특정 학습양식에 맞추어 수업을 함으로써 수업 효과성을 높이려는 것이다. 가르치는 데에 학습양식을 사용하는 것은 특정인을 위해 집을 설계하는 것과 비교될 수 있다. 집의 구성요소는 기본적으로 동일하나 이는 수없이 많은 여러 모양으로 배열될 수 있다. 즉, 그 집에 살 사람의 취미나 신체장애 여부, 집에서 일하는지의 여부에 따라 거기에 맞게 구성될 필요가 있을 것이다. 마찬가지로 교사는 상이한 학습양식과 생리적 요인을 가진 학습자들의 요구에 맞게 상이한 방법, 매체 및 자료를 선택해야 한다. 이 외에도 온도, 소음, 조명 등 주의를 집중하고 지속하는 능력에 영향을 미치는 요인들에 대한 분석도 생리적 요인 분석에 해당한다.

2절 교육목표의 진술

ASSURE 모형의 두 번째 단계는 수업목표를 진술하는 것이다. 목표의 진술이란, 수업을 마친 후 학습자가 어떤 새로운 능력을 갖추게 되는가에 대한 진술로 수업의 목표점을 진술하는 것이다. 목표 진술에 앞서 예정되어 있는 시간에 어떤 교육목표를 지향하고 있는가를 알아야 하는데, 이는 교육이 학습자의 어떤 행동변화를 목표로 하고 있는지에 따라 교육내용 및 교수전략이 결정되기 때문이다.

1. 교육목표 진술의 목적

교육목표 분석이 종료된 후 교육목표 진술을 실시해야 하는데, 그 목적은 다음과 같다. 첫째, 방법과 매체를 적절히 선택하기 위해 목표를 알아야 하다. 목표는 학습활동의 계열과 매체 선택을 안내할 것이고 목표를 아는 것은 목표가 성취될 수 있는 학습환경을 만드는데 도움이 될 것이다. 둘째, 적절한 평가를 위해 목표의 진술이 필요하다. 목표가 무엇인지 명확하지 않다면 학습자가 목표를 성취했는지 여부를 알 수 없을 것이다. 셋째, 목표 없이는 학습자들이 자신에게 기대되는 것이 무엇인지 모를 것이고 목표가 분명하고 자세할 때 교수와 학습은 목표지향적이 될 것이다.

2. 교육목표의 분류

한편, 교육목표는 여러 기준에 따라 다음과 같이 분류될 수 있다. 먼저 기대되는 학습 성과의 형태에 따라 인지적 영역에 대한 목표, 정의적 영역에 대한 목표, 운동 기능적 영역에 대한 목표라는 세 가지 유형으로 분류된다.

인지적 영역에서 학습은 언어적/시각적 정보 혹은 지적 기능으로 분류될 지적 능력의 배열을 포함한다. 이는 사실의 기억 혹은 회상을 포함하여 정보를 사고하고 조작하는 것을 의미한다. 정의적 영역은 감정과 가치를 포함하며 학교 교과목에 흥미를 두는 것으로부터 건강한 사회적 태도를 고무하고 윤리적 기준을 적용하는 데까지 걸쳐 있다. 운동 기능적 영역에서 학습은 운동, 수공 그 외의 신체적 기능을 포함한다. 운동 기능 목표는 단순한 기계적 조작에서부터 경쟁적 스포츠에서와 같이 세밀한 신경 근육적 협응과 전략을 수반하는 것에 이르는 능력까지 포함한다.

목표는 그 진술 방식에 따라 명세적 목표와 표현적 목표로 분류될 수도 있다. 명세적 목표는 전통적인 목표 진술 방식으로, 그 목표가 누구에게 의도되는지를 나타내는 대상(audience)과 기대되는 행동(behavior), 그 행동이나 능력이 관찰될 조건(condition), 마지막으로 새로운 기능이 숙달되어야 하는 정도(degree)를 포함하여 진술된다. 한편, 표현적 목표는 명세적 목표에서 제시할 수 있는 내용을 벗어나는 다양한 행동의 변화를 포괄하기 위해 제시된 목표 진술 방식으로, 구체적인 목표 없이 수업을 시작하여 수업활동 중 혹은 수업활동이 종료된 후 결과적으로 얻어지는 모든 것을 의미한다.

교육목표는 앞서 제시된 내용 외에도 대인간 영역에서의 상호작용을 포함한다. 대인간 기능은 다른 사람과 효과적으로 관계를 맺는 능력을 요구하는 인간 중심적 기능이다. 예컨대 팀워크, 상담기법, 올바른 토론능력 등이 포함된다.

3. 교육목표의 개인차

목표는 개별 학습자의 능력에 맞아야 한다. 대부분의 학교나 대학의 교육목적은 학습자의 잠재력을 충분히 발휘하도록 하는 것이다. 예를 들어 학습자들의 능력 수준이 혼합된 학급의 체육 수업에서 목표는 모든 학습자들이 운동장에서 100미터 달리기를 완료하는 것이지만 어떤 학습자에게는 12초, 어떤 학습자에게는 16초, 20초가 현실적일 것이다. 목표는 학습자들이 학습하는 것을 제한하려는 의도가 아니라 오히려 기대된 성취의 최소 수준을 제공하는 것이다. 각 학습자는 상이한 특성을 가지고 있으며 개인차에 의해 다른 수준의 학습 목표가 제공될 필요가 있다.

3절 교육내용, 방법, 매체 및 자료 선정

매체와 공학을 사용하기 위한 체계적 계획은 주어진 교육내용을 분석하기, 교육내용의 전달 방법 결정하기, 방법을 수행하는 데 적당한 매체 유형 선택하기, 그 매체 유형 내에서 특정 자료를 선택하거나 수정하거나 설계하기의 단계를 거친다.

1. 교육내용 분석

교육목표 분석이 완료되면, 그 내용을 바탕으로 교육내용을 분석해야 한다. 정해진 시간에 다루어야 할 교육내용이 무엇이며, 그 속에서 중요한 것은 어떤 것이 있는가를 분석해야 한다. 즉, 교육내용이 지식에 관한 것인지, 절차에 관한 것인지, 방법에 관한 것인지를 분석해야 하며, 이 과정에서 중요한 개념은 무엇이며, 각 개념 간에는 서로 어떤 관계가 있으며, 그 중에서 중요한 원리는 무엇인지를 파악해야 한다. 만약 그 내용이 절차에 관한 것일 경우, 어떤 순서로 구성되며, 각 단계에서의 핵심적인 내용은 무엇인가를 분석해야 한다.

2. 교육방법 선택

정해진 교육목표, 교육내용을 정해진 학습자들에게 어떻게 하면 가장 효과적으로 전달할 수 있는가를 분석하고 가장 효과적인 방법을 선택하는 단계이다. 일반적으로 가장 많이 사용하고 있는 교육방법은 강의법인데, 이는 짧은 시간에 많은 사람에게 편리하게 지식을 전달할 수 있다는 장점이 있으나, 학생들이 수동적으로 되기 쉽고 의미 없이 억지로 외우려고 하면 기억이 잘 되지 않을뿐더러 기억했던 내용도 쉽게 잊어버리는 단점이 있다. 강의법 외에도 토의법, 실험실습법, 현장견학, 조사발표, 문제해결법, 과제법 등 다양한 교육방법이 있다.

모든 학습 요구에 똑같이 효과적인 교육방법은 존재하지 않는다. 대부분의 수업은 수업 진행 과정의 각 시점에 따라 각기 다른 목적에 맞게 두 가지 이상의 방법이 사용된다. 예를 들면 교사가 수업을 시작할 때 학습자들의 관심을 불러일으키고 주의를 집중하기 위해 시뮬레이션 활동을 한 후, 새로운 정보를 제시하기 위해 시연을 사용하고, 그 뒤의 새로운 기능의 연습 기회를 제공하기 위해 컴퓨터 중심의 반복연습 활동을 배열할 수 있을 것이다. 교사는 흔히 학습양식이 다른 학습자들에게 각 양식에 맞게 서로 다른 방법으로 개인적으로 연습할 수 있도록 과제를 구성한다.

3. 매체 유형 선택

매체 유형 선택은 교육목표와 교육방법을 고려한 가운데, 교육내용 중에서 교재에 담아야 할 내용과 그 내용을 전달하기에 가장 적합한 매체가 무엇인지를 결정하는 것이다. 즉, 인쇄물 교재에 담을 내용은 무엇이며, 투시환등기나 PPT(Powerpoint)에 담을 내용은 무엇인지를 생각해 보는 것이다. 매체 유형 선택을 위해 교사는 활용 가능한 매체 유형을 생각해보고,

정해진 시간 동안의 학습자 수를 감안할 때, 교육목표를 달성하는 데 가장 적합한 매체 유형(media format)을 선정 및 이용하며, 더 나아가 특정 경우에 어떠한 매체로 대체하면 좋다는 것을 이해해야 한다.

매체 유형(media format)은 메시지가 결합되어 나타나는 물리적 형태이다. 매체 유형은 사진, 슬라이드, 오디오, 비디오, 컴퓨터 멀티미디어 등을 포함하며 각각은 나타낼 수 있는 메시지 형태의 관점에서 서로 다른 장단점이 있다. 매체 유형은 이용 가능한 매체와 공학의 다양한 배열, 학습자의 다양성, 추구하는 목표 등에 따라 결정되며 이를 단순화하기 위한 상이한 많은 모형이 제안되어 왔다. 그것을 매체 선택 모형이라 하는데 일반적으로 흐름도(flow chart)나 목록표(check list) 형태를 취한다.

Saylor와 Alexander(1973)는 매체가 갖춰야 할 조건으로 목표와의 관련성, 이용성, 정확성, 경제성을 제시하였고, 매체를 선정할 때 고려해야 할 기준을 다음과 같이 제시하였다.

① 매체이용의 목적

② 매체의 다양성

③ 학습자 성숙 정도와의 적합성

④ 내용

⑤ 물리적인 질

⑥ 사용방법에 대한 안내

⑦ 시간, 노력, 경비

Dale(1969)은 매체의 선정기준을 다음과 같이 제시하였다.

① 매체가 표현하고자 하는 아이디어를 잘 표현하고 있는가?

② 학습하고 있는 주제내용에 도움을 줄 수 있는가?

③ 학습자의 연령, 지능, 경험 등의 배경에 맞는 것인가?

④ 매체의 물리적인 상태가 만족스러운가?

⑤ 효과적인 사용을 위한 간단한 교사용 지침서가 있는가?
⑥ 학생들의 사고력과 창조력을 기르는 데 도움이 되는 것인가?
⑦ 매체이용에 드는 시간, 비용, 노력에 상응할 만한 가치가 있는가?

대부분의 매체 선택은 수업 상황 혹은 장면(대집단, 소집단, 개별수업), 학습자 변인(읽기 상위 집단, 하위 집단, 혹은 청각 신호 선호 집단), 목표의 성질(인지적, 정의적, 운동 기능적, 대인간적)에 따라 각 매체 유형(정지된 시각 자료, 동영상 자료, 문어 혹은 구어)의 제시 능력을 고려하여 이루어진다. 또한 각 유형이 학습자에게 효과적으로 피드백을 제공할 수 있는지 고려해야 한다. 여러 가지 고려해야 할 요소 중 교사는 학습 장면에서 학습자의 어떤 특성이 가장 중요한지, 목표 중에 어느 요소가 자신의 상황에 가장 중요한지 결정할 수 있다.

마지막으로, 매체를 선택하는 과정에서는 시설과 경비를 고려해야 한다. 아무리 좋은 교재를 만들었어도 물리적인 예산이나 시설 등의 사정이 허락하지 않는다면 교재를 이용할 수 없기 때문이다. 교재는 절대적인 것이 없기에 환경적 여건이 뒷받침되지 않을 때에는 교재의 내용 및 매체를 다른 것으로 대체할 수 있다. 예를 들어, 현장견학을 가서 실물을 보고 설명하는 것이 가장 효과적인 방법이지만, 견학 예산이 부족하거나 다른 과목의 수업 때문에 시간을 낼 수 없을 경우, 보형을 통한 학습 등의 방법으로 매체 및 교수전략을 대체할 수 있다.

4. 활용자료 선정

적당한 자료를 얻는 방법은 이용 가능한 자료 선택하기, 기존의 자료 수정하기, 새 자료 설계하기의 세 가지 대안 가운데 하나를 선택하게 된다. 기존의 이용 가능한 자료를 사용하여 학습자들이 학습목표를 성취하는 것이 가능하다면 기존 자료를 선택함으로써 시간, 노력 및 비용을 절약할 수 있다. 그러나 그 자료가 학습목표와 완전히 일치하지 않거나 학습자와 맞지 않을 때는 그것을 수정하는 것이 하나의 대안이 될 수 있다. 만약 이것도 적당치 않다면 교사가 자신의 자료를 새로 설계하게 된다. 비록 비용과 시간이 가장 많이 드는 방법이지만 해당 학습자들이 목표를 더 잘 성취할 수 있게 해 줄 것이다.

4절 매체와 자료의 활용

매체와 자료의 활용 단계에서는 자료 준비 및 학습자 준비를 통해 학습 경험을 제공한다. 최근 들어 인터넷, 모바일 환경 등 다양한 매체가 이용 가능하고, 교육의 철학적 관점 또한 교사 중심에서 학습자 중심으로 이동하였다. 이에 따라 교사가 교육에서 활용될 전반적인 자료를 제시하고 학습자들이 그것을 보는 교사 주도식의 강의법보다 학습자들이 스스로 자료를 활용하는 학습자 중심의 학습방법이 증가하고 있다. 학습방법의 변화는 매체와 자료의 특성 및 활용목적에도 변화를 가져왔으며, 다음의 매체와 자료 활용 단계에도 반영되었다.

1. 자료의 사전 검토(Preview the Materials)

교사는 수업 전에 자료가 학습자 특성과 교육목표에 적합한지 검토해야 한다. 교사 스스로 자료와 매체를 사전 검토하여 전체적인 내용을 이해하고 자료와 매체의 잠재적 문제 및 효과성을 충분히 파악해야 한다.

2. 자료 준비하기(Prepare the Materials)

매체의 목적과 가치, 학생들의 필요, 전달 혹은 교육해야 할 주된 문제 등을 분석하고 이에 가장 잘 대응할 수 있는 매체군을 선정 혹은 제작하여 시사(試寫) 혹은 시험해야 한다.

교사는 자신이 계획하는 수업 활동을 지원하기 위한 매체와 자료를 준비할 필요가 있다. 먼저 수업에 필요한 모든 자료와 기재를 모아 어떤 순서로 사용할지를 결정한다. 교사 중심의 수업에서는 교사가 스스로 자료와 기자재를 사용하는 연습이 필요하고 학습자 중심 수업에서는 학습자가 필요한 모든 자료, 매체, 기자재에 접근하도록 하는 것이 중요하며 교사는 촉진자의 역할을 하게 된다. 교사는 어떤 자료가 학습자들에게 필요한지 예상해야 하고 이에 준하여 필요한 자료를 확보해야 한다.

매체의 선정과 이용을 위한 원칙을 정리해보면 다음과 같다.

① 충분한 자극

매체가 매체의 구실을 하기 위해서는 수신자의 감각기관을 자극할 수 있을 만큼 충분한 강도의 자극이 되어야 한다. 수신자가 자극을 인지하는 것은 수신자의 인지능력, 관심도, 잡음의 정도, 매체의 자극강도 등 다양한 요인에 의해 결정된다. 그러나 매체는 이러한 모든 조건에 상관없이 수신자가 인지할 수 있는 충분한 강도의 자극을 줄 수 있어야 한다.

② 명확한 자극

메시지를 수신자들이 인지하려면 매체의 자극이 충분히 커야 할 뿐 아니라 명확해야 한다. 예를 들어, 글씨가 아무리 크더라도 휘갈겨 쓴 글씨라면 잘 알아볼 수 없으며 매체로서의 역할을 하지 못하게 된다. 교사의 말소리가 분명하지 못해 학생들이 알아들을 수 없다면 그것은 좋은 매체라고 할 수 없다. 녹음기, 라디오, 텔레비전 등의 스피커 기능이 떨어져 말이 울리며 분명하게 들리지 않는 것도 좋은 매체라고 할 수 없다.

③ 매체의 특성 살리기

각종 매체는 그 나름의 특성을 가지고 있다. 교사의 강의는 잘 준비된 경우 언제 어디서나 아주 쉽게 이용할 수 있으며, 포스터나 화보는 사람들의 눈길을 끄는 특성이 있다. 영화나 텔레비전은 실제 있는 그대로의 것이나 움직이는 동작, 극적인 구성 등을 전해 줄 수 있으나, 그것을 이용하려면 영사기와 암막장치, 텔레비전 수상기가 있어야 한다. 투시환등기는 반암실의 상태에서도 이용할 수 있는 장점이 있으나, 역시 OHP와 TP자료를 준비하지 않으면 안 된다. 교육용 슬라이드나 영화는 상영시간이 15분 이상 넘게 되면 청중의 관심을 계속 모으기가 어렵다.

④ 매체의 다양화

언제 어디서나 통용될 수 있는 만능의 교재란 없다. 각 매체는 나름의 특성을 가지고 있기 때문에, 그 특성에 맞추어서 매체들을 선정하고 조직하여 이용해야 한다.

매체를 이용하는 초점은 교육목표의 달성에 두어야 한다. 교육목표가 어떤 것인가를 분석하고, 그 목표가 가장 효율적으로 달성될 수 있는 매체를 선정하고 조직하여 하나의 체제(System)를 구성해야 한다.

교육목적 및 교육내용에 따라 다양한 매체를 동원하는 것이 말 한 가지로만 가르칠 때보다 효과적인 경우가 있는데, 이처럼 매체를 다양하게 조직하는 것을 복합 매체화(multi-channel, multi-media package, multi-media kit)[1]라고 한다(Brown, Lewis, & Harcleroad, 1969). 그러나 복합 매체화도 어디까지나 교육목적과 교육내용에 부합하는 경우에 한하여 그 효과성이 나타나는 것이며, 복합 매체화가 모든 수업에 효과적인 것이라 일반화할 수는 없다.

1 복합 매체화란 통합되고 상호 관련된 수업자료의 단위로 정의되고 있다.

즉, 수많은 매체를 질서 없이 조직하게 되면 오히려 학생들이 혼란스러워하므로, 한 시간에 두세 가지 정도의 매체를 사용하는 것이 바람직하다.

3. 환경 준비하기(Prepare the Environment)

학습이 일어나는 곳은 어디든지 학습자들이 매체와 자료를 사용하기에 알맞은 시설을 준비해야 한다. 편안한 의자, 적당한 조명과 환기시설, 분위기 조절 등의 요소는 어떤 수업 상황에서도 반드시 준비되어야 할 것이다. 또한 교사는 학습자들이 사용할 기재가 작동하는지 사전에 점검해야 하고 모든 학습자들이 잘 보고 들을 수 있도록 시설을 배열해야 한다.

4. 학습자 준비시키기(Prepare the Learners)

학습의 성취 정도는 학습자가 수업에 얼마나 준비되었느냐에 따라 크게 좌우된다. 교사가 학습 경험을 제공할 때 학습자를 미리 준비시키는 것이 중요하며 학습자 준비 시 제시되어야 할 내용은 다음의 세 가지로 나누어 볼 수 있다.

첫째, 수업 내용에 대한 전반적 개요를 제시하는 소개가 제시되어야 한다.

둘째, 학습자들에게 주의집중 효과를 설명함으로써 학습의 필요성을 느끼도록 하는 동기적 진술이 제시되어야 한다.

셋째, 수업의 특별한 측면에 주의를 기울이도록 지시하는 단서가 제시되어야 한다.

5. 학습경험 제공하기(Provide the Learning Experience)

교사 중심의 수업에서 교사는 자료를 전문가처럼 제시해야 하며 마치 배우가 관중의 주의를 끌어야 하는 것처럼 교사도 학급에서 주의를 끌 수 있어야 한다. 학습 경험이 학습자 중심이라면 교사는 학습자들이 인터넷상의 주제를 탐구하고, 그 내용을 토론하고, 포트폴리오를 위한 자료를 준비하고, 급우들에게 정보를 제시하도록 안내자, 촉진자의 역할을 해야 한다.

이와 같은 절차에 따라 교재를 이용하였을 때, 과연 그 과정이 제대로 되었는가의 여부를 점검해 보는 것은 교수의 질을 개선하는 데 크게 도움이 될 것이다. Michaelis(1973)는 교재 이용이 적절한가의 여부를 점검할 수 있는 체크리스트를 다음과 같이 제시하였다.

A. 목적
- 목적이 분명한가?
- 이 자료가 단원과 어떻게 관련되는가?
- 좋은 인간관계를 맺을 수 있도록 되어 있는가?
- 민주적인 행동을 나타내고 있는가?
- 다른 자료에서의 문제해결과 어떻게 조화가 되는가?
- 어떤 질문에 해답을 얻을 수 있는가?
- 어떤 기술, 태도, 감상력이 개선될 것인가?
- 사용안내서는 실제적이면서 가치 있는 목적을 나타내고 있는가?

B. 준비성
- 집단은 학습할 준비가 되어 있는가?
- 사전에 알고 있어야 할 개념은?
- 사전에 필요한 경험은 무엇인가?
- 단원의 문제와 어떻게 관련되어 있는가?
- 특히 강조해야 할 아이디어는?

- 미리 설명해 두어야 할 어려운 점이나 이해해야 할 점은?
- 새로운 관점이 제시되는가?
- 사용안내서는 교재를 소개하는 데 사용할 다른 제시방법을 암시하고 있는가?

C. 제시할 동안
- 학생들이 관찰하고 있는가?
- 노트를 하는가?
- 질문을 하는가?
- 보충설명을 하였는가?
- 휴식, 질문, 보충설명을 할 때 휴식시간을 주었는가?
- 자료는 무리 없이 종합되었는가?
- 포인트 강조, 의문점 해소, 설명을 위해 자료가 두 번 사용되었는가?
- 보조자료가 함께 사용되었는가?
- 사용안내서는 학생들의 활동을 나타내고 있는가?

D. 추수지도
- 집단토의는 충분하였는가?
- 새로운 질문과 문제를 찾기 위해 집단계획(group planning)이 필요하였는가?
- 설정된 질문의 해답이 얻어졌는가?
- 어떤 결론이 내려졌는가?
- 요약이 되었는가?
- 주요 아이디어에 관한 간단한 테스트가 이루어졌는가?
- 논의된 내용을 점검하기 위한 다른 자료가 의논되었는가?
- 지도 만들기, 차트 쓰기, 읽기, 위원회 작업, 만들기, 연극, 자료의 처리

등과 같은 관련된 활동을 통한 추수지도를 암시하고 있는가?

E. 교사의 평가
- 자료가 만족할 만하였는가?
- 어떻게 하면 자료의 이용이 개선될 수 있겠는가?
- 자료이용 전후에 이용할 수 있는 보충자료가 있는가?
- 다음의 이용을 위해 특별히 기록해 두어야 할 어려움은 없었는가?
- 사용안내서는 평가를 위한 시사가 있는가?

5절 학습자 참여

학습자들이 학습 과정에 능동적으로 참여할 때 학습이 향상된다. 1990년대 초에 John Dewey는 학습자 참여가 중심이 되도록 교육과정과 수업을 재구성하도록 촉구했다. 그 후 1950년대, 1960년대에 행동주의적 접근을 적용한 실험에서는 바람직한 행동에 일관된 강화를 제공하는 수업은 강화받지 않은 수업보다 더 효과적임을 증명했다. 더 최근에 내적 정신과정에 초점을 둔 인지주의적 학습이론도 역시 효과적인 학습은 학습자에 의한 정보의 능동적 조작을 요구한다는 원리를 지지했다.

행동주의자들의 관점은 개인이 행동하는 것(do)을 학습한다고 제안하였다. 즉, 학습은 여러 가지 행동을 시도해 보고 좋은 결과로 이끄는 행동을 취하는 것이다. 그렇다면 수업설계자는 학습자가 어떤 것을 지속적으로 하도록(doing)하는 방법을 발견해야 한다. 인지주의자들은 학습자들의 마음이 능동적으로 어떤 새로운 개념이나 원리를 기억하거나 적용하려고 할 때 그들의 정신적 스키마가 구성되고 풍부해진다고 제안한다. 행동주의자와 같이 구성주의자들도 학습을 하나의 능동적 과정으로 본다. 그러나 그 강조점은 신체적 활동이 아니라 능동적인 정신적 과정에 있다. 지식은 경험의 기초 위에 구성된다. 관련된 실제적 경험의 맥락 내에서 학습자들의 자율성과 주도성이 강조된다.

행동주의자, 인지주의자, 구성주의자 그리고 사회심리학자들은 피드백(feedback: 생산적, 비판적, 평가적 반응)의 중요성을 강조한다.

- 행동주의자: 피드백으로 제시한 지식이 적절한 행동의 강화요인으로서 기여함.
- 인지주의자: 행동의 결과에 대한 피드백이 학습자의 스키마를 풍부하게 함.
- 구성주의자: 의미(그리고 지식)는 각 개인의 경험에 따라 향상됨.
- 사회심리학자: 대인 간 피드백은 교정적 정보와 정서적 지지를 제공함.

효과적인 수업이 되기 위해 학습자들의 적극적인 사고 활동을 유도해야 하며 평가가 이루어지기 전 학습자들에게 그들이 배운 지식이나 기능을 연습하고 피드백을 받아볼 수 있는 기회를 제공해야 한다. 피드백은 그 자체, 인쇄된 책, 기재로부터 혹은 다른 사람으로부터 온다. 이 중 가장 강력한 피드백이 대인간 피드백이다. 왜냐하면 면대면(face to face) 반응은 인쇄 정보나 그래픽 정보보다 훨씬 생생하고 더 개인적이며, 오래 지속되기 때문이다.

수업 중에 이루어지는 토론, 짧은 퀴즈, 적용 연습은 연습과 피드백을 위한 기회를 제공해 줄 수 있다. 추후 활동은 더 많은 기회를 제공해 줄 수 있다. 수업자료에 동반된 교사 지침과 매뉴얼은 흔히 학생 반응을 이끌어내고 강화하기 위한 기법과 활동을 제시해 준다. 다음 그림은 학습자의 참여를 유도할 수 있는 교재의 예시이다. 농작업 재해의 원인들에 대한 예방대책을 함께 토의해 봄으로써 수업의 효과를 높일 수 있다.

그림 Ⅶ-11. 학습자 토론을 위한 교재 예시
자료: 김진모. (2007). 『농업인안전교육프로그램개발』. 수원: 농촌자원개발연구소.

6절 평가와 수정

효과적인 학습을 위한 ASSURE 모형의 마지막 단계는 평가와 수정이다. 차시 설계에 있어서 중요한 평가와 수정은 질 높은 수업을 개발하기 위한 본질적인 요소이다. 평가를 위한 목적은 학습자 성취 사정과 방법 및 매체의 평가이다.

평가는 학습이 완료되는 시점에서뿐만 아니라 수업 전, 중, 후에 걸쳐 계속적으로 이루어진다. 예를 들면 수업 전에 교사는 학습자의 현재 수준 및 특성을 측정함으로써 적절한 수업방법이나 수업 자료를 선택할 수 있다. 수업 중 평가는 보통 진단목적을 가지며 학습자 성취에 장애가 되는 교수 · 학습상의 원인을 찾아내고 교정하기 위해 설계된다.

수업 중 평가는 학습자들의 행위에 대해 피드백을 주는 형태로 진행되는데, 간단한 퀴즈 또는 자기평가가 대표적인 예이다. 이처럼 평가는 수업 과정 전반에 걸쳐 이루어지며, 이는 수업의 끝이 아니라 수업매체의 효과적인 사용을 위한 출발점이다.

① 학습자 성취의 평가

수업에 관한 궁극적 질문은 학습자들이 배우기로 한 것을 배웠는지 여부이다. 학습자가 원래의 목표 진술에서 명세화한 능력을 나타낼 수 있는지를 확인하기 위해 수행준거를 포함한 목표에 의한 평가가 이루어진다. 성취평가 방법은 목표의 성질에 달려 있다. 탄저병과 새눈무늬병 구분하기, 농산물 유통 경로 이해 등 단순한 인지적 기능에 대한 평가는 전통적인 지필검사나 구술고사가 알맞다. 육묘의 과정, 금속 선반 작동하기 등의 행동과정이나 분재, 조경 설계 포트폴리오와 같은 산출물 창조 등도 평가되어야 한다.

평가절차는 ASSURE 모형에서 이미 진술된 목표와 일치해야 한다. 예를 들면 목표가 “사과 재배의 경영적 특성을 파악하고 올바른 경영 계획을 세울 수 있다”라고 한다면 가능한 검사문항은 “사과 재배의 경영적 특성은 무엇인가? 그리고 올바른 경영계획을 세울 수 있는가?”가 될 것이다.

교육 장면에서 평가는 흔히 학습자의 학습을 측정하기 위해, 학습자와 학부모에게 학습자의 진보를 알리기 위해, 성적을 매기기 위해 사용된다. 그중 수행평가는 실세계에서 요구된 기능을 평가하는 것으로 새로운 지식과 기능을 다른 상황에 전이하는 능력과 숙달에 대한 시범에 초점을 둔다. 수행평가는 학습자들에게 학문을 정확히 모형화한 실제 상황에서 지식과 기능을 나타낼 기회를 제공한다. 수행평가 과제는 학습될 내용과 기능에 적당한 과정을 사용해야 하며 매체와 공학은 비디오 제작하기, 슬라이드 만들기, 컴퓨터로 작성한 보고서 등의 예에서 보듯이 수행평가의 일부로 사용될 수 있다.

② 방법과 매체의 평가

수업자료가 효과적이었는가? 그것은 개선될 수 있는가? 학습자 성취의 관점에서 비용 효과적이었는가? 매체는 학습자들이 목표를 성취하는 데 도움이 되었는가? 학습자의 흥미를 일으키는 데 효과적이었는가? 방법과 매체가 의미 있는 학습자 참여를 제공해 주었는가? 수업자료를 처음 사용한 후에 그것을 그대로 더 사용해야 할지, 혹은 수정해서 사용해야 할지 결정하기 위해 방법과 매체가 평가되어야 할 필요가 있다. 수업매체와 방법을 평가하기 위해 학급 토론, 개인별 면접, 학습자 행동 관찰 등의 방법이 사용되어야 한다. 물론 목표 성취의 실패는 수업에서 어떤 것이 잘못되었다는 것을 의미하지만 학습자 반응을 분석하는 것이 그 실패를 더 세밀하게 평가하는 데 도움이 될 수 있다. 학습자-교사 토론을 통해 학습자들은 교사가 선택한 일제식 제시방법보다 학습자 스스로의 독립적 연구를 더 선호한다는 것을 보여줄 수도 있고, 교사가 선택한 OHP 사용을 좋아하지 않고 비디오테이프를 보여주었다면 더 잘 학습했을 것이라 느낄 수도 있다. 학습자들은 교사의 수행이 바람직한지를 알려줄 것이다.

③ 수정

수업 순환의 마지막 단계는 평가자료 수집의 결과에 의해 피드백하는 것이다. 의도했던 것과 실제로 행해진 것 사이의 불일치가 있었는가? 학습자 성취가 하나 이상의 목표에 미달했는가? 학습자들은 수업방법과 매체에 어떻게 반응했는가? 선택한 자료의 가치에 만족하는가? 이러한 질문에 대한 결과를 수업의 각 요소에 반영해야 하고 다음 수업을 실행하기 전에 참고해야 한다. 이러한 수정의 결과를 수업의 질 향상에 일관성 있게 사용할 때 ASSURE 모형이 진정으로 사용할 가치가 있다고 할 수 있다.

연구문제

1. 이 책에 제시된 교재 이외에도 최신교재로 활용될 수 있는 매체를 조사해 보자.
2. ASSURE 모형을 활용한 교재개발 및 연구에서 좀 더 개선 및 보완해야 할 점은 무엇인지 논의해 보자.
3. 실제로 하나의 농업교육 수업을 선정하여 학습목표에 맞게 효과적으로 활용할 수 있는 매체를 선정하고 장점과 단점을 논의해 보자.
4. 실제 수업시간에 사용되는 매체의 종류를 조사해 보고 개선해야 할 점이 없는가를 토의해 보자.

참고문헌

김진모. (2007). 『농업인 안전교육 프로그램 개발』. 수원: 농촌자원개발연구소.

농촌진흥청. (2013). 농촌진흥청 홈페이지. Retrieved from http://www.rda.go.kr

윤승금. (2004). 『교육매체의 이론과 실제』. 서울: 문음사.

이용환. (1991). 「교재연구의 학문적 성격 규명을 위한 연구」. 『성곡논총』 제22집. 서울: 성곡학술문화재단.

이용환, 김수욱, 정철영, 박행모, 김진모, 나승일, 강대구. (2007). 『농업교육학 개론』(개정판). 서울: 서울대학교출판부.

통합농업교육정보서비스. (2013). 통합농업교육정보서비스 홈페이지. Retrieved from http://www.agriedu.net

中内敏夫. (1973). 『教育と教具の理論』. 有斐閣ブックス. 6-8.

Brown, J. W., Lewis. R. B., & Harcleroad, F. F. (1969). AV Instruction: media and methods (3rd ed.) (pp. 506-510). New York, NY: McGraw Hill Book Co.

Bruner, J. S. (1960). *The process of education*. Cambridge, MA: Harvard University Press.

Butler, K. A. (1986). Successful learning strategies for the emerging adolescent. *Oklahoma Middle Level Education Association Journal*, 1(7), 1-17.

Carrol, J. B. (1974). The potentials and limitations of print as a medium of instruction. In D. R. Olson (Eds.), *Media and symbols: The forms of expression, communication, and education* (pp. 151-179). Chicago, IL: National Society for the Study of Education.

Dale, E. (1969). *Audiovisual methods in teaching* (3rd ed.). New York, NY: The Dryden Press.

Gardner, H. (1999). *Intelligence reframed: Multiple intelligences for the 21st century*. New York, NY: Basic Book.

Gerlach, V. S., & Ely, D. P. (1971). *Teaching media: A systematic approach*. Boston, MA: Prentice Hall.

Gregorc, A. F., & Butler, K. A. (1984). Learning is a matter of style. *Journal of the American Vocational Association*, 59(3), 27-29.

Hoban, C. F. Jr., & Zissman, S. B. (1937). Why visual aids in teaching. In C. F. Hoban, Jr., & S. B. Zissman (Eds.), *Visualizing the curriculum* (pp. 3-26). New York, NY: The Cordon.

Keller, J. M. (1987). Development and use of the ARCS model of motivational design. *Journal of Instructional Development*, 10(3), 2-10.

Marsh, P. O. (1983). *Messages that work: A guide to communication design*. Englewood Cliffs, NJ: Educational Technology Publications.

Michaelis, J. U. (1973). Effective utilization. In A. R. Gayles (Eds.), *Instructional planning in the secondary school* (pp. 329-331). New York, NY: David Mckay.

Saylor, J. C., & Alexander, W. M. (1973). Characteristics of good learning resources. In A. R. Gayles (Ed.), *Instructional planning in the secondary school* (pp. 329-331). New York, NY: David Mckay.

VIII. 농업교육 실습지도

강대구

개요

농업교육 실습장에서의 실습교육의 중요성, 그 계획과 운영 그리고 실습지도, 학교교육농장실습, 가정영농실습, 산학협동교육 등에 관하여 그 이론과 방법을 고찰한다.

학습목표

1. 농업교육실습의 의의와 중요성을 설명할 수 있다.
2. 학교교육농장실습, 가정영농실습, 현장실습교육을 효과적으로 실행할 수 있다.

1 농업교육실습의 의의

농업교육실습은 좁게는 농업에 관련된 신체적 활동을 통하여 이루어지는 활동의 지도에 관련되나, 넓게는 학생들이 농업에 관련된 업무나 일에 종사하면서 배우는 모든 학습형태이므로 학생들의 효과적 발달을 돕기 위한 프로그램으로 활용될 수 있다. 학교에서는 교육과정의 일환으로 활용되나, 성인교육기관이나 단체에서는 농업에 관련된 체험이나 실습활동을 프로그램으로 운영하기도 한다. 농업교육실험실습 활동은 실험실습을 수행할 시설설비와 장비, 각종 재료와 실습활동을 수행할 공간이 필요하므로, 실험실습을 수행하기 위하여 수업활동의 지도뿐만이 아니라 수업 시설과 설비, 재료 확보와 관리, 활용이 필요하므로 교사는 이들 모두에 대한 계획 수립과 운영이 필요하다.

농업에 관한 실험실습은 학생이 교사나 학부모, 지도자의 체계적인 지도를 받으면서 학교나 가정, 지역사회의 실험실습장, 농장, 농업관련업체에서 신체적 활동을 통하여 실시하는 교육적 가치가 있는 모든 활동을 말한다. 농업 학습은 농업을 실제적으로 체험하면서 구체적인 지식과 기능을 학습하게 되는데, 이때 반복을 통하여 지식과 기능의 숙달이 이루어진다. 기술 습득과정에서 절차나 습관이 바르게 이루어지기 위하여 처음 습득단계부터 관찰과 수정이 신속히 이루어지도록 주의를 기울여야 하며, 기계나 시약과 같은 위험한 물질을 사용하는 실험은 안전주의사항에 대한 교육이 사전에 이루어져야 한다. 그러므로 교사들에게 실험실습은 안전에 대한 지도, 실험실습의 조직, 학생과 교사의 준비, 성취 평가기준으로서의 결과물의 품질과 기술 습득에 대한 기준 개발, 학생들에게 요구되는 과업 시간에 대한 주의가 필요하다. 구체적이고 실제적인 계획에 따라 실험실습이 이루어지고, 습득과정을 적절히 관리해야만 학생들이 교육목표를 달성할 수 있다. 수업이 취업 능력에 관련된 것이라면, 실험실습의 성취기준이 현장의 기준과 부합하여야 하고, 실제적이며 체계적인 수업이 요구된다.

실험실습활동은 교실에서 이론적으로 학습한 각종 농업지식이나 기술을 농업교육실험실습장에서 실제 적용해 봄으로써 지각으로만 학습한 농업지식을 신체적 활동을 통하여 구체적인 경험으로 변화시켜 개개인의 지식으로 통합하며, 현실적이고 복합적 상황에서 농업 문제를 접함으로써 개인의 경험이 심화되는 경험학습(experiential learning)의 과정을 거친다. 경험학습은 ① 가능한 한 다양한 측면에서 부딪칠 모든 문제 상황을 체험하고, ② 이들 경험을 의미있는 해석으로 유형화하여 이해할 수 있게 하며, ③ 획득된 이해를 통하여 실제 상황을 개선하기 위한 행동 계획을 설계하고, ④ 바람직하고 가능한 변화로 이끌 방법으로 계획을 실행하는 단계로 구성된다. Blum(1996, pp. 33-34)에 따르면 경험학습은 학교를 다니지 못했으나 계속적으로 변화하는 상황에 적용하기 위하여 주변의 것을 파악하고 창조적으로 행동하는 많은 사람들에게 나타나는 것으로 설명하고 있다.

농업교육실험실습장(agricultural education laboratory)은 농업기술에 관한 실험, 시범, 과제 등을 교사, 부모, 고용주와 같은 자격을 갖춘 성인의 지도하에 전개하고 경험하기 위하여 마련된 시설을 말한다. 그러므로 농업교육실험실습장은 학습 공간을 지칭하는 개념으로 학교농장, 실험실, 농산물 전시판매실, 온실, 수목원, 잔디포장, 작업실 등과 같은 학교의 실험실습실이나, 농가나 지역사회의 각종 농업관련시설, 농업관련기관이나 단체, 또는 농업관련회사의 각종 시설로서 학생들의 교육활동에 활용될 수 있는 시설을 지칭한다.

농업교육실험실습장에서 학생들은 새로운 농업 문제를 연구하고, 교실에서 학습한 사실을 실험, 관찰, 조사활동을 통하여 증명하거나 결론을 내리며, 반복적 훈련을 통하여 기능을 습득할 수 있는 기회를 가질 수 있다. 그러므로 실험실습실, 농장, 또는 농업에 관련된 일이 이루어지는 지역사회에서 농업을 가르치는 것은 중요하다.

실습은 기술을 일정수준까지 숙달되도록 하고 일에 대한 올바른 태도와 습관을 갖도록 하기 위하여 계속적이고 반복적으로 실행하는 육체적·정신적 학습활동이며, 기술은 지적·신체적 행동이나 목표를 성취하기 위하여 사물, 아이디어, 사람에게 능숙한 방법으로 수행하는 반응으로서, 사고 및 인지기술, 동작기술, 자기통제기술, 상호작용기술의 4가지 유형 이 부분은 기술을 구분한 Romiszowski(1984, p. 46)에 기초한다. 최근에는 기술을 단순기술, 복합기술, 개방기술로 구분하였다.

농업은 기술적 능력을 기르는 것으로, 기술적 사고력과 기술적 실천력을 포함하는데, 기술적 사고력은 정보의 인지와 선택, 과제의 발견, 해결책의 도출, 계획 능력을 포함하며, 기술적 실천력은 합리적으로 실천하고 완성하는 능력과 실천적·개선적 경향(毛利亮太郎, 1992, pp. 119-123)은 기술을 객관적 법칙성의 무의식적 적용과 주관적 법칙성의 의식적 적용으로 규정하고, 무엇인가를 얻기 위한 능력, 실천능력으로 파악하였고, 농업의 사명을 기술적 능력을 기르는 것으로 보았다.

그러므로 기술적 능력은 인지적 능력과 계획 능력, 문제해결 능력을 포함한 사고 능력 부분과 실천 능력, 태도가 결합된 능력을 말한다.

이에 비하여 실험은 다양한 목적으로 이루어지나, ① 자료의 측정과 해석을 하도록 학생을 훈련시키며, ② 학생들이 중요한 기구와 측정기법에 숙달하게 하며, ③ 기본적인 실제적 기술을 가르치며, ④ 학생들에게 관찰과정을 훈련시키며, ⑤ 비판적 안목을 기르며, ⑥ 강의에서 배웠던 재료를 예시하며, ⑦ 이론과 실제의 연결을 도와주기 위하여 실험을 실시한다.

농업교육실험실습은 현장학습(work-based learning)의 형태로서, 학교와 직업 현장과의 연계를 효과적으로 지원하기 위한 학습 형태로, 삶을 자각하고, 자신이 갖고 있는 선택 기회를 탐색하며 종합적 기술을 개발할 수 있는 기회를 제공한다. 이를 위하여 교실을 벗어나 농산물이나 서비스가 생산되는 학교농장이나, 실습장, 지역사회에서 실제적 일을 경험한다.

농업에 관한 현장학습은 참여한 학생들의 연령이나 진로계획, 고용주와 기타 지역사회자원, 수송 수단 등에 따라 기간과 내용 수준이 다르므로, 학습자에게 적절한 교육 프로그램을 제공하는 것이 필요하다. 기본적으로는 작업현장과 학교의 협력에 의하여 수립되어야 하며, 학교 내 프로그램과 작업현장 프로그램, 학교와 현장 간의 연계활동 등이 포함될 수 있다. 현장학습 프로그램은 다음과 같은 원칙을 고려할 필요가 있다(Boud, 2003, pp. 48-49).

첫째, 학습과업이 일로 인식될지라도 일과 동일하지 않은 학습 활동으로 현장경험학습을 만들어라.

둘째, 현장학습의 초기단계는 학생이 소유한 지식과 기술에 역점을 두어 다루어라.

셋째, 현장학습의 결과를 성취기준과 수준의 틀에서 결정하라.

넷째, 활동 프로그램의 개발과 타협을 촉진하라.

다섯째, 적절한 위치에서 학생의 학습 진행을 지원하라.

여섯째, 프로그램을 통하여 비판적 반성을 격려하라.

일곱째, 사전에 설정한 기준하에서 평가될 수 있는 형태로 학습을 문서화하라.

효과적인 현장학습은 학교활동과 조화를 이루어야 하고, 참여하고자 하는 모든 학생이 참여할 수 있고, 업무 담당자가 사전에 정해져 있으며, 학습자의 적극적 학습을 유도할 수 있도록 학습자 주도적 학습과 책임준수 사항을 사전에 협의하며, 관련업체와 학교 간의 주기적인 대화가 이루어져야 하며, 안전 주의 사항과 훈련 및 행동 규칙에 대한 안내 학습, 학교와 사업체의 기대 목표를 포함한 사전 안내가 이루어져야 하고, 현장의 성취 표준을 평가기준으로 활용할 수 있고, 학교와 참여기관 간의 협력을 통하여 프로그램이 개발되고, 학습 내용이 적절히 분배되며, 학습활동의 진행 과정이 잘 계획되어야 하며, 참여인사나 기관 간의 책임과 역할이 분명하여야 하고, 지원 인사들이 충분한 자격을 갖추었으며, 부모의 참여를 격려하되, 학습자에 대한 정보는 본인의 동의가 있지 않는 한 비밀로 유지되어야 한다(Strom & Hoff, 2000, pp. 7-8).

실험실습은 학생 자신이 주도적으로 수행하거나 보조자나 관찰자로서 이루어지기도 한다. 이는 실험실습단계나 학습자의 수준에 따라 결정되어야 하며, 교사는 실험실습과정이 효과적으로 이루어 질 수 있도록 실험실습에 필요한 시설과 설비의 확보와 유지 · 관리를 위하여 노력하여야 한다.

2 농업교육 실험실습지도의 중요성

농업교육은 실천적 체험학습을 통하여 학습이 완성되므로 농업교육실험실습장에서의 경험은 농업교육 목표 달성에 중요한 부분이다. 특히 실험실습장은 취업에 필수적인 기술을 숙달할 수 있는 기회를 제공한다. 이는 취업할 수 있는 수준까지 기술을 획득하도록 실습이 이루어져야 하므로 실험실습장의 운영 계획을 수립할 때는 학생들의 실험실습 성취 기준을 사전에 고려하여야 한다.

농업교육에서의 실험실습은 기술 습득의 기회를 제공하고, 기능과 관련된 이론에 대한 이해를 높이며, 강력한 동기유발 요인이며, 안전하고 적절한 작업 습관을 갖추도록 하고, 문제에 대한 해결책을 검토할 기회를 제공한다.

실험과 실습은 신체적 활동을 통한 적용을 전제로 하고 있다는 점에서 공통적이다. 그러므로 다음과 같은 학습원리가 농업교육의 실험실습에서 필요하다.

첫째, 학생들은 학습을 위해서는 동기유발되어야 하므로, 학습활동은 학생들의 욕구, 필요, 관심, 포부를 고려하여 제공되어야 한다.

둘째, 학생들은 학습활동의 목표 설정과 계획 수립에 참여함으로써 동기가 유발된다.

셋째, 학생들은 성공이 확실하지는 않으나 가능하다고 깨닫는 과업에 도전할 때 동기가 유발된다.

넷째, 학생들은 연습을 통하여 학습된다.

다섯째, 효과적인 지도 실습은 필요하다고 인식한 교육경험에서 발생한다.

여섯째, 지도 학습은 무지도 학습보다 더 효과적이다.

일곱째, 학습을 극대화하기 위하여, 학생들에게 교과에 대하여 가르치기보다 탐구하도록 하여야 한다. 문제법은 학습을 개선한다.

여덟째, 학생들이 자신의 학습 진전 상황을 알 때, 수행도가 더 낫다.

농업교육실험실습장은 사용목적이나 활용방법에 따라서 차이가 있으므로, 성격에 따라 달리 운영되어야 한다.

첫째, 학교 농장은 학교 소유의 임야, 농장, 동물사육장과 같은 생산 포장으로서, ① 현대적 농업에 대한 실제적 훈련 제공, ② 작물과 동물 생육에 대한 전시, ③ 농업 혁신 사항의 실천, ④ 학교의 수입 증대를 위하여 운영될 수 있으나, 교육적 목적으로 농장을 운영하기 위해서는 실습 농장, 학생 개인별 실습포, 전시포, 시험포로 구분되어야 한다. 이때 실습 공간은 설치 학과나 전문교과목, 특별 활동을 고려하여 배정되어야 한다. 학교교육농장실습은 농업에 관한 실제적 기술 습득을 위하여 단순하고 반복적인 육체적 노작만이 아닌, 근면성과 협동성 및 과학적 사고력을 개발하고, 연구하는 태도, 근로애호성, 농업경영능력 등을 배양하는 교육 공간으로 운영되어야 한다.

둘째, 지역사회 자원은 농업계 학교의 교육에 활용할 수 있는 지역사회의 물적·인적 자원으로서, 지역사회 관련인사나 농업인을 학교로 초청하거나, 해당 인사의 농장이나 실험실을 방문 관찰, 현장 실습 지도교사로서 활용할 수 있다. 현장 견학을 함으로써 학생들은 특정한 기술과 실제를 관찰하거나 연습할 수 있고, 지역사회의 문제나 문제해결에 관한 아이디어를 발견할 수 있으며, 지역 주민이나 구성원들과의 유대감을 형성하고, 지역사회에 대한 관심을 개발할 수 있다. 지역사회자원을 활용한 농업교육실습은 학생들의 실습 파견이나 견학, 사회봉사활동을 통하여 운영될 수 있다.

셋째, 실험은 교실수업보다 많은 시간과 특수한 시설 · 설비를 요구하므로 수업목표를 적절히 고려하여야 한다. 실험실은 기본적으로 ① 물리적 현상이나 화학반응, 생물적 과정의 시범, ② 현미경 기술이나 화학적 측정법과 같은 기본기술의 훈련, ③ 과학적 사실과 일반화의 발견을 목적으로 활용될 수 있다(Blum, 1996). 실험은 사전에 교사가 주어진 방법과 내용을 학생들에게 연습시키거나, 교사가 제시한 기준하에서 방법이나 재료를 학생이 선택하여 수행하는 실험적 탐구, 긴 시간 동안 학생들이 선택한 연구주제를 수행하도록 이루어지는 연구과제 형태로 구분될 수 있다. 또한 실험의 성격에 따라 단순한 실험, 이해를 돕기 위한 실험, 기술을 습득하기 위한 실험, 종합적 실험으로 구분되기도 한다. 학생들에게 실험 절차나 원리를 보여주는 것이 목적인 실험은 수업시간 절약에 효과적이다. 이는 수업이 실험실에서 이루어지고, 교사가 이론적 설명과 시범을 자유롭게 제시할 수 있을 때 효과적이다. 기술 습득 실험은 반복을 통하여 기술 습득이 이루어지므로 시간을 많이 요구한다. 그러므로 이론지식이 더 중요한 경우에는 시간을 조절하여야 한다. 예를 들면 학생들이 미래에 현미경을 사용할 기회가 거의 없으나 현미경 사용법을 가르치는 데 많은 시간을 소비하는 경우는 현미경의 원리에 대한 설명과 현미경 사용법을 시범하고, 현미경 사진을 확대한 그림을 사용하는 것이 비용 측면에서 유리하며, 수업시간의 낭비를 줄일 수 있다. 실험실은 학생들 스스로 새로운 사실과 원리를 발견할 수 있는 적합한 장소이므로, 실험을 수행하는 데 필요한 호기심과 기술을 개발시킬 수 있는 기회나 가용시간을 고려하여야 한다.

농업계 고등학교 내에 필요한 시설을 모두 갖추고 적절한 상태로 유지한다는 것은 예산이나 인력 측면에서 어려움이 있다. 그러므로 필수 시설이나 활용 빈도가 높은 시설, 또는 주변에서 활용하기 어려운 시설이나 장비들은 학교 안에 갖추도록 하고, 그 외의 시설들은 지역사회의 농업관련 산업체나 독농가의 시설을 활용하도록 하되, 최신 시설과 설비를 사용할 수 있도록 적절하게 운영되어야 한다. 이를 위하여 시설별로 독자적인 활용계획이 수립되어 효과적으로 활용할 수 있도록 하여야 한다.

과거 학교 농장실습은 실습비나 학교운영비 지원 부족으로 경영수익을 위하여 학생들의 노작 실습에 치중한 결과 학생들이 농업계 학교를 기피하는 계기가 되었고, 현재까지도 학교 농장을 경영 소득의 수단으로 활용하는 경우가 있다. 이는 학생들에게 농업교육에 대한 흥미를 반감시켜 농업 인력으로 육성될 수 있는 기회와 농업에 대한 이해를 높일 수 있는 기회를 잃게 되므로, 학교 농장은 교육 농장으로서의 기능을 다할 수 있도록 계획 · 운영되어야 하며, 경영관리 능력도 함께 배워갈 수 있도록 하여야 한다.

3 실험실습실에서의 실습지도

1절 실험실습수업의 본질

실험실습수업은 온실, 농장, 작업장, 농기계실, 묘포와 같은 실험실습공간에서 발생하는 조직화된 수업으로서 교실 수업에 비하여, 학생들의 자유로운 이동이 허용되고, 심동적 기술 개발에 초점을 두며, 특별한 도구와 장비의 사용을 요구한다. 실험실습 수업은 안전주의사항, 수업의 조직, 학생들에 대한 준비, 실습 결과물의 품질이나 기술 습득에 관련된 성취 기준, 학생의 가용시간을 고려하여 선정하며, 시범을 보여주고, 학생의 실습을 관리·감독하며, 학생의 수행을 평가한다. 취업과 적용 능력 획득이 목표라면, 체계적 수업이 요구된다. 농업에 대한 인식 개선과 소비자에 대한 농업의 영향력 자각을 위한 것이라면 종합적인 실습수업은 필요하지 않으나, 농업직에 취업하기 위한 지식과 기술을 개발하는 것이 목적이라면 종합적인 실험실습 수업이 필수적이다.

실험실습수업은 학생들의 실습을 포함하므로 학생들에게 기술습득 기회를 제공한다. 기술습득은 실습을 통하여 기술에 대한 느낌을 갖게 하고, 운동과 협응에 대한 근육의 감각을 개발한다. 기술습득은 적절한 연습이 제공될 때 학습이 촉진되고, 오래 기억되며, 수행 능력에 대한 자신감을 길러주고 교실에서 배운 기초 원리를 강화시킨다.

기술의 습득은 두뇌에 입력된 순서나 모습을 참조하여 일치할 때까지 반복적 수정과정을 통하여 습득되므로 간단한 기술이라고 하더라도 습득과정에 두뇌를 활용하는 정보처리과정이 요구된다. 농업기술은 기술을 사용하는 용도나 상황에 따라 합리적인 절차에 따라 수행되어야 하므로, 기술 수행은 해당하는 행동의 원리와 개념에서 도출되어야 한다. 기술에 대한 학습은 대상, 원리, 방법의 연계가 잘 이루어져야 하고, 교실 수업과 실험실습 수업이 합리적으로 연계되어야 한다. 특히 개념과 원리의 적용을 직접 눈으로 보게 되면 개념과 원리 이해가 훨씬 빠르므로 실험실습수업은 교육 효과의 측면에서도 중요하다. 그러므로 학생들의 기술 수행은 학습한 원리에 대한 이해 수준의 증거가 된다.

농업 교과들은 실제적 교과로서 가능한 한 기술과 기법을 연습할 기회를 학생들에게 많이 제공하는 것이 필요하다. 농업에 있어서 실제적 활동은 ① 학교농장이나 정원에서 일하는 것과 작물이나 동물을 기르는 것, ② 간단한 기계와 장비를 만들고 사용하는 것, ③ 교실, 실험실 또는 현장에서 실험을 하는 것, ④ 기록유지, 부기 등과 같은 관리 과업을 행하는 것, ⑤ 지역사회 구성원과 함께 일하거나 회의를 갖는 일이 포함될 수 있다.

2절 실험실습의 계획과 관리

실험실 수업은 농업교육에서 중요한 요소이며, 조직화되고 체계적인 수업을 제공하는 데 도움이 된다.

실험실 수업은 ① 자료의 측정과 해석을 통하여 추론하도록 학생을 훈련시키며, ② 중요한 도구와 측정기법에 친숙하게 하며, ③ 기본적 기술을 가르치며, ④ 학생들에게 관찰방법을 훈련시키며, ⑤ 비판적 안목을 개발하며, ⑥ 수업에서 배운 재료를 예증하며, ⑦ 이론과 실습을 연결시키도록 돕는 것을 주요 목적으로 한다.

실험실습의 형태에 따라 학습내용에 대한 이해를 돕거나, 과학적 탐구과정이나 문제해결기술, 비판능력, 기본적 기술의 습득에 관련되며, 기술적 능력은 기술에 대한 이해와 사고, 문제해결과 실제적 기술, 태도를 종합적으로 요구하므로 실험실습 주제에 따라 효과적으로 성취할 수 있는 능력이 차이가 있다. 태도 학습은 학습주제에 관한 긍정적 태도를 기르기 위한 것으로 비교적 장기간의 학습을 요구하며, 실험실습보다는 토론수업형태가 더 효율적이나, 기능 습득은 실험실습을 통한 반복적인 연습으로 비교적 단기간에 습득할 수 있는 것으로 이해되고 있다. 문제해결능력과 같은 종합적 기능은 단기간에 습득하기 어려운 경우도 있으므로 적절한 소재와 수업 기간을 고려하여 계획하여야 한다.

기본적으로 실험실습은 배운 것을 실습할 수 있는 기회를 주지만, 강의만으로는 직업에 필요한 특정기술에 대한 아이디어만을 얻게 되므로, 교사가 가르친 기술을 실습할 기회와 직업적 성공에 필요한 기술을 숙달할 수 있는 기회를 제공하되 숙달될 때까지 중요한 기술을 충분히 연습할 수 있는 시간을 고려하여야 한다. 실험실습을 위해서는 우수한 실험실습 시설이 필요하다. 시설은 취업 희망자에게 그 분야에서 요구하는 능력과 질을 갖출 수 있도록 충분하여야 하며, 취업능력의 성취는 학생들의 실험실습 결과를 통하여 평가될 수 있어야 한다.

실험을 통한 농업수업은 여러 가지 장점을 가지고 있다.

첫째, 학생들의 실제적인 참여가 이루어지므로 흥미유발을 통하여 학습에 참여한 학생들에게 풍부하고 심층적인 학습이 이루어진다. 학생들은 실험과정 동안 마음을 사용하고, 실험의 구성, 관찰과 자료수집, 결론 도출과정에 참여하므로, 본질적으로 체험을 통한 구체적 정보를 만든다.

둘째, 실험은 중요한 개념, 이론이나 정립된 실습을 도해적으로 예증하는 방법이므로 깊은 인상을 제공한다. 즉 다양한 방법으로 문제를 해결한 결과를 통하여 주제에 대하여 심층적으로 이해하게 된다.

셋째, 실험은 학생들에게 체계적으로 생각하도록 학습하는 것이다. 실험 방법은 체계적이고 명백하며 철저함의 중요성을 강조하여 가르치고, 철저히 생각하고, 특별하고 주의 깊은 기록을 유지하며, 정확한 계획 실행을 배우며, 규칙적이고 단계별 순서에 따라 처리함을 배워야 한다. 이것은 학생들이 학습결과로서 개발해야 할 중요한 특성이다.

넷째, 실험은 학생들에게 자신이 수집한 사실을 분석하여 결론을 도출하는 기반이 된다. 결론은 밝혀진 사실로부터 도출됨을 배우게 된다. 학생들이 이용 가능한 관련 정보의 분석에 기초하여 적절한 결론이 도출될 때, 중요한 능력이 개발된다.

실험실습 활동을 이론과 연관시키는 것은 매우 중요하다. 실습수업도 이론수업과 마찬가지로 분명한 목표를 설정하여야 하며, 학생들에게 필요성과 성취목표를 명확히 인식하도록 도와야 한다. 또한 교사는 학생들에게 수행과정을 기록하도록 하고, 학생들의 행동을 관찰하여 적절한 지원과 조언을 하고 질문하도록 격려하여야 한다. 실습 수행에 어려움을 겪고 있는 학생들에게는 더 많은 연습 기회를 주어야 한다. 실험실습은 실습 장소로의 이동, 장비 지급과 반납, 실습 등 교실수업보다 더 많은 시간이 요구되므로 충분한 시간을 배정하고, 시간을 효율적으로 사용하도록 조직해야 한다. 야외 실습은 기후 조건을 고려하여 적절히 배치하되, 실습 종료 후 실습장소와 장비를 정리할 시간도 고려하여야 한다. 정리 시간은 수업과 직접적인 관련은 없으나 다음 수업에 영향을 주지 않도록 청결한 상태로 만들어서 실습 재료나 장비, 실습 시간에 대한 책임을 기르는 계기가 될 수 있다.

실험실습은 바람직한 기술과 능력을 개발할 수 있는 수행과업을 확인하고, 학생들에게 이들 과업을 개발할 기회를 어떻게 제공할 것인지를 파악하여야 한다. 그러므로 교사는 수업내용 제시 계획과 함께 학생들의 실습을 관리할 방법을 계획하여야 한다.

그러므로 먼저 실험실습을 할 대상 내용이나 기술과 절차, 시기, 방법을 결정하되, 바람직한 기술이 개발될 수 있는 작업을 선정하되, 모든 학생이 동시에 동일한 기술을 연습할 수는 없으므로 이용 가능한 재료의 수량, 실험실습비, 실험실습을 통하여 생산된 물품의 판매가능성, 실험실습 장비의 구비 여부, 의미 있는 과제내용, 선수학습내용에 대한 이해를 고려하여 적절한 내용을 선정하고, 보조자료의 준비를 포함한 체계적인 계획을 수립하여야 한다.

학생 모두가 실험실습장에서 개별적으로 동일한 내용을 동시에 실습할 정도로 시설이나 장비, 공간, 재료가 충분하지 않은 경우가 대부분이므로 모든 학생이 작업을 집중적으로 수행할 수 있게 별도의 실험실습 공간을 만들어서 활용할 수 있다. 실습 내용은 과목과 실습결과물의 판매가능성을 고려하여야 한다. 실습내용별로 실험실습 공간을 배정하는 경우 각 공간별 실험실습 내용을 결정하여야 한다. 이때 모든 학생이 동일한 내용을 수행하여야 하는 것은 아니며, 학생별로 실습내용이 달라질 수 있다. 학생들에게 기초적인 능력을 기르는 경우라면 모든 학생이 동일한 내용을 배우게 된다. 모든 학생이 동일한 과업을 배워야 하나 동시에 할 수 없는 경우는 실습공간별로 실습내용을 배정하여 조별로 순환하면서 실습하도록 한다. 순환 실습의 기간은 시간별, 주별, 월별로 배정할 수 있고, 배정시간, 공간면적, 순환빈도는 작업 특성에 따른다. 이는 모든 학생에게 충분한 실험실습 시간을 배정할 수 있는 차선의 방안이다. 이 방법은 적절한 실습 구조를 제공하므로 개별 학생들이 모든 분야의 실습을 체험할 수 있다. 순환형 실습 계획은 실습 조를 편성하고 실험실습 과업을 세분하여 돌아가면서 실습할 수 있도록 계획한 것으로 실습공간과 조별 할당시간은 모든 집단에게 동일하게 하되 실습 내용은 가능한 한 부분으로 분리하여야 한다.

실험실습실은 가능한 한 실제 일의 현장과 유사하게 구성하여 실제를 체험할 수 있도록 하며, 학생들에게 실험실 관리자, 안전 관리자, 시범 조교, 실험실 감독과 같은 직책을 주어 실험실습실의 운영에 참여하여 지도력을 개발할 기회를 제공하되 학생들 간에 교대로 맡도록 한다. 자신의 책임을 감당할 능력이 없는 학생들은 강제로 맡기지 말아야 한다.

학생들이 실험실습 과정에서 다양한 역할을 맡음으로써 의사소통이나 조직, 방향 제공 등의 부가적인 기술을 개발할 수 있으며, 업무에 대한 인정과 칭찬을 통하여 임무를 충실히 수행할 수 있는 동기가 된다. 농업교사는 책임을 맡은 학생들이 그들의 능력을 계속 개발해 나갈 수 있도록 부여된 책임 수준을 점차 늘리도록 하여야 한다.

농업교사는 실험실습을 효과적으로 시작하고, 학생들의 작업을 관리하며, 수행도를 평가하고, 공구와 장비의 사용을 관리하며 바람직한 방법으로 실습을 끝내야 한다.

첫째, 실험실습의 효과적 시작은 마음 자세를 갖추는 것으로 시작되어야 할 것이다. 바람직한 마음 자세는 우리는 여기서 일하고, 많은 것을 성취할 것이며, 그 과정을 즐길 것이라는 자세이다. 수업이 시작되자마자 신속히 실습에 임할 수 있도록 복장을 갖추고, 일할 준비가 되어 있어야 하며, 교사나 실습보조자에 의하여 진행과정이 검사되어야 한다. 실험실습 과제가 부과되고, 실험실습 활동의 목표를 이해하고 있는지를 확인하며, 이전 시간의 이론수업과 현재의 실험실습 활동과의 관계를 명확히 파악하고, 중요한 새로운 기술이나 이전 시간 수업에 문제가 있다면 시범을 보여준다. 매일의 과제에 대한 교사나 시범 조교의 시범은 학생들에게 새로운 능력을 기르게 하는 좋은 방법이 되며, 실험실습 기간을 충실하게 만든다. 매일의 실습에서 학생들은 일반적인 안전주의사항을 상기해야 하며, 실험실습을 시작하기 전에 교사나 보조 학생은 자신이 해야 할 일과 방법을 알고 있는가를 확인하고 시작하여야 한다. 만약 이런 준비과정이 없다면 일부 학생은 일하고, 다른 학생들은 일하지 못하므로 빈둥거리게 되고 수업 손실이 발생한다.

둘째, 학생들에 대한 감독은 실험실습이 시작된 후의 과업으로, 가능한 한 학생들이 중요한 학습경험을 많이 갖도록 하며, 효과적인 수업이 되도록 노력하여야 한다. 효과적인 방법 하나는 코치법으로서 어려움을 겪고 있는 학생 집단과 토론할 시간을 갖는 것이다. 이 방법은 1대1이나 소집단을 편성하여 권고안을 만들고, 질문을 제기하며, 어려운 과정을 수행하며, 시범을 반복하거나 개별적 시범을 보여줌으로써 학생들의 수행도 개선을 도울 수 있다. 수업이 가장 적절할 때 학생들의 성공을 돕기 위하여 개인적 차원에서 사용한다. 그러므로 코치법은 실험실습을 관리하고 지도함에 적절한 전략이다. 교사는 문제에 직면한 학생을 파악하고 이들에게 적절히 가르칠 수 있는 순간을 신속히 판단하여야 한다. 때로는 실험실습을 중단하고 상황을 만들고, 배경정보와 이론, 실제를 설명하며, 문제 해결 방법을 학생들에게 가르칠 수 있다. 이때의 수업은 학생들에게 기대되고 잊기 어려운 경험이 된다. 교사가 모든 학생들을 동시에 관리할 수 없으므로 학생들 중 일부를 실험실습 보조자로 활용하여야 한다. 학생들을 보조자로 활용하기 위해서는 사전에 책임을 부여하여 준비하도록 하여야 한다. 필요한 기술을 갖춘 경우나 실험실습실 운영 경험이나 흥미가 있는 학생들이 보조자로서 적절하나, 기술이 없는 경우라도 수업 전에 필요한 기술을 미리 가르침으로써 다른 학생들을 보조할 수 있다. 이들 보조자들은 실험실습실에서 해야 할 활동과 매일의 작업에 필요한 장치가 있는 곳을 알고 있어야 하며, 이들 지식을 자습시간이나 방과 후, 또한 수업시간 시작 전에 공부하여야 한다. 실험실습실에서 해야 할 일과 방법에 대한 이해 없이는 보조 학생이 교사의 업무를 덜어주고 효과적인 실험실습실 관리에 기여할 수 없다.

실험실습수업이 잘 진행되려면 개개 학생들이 잘 할 수 있도록 지도하여야 하나 많은 학생을 짧은 수업시간 동안 골고루 지도하기에는 시간이 부족하므로 다양한 보충자료를 준비하는 것이 좋다.

교사는 실험실습을 계획할 때, ① 문제해결에 필요한 정보를 제공하는 적절한 실험실습인가를 확인하고, ② 실험수행절차를 요약하며, ③ 필요한 재료와 자료 목록을 개발하여야 한다. 이를 위하여 적절한 자료수집체계를 계획하여야 하며, 학생들이 발견한 결과와 결론을 메모하도록 하는 것이 필요하다.

지도절차는 실험실습에 대한 흥미를 유발하고, 실험수행을 계획하고, 학생들에게 목표를 알게 하고, 실험결과를 예측하도록 격려하며, 예측의 정확성을 검토하도록 한다. 실험실습 방법과 재료를 학생들이 알면, 교사는 실험실습 과정을 감독하여 절차의 준수, 답을 구하는 방법, 자료의 기록을 지도하고, 자료 수집이 이뤄지면 분석과 결론 도출을 도와주어야 한다. 이는 개별적이나 집단적으로 이루어질 수 있다. 이 문제가 다수에 해당하는 문제라면 결과를 전체 학생들 앞에서 발표하고 토론하도록 한다. 전체 발표는 수행된 실험을 통한 학습이 모든 학생들에게 이익이 되며, 다른 사람과 공유할 필요가 있는 중요한 학습을 분류할 수 있고, 학급보고로서 집단 앞에서 발표하므로 더 많은 경험을 갖게 한다. 보고가 성공적이기 위해서는 학생들에게 보고서 작성법을 가르칠 필요가 있다. 실험보고서는 제목, 목적, 절차, 결과, 결론의 순서로 작성하며, 학습된 결과의 요약과 작업상에서의 문제점, 핵심적 결론을 적도록 한다.

다른 사람의 자료를 사용하는 경우는 최신의 농업연구결과를 활용하고, 대상이 되는 실험개념을 학생수준에 맞게 비전문적 용어로 번역하되, 배경과 상황과 절차를 설명한 후 결과를 예측하게 한다. 이 예측과정을 통하여 학생들이 상황을 분석하여 결과를 추론할 능력을 개발하는 데 매우 중요하다. 결과는 통계나 연구 설계에 대한 부담 없이 명확하고 간단한 용어로 제시되어야 한다. 표로 결과를 제시할 때는 일부를 빈칸으로 제시하고 학생들로 하여금 빈칸을 채우도록 하며, 그림으로 제시할 때도 일부 단계만을 그리고 남은 부분을 채우도록 요구한다.

실험실습의 일반적 단계는 다음과 같다.

① 준비-필요한 재료와 기술의 준비

② 시범-수행과정을 교사가 단계별로 자세하게 시범하며, 안전규칙을 준수하며, 실험실습조를 편성하고 시범 절차를 반복하도록 함.

③ 연습-시범한 방법이나 결과, 안전절차를 연습할 적절한 시간을 제공함.

④ 지도-연습하는 동안 실험실습실을 순회하면서 학생들을 개별적으로 관찰하여 1대1로 지도하며, 실수를 수정하고 바람직한 기술을 강화함. 안전절차를 따르도록 권함.

⑤ 평가-수행도를 평가함.

⑥ 정리-학생들에게 시범과 연습한 후에 각 물품을 적당한 위치로 옮겨두고 청소함.

교사는 학생들의 실험실습 진행을 관찰하면서, 질문을 던지고, 안전주의사항을 강조하며, 방법을 보여주거나 칭찬하고, 질문에 계속 답하면서 이동하여야 할 정도로 학생들을 지도하고 관찰하여야 한다.

학생들의 실험실습 수행에 대한 평가는 수행도의 우수성에 대한 평가와 결과물의 질적 우수성에 대한 평가를 실시하되, 작업습관, 실험실습 과정상의 절차, 실험 실습의 신속도와 실험 실습 과정의 정확도와 결과물의 품질을 평가요소로 사용할 수 있다. 평가방법은 관찰이나 포트폴리오(portfolio), 진도표(progress chart), 체크리스트, 수행도 평가, 평가기준표를 활용할 수 있다.

3절 실험실습 설비와 관리

실험실습실은 강의 공간, 실험 공간, 수업자료나 장비의 보관 공간, 교사의 준비공간으로 구분되며, 강의실과 실험실습실이 분리되어 있거나 결합되어 있는 경우도 있을 수 있다.

실험실습은 실험실습에 필요한 시설과 설비가 갖춰진 공간에서 수행하므로 실험실습 활동에 적절한 설비나 장비가 갖추어 있어야 한다. 농업계 고등학교는 설치된 학과에 따라 다양한 실험실습실이 있으며, 각 실험실습실별로 적절한 설비나 기구들이 설치되어 있다. 이들 시설이나 설비를 사용하기에 적합한 상태로 유지 · 관리하는 일은 중요한 일이다.

학생들이 도구나 장비를 적절히 사용하고 유지하는 일은 직업 현장에서 중요하다. 그러므로 학생들은 적절한 장비사용습관을 개발할 필요가 있으며, 이는 현장에서 요구하는 기준이 된다. 실험실습실에 실험실습 도구나 장비를 비치하는 것은 일반적이며, 들고 다닐 수 있는 장비는 저장고에 보관하여야 한다. 장비는 깨끗하고 즉시 쓸 수 있는 상태로 유지되어야 하므로, 실험도구나 실습 장비를 사용하는 학생들은 실험 · 실습 후 깨끗하게 반납하여야 하고, 원하는 곳에서 사용할 수 있도록 준비되어야 한다. 그러므로 교사와 실험실습실 관리자는 실험실습 전후에 장비나 도구가 청결한 상태인지와 제자리에 있는가를 확인하여야 한다.

교사는 학생들에게 장비를 조정하는 방법을 가르쳐야 하며, 실험실습을 위한 장비는 가능한 한 현장에서 사용되는 것과 동일하여야 한다. 실험실습실은 학생들이 새로운 아이디어와 실제를 개발하고 실험할 수 있도록 하는 시험대로서 활용되어야 하므로, 실험실습실의 장비와 도구는 프로그램에 대한 인상에 중요한 영향을 미친다. 장비와 도구 유형은 실험실습 수업 계획에 영향을 주므로 적절하고 최신의 장비를 확보하는 것은 농업교사들에게 가장 도전적인 과업이다.

필요한 장비는 학생들이 개발하여야 하는 기술적 요구에 따른다. 다음과 같은 요인들이 도구와 장비의 규모에 영향을 준다.

① 과목의 내용

② 프로그램 목표

③ 학생 수

④ 학생들의 연령

⑤ 매 수업에 참가하는 학생 수

⑥ 농업과목 담당교사 수

실험실습 수업은 학생들과 지역사회의 요구와 관심에 초점을 둔다. 그러므로 도구와 장비의 구입과 확대 시기는 지역사회에 대한 요구를 분석한 후에 결정되어야 하고, 구입하기로 결정한 설비와 장비들은 산업표준에 명시된 규격품으로 구입하여야 한다.

실험실습실마다 갖추어야 할 설비와 장비들은 종류나 규격에 차이가 있다. 작업대는 학생의 키에 따라 높이가 달라지며, 배치 위치에 따라 크기가 달라진다. 진열장은 실습을 위하여 사용될 특수 공구나 장비를 비치하는 데 사용할 수 있으며, 실험실습실의 작업 공간 내에 배치되어야 한다. 공구를 보관하기 위한 공간은 진열장을 사용할 때는 필요하지 않으며, 사용빈도가 낮은 공구도 보관 공간에 비치하여야 한다. 진열장의 크기는 보관할 공구나 장비 수, 실험실습실 벽의 여유 공간 크기에 따른다. 들고 다닐 수 있는 공구함과 실험실습실별로 1개 정도의 다목적 작업대를 배치하는 것이 바람직하고, 작업대의 크기는 지역의 요구와 이용 가능한 공간 면적에 따른다.

모든 실험실습실에는 칠판이 필요하다. 수업이 필요할 때마다 강의실로 옮기는 것은 불편하므로 실험실습실에도 판서할 수 있는 칠판이 필요하다. 크기는 교실에서 사용하는 것보다는 작은 것이 적절하다. 실험실습실에는 소모성 재료를 보관하기 위한 공간이 있어야 하고, 재료에 따라서는 실험실습실 외부의 저장고에 저장할 수 있는데, 이때는 재료가 안전하게 저장될 수 있어야 한다. 외부 저장고는 학생들의 개인 비품을 보관할 수 있도록 실내 저장고를 활용할 수 있다. 보안경을 보관하기 위한 특별 진열장이 필요한 경우도 있다. 보안경은 작업의 성격에 따라 요구되므로 학생들이 쉽게 찾을 수 있고, 좋은 상태에서 사용할 수 있도록 준비되어야 한다. 실험실습실별로 비치하여야 할 보안경수는 가장 많은 학급 학생 수에

표 Ⅷ-1. 실험실습실 면적 결정에 참고할 수 있는 기준

영역	소요 기준 면적
실험 공간(실험대 비치형)	43 ft^2/ 학생 1인당
강의 공간	14 ft^2/ 학생 1인당
준비 공간	6 ft^2/ 학생 1인당
사무실	150 ft^2/교사 1인당
저장 공간	4 ft^2/ 학생 1인당
온실	100 ft^2/ 학생 1인당
양어장/수경재배	150 ft^2/ 학생 1인당

주: 학급당 최대 학생 수는 24명을 기준으로 한다.

자료: Lee, J. S. (2000). *Program planning guide for agriscience and technology education*, p. 60.

6개를 추가한 수로 비치하여야 하며, 학생별로 배정하여 사용할 수 있다. 비상약장과 소방용 장비 같은 안전 장비도 적절한 상태로 유지되어야 하고, 비상약은 비상시에만 사용하여야 하므로, 다른 때는 학교 양호실에 가서 치료받아야 한다. 이들 외에도 휴게 공간, 음용수대, 대규모 세척통, 온도조절시스템, 배기구 시설이 실험실습실에 공통적으로 비치되어야 할 시설·설비이다.

필요한 장비나 도구가 적절한 장소에 비치되어 있더라도 추가 장비가 필요하므로 장비의 교체 및 구입계획을 수립하여야 한다. 특히 값이 비싼 장비는 구입 요청에 의하여 구입되므로 필요한 장비나 도구에 대한 구입 순위를 정하여야 한다.

실험실습실의 크기는 교과목과 실험실습활동의 종류에 따르나, Lee(2000)가 제시한 기준을 참고하면 〈표 Ⅷ-1〉과 같다.

실험실습실에서의 장비 배치는 그곳에서 이루어질 교육과정과 학습활동을 먼저 결정하고 그에 따라 장비 배치를 계획하여야 하며, 학생 수, 지역 농산업의 특성, 기후와 지리적 위치, 최신의 설비, 편리함과 경제적인 유지비, 적절한 저장 설비, 타 실험실과 외부설비에 대한 접근성을 고려하여 설계하여야 한다. 또한 장애자들도 쉽게 접근할 수 있게 배치되어야 한다.

4절 실험실습실에서의 안전 사항

대부분의 농업 실험실습실은 위험한 부분을 가지고 있으므로, 학생들의 건강한 성장과 미래의 취업을 위해서 필수적인 안전 작업습관을 개발하는 것이 중요하다. 학생들이 실험실에서 안전하게 일하는 방법을 배워야 할 이유가 있다. 첫째, 교사는 학생들을 돌봐야 하므로 한 학생이 다친 것을 보기를 원하지 않으며, 둘째, 교사는 학생들이 성공적인 미래를 위해 전체적으로 준비되기를 원하며, 셋째, 학생들 자신의 이익을 지키기 위하여 필요하다. 일반적으로 실험실습실을 안전하고 위험이 없는 곳으로 관리하는 것은 교사의 책임이다. 그러므로 교사는 실험실습실 상황에서 학생들이 어떻게 반응할 것인가를 예측하고, 장비나 설비의 사고 가능성을 감소시킬 수 있도록 배치해야 한다.

농업교사는 학생들의 안전에 대한 태도에 중요한 영향을 미치고 있다. 교사가 안전하게 실습하고, 정확한 안전지식을 보이며, 안전한 실험실 환경을 제공하고, 긍정적인 안전태도를 전달하고, 학생들에게 안전에 대한 기대를 제공하면 학생들은 실험실에서 작업할 때 안전에 대하여 더욱 주의할 것이다.

위험을 최소화하는 10가지 원칙이 있다.

① 사전에 계획하고 연습하라.

② 위험을 안내하라.

③ 실험실습실을 떠나지 말고 감독하라.

④ 장비를 깨끗하고 완전하게 관리하라.

⑤ 실험실습실에서의 적절한 행동 규칙을 제시하라.

⑥ 사고 시 안전 정리 재료를 가지고 있어라.

⑦ 학교의 처리 절차를 준수하라.
⑧ 안전공제나 보험을 가입하라.
⑨ 교실과 실험실을 양호한 상태로 관리하라.
⑩ 비상전화번호를 전화기에 부착하라.

교실 수업에서는 장비나 공구별 안전규칙을 항상 가르쳐야 한다. 교실 수업에서는 필수적이며, 필름과 슬라이드를 통해서나, 산업체 인사를 활용하여 안전주의사항을 가르치는 것이 효과적이다. 교사가 장비나 공구에 대한 안전 조작법을 시범할 필요가 있으며, 각 장비와 공구, 화학물질, 위험물질, 실험실별 안전주의 사항과 일반적인 안전주의 사항에 대한 능력을 갖추어야 한다. 모든 과목에서 학생들에게 안전주의사항을 기억하게 하며, 새로운 문제와 함께 과거의 주의사항을 반복할 수 있다.

실험실습실에서 부식성 재료, 가연성 재료, 유독물질, 산화제와 반응제, 전기충격, 전동 장비, 수동공구, 식품 등은 위험한 것으로 변할 수 있으므로 조심하여 취급하여야 한다. 실험실습실은 안전을 의식한 환경을 만들어야 하며, 색을 활용하여 위험한 부분을 표시하거나, 안전포스터나 전시물을 활용하며, 모든 안전장치가 제대로 작동되는가를 확인하고, 산뜻하고, 깨끗하게 배열되어야 한다. 실험실습 기간 동안 안전을 생각하도록 하며, 교사나 실험실 책임자, 안전 관리자에게 안전 점검을 담당하게 할 수 있다. 교사는 안전복과 보안경을 착용하고, 학생들이 준수할 안전규칙을 지키도록 한다. 마지막으로 교사와 담당학생들은 공구나 장비가 최상의 상태에 있는지, 유지 방법이 적절한지 매일 매일의 점검을 통하여 검사하여야 한다.

4 학교교육농장 실습지도

1절 학교교육농장의 목적과 성격

학교농장은 학교가 보유한 토지로서 생산을 중심으로 한 실외의 실험실습시설에 해당한다. 실험시설은 실내의 시설이고, 농기계실습훈련장이나 묘포, 포장, 연습림과 같은 경우는 실외의 시설에 해당한다. 농장은 학생들의 만족스러운 성취와 경험에 필수적이며, 농업생산분야, 원예, 임업 및 조경, 축산 및 양잠 등의 분야에서 주로 활용될 수 있다.

농장을 사용하는 목적은 다음과 같은 유형이 있을 수 있다.

① 다른 방법으로는 얻을 수 없는 경험과 기술을 학생들에게 제공하기 위하여

② 인정된 실습을 시범하기 위하여

③ 시범기법으로 실험을 수행하기 위하여

④ 일에 대한 직업경험과 다른 사람과의 협동 경험을 제공하기 위하여

⑤ 교실의 이론과 실제를 조정할 기회를 제공하기 위하여

⑥ 지도실습 프로그램을 촉진하기 위하여

⑦ 농기업에 필요한 관리기술을 가르치기 위하여

⑧ 재정적 측면과 기업의 생산조건에 관한 인식을 개발하기 위하여

⑨ 영농학생회 지부를 위한 수익을 확보하기 위하여

⑩ 학교 농업프로그램을 통한 교육을 홍보하기 위하여

농장은 필수적인 농업기술의 개발에 가장 중요하다. 학생들은 농장활동을 통하여 이론과 원리의 적용을 직접 관찰할 기회를 갖게 되며, 그로 인하

여 이론과 개념들이 새로운 의미를 갖게 된다. 잘 활용된 농장은 수업에 도움이 될 수 있는 풍부한 문제를 제공한다. 농장은 농산물 생산에 치중하는 경우 재정적으로 이익을 가져오나 농장을 운영하는 일차적인 동기가 될 수 없으며, 농업에 관한 교육이 주 목적이어야 한다. 학생들에게 농장의 수익을 잘 알려서 농기업의 잠재력을 인식할 수 있도록 하여야 하며, 기본적인 농업기술을 개발할 수 있는 기회를 제공하여 학생들로 하여금 더욱 앞선 기술을 개발할 수 있도록 하여야 한다. 농장은 농장, 목장, 묘포, 연습림과 같이 전문 기술이 개발되는 기능단위로 세분될 수 있다. 잘 계획된 농장은 실제적인 경험과 즐거움을 제공하고, 수업과 연구를 위한 풍부한 연구문제를 공급한다. 실제 상황과는 달리 학생의 농장관리는 교사들이 그 결정을 도와주고 보호해 주므로 학생들은 시행착오를 겪으며 학습하게 된다.

농장은 학교기반과 지역사회기반으로 구분될 수 있다. 학교농장은 학교내에 있으며 학교에 의하여 소유되고 농업계 학과에 의하여 관리된다. 그에 비하여 지역사회농장은 학교농장과 목적과 활동이 유사하나, 대개의 지역사회농장은 학교와 떨어져 있고, 학생수송이 필요하다. 대개 지역사회의 개인이나 사업체, 집단에 의하여 소유되며, 학교는 학생실습을 위하여 이들 농장을 임대하여 사용한다.

학교농장실습교육은 농업에 관한 생산적인 기술 연마를 위한 단순한 반복적·육체적인 실습의 범위를 넘어 농장실습경험을 통하여 생명의 존엄성, 근면성, 근로애호심, 과학적이고 합리적인 사고력, 농장경영능력을 갖춘 사람을 형성하는 교육 과정이 되어야 한다.

학교농장이 진정한 교육농장으로서 성격을 다하기 위해서는 학교농장이 교육장이라는 점과 농업교육교재의 대부분이 생명체를 다루고 있다는 점, 자연을 대상으로 자연과학을 배우고 있다는 점 등을 고려하여 계획되고 추진되어야 한다. 교육농장의 성격과 목적을 보면 다음과 같다.

첫째, 교육농장은 인격형성 교육의 장이다.

교육농장은 농업기술능력을 키우는 장소에 그치는 것이 아니라 농업생산활동을 위한 노작활동을 통하여 자기수련과 삶의 방법을 배우는 인격형성의 장으로서의 역할을 해낼 수 있도록 계획되고 활용되어야 한다.

둘째, 교육농장은 생산과 생활이 통일된 공동의 장소이다.

대개의 학교농장운영은 생산과 생활이 구분되어 운영되지만, 앞으로 교육농장에서는 생산과 생활이 구분되지 않는 생활 속의 교육장이 되도록 보완되어야 한다.

셋째, 교육농장은 농업에 대한 지식과 기술습득의 장소이다.

교육농장은 재배 · 사육 등의 농업생산에 관한 기초지식과 기술을 배우는 곳이다. 그러나 농업에 관한 지식과 기술은 이론만으로 습득될 수 없는 체험적 학습이 요구되므로 숙련도나 이해도를 높일 수 있도록 계획적으로 운영되어야 한다.

넷째, 교육농장은 기술과 경제와 자연의 현장을 배우는 종합교육의 장소이다.

교육농장에서는 자연의 생산력에 인간의 기술을 투입하여 많은 소득을 높일 수 있도록 과학적인 원리를 인간의 모든 활동영역에서 적용할 수 있는 능력을 키우게 한다. 또한 학생들에게 합리적인 경영관리능력과 태도를 배울 수 있도록 계획되고 추진되어야 한다.

다섯째, 교육농장은 인간과 자연이 만나는 장소이다.

교육농장에서 노작실습을 통하여 자연을 바로 알고 대할 줄 아는 능력을 키우고 자연과 인간의 조화로운 생활태도와 자연과 친해지는 방법을 배우게 되며, 따라서 인격존중을 생활화할 수 있는 개인을 키울 수 있다는 데 교육농장의 의의가 있다.

여섯째, 교육농장은 환경문제 해결을 위한 환경교육 장소이다.

교육농장은 농업환경과 자연환경을 가꾸고 보존하는 방법을 배우는 곳이다. 공업화와 도시화, 고도 산업사회로의 발전은 자연생태계를 파괴하는 환경오염 등의 문제를 유발시키므로 학생들에게 이러한 문제점들을 바로 인식시키고 환경보존 및 관리를 위한 방법을 교육해야 할 필요가 있는데, 교육농장은 이를 바로 알고 대처할 수 있는 능력을 키울 수 있게 하는 환경교육장으로서 역할수행의 책무를 지니는 것이다.

일곱째, 교육농장은 바른 가치관과 농업관을 배우게 하는 교육현장이다.

농업인의 가장 올바른 인생의 가치관 확립은 흙을 대상으로 그 업을 삼는 사람의 소박하고 진실한 마음[농심]으로부터 오는 것이다. 농업은 인간의 생명과 건강을 지키기 위하여 절대적으로 필요한 식량을 생산하는 가장 원초적이고 구체적인 이웃사랑과 인간존중의 실천 활동이다. 따라서 교육농장은 "먹거리[식물] 없이는 생명도 없다"는 생명산업자로서의 위치와 역할을 바로 인식할 수 있는 진리탐구의 장인 것이다.

2절 학교교육농장 실습교육의 전개

일반적으로 교육농장의 형태는 유치원이나 초등학교 저학년을 위한 교육농장, 초·중등학교 학생을 위한 교육농장, 19세 이상의 청년 학생들을 위한 교육농장, 학교를 다니지 않는 농촌주민이나 도시민들을 위한 사회교육장으로서의 교육농장의 형태로 구분할 수 있다. 도시민들의 농사경험을 위한 주말농장이나, 일부 민간단체의 회원들과 공동으로 농사를 체험하는 도시 근교의 농장 등이 학교 외의 기관에서 운영하는 경우에 해당한다.

교육농장의 성격과 범위는 프로그램의 목표, 학생들의 교육요구, 재정자원 요구, 학생들의 흥미, 교사의 지원, 교육과정, 등록 학생 수, 이수의무 여부, 행정지원, 실습설비 요구와 이용가능성을 고려하여야 한다.

교육농장은 다양한 교육적 경험을 제공할 수 있으나, 효과적인 프로그램의 개발과 관리는 교사들에게 많은 부담을 준다. 특히 재정부족은 교육농장을 효과적으로 활용하려는 계획을 실패하게 하는 요인이 된다. 이 때문에 교육농장의 필요성을 분명히 규정하여 철저하고 세밀한 계획을 준비하는 것이 필요하다. 교육농장은 자문위원회를 구성하여 프로그램 개발에 활용하는 방안이 있을 수 있다. 자문위원회는 농장 운영에 참여할 교사들과, 지역의 농장주, 학생현장실습기관의 담당자, 학부모 대표, 졸업생 대표, 졸업생의 취업과 관련된 농기업의 관련인사, 교육농장 운영에 경험이 있는 농장주, 기타 관심 있는 사람들이 참여할 수 있으며, 이들에게 학생들의 실습 및 체험을 위한 농장의 필요성과 목적 결정에 자문을 받을 수 있다. 자문위원회는 교육농장의 목표 설정과 농장 활용 프로그램의 개발에 도움을 줄 수 있다. 교육농장의 목표가 설정되면, 다음은 프로그램의 성격에 적절한 장소를 선정함이 필요하다. 대개의 농업계 고등학교는 학교농장을 가지고 있으므로 장소의 선정이 필요 없으나, 학생 수나 프로그램의 변화, 교사의 인적 구성 변화로 학교 농장이 부족하거나, 새로운 프로그램이 운영되어, 신규 교사들이 담당하는 경우, 적정 재배 작목의 결정과 규모가 변할 수 있으므로 교육농장의 운영방향이 결정되고 적합한 토지와 규모를 결정하여야 한다. 우선적인 고려 사항은 프로그램이나 교과목, 교육과정의 목표와 밀접히 관련되어야 하며, 각 부분별 범위에 대한 대략적인 결정이 이루어져야 한다. 또한 비공식적인 행정적 인정 과정이 계획과정 초기에 이루어지되, 공식적인 지원은 합리적인 설계와 규칙, 운영절차가 확정될 때까지는 이루어질 수 없다. 교육농장의 운영을 위해서는 교육농장의 구성요소들에 대한 적용 계획에 대한 우선순위와 일정을 설정하여야 한다. 농장을 가지고 있는 학교는 학교의 목적이나 계획에 따라 규모가 확대될 수 있다. 농장의 확대는 구입하거나 빌리거나, 위탁받아 사용할 수 있다. 적절한 농장 장소를 찾는 문제는 계획 과정에서 중요한 과업으로 체계적이고 철저하게 수행되어야 한다. 농장운영목적, 위치, 재정 수요, 필요 장비, 준비성, 장기적인 이용가능성을 고려하여 1개 이상의 장소를 선정하여야 하며, 농장취득과 운영 및 관리 계획을 개발하고, 재정 확보 계획을 수립하여야 한다. 농장 체험과 기회를 수업과 연계시키는 상세한 계획이 수립되고, 농장의 취득, 운영, 관리에 관계된 규정을 만들고, 계획된 것과 같이 농장 개발을 진행하기 위한 공식적 결정을 확보하며, 농장을 시작하는 데 필요한 재정자원을 확보하고, 안전하고 효율적으로 농장을 운영하는 데 필요한 부가적 장비를 확보하는 일이 이루어져야 한다.

농장에 대한 재정 확보는 사용 규모나 관리 및 소유권 계약에 따라 달라진다. 학교농장은 운영비만 투자되므로 상대적으로 추가적인 재정확보가 불필요하다. 그러나 학교 밖의 실습농장을 빌리거나 구입하려고 할 때는 추가적인 재정확보가 필요하다. 작물생산이나 가축사육으로 약간의 수익을 얻을 수 있으나, 수목원은 수익을 얻기가 어려우므로 수익 목적보다는 교육적 체험이나 생태 학습을 위하여 이용될 수 있고, 일부 임산물이나 버섯 등을 재배하여 이익을 얻을 수 있다. 교양농업활동은 농장에서 이론과 원리의 적용을 직접 목격할 수 있는 기회가 있다.

농장은 수업과 연구를 위한 풍부한 문제를 제공하는 자원이므로 학교농장 운영에서 재정적 이익은 일차적인 목적이 될 수는 없으나, 학생들은 농장운영에 관한 수입과 지출을 완전히 이해할 수 있으므로 농기업의 이익능력을 인식할 수 있으며, 학생들이 농업직에 대한 동기를 개발할 수 있는 중요한 계기가 될 수 있다. 농장의 재정은 기부금, 대여금, 분할금, 이익분배, 농장생산물의 판매, 학교의 재정지원으로 확보할 수 있다. 기부는 개인이나 기업에서 할 수 있는데, 기부금이나 실습용 물품으로 지원될 수 있고, 협약 형태로 만들어진 경우도 있다. 이 부분은 학교의 회계처리에 관련되므로 투명해야 한다. 학교는 실험 · 실험용품으로 필요한 장비와 자금을 확보할 수 있으나, 학교의 여건에 따라 충분한 자금을 확보하기 어려운 경우가 있고, 그로 인하여 수익을 얻는 일에 치우쳐 교육농장으로서의 역할을 못하는 경우도 있다. 성공적인 농장 운영을 위해서는 교사의 헌신과 인내가 필요하다.

교육농장의 규모는 교육농장을 바라보는 관점과 교육할 대상, 학교운영 방침, 교육목표 등에 따라 서로 다르게 상정할 수 있다. 기본적으로 교육농장 규모는 학생실습에 필요한 최소한의 시설을 확보하고 부족한 시설은 지역사회의 산업 현장이나 독농가의 농장에서 현장실습을 통한 교육 방법을 활용하는 방향으로 보완되어야 할 것이다.

농업계 고등학교 교육농장의 시설규모는 각 시도의 시설 기준에 부합하고, 학생 수와 그 지역사회의 실정에 맞는 규모이어야 하고, 그곳에서 수행할 농업 학습의 특성에 맞게 갖추어져야 한다. 교육농장이 그 기능을 잘 수행하기 위해서는 교육농장 운영계획을 잘 수립하여야 한다. 교육농장 운영계획은 매년 초에 계획하는 것이 좋으며, 계획은 담당한 농업교사가 단독으로 작성하는 경우도 있고, 협의회를 열어 공동 계획을 개괄적으로 수립하고 구체적인 계획은 교사가 각자 수립하는 경우도 있을 수 있다. 학교교육농장 운영계획서를 수립할 때에는 학생의 필요, 지역사회의 특수성, 농업교과 운영계획 등을 고려하여야 한다.

농장운영 계획서, 축사관리 계획서, 온실관리 계획서, 묘포운영 계획서, 과수원 운영 계획서, 연습림운영 계획서, 농산가공실 운영 계획서, 농업공작실 운영 계획서 등 각 농업교육실습장의 성격에 따라 계획을 수립하고 경제적이고 합리적으로 실습장을 운영하여야 한다.

교육농장은 효과적으로 운영하기 위해서는 운영원칙을 수립하는 것이 좋으며, 운영원칙은 다음과 같은 요소를 고려하여 수립함이 좋다.

① 농장의 목적

② 주요 목적

③ 관리 방법

④ 학생들의 농장 관리 참여 방법

⑤ 농장의 실제 운영 참여 방법

⑥ 제공되는 보험 종류

⑦ 농장 수익의 사용용도

⑧ 농장 손실에 대비한 대책

⑨ 필요한 자본 투자 형태

⑩ 학생들의 수송 방법

⑪ 방학과 휴일의 관리 방법

⑫ 일한 학생들에 대한 보수 지급 조건

⑬ 농장의 재정 확보 방안

운영원칙이 마련되면, 학교 당국의 승인을 얻어 공고한다. 운영원칙은 위급한 상황이나 예기치 못한 상황이 발생하였을 경우의 상황도 고려하여 검토하여야 한다. 매년 말에 자문위원회를 개최하여 과거에 수립된 운영원칙을 평가하고 개정이 필요하면 다시 학교당국의 승인을 얻어 공고하는 과정을 반복하여야 한다.

교육농장은 다음과 같은 4개의 목적별로 구분 · 운영하는 것이 좋고, 때로는 2개 또는 1개의 실습장으로 운영할 수도 있다.

① 학습단원의 전개를 위한 단원포

② 농업기술의 시범적 전시와 보급을 위한 시범포

③ 학생의 흥미를 증가시키고 농업연구에 도움을 주는 시험포

④ 학교의 수입을 증가시키고 학생들에게 실제적인 농장경영능력을 배양하기 위한 경영포

농장경영 내용은 학생과 함께하며, 경영의 내용을 학생들에게 잘 알리고 흥미를 갖게 하며, 또 실습결과의 책임을 교사와 학생이 함께 지도록 하고 학생의 개인과제, 공동과제 그리고 가정영농과제와 연계하여 지도하는 것이 바람직하다.

농업실습교육은 경영실습과 과제실습 형태가 있으며 교과목과 밀접한

관련을 갖고 운영하되, 농장운영과정 전체를 실습할 수 있도록 조직하여야 한다. 농업과목수업과 농장실습을 연계시키기 위해서 영농시기에 맞도록 교과내용을 재구성하여야 한다. 농장경영에 대한 실습은 작물이나 가축의 재배·사육을 항상 관찰하면서 학습하지 않으면 효과를 거두기 어렵다. 식물이나 동물은 쉬지 않고 생장하고 변화하는 생명체이기 때문에 농업교육 실습은 밤낮으로 쉴 틈 없는 활동이 이루어져야 한다. 그래서 기숙사를 통한 합숙교육이 강조되기도 한다.

교육농장은 다양한 교육적 경험을 제공하기도 하나 운영관리에 대한 문제없이 운영하기는 어렵다. 일반적인 문제는 운영자금 확보, 학생들의 안전, 교육농장의 창의적 활용, 교육농장에 관한 대중의 반응, 학생의 책임과 기대에 대한 명료화, 교사에게 요구되는 초과근무시간 문제가 존재한다.

운영자금 확보는 농장의 적절한 운영에 필요한 자금을 안정적으로 확보하는 것이 중요하다. 이 문제는 농장의 특성에 따라 다르며, 특히 제때에 필요한 장비를 확보하는 일은 많은 자금을 요구하는 경우가 많으므로 구입하거나 빌리는 경우를 고려할 수 있다. 동물사육장과 같은 경우는 구입하기에는 비싼 장비를 요구하는 경우가 있으며, 이때는 재료와 노동력을 기부받는 방안이 있다.

학생들의 안전은 농장을 운영할 때 중요한 사항으로서 실습과정에서 학생들이 다치기 쉬우므로, 적절한 교사의 감독이 필수적이다. 이때 상해보험가입을 고려할 수 있는데, 대개의 학교들이 학교장 책임의 보험에 가입되어 있는 경우가 있으므로 이를 활용할 수 있다.

농장의 창의적 활용은 최대한의 교육적 효과를 얻는 방안, 이용 가능한 자원을 극대화하는 활용 방안, 농장자원을 고려한 수업과 실습의 효과적인 연계방안, 교육농장의 범위 확대 등의 방안을 모색하는 문제이다.

교육농장에 대한 대중의 반응은 농업계 학교 학생들에게 제공된 수업의 본질과 질에 관하여 대중에게 인식된 증거를 말한다. 이는 농업교육활동에 대한 사람들의 인상에 영향을 주므로, 농장은 깨끗하고 산뜻하며 잘 조직되고 유지되어 시민들의 긍정적 반응을 유발하고, 생산물은 최상의 품질이 되어야 농업의 본질에 대한 사람들의 생각을 바꾸는 계기가 될 것이다. 이때 농장에서의 농업 활동은 농업의 본질에 대한 대중의 이미지에 영향을 준다.

학생의 책임과 기대에 대한 명료화는 성공적인 농장운영에 필요하다. 특히 학생 노동력, 농장의 연간관리, 제공하는 지도농업실습, 농장에 영향을 주는 결정 등에 대한 학생 참여는 주요한 관심 영역이다. 생산물 판매 전략은 확인하기는 어려우나, 학생들의 참여를 항상 요구한다.

농장관리교사에 대한 초과 시간 요구는 농장 관리가 교사들에게 초과시간을 요구하게 되는 문제로서, 농장의 관리책임 일부를 학생들에게 맡긴 경우는 교사의 부담을 감소시킬 수 있다.

교사들은 성공적인 교육농장 활동에서 중요한 요인이다. 교사의 책임은 농장의 개발과 학생 참여 관리의 영역으로 구분된다. 농장의 운영과 개발은 교사에 의하여 분담되므로 담당교사의 헌신이 필요하다. 교육농장을 통한 교육 기회 확대에 대하여 열정적으로 다른 사람을 설득하고, 정기보고서를 작성하며, 적절한 농장운영원칙을 설정, 정기적인 평가와 계획 노력이 필요하고, 새로운 아이디어들을 검토해야 한다. 학생참여관리는 학생들에게 자신들이 의사결정의 중요한 요소임을 깨닫게 하는 것으로서, 교사는 학생들의 행동을 관찰하고, 의사결정과정과 결과를 검토하며 필요하다면 조언하여 학생들의 활동을 감독하여야 하는 책임이 있다.

농장을 통한 효과적인 교육이 되기 위해서는 사제동행정신에 의한 교사의 실습교육지도와 전공과정(course)제 운영, 과제학습(project method) 과정을 통한 문제해결학습이 생활화되도록 지도하여야 한다. 학생 주도적 실습교육 프로그램은 학년별이나 전 학년이 함께 협동하여, 교육농장에서의 실습교육이 1주일에 2회 이상 이루어질 수 있도록 적절히 계획 · 실시하여 협동교육 및 문제해결학습이 되도록 한다. 실습 후 반드시 실습기록장을 작성하게 하여 기록유지습관과 반성적 사고력을 갖추도록 지도하며, 실습 단위별·실습 조별로 발표회를 열어 실습한 내용을 바로 이해하고, 잘못된 부분은 교정할 수 있도록 하여야 한다.

3절 농업계 학교 기숙사 합숙교육

자영자 육성을 위한 학교 중심 영농후계자 교육은 농업의 본질에 기반을 둔 교육활동으로서, 교육활동 대부분이 생명유기체를 다루는 학습과정이므로 기숙사에서 생활하면서 학교농장실습에 참여하는 실습교육활동이 중요한 비중을 차지한다. 그러나 심신발달의 중요한 단계에 있는 청소년층의 학생들을 기숙사에서 합숙교육을 실시하는 것은 어려움이 있어서, 농업계 고등학교 학교경영자들과 농업교사들에게는 많은 부담을 갖는 프로그램으로 인식되고 있다. 선진국에서는 합숙교육 프로그램들을 개발하고 있으나, 농업계 고등학교에서는 아주 어려운 프로그램으로 인식하여 합숙교육 프로그램에 대한 집중적 연구나 논의가 부족한 실정이다.

영농후계자 육성교육의 성공적인 열쇠의 하나가 기숙사 합숙교육의 활성화에 있음을 주목하고 학생들에게 기숙사에서 가정과 같은 생활을 할 수 있도록 교육 프로그램을 개발하고 교육조직과 운영체제를 정비·보완해야 할 것이다.

대체로 기숙사 합숙교육은 학생들이 자기 집과 같은 분위기를 느끼고 생활할 수 있도록 해야 하며, 더욱 능률적인 학생지도를 위해서는 교사들의 교내 거주가 필요하다. 학생들의 기숙사 합숙교육이 더 실질적이고 재미있게 이루어지기 위해서는 농업교사뿐만 아니라 각종 사회활동 및 각종 상담과 레크리에이션 지도 등을 해줄 수 있는 전문교사들이 필요하다.

학생들의 어려운 문제들을 쉽게 처리할 수 있고 학교를 가정처럼 느낄 수 있도록 상담원, 레크리에이션 지도강사 등의 전문가들을 상주시키며, 점심때는 전 교직원과 학생들이 함께 식사하며 얘기할 수 있는 오찬제도(lunch system)를 활용하는 방안이 적극적으로 고려되어야 한다. 이때 식사는 자기 봉사제로 하며 교직원의 명패는 식사당번이 자유롭게 배열하고 교직원은 자기 명패가 있는 자리에 가서 식사하되, 학생들은 자기가 좋아하거나 얘기하고 싶은 교직원 근처로 가서 식사하도록 한다.

교육농장 실습교육을 성공적으로 이루기 위해서는 다음과 같은 사항을 고려하여야 한다.

첫째, 교육대상 및 교육목적에 따라 교육농장의 규모와 구성이 조정되어야 한다(예: 아동 교육농장, 청소년 교육농장, 성인 교육농장, 농업인 교육농장 등).

둘째, 교육농장 실습교육체계를 갖추어야 한다. 교양농업교육을 위한 교육농장 실습교육은 교과목시간표나 농업상황에 따라 실습교육을 실시할 수 있으나, 교육농장 실습교육은 교육농장에서 1~2개월간 합숙교육을 실시하며 전일제 실습교육과 작목별 '순환제' 실습교육이 이루어져야 한다.

셋째, 효율적인 교육농장 실습교육이 되기 위해서는 다음과 같이 실습교육방법이 개선되어야 한다.

① 교육농장 내 기숙사 합숙교육체계가 갖추어지고 조교 및 당번제도의 활용으로 교육농장 실습교육계획에 따라 사전 실습준비가 갖추어지도록 한다.

② 교육농장 실습교육에 참여하는 학생은 반드시 실습복과 작업화를 착용하여야 한다.

③ 교사는 체계적이고 구체적인 실습교육 지도계획서를 작성 · 지도한다.

④ 교육농장 실습교육을 실시할 때는 실습교육을 실시하기 전에 반드시 정신교육과 본 실습교육과정의 이론적 배경과 실기시범교육을 실시한다.

⑤ 실습교육 이전에 농기계·기구 및 농약사용 등에 따른 안전교육을 실

시하고, 이를 아끼는 정신교육을 병행한다.

⑥ 실습교육 시 교사는 감독자의 위치에서 벗어나 도우미로서 함께 근로하며 노작의 공감대를 형성한다.

⑦ 실습교육은 가능한 한 조별, 학년혼합별로 실시하여 협동교육을 통한 문제해결학습이 되도록 한다.

⑧ 실습교육 이후 실습생에 대한 보상을 실시한다(예: 실습 후 간식 제공, 수확물을 부모에게 가져다 드리기 등).

⑨ 교육농장 실습교육 종료 시 성과 칭찬과 정신교육 및 실제 농업상황과의 관련성, 차기 실습교육 예고 등으로 평가와 정리를 해 준다.

⑩ 교육농장 실습기록부를 작성하도록 하여 기록유지 및 확인점검을 생활화하도록 한다.

4절 농업교육실습 교수·학습 과정안

농업교육 실험실습의 지도에도 교수·학습 과정안은 반드시 필요하다. 여기에서는 학교농장실습 교수·학습 과정안의 예를 제시한다. 학습지도안은 일정한 형식이 있는 것도 아니며 또 계획을 위한 계획이어서도 안 된다. 농장실습 지도를 효과적으로 실시하는 데 필요한 내용이 누락되는 경우가 없도록 주의하여 작성한 것이면 좋다. 각 교사가 고안하여 사용할 수도 있으며, 또 문제해결법의 교수·학습 과정안의 형식을 사용하거나, 농장실습의 특수성에 따른 약간의 항목을 추가·보충하여도 좋다.

농장실습 교수·학습 과정안의 예를 들면 다음과 같다.

(농장실습 교수 · 학습 과정안의 예)

1. 서 두

 1) 실습구분

 2) 실습단원

 3) 실습대상

 4) 실습시기

 5) 실습장소

 6) 실습형태

2. 실습목표 또는 실습목적

 1) 실습하며 기능을 양성

 2) 기능의 수준 등을 구체적으로 기록함.

3. 이론의 복습

 1) 실습기능과 관계 있는 원리나 이론을 질문을 통해 복습시키는 내용

 2) 학생의 흥미를 유발하기 위한 시범 순서, 유의점 등을 기록함.

4. 실습(작업)의 순서

 실습의 순서를 차례로 기록함. 순서를 기록하기 위해서는 작업의 성질, 내용을 세밀히 분석하여 기록함.

5. 시사점, 요약, 작업의 성공사례

 이 실습에서 강조하여야 할 점이나 가장 중요한 사항, 우수한 작업의 수준을 기록함.

6. 실습 기계·기구 및 재료

 1) 실습에 필요한 교사용 기계·기구 및 학생이 준비할 실습 기계·기구를 종류, 수량, 기계·기구의 상태 등으로 기록함.

 2) 실습에 필요한 비료, 농약, 공식재료 등 실습재료를 종류, 수량 등을 기록함.

 3) 실습지도할 때 교사가 사용할 시청각 교구·기재, 실습지시서를 기록함.

7. 과 제

과제는 교과시간 내에 마칠 수 있는 것으로 주는 것이 좋으나, 때로는 방과 후에 실시할 과제를 주어도 좋으며 과제명, 학생명 등을 구체적으로 기록함.

8. 평가 및 응용

실습에서 얻어진 기능과 실습태도 등에 관하여 교사가 관찰할 사항과 학생 자신이 자기 평가할 사항을 열거함.

9. 참고문헌

참고문헌 중에서 참고서는 물론 영화 필름, 슬라이드, 차트 등 교사가 준비하는 지도 보조 자료를 모두 기록함.

10. 실습 후기

실습한 후에 교사의 반성과 다음 실습교육 교수 · 학습 과정안 작성에 참고할 사항을 기록함.

5 가정영농 실습지도

1절 가정영농실습의 중요성

가정영농실습은 농업교육을 받고자 하는 학생이 교사와 부모의 조직적인 지도(supervision)하에 수행하는 모든 교육적 가치가 있는 영농활동으로 구성된다. 대체로 학생의 가정에서 부모 지도하에 이루어지고, 자녀가 부모의 직업을 승계하는 경우에 효과적으로 활용할 수 있다. 교사와 학부모의 협력을 통한 지도하에 수행되고 장래의 영농정착에 적합하여야 한다. 학생이 가정영농실습의 목적을 이해하고 영농정착을 성공적으로 수행하기 위해서는 조화된 프로그램을 수행하는 것이 바람직하다. 가정영농실습은 1개의 가정과제(home project)로 생각할 수 있으나, 성공적으로 영농정착을 하려면 1년에 몇 개의 생산과제를 수행하여야 하기 때문에 생산과제, 개량과제, 농장실습의 보충, 농장경험의 부여 등이 포함될 수 있다. 학생들은 생산과 개량과제활동, 농장실습의 보충을 자신의 농장에서 실시하고 점차 발전시켜 장래의 영농정착을 성공적으로 할 수 있도록 구성하여야 한다. 가정영농실습은 학생들에게 ① 실제상황에서의 영농문제 해결, ② 필요한 기술 습득, ③ 바람직한 능력의 개발을 도와준다.

농업교육의 기본적인 목표는 학생과 농업인의 농업에 필요한 능력 훈련이다. 가정영농실습은 농업교육의 기본적 목표를 가장 효과적으로 달성하는 데 필요한 종합적 능력 개발에 목적이 있다. 이를 통하여 학생을 장차 성공적으로 영농정착하도록 지도하는 데 기본적인 목적이 있다.

가정영농실습의 가치는 다음과 같다.

① 영농에 필요한 능력을 개발할 수 있는 기회 제공
② 장래 성공적인 영농정착 지도
③ 돈을 벌고, 저축하고, 유용하게 쓸 수 있는 기회 제공
④ 학생의 농장에 대한 흥미와 동기유발에 기여
⑤ 학생의 소유에 대한 긍지, 자신감, 경영능력의 발전
⑥ 농가생활에 공헌할 수 있는 기회 제공
⑦ 실제 생활현장경험을 통한 바람직한 실습, 태도, 이해력, 기능 등의 발전
⑧ 학생에게 일을 계획하고, 예산을 세우고, 정보를 수집하여 의사결정 과정을 거쳐 계획을 실행으로 옮기며, 기록을 정확히 할 수 있는 기회 제공
⑨ 영농을 신장시킬 수 있는 기회 부여

⑩ 가정농업을 개량할 수 있는 기회 부여

⑪ 보호자와 학생의 바람직한 관계 유지

⑫ 지역사회발전에의 공헌

⑬ 가정-학교-지역사회 간의 바람직한 관계 유지

⑭ 학생-부모-교사 간의 바람직한 관계 유지

⑮ 학생 개인의 욕구, 필요, 능력에 기초하여 개별로 학습할 수 있게 하고, 농장실습이 농업학습의 중심이 되게 할 수 있는 기회 부여

⑯ 농업교육 효과측정의 기초 제공

⑰ 협동능력 신장

2절 가정영농 실습지도의 전개

각 지역사회와 가정의 상황에 따라 가정영농 실습 프로그램의 종류와 활동내용이 다르나, 좋은 영농 프로그램은 공통적인 특성이 있다. 바람직한 가정영농 실습 프로그램의 특성은 다음과 같다.

① 학생들이 실행할 수 있을 정도로 적당히 어려워야 한다.

② 영농성공에 필수적인 능력이 개발될 수 있어야 한다.

③ 학생이 만족할 만한 수입을 얻을 수 있는 생산과제가 포함되어 있어야 한다.

④ 생산과제, 개량과제, 기능보조과제가 포함되어야 한다.

⑤ 학생이 수용할 수 있는 수준의 학습내용이어야 한다.

⑥ 자본, 토지, 가축, 농기구 등의 축적을 통하여 장차 영농정착 성공으로 유도할 수 있어야 한다.

⑦ 농가생활에 기여할 수 있는 것이어야 한다.

⑧ 학부모, 지역사회, 학생의 요구에 맞아야 한다.

⑨ 매년 실습계획을 확대할 수 있는 것이어야 한다.

가정영농 실습 프로그램을 계획할 때 고려해야 할 요인은 다음과 같다.

① 학생의 선호도

② 지역사회와 가정의 영농형태

③ 지역사회와 가정영농에서 이윤의 상대적 중요도

④ 학생의 능력과 선행 경험

⑤ 농기계를 포함한 영농설비

⑥ 지역사회 영농의 경향

⑦ 시장조건

⑧ 영농 및 농가생활 향상 가능성

⑨ 소유와 관리능력 향상의 기회

⑩ 부모의 협조 정도

⑪ 환금의 가능성

⑫ 학생의 계획

⑬ 부자간 협력을 증진할 수 있는 기회

가정영농실습은 학생의 영농정착을 돕는 체계적 활동을 포함하고 있어야 한다. 학생의 성공적인 영농정착은 가정영농 실습 프로그램에 포함되는 농업관 확립, 영농기술 습득, 가축, 농기계, 토지 및 자본 등이 축적되는 점진적인 과정이 필요하다.

가정영농실습은 주로 과제의 수행으로 구성되며, 성격에 따라 탐색형, 기업가/소유주형, 취업형, 연구와 실험형으로 구분할 수 있다. 농촌출신자가 아니거나 영농경험이 부족한 학생을 독농가 등의 농장에 배치하여 추가적인 영농실습기회를 부여하여 과제이수에 대한 경험을 갖게 하는 방법도 고려해야 한다.

6 현장실습과 산학협동교육

1절 현장실습과 산학협동교육의 의의

현대 사회의 급격한 변화는 교육을 학교 혼자서 수행할 수 없고, 농업인을 기르는 일 역시 농업계 학교만으로는 한계가 있다. 교육은 미래에 사용할 것을 전제하므로 농업직 종사자를 기르는 일도 변화에 대처할 수 있도록 관련분야의 공통적인 내용을 가르치되, 각 전문분야별로 필요한 내용을 산업체나 지역사회의 도움을 받아 추가적으로 해야 하므로 학습이 이루어지는 공간은 학교와 산업체를 포함한 지역사회까지 포함하여야 한다. 학교교육을 마친 학생들이 체계적으로 직업을 준비하여 사회적 역할을 유지하며 만족스러운 삶을 살도록 하기 위해서는 학교와 사회의 협력이 필요하다. 우리나라는 산업교육진흥법이 제정되었다가, 2000년대 들어와 산업교육진흥 및 산학협력촉진에 관한 법으로 개정되었고, 미국은 1994년 학교와 작업현장의 연계법(School to Work Opportunities Act)을 제정하여, ① 학업과 직업적 학습경험을 통합시키며, ② 높은 수준의 일 기반 학습(work-based learning) 기회를 제공하고, ③ 청소년들에게 풍부한 학습경험을 제공함으로써 학습을 계속할 수 있도록 동기 유발시키는 체제를 만들며, ④ 중등교육과 중등 이후의 교육을 연계시키고, ⑤ 교육기회를 연계시키는 지역단위의 협력 체제를 촉진하고 수립하는 것을 목적으로 하고 있다. 우리나라는 과거 산업교육진흥법을 통하여 실업계 학교 출신자들의 현장실습을 지원하기 위한 학교와 산업체 간의 협력이었으나, 현재는 학교나 연구기관의 개발 기술의 신속한 전이와 신규 인력의 산업현장에서의 체험을 지원하는 현장실습, 학교기업의 설치와 운영을 통한 학생들의 실습 지원, 기술연구

개발 등의 영역을 규정하고 있다.

산학협동은 말 그대로 산업계와 학계 간의 횡적인 협동을 의미하나, 공동연구를 통한 기술개발, 시설의 공동 활용, 교육에 대한 상호 지원 등을 협력하여 상호이익을 추구하는 형태로서 현장실습이나 견학, 연구개발에 대한 사항들이 주축을 이룬다. 최근에는 산학협동의 대상자를 확대하는 논의가 많았고, 특히 연구개발 분야에서 국가연구기관을 비롯한 연구기관들이 참여하면서 학·연·산 협동이라는 용어가 사용되거나, 국가기관이 참여하여 관·학·산 협동(또는 산·학·관 협동)으로 명명되기도 한다.

산학협동교육(cooperative extension education)이란 학습자가 학교와 고용주의 상호 협정·계획·지도하에 학교에서의 수업과 직업현장에서의 직무에 관한 학습을 번갈아 가면서 학습하는 직업교육을 위한 산학협동유형으로서 직업현장과 학교수업의 기간 단위는 다양하여 반일제, 전일제, 주 또는 그 이상의 기간을 기준으로 교대할 수 있다.

농업 산학협동은 협의와 광의로 구분되는데, 협의는 농업 관계 학계와 산업계의 협동을 의미하고, 광의의 산학협동은 농업유관기관 간의 상호협동을 의미한다. 즉, 협의의 농업 산학협동이란 학계가 가지고 있는 지식 및 기술적 자원을 산업계의 기업경영 및 생산능률의 개선에 활용하고, 산업계가 가지고 있는 시설과 자본적 자원을 인력개발과 지식 및 기능 개발에 활용하여 자원을 효율적으로 사용함으로써 양 기관은 물론 국가를 발전시키는 일련의 협동 활동을 의미한다. 광의의 농업 산학협동이란 국가의 발전을 농촌진흥청, 산림청, 국가행정기관, 농협, 농어촌진흥공사, 산업체, 각종 비영리 단체 등의 농업 유관기관 및 조직체가 그들이 각자 가지고 있는 모든 자원을 그 기관에만 국한하여 활용하지 않고 타 기관까지 확대하여 상보적 관계에서 활용하게 함으로써, 자원의 효율적 사용과 기관 간의 상호발전 및 우리나라 농촌개발과 농업발전을 위한 일련의 횡적인 상호협력관계를 의미한다.

산학협동의 예는 서구에서 15세기경의 수공업 길드(Guild) 도제제도(Apprenticeship), 장인(Meister), 직인(Gessele), 영국의 샌드위치(Sandwich) 제도, 독일의 Dual System, 덴마크의 2년간의 도제교육과 미국의 Supervised Farming Program, Work Experience Program 등의 예에서 찾아볼 수 있다. 우리나라의 산학협동교육은 일제 강점기의 공업교육이나 농업교육에서 공장이나 유관기관을 대상으로 도제교육이나 현장실습을 실시한 데서 그 유래를 찾아볼 수 있다. 해방 이후에는 소규모적이고 비형식적인 교육으로 이루어지다가 1963년 산업교육진흥법이 제정되고, 1968년 대통령 연두교서에 산학협동의 필요성이 강조되었고, 1973년 산업교육진흥법에 의해 산업교육을 실시하는 학교의 학생은 재학 중 일정기간을 산업체에서의 현장실습을 의무화함으로써 본격적으로 시행되었다. 최근에는 대학수준에서도 인턴십으로서 산업체 실습 경험을 학점으로 인정하고 있다. 특히 공업계 교사 자격을 취득하기 위해서는 산업체 현장실습을 필수로 요구하고 있다.

현장경험교육은 학습은 개인의 실제적인 생활체험인 경험에 기초를 두어야 한다는 교육철학적 이론과 학습자가 학습하여야 할 상황에 직접 참여하도록 하여야 한다는 교육심리학의 학습이론을 근거로 한다. 농업분야는 생산농업경험이 관련된 지도농업실습(Supervised Agricultural Experience: SAE)과, 지도농업실습의 유형으로서 농업관련직 취업에 활용될 수 있는 기술을 개발하도록 실습경험을 제공하는 지도직업실습(Supervised Occupational Experience: SOE)으로 구분되며, 농업생산직에 대한 실습은 지도농업실습, 농업관련직에 관련된 현장체험은 지도실습으로 명명하기도 한다. 지도실습(supervised experience)은 자연자원, 환경, 원예, 생물공학, 임업 등과 같은 다양한 농업영역에서의 지도경험을 포함하는 용어로서, 환경기술, 화훼장식, 조직배양, 식품공학 등과 같은 농업관련 분야에 대한 경험학습은 지도직업실습에 해당한다. 현장체험학습은 실시 장소에 따라 학교기반학습과 현장기반학습으로 구분되며, 직업인을 작업현장에서 1-2일 정도 실제 일을 체험하기 위하여 따라다니는 것으로 단기간이고 보수가 없는 형태인 현장직무탐방(job shadowing), 작업이 이루어지는 현장을 고용주의 안내에 따라 작업과정, 직업별 기술요구조건 정보를 확인하고 견학하는 현장견학(work-site field trip), 직업과 관련된 일을 체계적으로 훈련받는 구조화된 직업훈련(structured job training), 자신의 진로와 관련 있는 개별프로젝트(practicum), 시간, 장소, 방법에 관련 없이 연장자가 자신이 담당하는 학생들을 현장에서 지도하고 담당하는 후견인(workplace mentoring), 직업참여와 탐색을 희망하는 학습자를 위한 관련자 모두의 책임과 임무에 대한 이해와 동의에 따라 이루어지는 청년인턴제도, 사업을 소유하기 위하여 아이디어부터 사업을 설립할 때까지 개인이나 집단을 가르치는 청년기업가제도, 일하는 동안 학습자가 보수를 받고 일하는 현장실습(cooperative work experience) 등이 있고 (Strom & Hoff, 2000, pp.13-33), 보수지급 여부나 자신이 나아갈 직업분야와의 관련성에 따라 세분될 수 있다.

일반적으로 현장경험교육의 의의는 크게 네 가지로 구분할 수 있다.

첫째, 농업적 지식과 기술의 적용

교실과 실험실에서 학습한 것을 강화하고 확대하기 위한 것이며, 학교수업과 관련된 경험이 계획되고, 학생들이 경험을 고안하고 수행하며, 교실수업에서 배운 개념과 원리를 적용한다. 시범프로젝트, 실험, 연구 활동과 같은 방법들이 활용될 것이다.

둘째, 농업 문해(agricultural literacy)

학생들에게 농산업을 이해하고 공감할 수 있도록 도움을 줄 수 있는 농업환경하에서 경험하며, 농업에 대한 주제에 대하여 더욱 잘 알게 된다. 안전한 식품 공급과 지구의 자연자원을 유지하고 환경을 보호하는 활동의 중요성을 이해하게 된다.

셋째, 진로능력개발

농업직에 필요한 기술을 개발하는 것에 관련된다. 학생들은 지도실습을 통하여 농업직의 본질에 대한 중요한 성찰을 개발한다.

넷째, 개인적 발달

독자적으로 일할 수 있고, 책임지는 기회를 줌으로써 개인적 발달과정이 제공되며, 이를 통하여 자원을 관리하고 지시에 따르는 책임 있는 성숙한 시민이 될 수 있다.

현장경험학습은 학교와 산업체 현장에서 실시되며, 지도자의 지도하에서 교실에서 배운 내용을 지역사회 내의 산업체나 실습기관, 학생 가정의 농장, 교내의 실습장에서 수행되며, 탐색적 경험, 기업가/소유주 경험, 취업 경험(placement experience), 직접실험경험 유형으로 구분되며, 이들 프로그램에는 개선과제, 보조기술, 탐색경험 요소가 포함되어야 한다.

효과적인 현장경험학습은 학교기반학습과 연계활동이 함께 설계되어야 하며, 각 지역의 규정과 특색을 고려하여 설계되어야 하며, 참여하는 데 관심이 있는 학생들에게 이용할 수 있는 학습활동임을 확실히 하고, 학교와 산업체 담당자를 분명히 하고, 참여 학습자의 주인의식과 책임을 격려하고, 산업체와 학교 간의 협의체를 만들어 정기적으로 협의하여야 하며, 학습자는 이들 프로그램에 참여하기 전에 안전, 행동규칙, 학교와 산업체의 기대 등을 사전에 교육받아야 한다. 또한 현장관련수행 기준안이 개발될 수 있는 산업 표준이 있어야 하며, 학교와 산업체 간의 협력을 통하여 프로그램이 개발되어야 하고, 참여기관이나 단체, 산업체에 활동이 균등하게 분배되어야 하며, 학습활동의 발전단계를 설정하여 계획되어야 한다. 기업, 학교, 학습자, 학부모의 역할과 책임을 명확히 규정하고, 자격을 갖춘 인력을 확보하며, 학부모의 참여를 지원하며, 학습자 정보는 학습자의 허가 없이는 공유되지 말아야 한다.

2절 산학협동과 현장실습교육의 운영

산학협동교육의 궁극적인 목적은 학교에서 설정한 교육목표를 달성하는 것이다. 따라서 산학협동교육은 교육목표를 달성하기 위하여 학교와 산업체가 함께 노력을 기울이는 프로그램이라고 할 수 있다. 농업분야의 산학협동은 농업계 학교와 농촌진흥청, 산림청, 농협, 축협 등의 유관기관 간의 협동(institutional cooperation)을 의미하는 경향이 강하다. 농업분야의 산학협동에도 여러 수준을 생각해 볼 수가 있는데, 그것은 첫째로 농과계 대학과 농촌진흥청 및 산림청 등의 중앙기관 간의 산학협동, 둘째는 도 농업기술원, 도 단위 농과계 대학 및 농업고등학교의 도기관 수준에서의 산학협동, 셋째는 농업고등학교, 농업기술센터, 시군 농협 등에서의 지방기관 수준에서의 산학협동이다.

농업고등학교와 농업기술센터 간의 산학협동은 다음과 같은 면에서 그 필요성을 살펴볼 수 있다.

가. 양 기관 목적의 상호보완

농업고등학교는 학생에게 농업에 관한 기초이론과 원리를 조직적으로 가르치는 데 비하여 농업기술센터는 농민에게 실용적인 농업과학을 교육하는 것을 주요 목적으로 하기 때문에 두 기관이 상보적 관계를 유지하여 목적을 달성한다.

나. 사업실천의 문제점 보완

1) 연구 면: 농업고등학교는 교육에 필요한 연구를 학교농장에서 실시하지만 연구인력, 연구시설, 연구비 등의 문제로 충분한 연구를 실시하지 못하고 있고, 농업기술센터는 새로운 연구결과나 정보 수집 면에서는 용이하지만 연구시설이 부족하기 때문에 농업계 고등학교의 실험실과 학교농

장을 활용하여 연구사업을 수행할 수 있다.

2) 교육 면: 농업고등학교가 농업기술센터와 협동하여 지역사회학교의 성격을 지니게 되고 교육을 위한 유인물, 소책자, 연구보고서 등을 지급받을 수 있다. 또한 현장실습 장소이며 실습지도 협조자로서 가치가 높다. 농업기술센터는 농업인 교육에 농업고등학교 교사를 교관으로 활용할 수 있고 학교시설, 실험실, 농업기계 등을 활용할 수 있다.

3) 재정적 지원: 농업시책이 농업교육과 밀접한 관련이 있기 때문에 재정적으로 지원할 필요성을 느껴 장학금, 영농후계자를 선정하여 정착 자금을 지원하고 있다.

4) 졸업생 취업지도: 농업고등학교 졸업생을 농촌지도자로 육성 · 활용하기 위하여 농업기술센터에서는 농업계 고등학교 졸업생에게 시험장의 연수제도를 활용하며, 농기계 훈련을 실시하고 자금 융자를 알선하여 농업기술을 지도하기도 한다.

산학협동교육의 일환으로 산업교육진흥법에 의해 농업고등학교 재학생에게 의무적으로 실시하는 현장실습교육은 그 세부목적과 방법에 따라서 자신의 전공분야와 무관한 현장의 일을 실제로 체험하는 일반직업체험프로그램(general work experience program), 1학기 또는 2학기 동안 전공과 관련 있는 현장에서 일하며 보수도 받고 학점도 인정받는 직업연구프로그램(work study program), 직업관찰프로그램(work observation program), 인턴십(internship) 등으로 구분될 수 있다.

3절 현장실습교육의 계획

현장실습교육을 계획하기 위해서는 우선 현장실습교육의 목표를 어떻게 설정하는가 하는 것이 중요하다. 전술한 바와 같이 현장실습의 형태가 직업연구프로그램이나 직업관찰프로그램인지, 인턴십인지를 파악하여야 한다. 이는 학교와 학생, 지역사회의 여건에 따라 서로 다르나, 가장 중요한 문제는 현장실습의 목표를 어떻게 설정하는가 하는 문제이다. 이 목표를 정할 때 현장실습에 관여하는 인사들로 구성된 산학협동 교육위원회를 구성하여 활용하는 것이 바람직하다.

현장실습교육의 목표를 설정하고 프로그램을 계획하고 운영하기 위해서는 학생에 관한 기초조사와 지역사회에 관한 기초조사가 필요하다.

가. 기초조사

현장실습계획을 수립하기 위해서는 일차적으로 학습자의 흥미, 준비수준, 활동완수에 필요한 이용가능 시간, 계절, 이용 가능한 자원, 감독자의 기술, 위험과 안전 사항을 고려한다.

〈학생에 관한 기초조사〉

① 학생의 학습능력

② 현장실습 프로그램에 대한 흥미와 이해 정도

③ 현장실습을 통하여 학생이 학습하고자 하는 내용

④ 학생의 진로계획

⑤ 학생의 성격과 사회 · 경제적 배경

〈지역사회에 관한 기초조사〉

① 기업이나 대상기관의 특성

② 현재 고용되고 있는 직원 수 및 고용형태

③ 예상되는 고용인력

④ 학생이 할 수 있는 실습내용

⑤ 산업체의 기술수준

⑥ 산업체가 실시하고 있는 훈련 프로그램, 체제, 실습시설 및 설비

⑦ 현장실습에 대한 이해, 관심 정도 및 학교교육에 대하여 협조하고 참여하려는 정도

⑧ 학교와 학생의 희망을 수용할 수 있는 프로그램 내용, 시기, 기간 등의 종합적인 내용

나. 현장실습교육의 운영

학생과 지역사회에 대한 기초조사를 실시한 후 계획을 수립하고 현장실습을 운영하는 과정은 훈련계획과 훈련에 대한 협정이나, 연구와 실험을 위한 연구계획서를 작성하여 허가를 얻은 후, 교사는 개별 학생들에 대한 정기적인 방문과 면담, 관찰과 면담을 통해 개별 학생들에게 기록과 보고서 작성에 대한 지도를 실시한다. 구체적인 순서는 다음과 같다.

① 산학협동 교육위원회를 조직하고 전담교사를 선정한다.

② 학생조사를 기초로 하여 산학협동 교육목표를 설정한다. 이를 위해 현장에서는 어떤 것을 학습시킬 것이며, 이들을 어떤 단계와 절차에 따라 가르칠 것인가를 계획한다.

③ 지역사회조사를 기초로 하여 위와 같은 현장실습을 할 수 있는 장소를 정하고 시기, 기간, 교육내용 및 방법, 숙식, 교통문제 등에 관하여 고용주 및 현장실습 지도교사와 협약을 한다.

④ 학교의 행정적인 지원체제, 특히 예산문제, 현장실습기간의 수업조정, 현장실습 지도교사 및 고용주와의 협조체제 등에 관하여 계획한다.

⑤ 학교·학생·고용주 및 현장실습 지도교사와 협의하여 산학협동 교육프로그램을 계획하고, 이에 대하여 학생들에게 오리엔테이션을 실시하며, 고용주와 현장지도교사에게 산학협동 교육 프로그램을 홍보하고 협조를 요청한다.

⑥ 학생들을 현장에서 생활하도록 하고 수시로 실습현장을 방문하여 지

도·조언한다.

⑦ 산학협동 교육결과를 사전에 설정한 평가기준에 의하여 평가하고 학교, 학생, 고용주, 현장지도교사와 공동평가회를 갖는다.

⑧ 다음의 산학협동교육을 위한 개선방안을 모색한다.

현장실습교육이 이루어지는 동안 학생들은 현장실습일지를 작성하여야 하고, 교사는 현장지도를 통한 지도보고서 그리고 학생평가서를 작성하여야 한다.

현장실습을 수행할 때 교사는 학생들과 부모나 실습기관의 관계자를 참여시켜 계획을 수립하여야 한다. 이때 교사는 학생들이 자신의 흥미와 능력에 맞는 프로그램을 개발하도록 격려하여야 한다. 이때 우선적인 사항은 연간 계획의 형태로 학생들로 하여금 만들도록 하며, 이를 도와줄 부모님이나 실습지의 담당자를 참여시켜야 한다. 적절한 실습기관이나 장소가 없는 경우는 학교에서 기업을 운영하면서 학생들을 실습에 참여시키는 방안도 있을 수 있다. 학교기업은 현재 학교부지나 농장, 실험실습공간을 이용하여 기업을 만들어 지도교사와 학생들이 참여하면서 전반적인 운영과 생산의 결정을 학생들이 맡아서 수행하는 방안을 생각할 수 있다. 현재 학교기업은 학교장이 책임지며 현장실습에 관한 대통령령에 따라 학교의 운영자금 일부를 사업 활동에 지원할 수 있다. 학교기업을 운영하여 학생들의 현장실습을 대체하려고 한다면 자금과 판매, 운영에 대한 학생들의 능력을 개발하기 위하여 어느 정도로 학생들의 참여를 허용할 것인가를 결정하여야 할 것이다.

현장실습의 수행은 교사들의 다양한 형태의 방문지도가 필요하다. 현장방문은 학생에 대한 개별 지도와 고용주와 교사 간의 필수적인 관계를 형성함에 목적이 있다. 방문지도의 유형은 프로그램 안내를 위한 가정방문, 프로그램 계획을 위한 방문, 개별적 지도와 감독을 위한 방문, 고용주와 실습생 방문이 있다. 고용주와 실습생 방문은 프로그램 안내와 참여를 격려하기 위한 방문, 훈련계약과 훈련계획 작성을 위한 방문, 친숙한 관계를 형성하기 위한 방문, 학급 토론주제를 발견하기 위한 방문, 실습학생의 실습 관련문제를 도와주기 위한 방문, 실습학생의 학습을 평가하기 위한 방문으로 세분될 수 있다. 고용주 방문의 중요한 목적의 하나는 실습 학생에 대한 타당한 평가를 위해서이다.

다. 현장실습교육 지도교사와 고용주의 역할

현장실습교육의 목적을 효율적으로 달성하기 위해서는 지도교사와, 현장실습을 의뢰받아 학생을 직접 지도하게 되는 고용주가 서로 협력하여 학생에게 유익한 프로그램을 제공하는 것이 무엇보다도 중요하다. 따라서 지도교사와 고용주는 처음 계획단계에서부터 실행단계, 평가단계에 이르기까지 서로 긴밀한 협동 체제를 유지하는 것이 바람직하며, 이것은 현장실습교육의 성과에 많은 영향을 미친다. 현장실습 지도교사와 고용주의 역할은 다음과 같은데, 여기에서 현장실습 지도교사라 함은 현장실습의 전체 책임을 맡은 교사 한 사람을 지칭하기보다는 현장실습 전담교사, 현장실습을 순회하며 지도하는 교사, 현장실습의 해당교과를 지도하는 교사를 모두 의미하므로 실업교과 교사가 모두 관계된다고 할 수 있다.

1) 현장실습 지도교사의 역할

〈교육계획에의 참여〉

① 학습자인 학생의 관심과 필요를 조사한다.

② 어떤 산업체가 현장실습교육에 적당한가 하는 점과 그 산업체에서 효과적으로 학생을 실습시킬 수 있는 분야를 조사한다.

③ 현장실습교육에 대한 의사결정기준을 마련한다.

④ 소요 경비 확보에 노력한다.

⑤ 교육 프로그램 계획에 노력한다.

⑥ 산학협동 교육위원회를 조직하고 효과적으로 운영되도록 노력한다.

⑦ 산업체 대표와 함께 학생을 어떻게 산업체에 배치하고 어떤 실습을 부여할 것인지 논의한다.

⑧ 교내의 실습지도와 현장실습내용을 조정한다.

〈실습 지도교사〉

① 현장실습 프로그램의 문제뿐만 아니라 학생과 고용주 사이에 일어나는 모든 일을 상담·조정·개선한다.

② 수시로 현장실습을 실시하는 현장을 방문하고 고용주 및 학생과 상담한다.

③ 현장실습의 홍보활동에 노력하여 상호간에 정보교환이 잘 되도록 한다.

④ 보고서와 공문서를 관할한다.

⑤ 취업을 하는 학생을 돕는다.

〈현장실습평가〉

① 전체적 프로그램에 계획된 일련의 평가를 수행한다.

② 현장실습 프로그램이 학생들에게 도움이 되는 정도와 개선책을 알아본다.

③ 해당 산업체가 현장실습 프로그램에 적합한가를 평가한다.

④ 지역사회 및 산업체의 고용현황과 전망을 살펴본다.

2) 고용주의 역할

고용주는 학생들이 현장에서 학습을 효과적으로 수행할 수 있도록 실습과제를 부여하고 지휘·감독하며, 그 학습결과를 평가하는 등의 역할을 수행하기 때문에 현장실습 지도교사와 마찬가지로 중요하다. 산학협동 교육 연합회가 제시한 고용주들의 활동지침을 참조하여 고용주의 역할을 들면 다음과 같다.

① 고용주는 산학협동교육이 현장실습을 통한 교육 프로그램이라는 것을 잘 이해하여야 한다. 고용주는 현장실습교육의 성과에 가장 큰 영향을 미칠 수 있다는 것을 명심하여 학생들의 학문적인 경험과 현장에서의 실제적인 요소를 잘 조화시키도록 노력하고 학습에 가장 도움이 되는 직무에 배치한다.

② 현장실습에 참여하고 있는 학생을 조직의 일원으로 포함시키고 육성시키는 성실한 자세가 있어야 하며 학생이 사업체 운영의 경영철학을 배울 수 있도록 한다.

③ 산학협동교육을 이해하고 동의하며 적극적으로 참여하는 우수한 현장지도교육자를 임명하고 현장교육자는 기업체 전체에 걸쳐 프로그램을 발전·육성시킬 수 있는 위치에 있는 자여야 한다.

④ 다소의 경기변동 속에서도 산업체 유지·발전의 책임을 다한다는 의미에서 산학협동교육 프로그램이 유지되어야 한다는 산학협동교육에 대한 철학이 확립되어 있어야 한다.

⑤ 학생들에게 올바른 가치관과 경영관리의식과 태도를 갖추게 하고, 공정하고 사기진작이 될 수 있는 보수를 지급한다.

연구문제

1. 농업교육에서 실습교육의 중요성과 그 종류를 설명해 보자.
2. 학교교육농장 실습교육의 운영현황을 살펴보고 그 문제점과 해결방안을 설명해 보자.
3. 현장실습교육의 문제점과 그 개선방안을 설명해 보자.
4. 농업 산학협동교육의 현황과 전망을 설명해 보자.

참고문헌

毛利亮太郎. (1992). 「教育全體の構造を見すた 研究-目標と活動の統合」. 眞野宮雄, 昭谷米司, 佐島群巳 編, 『教科教育學の 創造への道標-研究方法論の検討』. 東洋館 出版社.

Blum, A. (1996). *Teaching and learning in agriculture: A guide for Agricultural educators*. Rome Italy: FAO.

Boud, D. (2001). Creating a work-based curriculum. In D. Boud & N. Solomon (Eds.), *Work-based learning: A new higher education?* (pp. 44-58). Buckingham, UK: The Society for Research into Higher Education & Open University Press.

Lee, J. S. (2000). *Program planning guide for agriscience and technology education* (2nd ed.). Danville, IL: Interstate Publishers.

Romiszowski, A. J. (1984). *Producing instructional system*. New York, NY: Nichols Publishing.

Strom, J. T., & Hoff, T. (2000). *Work-based learning: How to advance occupational skill development and career awarness to learners* (2nd ed.). Rosebille, MN: Minnesota Department of Children, Families & Learning.

IX. FFK

정진철

개요

농업계 고등학교의 대표적인 학생 조직인 FFK의 개념 및 의의, 변화 과정, 조직 및 현황, 주요 활동을 고찰한다. 특히 과제활동과 전국FFK전진대회에 대해서는 더 자세하게 알아본다.

학습목표

1. FFK란 무엇이고, 어떤 의의를 갖는지 설명할 수 있다.
2. FFK의 역사적 변천 과정을 설명할 수 있다.
3. FFK의 조직 및 현황을 설명할 수 있다.
4. FFK를 구성하고 있는 다양한 활동들의 내용과 특징을 설명할 수 있다.

1 FFK의 개념 및 의의

FFK란 Future Farmers of Korea의 약자로 농업교육을 통해 학생회원이 삶을 변화시키고 성공적으로 진로를 개척하며, 최고의 리더십을 형성할 수 있도록 준비하는 역동적인 청소년 조직이다. 농업계 고등학교에서 추구하는 교육 목적을 달성하기 위해서는 학교에서 이루어지는 수업과 농장, 농산업체 등에서의 현장실습, 그리고 FFK라는 세 가지 요소가 유기적으로 연계되어야 한다.

FFK연합회 헌장 제3조에 따르면 FFK는 다음을 주된 목적으로 한다(FFK & KAEA, 2012).

- 생산농업에서 에너지·환경 농업교육 발전에 기여
- 학생의 진로개발을 위한 농업교육활동을 조직적으로 구성
- 학생 스스로 자신감을 강화하기 위한 개인 및 단체 리더십 능력 계발
- 봉사활동, 애국심과 근검절약 정신을 계발하기 위한 프로그램과 활동 제공
- 농업교육에서의 지도성, 협동성, 과학성 배양과 상찬

FFK의 뜻과 목적에서 알 수 있는 바와 같이 FFK는 농업계 고등학교 학생들을 위한 조직으로 전통적인 생산농업 분야뿐만 아니라 에너지, 환경 등의 분야에서 다양한 활동을 통해 학생들 스스로 리더십을 기르고, 다른 사람들과 함께 하는 삶의 중요성을 인식하며, 농업 분야에서 과학성을 배양하여, 궁극적으로는 학생 개개인의 진로발달을 꾀하기 위한 조직이라고 할 수 있다. 이때 지도성이란 안내하고, 설명하고, 가르치고, 인도함을 의미하는데, 좋은 지도자가 가져야 할 특성으로는 능력, 업적, 책임감, 적극적인

자세 등을 들 수 있다. 협동성은 공동의 목적을 위해 함께 일하고 생활함을 뜻하는데, 협동심을 지닌 사람들의 특성으로는 더 좋은 결과에 대한 믿음, 희생하고 봉사하려는 마음가짐, 관용의 정신, 열심히 참여함 등을 들 수 있다. 과학성이란 과학적 지식과 기술을 배워 이용하는 것으로 모든 생활을 과학적으로 생각하고 과학적인 방법으로 생활함을 의미한다. 과학성을 지닌 사람들의 특성으로는 이미 밝혀진 과학적 지식과 기술을 끊임없이 학습하고, 관찰하고, 기록하며, 생활 주변의 모든 일에 원인과 결과를 구명하려는 탐구심을 지니고 있음을 들 수 있다.

따라서 FFK는 다음과 같은 의의를 갖는다고 할 수 있다(FFK & KAEA, 2012).

- 농업교과활동과 과외활동을 통합하는 활동
- 학생 회원의, 회원에 의한, 회원을 위한 유일한 조직체
- 다양한 농업 프로그램 개발과 참여를 통한 폭넓은 농업 진로 개척
- FFK 지도교사의 지도를 받아 학생들이 자치적으로 조직하여 운영하는 단체
- 학생회원의 자발적 참여를 통한 회의 주도, 과제 이수, FFK전진대회 준비 및 참가, 수련활동 및 국제교류활동

위와 같은 의의를 갖는 FFK가 회원 개인에게 갖는 의의는 다음과 같은 FFK 강령을 통해서도 확인할 수 있다(FFK & KAEA, 2012). 결국 FFK는 농업과 관련된 단체 활동을 통해 학생들이 스스로 땀을 흘려 열매를 맺는 정직한 사람이 되고, 다른 사람을 도우며, 존경받는 리더가 될 수 있는 기반을 마련해 주는 조직이라고 할 수 있다.

- 나는 한국 농업에 미래가 있음을 확신한다. 오늘날, 우리의 좋은 생활환경은 우리 선조들이 힘겹게 이루어낸 업적으로 우리에게 온 것이기에 나는 더 좋은 방법을 연구하여 한국 농업의 미래에 더 좋은 날이

올 것을 믿는다.

- 나는 농업과 농업 관계직에서 일하는 것이 즐겁고 도전해볼 만한 일임을 확신한다. 왜냐하면 나는 농업의 즐거움도 알고 어려움도 알기에 이 분야에서 수많은 호기심과 고노의 시간을 보내야 함을 부인할 수 없기 때문이다.
- 나는 훌륭한 리더가 되어 타인에게 존경받을 수 있다는 것을 확신한다. 나는 FFK회원으로서 맡겨진 일을 효율적이고 안전하게 처리할 수 있으며, 새로운 일에 대한 지식과 기술을 배울 수 있다는 것을 믿는다. 또한 내 힘이 필요한 곳에서 봉사할 수 있으며, 경제활동을 할 때에도 공공의 이익을 증진할 수 있다고 믿는다.
- 나는 스스로 노력한 정직한 재산이 나와 타인을 도울 수 있다는 것을 확신한다. 자선을 요구할 때보다 오히려 자선을 베풀 때 행복하고, 내 손길로 다른 사람이 행복할 수 있음을 믿는다.
- 나는 진실로 한국농업이 우리 생활을 풍요롭게 해줄 것을 확신한다. 이로 인해, 나는 가정과 지역사회에서 전문가로서 영향을 줄 수 있고 이러한 나의 믿음이 나를 고무시켜 스스로 성장할 것을 믿는다.

2 FFK의 역사

20세기 초 미국에서는 고등학교 농업과에 다니는 학생들 스스로가 자신들은 농촌 출신이면서 농업에 흥미를 가졌다는 점에서 동료 의식을 느끼게 되어 조직을 형성하게 되었다. 처음에는 주로 사교적·오락적 모임으로 출발하였으나, 차츰 교육적인 활동이 첨가되었는데, 1925년 버지니아 주 연합 모임인 FFV(Future Farmers of Virginia)로 결성되기에 이르렀다. 당시 유사한 모임은 학교별·주별로 존재하고 있었는데, 1928년 가을 33명의 학생들이 미주리 주 캔자스 시 소재 볼티모어 호텔에서 FFA(Future Farmers of America)를 결성하게 되었다. FFA는 농업교육을 통해 최고의 리더십, 개인적인 성장, 그리고 성공적인 진로를 위한 잠재력을 개발함으로써 학생들의 삶에 긍정적인 변화를 불러일으킴을 주된 사명으로 하고 있고, 일하기 위하여 배우고, 배우기 위하여 일하며, 살기 위하여 벌고, 봉사하기 위해 산다는 것을 신조로 하고 있다. 2012년 현재 54만여 명의 회원이 참여하고 있는 FFA는 교실 및 실험실에서의 수업(instruction), 일에 기반한 학습을 중요시하는 현장실습(SAE, supervised agricultural experience), 학생 리더십 조직으로서의 FFA로 구성된 농업교육에서 핵심적인 한 축을 구성하고 있고, 미국의 농업 발전에 크게 기여하였다(천계 송해균교수 정년퇴임기념사업 추진위원회, 1999; 한국농업교육사편찬위원회, 1994; National FFA Organization, 2012).

미국의 농업교육을 배운 일부 인사들에 의해 소개된 FFA의 영향을 받아 우리나라에 다양한 학생조직이 1960년대에 발족되었다. 경상남도의 경우 1960년 진주농림고등학교에 연농회가 조직되었고, 이후 1973년 밀양농잠고등학교에 연농회가 조직되어 실기경진대회를 가졌다. 1965년부터는 경상남도가 주관이 되어 도실기경진대회로 발전시켰는데, 이는 전국대회보다 3년 앞선 것이었다. 1968년에는 향농회라는 도단위 모임으로 발전하였다. 전라남도에서는 1961년 순천농업고등학교에 향림농사회가 발족되었고, 1964년 이 단체가 영농학생회로 개칭되었는데, 이때가 영농학생회라는 명칭이 처음으로 사용된 시기라고 할 수 있다. 전라북도의 경우 1964년 전주농림고등학교에서 농업 클럽 활동이 시작되어 여타의 전라북도 내 농업고등학교에 각기 영농학생회가 조직되었고, 1965년 전라북도 영농학생회가 조직되었다. 경기도에서는 1965년 처음으로 경기도 영농학생회 연구발표회가 실시되었다. 수원농림고등학교에는 1966년 근농회가 조직되었지만, 경기도 내에서는 여농회라는 이름이 주로 사용되었다. 강원도에서는 1968년 학생영농자립회란 명칭으로 도단위 영농학생회가 조직되었고, 충청북도의 경우 FFA가 우리나라에 처음으로 소개되었다는 기록이 있지만, 활동이 저조하였고, 1966년부터 영농학생회가 다시 활동을 시작하여, 1968년부터 조직적인 영농학생회가 조직되었다(천계 송해균교수 정년퇴임기념사업 추진위원회, 1999).

1968년 4월 10일 한국농업교육협회가 창립되어 우리나라 농업고등학교가 지니고 있는 여러 문제점에 대한 공통적인 관심사를 논의하고, 이를 바탕으로 농업교육을 발전시키는 계기가 되었다. 1970년 12월 대구에서 개최된 한국농업교육협회 정기 대의원대회에서 학교별·시도별로 다양한 명칭으로 불리는 영농학생회의 명칭을 통일하자는 의안이 채택되어 이에 대한 준비 작업이 이루어지게 되었다. 1972년 3월 마련된 한국영농학생연합회(가칭) 헌장에 따라 각 시도 영농학생회가 조직되었고, 1972년 5월 2일 제1차 한국영농학생연합회(가칭) 대의원회가 수원농고에서 개최되었으며, 1972년 5월 4일 전국 176개 농업계 고등학교 영농학생 대표들이 서울대학교 농과대학에 모여 한국영농학생연합회 결성대회를 갖게 되었다(천계 송해균교수 정년퇴임기념사업 추진위원회, 1999; 한국농업교육사편찬위원회, 1994).

한국영농학생연합회는 1972년 결성된 이래 1978년까지 매년 서울대학교 농과대학에서 전진대회를 개최하였다. 1979년부터는 각 시도 교육위원회에서 주관하기로 하여 1979년 제8차 전진대회가 경기도에서 개최되었고, 2012년에는 9월 25일 제41차 전진대회가 대구광역시에서 개최되었다(〈표 Ⅸ-1〉 참조).

한국영농학생연합회는 세계적인 농업환경 변화에 부합하는 조직으로 변모하기 위해 2007년 조직 명칭을 FFK로 변경하였다. 이에 따라 앞서 언급한 한국영농학생전진대회의 명칭도 제36차 대회부터 전국FFK전진대회로 변경되었다.

표 IX-1. 전진대회 현황

연차	개최일자	개최지	연차	개최일자	개최지
1	1972. 5. 4	경기 수원	22	1993. 10. 23	전남 나주
2	1973. 10. 31	경기 수원	23	1994. 10. 26	경북 안동
3	1974. 10. 31	경기 수원	24	1995. 10. 31	경남 김해
4	1975. 9. 27	경기 수원	25	1996. 10. 30	제주 제주
5	1976. 10. 21	경기 수원	26	1997. 10. 28	경기 수원
6	1977. 10. 8	경기 수원	27	1998. 10. 28	대구
7	1978. 10. 13	경기 수원	28	1999. 10. 27	강원 춘천
8	1979. 11. 8	경기 수원	29	2000. 10. 25	충북 청주
9	1980. 10. 29	경남 진주	30	2001. 10. 30	충남 천안
10	1981. 10. 21	강원 춘천	31	2002. 10. 29	전북 전주
11	1982. 10. 21	충북 청주	32	2003. 10. 28	대전
12	1983. 10. 26	충남 대전	33	2004. 10. 27	전남 강진
13	1984. 10. 29	전북 전주	34	2005. 10. 26	광주
14	1985. 10. 30	전남 광주	35	2006. 10. 25	경북 안동
15	1986. 10. 26	경북 안동	36	2007. 9. 18	울산
16	1987. 10. 29	제주 제주	37	2008. 9. 24	경남 김해
17	1988. 10. 26	경기 수원	38	2009. 9. 28	경기 수원
18	1989. 9. 27	강원 춘천	39	2010. 10. 26	부산
19	1990. 10. 30	충북 청주	40	2011. 9. 27	충북 청주
20	1991. 10. 29	충남 천안	41	2012. 9. 25	대구
21	1992. 10. 28	전북 전주	42	2013. 9	강원

자료: 대구광역시교육청, FFK연합회, 한국농업교육협회. (2012). 『41차 전국FFK전진대회 2012 대구대회 종합안내서』.

3 FFK의 조직 및 현황

FFK는 설정된 목표를 달성하기 위해 다음 절에서 설명하게 될 다양한 활동을 하고, 이를 효과적으로 수행하기 위해 회원, 임원, 각종 회의 등에 관한 사항을 규정하여 조직을 구성하고 있다. FFK는 기본적으로 학생 회원으로부터 출발하여 이들이 속해 있는 학교 FFK, 각 시·도 FFK, 그리고 FFK 연합회로 구성되어 있다([그림 Ⅸ-1] 참조).

FFK의 회원은 다음과 같은 자격을 갖는 네 가지 종류로 구성되고, 각 회원은 개인적인 성취에 따라 새싹등급, 학교등급, 지부등급, 한국등급과 같은 4개의 등급을 성취할 수 있다.

- 중학교 회원: 중학교에서 농업교육 프로그램(교과 및 교과내용 포함)을 이수하는 학생으로, FFK 지부에서는 지부 내에서 농업교육을 이수하는 중학교 학생을 조건이 충족되면 회원으로 인정할 수 있다.
- 고등학교 회원: 고등학교에서 농업교육 프로그램(교과)을 이수하는 학생으로, FFK 지부에서는 지부 내에서 농업교육을 실시하는 고등학교 학생을 조건이 충족되면 회원으로 인정할 수 있다.
- 졸업생 회원: 이전에 중학교, 고등학교 회원으로 활동한 기록을 가지고 있거나, 농과대학에 진학하여 농업 진로에 직업을 가지고 있는 모든 사람이 해당된다.
- 명예 회원: 농업 경영인, 교장, 교감, 교육위원, FFK 지부 및 학교의 지도교사, 전·현직 농업교사, 농업직 공무원, 농산업 인사들은 정규 회의나 대회에서 현 회원의 다수결로 명예회원에 등록할 수 있다.

FFK 연합회의 회장단은 회장 1인과 부회장 4인이 있다. 회장단은 전진대회 시 개최되는 대의원회를 통해 선출되므로, 임기는 당해 전진대회부터 다음 해 전진대회까지 1년이다. 대의원회는 시도별 대의원들의 모임으로 회비의 결정, 연합회 회장단 선출 등을 의결한다. 대의원 수는 광역시 및 제주도는 1인, 도는 각 2인과 회원 수에 비례하여 1-2인을 추가할 수 있다.

운영위원회는 회원 및 임원 활동의 조언, 대의원회 및 집행위원회 의결사항의 인준, 기타 FFK 발전을 위한 연구와 협의 활동을 수행하고, FFK 연

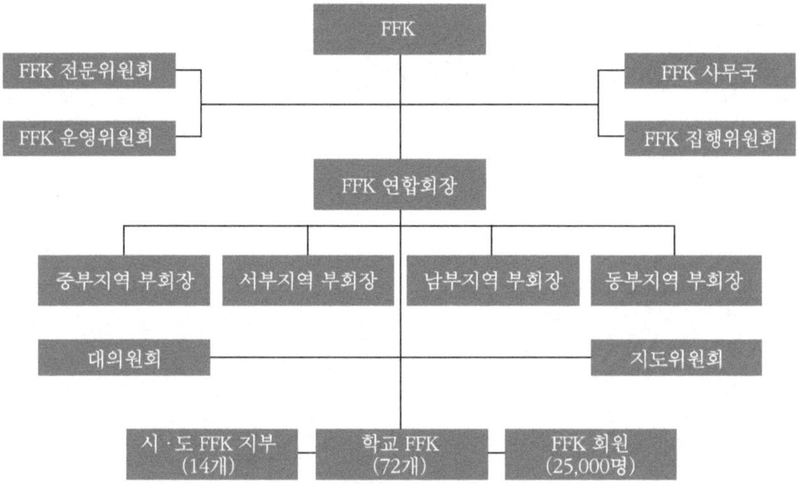

그림 IX-1. FFK 조직도

합회는 한국농업교육협회 이사, 교육과학기술부 및 농림수산식품부의 농업교육 담당관, 한국농업교육협회 중앙 사무국장 등을 운영위원으로 추대할 수 있다. 전문위원회는 한국 농업 및 농업교육의 비전 제시 및 협의, 농업교육 활성화를 위한 대안 제시 및 협의, 기타 FFK 발전을 위한 프로그램 연구 및 협의 등의 기능을 수행하고, 마찬가지로 FFK 연합회에 의해 추대된다. 운영위원회와 전문위원회의 위원장은 FFK 지도위원장이 겸직하도록 되어 있다. 집행위원회는 한국농업교육협회 정/부회장, 사무국장으로 구성하고, 평상시 운영위원회에서 인준한 FFK 업무와 사업을 집행하며, 필요에 따라 FFK 교사 전문위원을 둘 수도 있다.

지도위원장은 모든 위원회에 전임 회원으로 봉사하고, 위원회의 의장으로 봉사하게 된다. FFK 제반 사업과 관련하여 회장단과 대의원회에 조언함으로써 승인된 사업이 효과적으로 진행될 수 있도록 한다. 지도위원장은 운영위원회의 인준을 받아 사무국장을 임명할 수 있는데, 현재는 한국농업교육협회 사무국에서 이 업무를 함께 맡고 있다.

표 Ⅸ-2. FFK 회원 시도별 현황(2011년)

구분	학교 수	학생 수		회원 수
		계	여학생	
부산	1	606	200	606
대구	1	844	309	844
광주	1	657	358	657
대전	1	989	234	989
울산	1	597	125	597
경기	12	4,349	1,955	4,200
강원	8	1,680	693	1,667
충북	5	2,199	588	2,196
충남	8	2,883	1,093	2,883
전북	10	2,192	608	2,192
전남	10	1,887	805	1,883
경북	5	1,105	211	1,011
경남	9	1,637	541	1,477
제주	2	682	170	651
계	74	22,307	7,890	21,853

자료: FFK & KAEA. (2012). 『FFK 소개』.

FFK에 가입된 학교는 2011년 현재 74개 교이고, 가입된 학생 수는 2만 186명이다. 74개 학교 학생들 가운데 약 98% 정도가 FFK 회원으로 참여하고 있다(〈표 Ⅸ-2〉 참조).

4 FFK의 주요 활동

1절 FFK 주요 활동 개요

FFK가 학생회원의 삶의 변화, 성공적인 진로 개척, 최고의 리더십 형성 등에 기여하기 위해서는 구체적인 활동이 수반되어야 한다. FFK의 활동은 학교 FFK, 시·도 FFK, FFK 연합회에 따라 다소 차이는 있지만, 모든 활동들을 운영함에는 다음과 같은 사항에 주의히여야 한다(이용환 외, 2007).

- FFK의 활동은 교육적인 가치가 있어야 한다. 모든 활동은 학생들의 교육을 위한 활동이므로 교육적인 가치가 우선 고려되어야 하고, 활동 그 자체를 위해 실시되어서는 안 된다.
- FFK 활동을 통해 소기의 목적을 달성하기 위해서는 회원들의 관심과 흥미를 불러일으킬 수 있어야 한다.
- FFK 활동은 회원들의 여러 욕구를 충족시켜 줄 수 있도록 다양하게 마련되어야 한다.
- FFK 활동은 전체 회원을 위한 것이어야 하고, 가능한 한 많은 회원이 참여할 수 있는 것이어야 한다.
- FFK 활동은 학생들의 능력 수준을 고려하여야 한다. 일부 능력 수준이 높은 학생들을 위한 것보다는 대부분의 학생들이 감당할 수 있는 수준의 것으로 활동 내용을 구성해야 한다.
- FFK 활동은 FFK의 목적 달성에 기여함과 동시에 학교, 지역사회 등의 목표에도 부합하는 것이어야 한다.
- FFK 활동은 필요한 시간과 예산 범위 내에서 결정되어야 한다.
- FFK 활동을 운영함에는 회원들의 의견이 최대한 반영될 수 있는 민주적인 절차와 방법이 적용되어야 한다.

학교 FFK, 시·도 FFK, FFK 연합회 등에서는 다음과 같은 활동들을 수행할 수 있다(FFK & KAEA, 2012).

- 과제활동: 가정과제, 학교과제, 동아리과제, 전문교과과제 등
- 각종 회의: 학급회의, 학교대의원회의, 학교간부회의, 지부회의, 전국회의 등

- 각종 의식: 개회식, 폐회식, 등급의식, 임원선서식, 각종 수여식 등
- 축제
- 전진대회: 경진대회, 발표회, 전시회, 품평회 등
- 연수활동: 수련대회, 현장실습, 견학, 특강, 지도력 훈련 등
- 봉사활동
- 홍보활동: 회지, 뉴스레터 발간, 기금조성 등
- 교류활동: 국내외 관련단체와 졸업생 등과의 교류
- 기타: 사은회, 기타 학교 FFK와 시 · 도 FFK 및 FFK 연합회의 발전에 기여하는 활동

이러한 활동들은 FFK의 주된 목적인 지도성, 협동성, 과학성 가운데 한 영역의 배양에 주로 기여할 수도 있고, 하나 이상의 배양에 기여할 수도 있다. 예를 들면 각종 회의는 지도성, 봉사활동은 협동성, 과제활동은 과학성의 배양에 주된 초점이 맞추어졌다면, 전진대회, 수련대회 등은 지도성, 협동성, 과학성 모두의 배양을 위한 활동이라고 할 수 있다.

2절 과제활동

FFK에서 이루어지고 있는 다양한 활동 가운데 핵심적인 활동은 과제활동이라고 할 수 있다. 과제활동이란 영농과제를 의미하는 것으로 가정영농과제실습, 프로젝트실습 등 여러 가지 명칭으로 불려왔다. 과제활동은 John Dewey의 문제해결법에 바탕을 둔 프로젝트 학습법의 하나라고 할 수 있다. 이는 학생들이 일상생활에서 부딪히는 문제를 학생 스스로의 반성적인 사고 과정을 통해 해결하게 하는 학습 방법이다. FFK를 통해 수행하게 되는 과제활동은 다음과 같은 특징을 갖는다(이용환 외, 2007).

- 과제활동은 학생들 스스로의 자발적이고 자주적인 활동으로 구성되

어야 한다. 과제의 선정, 실시, 평가의 모든 단계는 학생 스스로 생각하여 정해져야 하고, 스스로의 노력을 통해 해결되어야 한다.

- 과제활동은 실제 영농이나 생활 환경에서 발견되는 문제들과 직결되어야 한다. 교육이 교과서 중심으로 너무 이론적이게 되게 되면 학교에서 실제 학습한 내용이 실제 생활에는 전혀 도움이 되지 못하는 상황이 발생할 수 있다. 과제활동은 이런 점의 해결을 위해 학습 주제를 교과서가 아닌 생활 속에서 찾는다.
- 과제활동이 성공을 거두려면 교사, 학부모, 학생이 상호 협력해야 한다. 학생은 아직 완전한 영농인이 아니고, 배우는 과정 중에 있기 때문에 교사, 부모 등의 지도를 필요로 한다. 가능하다면 부모는 학생이 실제 영농을 할 수 있는 토지, 자본 등을 제공하여 학생 스스로 실습할 수 있는 여건을 마련하여야 하고, 학생 스스로 과제활동을 수행할 수 있도록 끊임없이 격려하고 도움을 주어야 한다.

과제활동은 다양한 유형으로 구분될 수 있다. 규모, 장소, 참가자 수, 목적 등에 따라 다음과 같은 종류의 과제활동이 가능할 것이다.

- 규모 기준: 주과제, 부과제 등
- 장소 기준: 가정과제, 학교과제, 기관과제 등
- 참가자 수 기준: 개인과제, 공동과제 등
- 목적 기준: 생산과제, 개량과제, 시험과제, 창의성과제 등

이때 생산과제란 작물을 재배하거나 가축을 사육하여 수익을 올리고, 이러한 실제의 체험 과정을 통해 영농에 필요한 지식, 기술, 태도 등을 배우는 과제이다. 개량과제는 시설, 설비 등의 개량이나 작업 능률을 향상시키는 것을 목적으로 하는 과제로 토질의 개량, 축사의 건축, 의복의 수선 등을 들 수 있다. 한편 시험과제란 새로운 품종을 도입하거나 새로운 재배

법, 사육법 등을 시험적으로 적용해 보는 과제를 뜻한다.

과제활동은 과제 선정, 과제 계획, 과제 실시, 과제 평가 등의 절차를 거쳐 이수된다. 과제활동은 그 결과 생산량이 많아지거나, 특정 기술을 익히게 되는 것 등도 중요하지만, 결과 못지않게 과정 또한 중요하다고 할 수 있다. 과제를 이수하는 과정을 통해 사고력, 문제해결력, 평가력 등이 배양될 수 있기 때문이다.

과제활동은 문제의 발견에서부터 시작된다. 가정, 학교생활 등에서 관심을 가지고 있는 것에서 출발하여 문제로 느끼고 있는 다양한 것들을 기록하게 하고, 그 가운데에서 적절한 것을 선정하는 것이 좋다. 따라서 적절한 과제를 선정하기 위해서는 가정, 학교 등의 영농실태에 대한 정확한 파악이 선행되어야 한다. 과제를 선정할 때에는 과제 이수를 통해 학습할 수 있는 것, 학생 스스로 실천 가능한 것, 학생이 흥미와 관심을 가지고 있는 것, 성공할 가능성이 높은 것 등의 조건을 미리 마련하고, 이에 근거하여야 한다.

실행해야 할 과제활동이 선정되면 구체적인 계획이 수립되어야 한다. 2-3년 기간을 필요로 하는 장기계획과 한 학기 또는 몇 개월의 시간을 필요로 하는 단기계획은 구분되어 수립될 필요가 있다. 또한 계획을 작성할 때에는 언제, 어디서, 무엇을, 어떻게, 왜 할 것인지가 명확히 나타나야 한다.

과제활동을 실제로 할 때는 과학적으로 연구하고, 정해진 절차에 따라 실시하는 것이 좋다. 이렇게 과제활동이 전개되기 위해서는 그 과정을 면밀히 관찰하고, 과정과 관찰한 결과를 기록으로 남겨 두어야 한다. 그래야만 추후에 있게 되는 평가가 더욱 과학적이고 객관적으로 이루어질 수 있다. 과제활동의 실시 상황은 연구노트, 과제기록부, 일기장 등 다양한 형태로 기록될 수 있다.

과제활동이 끝나게 되면 목표 달성 정도를 평가하고, 과정 속에서의 잘된 점과 잘못된 점에 대한 평가가 수반되어야 한다. 따라서 과제활동의 평가는 결과뿐만 아니라 과정에 대한 평가도 포함한다고 할 수 있다. 지금까지 기술된 각 단계, 즉 과제 선정, 과제 계획, 과제 실시 등에 대한 평가와 함께 과제를 통한 산출 또는 성과에 대한 평가가 이루어져야 한다. 뿐만 아니라 과제 실시 상황을 기록한 기록물에 대한 평가가 포함될 필요가 있다.

3절 전국FFK전진대회

전국FFK전진대회는 학교, 시도대회에 이은 3단계 결선대회이다. 해마다 농업교육, 농업기술, 회원 능력을 향상시켜 나가자는 의미에서 전진대회라고 명명되었다. 전진대회를 통해 회원은 실력을 발전시켜 나감과 동시에 대회를 준비하는 자세도 함께 배양하는 것이 전진대회의 최대 목표라고 할 수 있다.

전국FFK전진대회는 통상 3일 동안 이루어진다. 주요 행사로는 전공경진, 실무능력경진, 과제이수발표, 체험 및 전시장 관람, 예술제, 골든벨, 연합회장 선거 등으로 구성된다. 전공경진은 농업교육의 기초 경진 분야로 평소 수업시간에 배운 것을 바탕으로 회원들이 서로 겨루는 대회이다. 식물자원, 동물자원, 식품가공, 농업기계, 농업유통, 조경·산림자원의 6개 부문에서 실시되는데, 각 부문은 이론시험과 감정시험으로 구성된다. 이론시험은 50분에 걸쳐 이루어지게 되고, 농업이해와 농업기초기술은 공통이며, 각 부문별로 다음의 교과 가운데 하나를 택하도록 되어 있다. 한편 감정시험은 1인당 10분 이내에서 이루어진다.

- 식물자원: 재배, 원예 중 택 1
- 동물자원: 축산
- 식품가공: 식품과학
- 농업기계: 농업기계
- 농업유통: 농산물유통

- 조경 · 산림자원: 조경, 숲과 인간 중 택 1

실무능력경진은 농업교과의 실습 내용에 창의적인 조건을 제시하여 기초 실력과 창의력을 발휘하여 독창적인 작품을 겨루는 농업실기 분야의 최고를 지향하는 대회이다. 화훼장식, 제과 · 제빵, 조경설계 등의 분야에서 이루어지고, 시범종목도 실시될 수 있다. 2012년의 경우 농기계정비가 시범종목으로 실시되었다. 정식 종목의 경우 7시간 동안 제시된 주제와 관련하여 실기능력을 서로 겨루게 된다.

과제이수발표는 농업분야 중 한 가지 주제에 대해 목표 설정, 활동 계획 수립, 수행, 공유, 일반화, 적용 등의 과정을 통해 자신이 배우고 느낀 점을 정리하여 발표하는 과정이다. 과제는 크게 가정과제, 학교과제, 창의성과제로 구분되고, 가정과제와 학교과제의 경우 각각 생산과제와 비생산과제로 구분된다. 가정과제와 학교과제는 자료검토를 위한 시간과 개별면담 및 발표를 위한 시간으로 구성되고, 발표는 5분 이내, 질의응답은 7분 이내 정도로 이루어진다. 한편 창의성과제는 발표와 질의응답 시간은 동일하지만, PPT 제작을 위한 시간과 개별면담 및 발표를 위한 시간으로 구성된다는 차이점이 있다.

농업 관련 체험 및 전시장 관람은 다양한 활동이 포함되어 있다. 체험활동은 생태, 환경, 유기농업 등과 관련하여 다양한 부스에서 체험활동이 제공된다. 또한 전시장은 농업교육, 미래농업, 자연관찰학습장, 녹색환경학습장, 첨단온실 등으로 구성될 수 있다. 한편 예술제는 각 지부 특기발표, 전통문화 계승공연, 초청공연 등으로 구성되고, 골든벨은 보통교과와 전문교과 모두를 대상으로 100여 명의 학생들이 퀴즈를 푸는 프로그램으로 FFK 회원들이 자신감을 갖고 학교생활에 더 잘 적응할 수 있도록 하기 위한 취지로 실시된다. FFK 연합회장은 대의원들이 모인 가운데 입후보자의 출마의 변을 듣고 선거를 통해 선출되며, 선출된 연합회장은 소견을 발표하게 된다.

전국FFK전진대회에서는 이상의 프로그램 이외에도 전통놀이한마당, 전국농업교사현장연구대회, 한국농업교육협회와 한국농·산업교육학회의 공동학술대회, 각종 협의회 등을 통해 소기의 목적을 달성하고 있다. 2012년 대구에서 열린 제41차 대회 프로그램은 〈표 IX-3〉과 같다. 1일차는 경진의 날로 다양한 경진 프로그램들이 열리고, 2일차는 축제의 날로 골든벨, 전통놀이 한마당 중심의 흥미 중심 프로그램들로 구성되며, 3일차는 대회의 날로 이틀 동안의 행사를 정리하고 수상하는 행사들이 이루어진다.

표 IX-3. 제41차 전국FFK전진대회 일정표

일차	시간	행사명
1일차 경진의 날 (09/25, 화)	08:30-09:00	등록 및 경진장 입실
	09:00-12:00	전공경진(감정시험)
	09:00-17:00	과제이수발표
	09:00-17:00	실무능력경진
	10:00-17:00	농업관련 학습 체험 및 전시장 관람
	12:00-13:50	중식
	13:00-17:00	제36년차 전국농업교사현장연구대회
	14:00-15:00	전공경진(이론시험)
	14:00-17:00	한국농·산업교육학회-한국농업교육협회 공동학술대회
	17:00-18:00	석식
	19:00-21:00	FFK 예술제
2일차 축제의 날 (09/26, 수)	09:00-12:00	FFK 골든벨, FFK 연합회장 선거대회
	10:00-17:30	농업관련 학습체험 및 전시장 관람
	12:00-13:50	중식
	14:00-17:00	전통놀이 한마당
	17:30-	석식 및 지부별 행사
3일차 대회의 날 (09/27, 목)	09:00-09:20	입실 확인 및 대회식 예행연습
	09:20-10:00	대회식 1부: 과제발표 5명, 대회영상 방영
	10:00-16:30	농업관련 학습 체험 및 전시장
	10:30-11:40	대회식 3부
	12:00-	중식 및 귀가

전국FFK전진대회를 통해서는 다양한 시상이 이루어진다. 학생들의 입상 성적에 따라 교육과학기술부장관, 농림수산식품부장관, 농촌진흥청장, 농협중앙회장, 한국농업교육협회장 등으로부터 표창과 시상이 있다. 뿐만 아니라 FFK 대회기가 다음 번 개최지의 지부장에게 전달되는 의식이 대회식 말미를 구성한다.

앞서 언급한 대로 한국영농학생연합회의 공식 명칭이 2007년 FFK로 변경되었다. 이는 국제적인 변화의 흐름에 더욱 적극적으로 대처하기 위한 노력의 일환이라고 할 수 있다. 이에 부응하여 최근 들어 전국FFK전진대회에서는 국외 대표단의 방문을 통해 영농을 통한 학생 능력 개발을 위한 국제적인 노력이 이루어지고 있다. 2011년 충북 청주에서 열렸던 제40차 대회에는 FFA와 FFT(Future Farmers of Thailand) 대표단이, 그리고 2012년에는 FFT 대표단이 방문하였다. 또한 FFK 대표단은 2012년 10월 24일부터 27일까지 미국 인디애나폴리스에서 개최되는 National FFA Convention and Expo에 방문하여 국제적인 차원에서의 노력을 더욱 가시화하고 있다.

연구문제

1. 특정 농업계 고등학교에서 FFK가 어떻게 조직되어 운영되고 있는지 조사해 보자.
2. FFK와 한국농업교육협회의 관계에 대해 조사해 보자.
3. 시대적인 변화에 부합하는 전국FFK전진대회 프로그램(안)을 개발하여 보자.
4. 학생들의 과제활동을 지도할 수 있는 계획서를 작성하여 보자.
5. FFJ(Future Farmers of Japan), FFT 등이 FFK와 갖는 차이점을 분석해 보자.

참고문헌

대구광역시교육청, FFK연합회, 한국농업교육협회. (2012). 『41st전국FFK전진대회 2012 대구대회 종합안내서』. 대구: 대구자연과학고등학교.

이용환, 김수욱, 정철영, 박행모, 김진모, 나승일, 강대구. (2007). 『농업교육학 개론』(개정판). 서울: 서울대학교출판부.

천계 송해균 교수 정년퇴임기념사업 추진위원회. (1999). 『농업교육 100년의 발자취』. 서울: 교육과학사.

한국농업교육사편찬위원회. (1994). 『한국농업교육사』. 서울: 대한교과서주식회사.

FFK & KAEA. (2012). 『FFK 소개』. Retrieved from http://www.ffk.or

National FFA Organization. (2012). *National FFA organization: Agricultural education*. Retrieved from: http://www.ffa.org

X. 진로지도

정철영

개요

농업교육기관, 특히 농업계 고등학교에 재학 중인 학생들이 자신의 진로를 계획하고 선택함에 있어 직업, 특히 농업직의 내용과 특성을 이해하고 농업직을 선택할 때 알아야 할 사항을 이해하도록 하여 자신의 진로를 잘 계획할 수 있도록 도와주고, 장차 농업인으로서 가져야 할 바람직한 직업의식을 고취하는 데 필요한 사항을 서술하였다.

학습목표

1. 진로지도의 의의를 설명할 수 있다.
2. 학생 자신에 관하여 파악해야 할 사항을 제시할 수 있다.
3. 농업직을 분류하고 그 특성을 진술할 수 있다.
4. 직업을 선택할 때 고려해야 할 사항과 선택한 직업을 위해 준비해야 할 사항을 체계적으로 제시할 수 있다.
5. 농업인으로서 가져야 할 올바른 직업의식을 진술할 수 있다.

1 진로지도의 의의

1절 진로지도의 개념

진로지도란 개인의 직업적 발달을 촉진시켜 개인으로 하여금 자신의 진로를 올바르게 계획하고 자신에게 적합한 직업을 선택하게 하며, 선택한 직업을 적절히 준비함은 물론 그 직업에 취업하여 잘 적응하고 계속 발전할 수 있도록 도와주는 일련의 과정이라 정의할 수 있다.

따라서 진로지도는 다음과 같은 네 가지 개념상의 특징을 가지고 있다. 첫째, 진로지도란 계속적인 일련의 과정(process)이다. 즉, 단순한 취직알선이나 직업선택을 위한 활동이 아니라 직업의 선택, 직업의 준비, 취직, 직업생활 적응을 단계적으로 도와주는 계속적인 활동과정을 뜻한다. 둘째, 진로지도란 도와주는 활동(helping service)이다. 즉, 지시하거나 명령하는 것이 아니고, 각 개인이 직업의 선택, 직업의 준비, 취직 및 직업생활 적응을 주체적으로 해 나가도록 전문가나 진로상담교사가 도와주는 것을 말한다. 셋째, 진로지도의 관심은 개인(individual)이다. 즉, 진로지도에서 가장 중요한 것은 어느 기관이나 단체나 조직이 아니라 개인이며 따라서 개인은 결코 수단이 될 수 없는 가장 중요한 존재로서 다양성이 인정될 뿐만 아니라 존중되어야 한다는 의미를 내포하고 있다. 넷째, 진로지도란 개인의 직업적 발달을 도모한다. 즉, 인간은 어려서부터 현재의 자기 및 장래의 직업생활을 하는 데 있어 해야 할 역할에 대한 영상을 점차적으로 확대하고 심화해 나간다는 것이다. 그래서 자신의 직업적 영상을 바람직한 형태와 방향으로 발달하도록 도와주는 것이 진로지도의 중요한 역할임을 밝히고 있다.

2절 진로지도의 중요성

삶의 근본적인 목적은 무엇인가? 이러한 질문, 즉 삶의 목적에 대한 해답을 구하고자 많은 학자들이 그동안 수많은 연구를 해 왔다. 그중의 대표적인 학자는 아리스토텔레스(Aristotle)로 그는 모든 사람에게 삶의 궁극적인 목적은 '행복'이라고 하였다. 즉, 인간은 행복을 추구하기 위하여 삶을 영위하고 있는 것이라고 하였다.

그렇다면 우리는 어떻게 할 때 행복을 느낄 수 있는가? 물론 개인에 따라 차이가 있을 수 있으나 행복을 느끼기 위한 공통적이고 보편적인 조건은 무엇인가? 첫째, 무엇보다도 기본생활을 영위할 수 있는 경제적 안정이 있어야 하고, 둘째, 건강해야 한다. 최소한의 의식주가 해결 안 될 정도의 처절한 빈곤과 극심한 병의 고통 속에서 행복을 지속적으로 느끼기는 일반적으로 거의 불가능하다. 그런데 이러한 물질생활의 안정과 건강은 소극적인 조건으로 이것만으로 행복이 실현되는 것은 아니다.

이 외에 셋째, 자아의 성장을 의식하고, 넷째, 공동체에서 필요로 하는 존재로서 인정되고, 다섯째, 타인과의 인간관계가 원만할 때 삶의 궁극적인 목적인 행복을 실현할 수 있는 것이다. 보통 우리 인간들이 추구하는 부나 명예나 권력도 따지고 보면 이상의 다섯 가지 조건을 위한 수단에 불과하며, 부나 명예나 권력이 있더라도 위의 조건이 충족되지 않으면 행복은 실현될 수 없다. 따라서 위의 다섯 가지 사항이 행복을 위한 가장 근본적인 조건이라 할 수 있다.

그런데 삶의 궁극적인 목적인 행복을 실현할 수 있는 위의 조건들은 일을 통하여 달성될 수 있는 것이다. 즉, 일을 통하여 경제적 수입을 올리고, 건강을 유지할 수 있다. 또한 "생산적이고 의미 있는 일을 하면서 자아를 실현할 수 있다"고 매슬로우(A. H. Maslow)가 말한 것처럼 일은 가장 중요한 자아실현의 방법으로 인간은 일을 통하여 자신의 잠재능력을 최대한으로 발휘할 수 있다. 또한 일을 통하여 떳떳한 구실을 인정받을 수 있고, 인간관계도 형성되는 것이다. 그런데 개인이 일생 동안 하는 모든 일이 진로이므로 개인의 진로는 바로 개인의 삶의 궁극적인 목적인 행복의 실현 여부를 결정짓는 것이다.

진로지도는 이상과 같은 개인적인 측면에서뿐만 아니라 국가 · 사회적 측면에서도 매우 중요하다. 국가 · 사회는 각종 직업에 종사하는 개인과 각종 직업단체에 의해서 구성된다. 그러므로 국가 · 사회의 구성은 곧 직업구성이라 할 수 있다. 따라서 진로지도를 통하여 국가 · 사회의 구성원이 각자의 특성과 소질에 적합한 직업에 취업하여 각자의 직업에 만족하고 자신의 역량을 최대한 발휘하면 국가 · 사회는 발전하게 되므로 진로지도는 국가 · 사회의 발전 여부를 좌우하는 중요한 것이다.

3절 진로지도와 농업교육

진로지도는 초기에는 직업교육과 그 개념이 구분되었다. 즉, 직업교육은 어느 직업 혹은 직업군이 요구하고 있는 지식, 기능, 태도 등의 학습을 목표로 하는 데 반해, 진로지도는 개인이 직업을 선택할 때 도와주는 활동이었다. 특히 초기의 진로지도는 기술이 없어서 고용되지 못하는 학교 밖의 청소년들을 위한 직업정치에 주안점을 두고 실시되었기 때문에 직업교육자들은 진로지도에 거의 관심을 보이지 않았다. 왜냐하면 대부분의 직업교육자들은 진로지도는 사회복지의 형태이며, 개인이 직업을 위한 준비, 즉 기술습득만 잘 된다면, 직업정치는 문제될 것이 없다고 생각하였기 때문이다. 그러므로 그들은 직업기술의 교육에만 노력을 기울이고, 진로지도는 무시하였다.

그러나 급속하고 다양한 사회적 · 직업적 변화, 진로행동에 대한 이론의 발달, 사회 곳곳에서의 진로계획, 진로탐색, 직업적응 등 진로지도 욕구의 증가로 진로지도의 중요성이 더욱 증가하게 되자(Herr, Cramer, & Niles, 2004), 많은 직업교육가들은 진로지도에 관심을 갖고 이 분야에 참여하였다. 즉 그들은 올바른 진로지도 프로그램 없이는 직업교육이 효과적으로 수행될 수 없다고 여기기 시작하였다(London, 1973). 왜냐하면 직업교육의 목적은 취업을 위한 직업기술의 습득이므로 취업이 되지 못하는 직업교육은 시간과 돈의 낭비이기 때문이다(London, 1973). 따라서 진로지도는 직업교육에서 필수적이라 할 수 있다(London, 1973; Miller, 1985).

특히 직업교육의 중요한 영역인 농업교육을 담당하는 농업교사는 다른 교과를 담당하는 교사에 비하여 학생들과 함께 일하고, 학생들의 집을 방문할 기회를 많이 가지므로, 학생들에 대하여 잘 파악하게 된다. 또한 농업교사는 다른 교사와는 달리 지역사회와 매우 긴밀한 관계를 유지하게 된다. 따라서 농업교사는 학생들의 진로지도에서는 물론 지역사회에서의 진로지도에서도 중요한 역할을 담당하도록 요구된다.

4절 진로지도의 수행단계

농업계 학교에서의 진로지도는 다음과 같은 순서에 따라 수행한다.

첫째, 학생들로 하여금 적성, 흥미, 성격, 가치관, 학력, 신체적 조건 등 자신에 대하여 이해하도록 한다. 특히 농업계 고등학교에서 효율적으로 진로지도를 담당하기 위해서는 농업계 고등학교 학생들의 특성을 정확히 파악해야 한다.

둘째, 학생들로 하여금 직업의 세계, 특히 농직업의 세계에 대해서 이해하도록 한다.

셋째, 자신과 농직업 세계에 대한 이해를 기초로 학생들이 자신의 직업을 선택하고, 선택한 직업에 대하여 준비하도록 한다.

넷째, 학생들이 장차 농업인으로서 역할을 수행할 때 필요한 올바른 직업의식을 함양하도록 한다.

그러면, 이상의 각각에 대하여 살펴보기로 한다.

2 학생 자신의 이해

1절 자신에 관하여 이해해야 할 사항

자기의 잠재가능성을 충분히 실현하기 위해서는 먼저 자기 자신을 이해해야 한다. 즉 자기 자신이 누구인지, 자기 자신이 하고 싶어하는 일은 무엇인지, 자기 자신이 잘할 수 있는 일은 무엇인지에 대하여 알아야 한다. 이와 같은 이해를 바탕으로 해서 진로를 결정해야 시행착오나 낭비를 줄일 수 있다.

자기이해의 영역은 매우 광범위하다. 인지적, 정의적, 신체적 영역에 걸쳐 자기이해에 관련된 요인들은 수십 가지나 된다. 그러나 여기에서는 자기이해의 영역 중에서 특히 개인의 진로발달 및 선택과 관련이 깊은 요인을 중심으로 살펴보기로 한다. 참고로 농업직은 다양하기 때문에 각 요인별로 요구되는 세부 특성은 농업직의 종류에 따라 다르고 그 차이가 크므로 일반적이고 포괄적으로 살펴보기로 한다.

1. 적성

어떤 과제나 임무를 수행할 때 개인에게 요구되는 특수한 능력이나 잠재능력을 적성이라고 한다. 즉, 어떤 특수 부문에 대한 능력이나 그 능력의 발현가능성을 말한다. 따라서 적성은 개인이 어떤 직업에서 얼마만큼 그 직무를 성공적으로 수행할 수 있을지를 예측하게 해주는 요인이다.

개인의 적성을 구성하는 요인에는 일반적성능력, 언어능력, 수리능력, 공간지각능력, 수공능력, 운동조절능력, 사무지각능력, 형태지각능력 등 여러 가지 요인이 있다. 이러한 요인을 알아보는 방법에는 여러 가지가 있으나 가장 일반적인 것은 표준화 검사법이다. 이 밖에도 개인의 특성이나 능력을 관찰자가 직접 살펴봄으로써 개인의 적성을 파악하는 관찰의 방법이 있다.

적성과 직업은 높은 관련성을 가지고 있다. 예를 들면 공간지각능력이 있는 사람은 제도나 설계, 건축 등의 입체구성능력을 요구하는 직업을 선택하는 것이 좋고, 일반적성능력이 있는 사람은 순수과학분야의 직업을 선택하는 것이 좋으며, 사무지각능력이 있는 사람은 사무직이나 경리직 계통의 직업을 선택하는 것이 그 직업에서 적응하고 성공할 확률이 높다. 그런가 하면, 인쇄업이나 세공업 계통의 직종은 운동감각이나 손재능의 정확성과 섬세함을 요구하므로 수공능력을 가져야 할 것이다. 물론, 취업한 후에 그런 기능을 익힐 수도 있지만, 이왕이면 자기의 적성에 맞는 직업을 선택하여야 기능을 쉽게 습득할 수 있고 그 일에 대한 만족감도 더 느낄 수 있을 것이다.

2. 흥미

어떤 종류의 활동 또는 사물에 대하여 특별한 관심이나 주의를 가지게 하는 개인의 일반화된 정서적 특성을 흥미(interest)라고 한다. 즉, 개인이 자기에게 잠재적으로 가치 있다고 생각하는 것에 주의를 기울이고 그것을 향해서 나아가려는 일반적인 정서적 특성이다. 흥미는 특수화된 목표보다는 광범위한 목표에 관련된 것이며, '무엇'을 하려는 경향이지 '어떻게' 또는 '얼마나' 잘하느냐 하는 것을 결정하는 요인이 아니다.

흥미는 관점에 따라 달리 분류되는데, 이에는 문학적 흥미, 과학적 흥미, 기계적 흥미, 상업적 흥미, 봉사적 흥미, 사무적 흥미, 운동적 흥미, 예능적 흥미 등이 있다. 이러한 흥미를 알아보는 데 가장 많이 이용되는 방법은 표준화 검사법이다. 우리나라에서 개발된 흥미검사에는 일반흥미검사, 직업흥미검사 그리고 학습흥미검사 등이 있다.

개인이 가지고 있는 흥미는 각기 다양하다. 어떤 사람은 동식물을 보살피는 일에 흥미를 가지고 있는가 하면, 어떤 사람은 기계를 수리하거나 조작하는 일에 흥미를 가지고 있다. 또, 어떤 사람은 사무실에 근무하면서 계산서를 처리하는 일에 흥미를 느끼는가 하면, 어떤 사람은 판촉기술이나 설득력을 활용해서 제품을 파는 일에 흥미를 느끼기도 하며, 또 다른 사람은 운전하며 물건을 나르는 일에 흥미를 느끼기도 한다. 따라서 자신의 흥미에 맞는 직업을 선택하여 일하는 사람은 흥미가 없는 일에 종사하는 사람보다 업무수행력도 뛰어나고 일에서 느끼는 만족감도 더 클 것이다.

3. 성격

성격(personality)이란 다른 사람이나 사물에 대하여 표출되는 개인의 비교적 일관성 있는 개성적인 행동양식이나 반응양식으로 정의할 수 있다.

성격은 여러 가지 방법으로 분류되는데 외향적인 성격과 내성적인 성격으로 나뉘기도 하고, 실제적 성격, 탐구적 성격, 예술적 성격, 사회적 성격, 진취적 성격, 전통적 성격으로 나뉘기도 한다.

성격을 알아보는 방법에는 여러 가지가 있는데, 그중 대표적인 것은 자기보고식 검사법과 투사법이다. 자기보고식 검사법이란 각 문항에 대하여 '예', '아니오', '잘 모르겠다' 등으로 간략하게 답하도록 되어 있는 검사법으로, 국내에서 제작된 자기보고식 성격검사로는 표준성격검사, 인성진단검사, 성격진단검사 등이 있다.

투사법은 투영법이라고도 하며, 프로이트 학파의 이론에서 발전된 검사법으로, 인간의 잠재된 심층심리를 통찰하려는 방법이다. 우리나라에서 개발된 투사법 성격검사에는 로르샤흐 검사, 그림좌절검사, TAT 성격진단법 등이 있다.

성격은 일의 세계에서 개인의 성공이나 실패에 많은 영향을 끼친다. 예를 들어 외향적이고 사교적인 성격특성을 가진 사람은 인간관계가 중시되는 직종에서 더욱 능력을 발휘할 수 있으며, 성격이 침착하지 못한 사람은 계속성을 요구하는 일에서 실패할 경우가 많다.

4. 가치관

개인으로 하여금 특정 상황에서 어떤 선택이나 결정을 내려야 할 때, 어떤 특정한 방향으로 행동하게 하는 원리나 믿음 또는 신념을 가치관이라고 한다. 이러한 개념정의에 나타나 있듯이, 가치관은 우리에게 아름다움과 추함 또는 옳고 그름에 대해 판단을 내리게 하고, 또 어떤 방향이나 방식으로 행동하게 한다. 예를 들면, 어떤 사람이 아름다움에 가치를 부여한다고 하면, 그는 아름다운 용모를 갖추기 위해 여러 가지 시도를 하게 될 것이다. 또, 어떤 사람이 돈에 가치를 부여한다면, 그는 돈 버는 일에 몰두할 것이다.

가치관을 측정하는 데 가장 많이 쓰이는 방법으로는 표준화 검사법과 가치명료화 프로그램을 통한 측정방법이 있다. 우리나라에서 개발된 표준화 검사에는 가치관 검사, 개인가치관 검사, 대인가치관 검사 등이 있다. 가치명료화 프로그램은 한국교육개발원(1984)에서 개발하였는데, 집단형성 단계, 자신의 가치관 인식 단계, 가치갈등상황의 명료화와 대안탐색 단계, 가치의 선택 단계, 가치존중 및 확신의 단계, 가치관의 행동화 단계 등의 6단계를 통해 가치를 탐색하고 행동화하도록 구성되어 있다.

가치관은 개인의 진로선택이나 진로발달 측면에도 큰 영향을 끼친다. 가령, 어떤 사람이 다른 사람에 대한 봉사활동에 가치를 부여한다면 그는 교사나 목사 그리고 사회사업가와 같은 직업을 가지고 싶어할 것이며, 돈에 가치를 둔다면 그는 이익을 가져다주는 경제활동에 참여하고자 할 것이다. 또, 권력에 가치를 둔다면 그는 정치가가 되려고 할 것이고, 예술에 가치를 둔다면 화가나 음악가 또는 작가가 되기 위해 노력할 것이다. 이러한 가치관은 직업생활과 관련되어 직업관을 형성하게 된다.

5. 학력

학력(學力)이란 개인이 학습을 통해 습득한 지식이나 기능 등을 의미하는 개념으로, 학업성취도와 동의어로 쓰이기도 하지만, 학교에서 획득한 학문적 성취만을 의미하는 학업성취도보다는 포괄적인 개념이다. 여기서 말하는 학력(學力)은 어떤 사람이 학교를 다닌 경력(이력)을 일컫는 학력(學力)과는 다른 개념이다.

학력과 직업은 직접적인 관계를 가지고 있다. 대부분의 직업에서는 각기 그 직무를 수행하는 데 필요한 특정 교육이나 기술을 요구하고 있으며, 각 직종에서 요구하는 지식이나 기능을 갖추지 못하면 그 직종에 취업할 수 없다. 예컨대, 전문기술직에 종사하려면 그에 알맞은 자격증과 지식 및 기능을 가져야 한다. 의사가 되려면 의사자격고시에 합격해야 하고, 수년간에 걸친 수련과정을 거쳐야 한다. 또, 사무직에 종사하려면 컴퓨터를 비롯하여 여러 사무기기를 다룰 줄 알아야 하며, 서비스직인 요식업이나 미용업 등의 직종에 종사하려면 관련자격증을 획득하고 아울러 필요한 지식과 기능을 갖추어야 한다.

농업에 종사하기 위해서는 특별한 교육과 훈련, 자격증이 요구되는 것은 아니지만 기본적으로 전문 분야에 따라 농업계 고등학교나 전문대학 및 대학교의 관련 학과를 졸업하는 것이 유리하다. 농업 종사자들은 농업 관련 학과에서 제공하는 다양한 교육과정과 프로그램을 통해 직업적 기능을 향상시킬 수 있으며 발전된 기술과 향상된 지식을 통해 국제적 수준의 경쟁력을 키울 수 있다.

6. 신체적 조건

직업이나 진로를 선택할 때에는 먼저 신체적 조건을 고려해야 한다. 물론, 의지나 극기로 신체적 조건을 극복하고 훌륭한 일을 이루는 위대한 사람도 있지만, 일반적으로 자신의 신체적 조건에 적합한 진로를 선택하여 그 방면으로 노력하는 것이 효율적이다. 왜냐하면 아무리 자기의 소질과 적성 · 흥미에 맞는 직업이 있더라도, 신체적으로 불리한 조건이 있다면, 그 직업은 적합하지 않을 수도 있기 때문이다. 따라서 진로를 선택할 때에는 기본적으로 자신의 신체적 조건을 명확히 이해한 다음, 그에 적합한 직업을 선택하는 것이 중요하다.

신체적 장애와 그에 따르는 부적당한 직업의 예를 제시해 보면, 신체적으로 쇠약한 사람일 때에는, 강인한 체력을 요구하는 직업인 육체노동자나 갑판원, 광부 등과 같은 직종은 피하는 것이 좋을 것이다. 또, 색맹인 사람이라면 색채를 상세히 구별해야 하는 직업은 피해야 하고, 난청인 사람은 조율사, 통신사, 전화교환원 등의 직종에 취업하기 어려울 것이다. 그리고 시력이 좋지 않은 사람은 충분한 시력을 요구하는 직업에 맞지 않고, 후각 장애가 있는 사람은 약제사, 조리사, 향료사 등의 직종에 맞지 않을 것이다.

2절 농업계 고등학교 학생들의 특성

농업계 고등학교에서 진로지도를 효율적으로 수행하기 위해서는 진로지도의 대상이 되는 농업계 고등학교 학생들의 특성에 관하여 파악하고 있어야 한다. 따라서 여기서는 그들의 일반적인 특성과 졸업 후 진로에 관하여 살펴보기로 한다.

1. 일반적인 특성

종합고등학교를 제외한 농업계 고등학교의 수는 2001년 23교, 2005년 27교, 2009년 29교에서 2010년 전문계 고등학교가 특성화고등학교로 개편되면서 2012년 37교로 증가하였다. 그러나 학생 수는 지속적으로 감소하여 2001년 2만 3,731명, 2005년 2만 2,162명, 2009년 1만 6,298명으로 나타나고 있다. 2010년 전문계 고등학교가 특성화고등학교로 개편된 이후로는 교육통계연보에서 학교 간 데이터의 단절로 인해 계열별로 정확한 인원을 파악하는 데에는 한계가 있다. 다만 교육통계연보(2012)의 직업교육 특성화고등학교의 계열별 현황에서 3학년을 제외한 결과를 보고하고 있는데, 2012년 특성화고등학교 1, 2학년 학생 수 22만 1,107명 중에서 농업계열 학생은 1만 2,026명으로 약 5.44%를 차지하고 있다(한국교육개발원, 2012). 1990년 이후부터는 신입생 지원율이 1 대 1을 밑돌고 있어 정원을 채우기 힘든 상황이다.

초·중등교육법 시행령(대통령령 제22955호, 2011. 6. 7, 일부개정)에 따라 농업계 고등학교는 농업계열 특성화고등학교 37교와 마이스터고 1교로 조정되었고, 고등학교의 유형이 일반고등학교, 특수목적고등학교, 특성화고등학교, 자율고등학교로 구분되어 기존 전문계 고등학교가 일반고등학교와 특성화고등학교로 전환되었다. 특성화고는 현장중심 직업교육 강화, 취업과 학업의 병행 여건 개선, 산업계의 교육 참여 확대 등에서 내용적으로 또는 내용 수준 측면에서 기존 전문계고와는 차별되기 때문에(정진철 외, 2011), 농업계 고등학교도 이와 같은 맥락에서 이해할 필요가 있다.

1990년대 중반까지 농업계 고등학교는 전문직업교육기관으로서 농업 분야의 중견자립 영농인과 기타 농업 관련 종사자를 양성하는 목적으로 운영되었다. 그러나 1997년 7차 교육과정의 적용, 1999년 중등교육에서 고등교육으로의 직업교육 과정 이동, 2001년 전문계 고교생에 대한 대학입학 문호 확대 정책 등으로 인해 농업계 고등학교의 성격이 변화하기 시작했다. 이러한 변화는 농업계 고등학교 학생들에게 상당한 영향을 미쳤고, 그 결과 1990년 7.6%에 불과했던 진학률이 2000년 42.6%, 2003년 55.7%, 2010년 71.5%로 지속적으로 증가하였다(한국교육개발원, 2012). 2010년 이후 특성화고등학교가 취업 중심으로 교육 과정을 운영함에 따라 농업계 고등학생의 진학률도 점차 감소하고 취업률이 높아져 다양한 진로를 찾는 경향이 나타난다. 이러한 현상은 현재 농업계 고등학교 학생들은 과거와 달리 교과과정을 통해 농업직을 갖는 것만을 목표로 하지 않기 때문으로(강대구, 2002), 진학을 통해 다양한 사회분야로의 진출을 도와줄 수 있는 진로지도를 필요로 한다는 특징을 보여주고 있다.

그러나 농업계 고등학교 교육성격의 변화와 진학률의 증가에도 불구하고 농업계 고등학교 학생들의 기초수학 능력을 조사한 최근의 선행연구들은, 농업계 고교생의 경우 일반계 고교생에 비해 학업성취도와 성취수준이 매우 낮다는 사회적 인식을 재차 확인시켜주고 있다(이무근, 1984; 조은상, 강종훈, 1999; 조지민 외, 2007; 김진구, 2009). 이를 구체적으로 살펴보면 2010년을 기준으로 전문계 고등학교 학생들의 학업중단율은 3.8%로서, 일반계 고등학교의 1.4%에 비하여 매우 높으며, 농업계 고등학교 재학생들의 중도탈락률은 다른 전문계 고등학교 재학생의 중도탈락률보다 높다(한국교육개발원, 2012).

한편 정철영 외(2006)의 '충청남도 지역실정에 부합하는 전문계 고등학교 육성방안' 연구에 의하면 농업계 고등학교 학생들의 학교생활에의 만족도는 3.09(5점 만점)였으며, 불만족의 주된 원인은 진로에 대한 불확실성 77.8%였고, 기대에 못 미치는 교육내용, 교사들의 실력과 열의 부족, 지역사회 여건 열악, 부모의 관심과 지지 결여, 부정적인 사회적 인식 등이 지적되었다.

농업계 고등학교 학생들은 학교의 효율적인 진로지도 여건 구축 여부에 대해 2.91(5점 만점)로 낮은 편이라고 응답하였고, 특히 진로상담실의 구축 2.73, 최신 진로정보 확보 및 활용 2.64, 진로지도를 위한 시간 확보 2.36, 인터넷 사용가능 정보검색 시스템 구축 2.09 등으로 전반적으로 기초적인 여건이 매우 부족한 것으로 조사되었다. 또한, 농업계 고등학교 학생들은 졸업 후 진학을 희망하는 학생이 72.7%, 취업을 희망하는 학생이 27.3%로 취업 희망자의 비율이 월등히 높았다.

2. 졸업 후 진로의 특성

1985년 이후 농업계 고등학교 졸업생의 수는 계속 감소하고 있는데, 이들의 진로추이를 살펴보면 취업률은 1985년에는 45.0%에 불과하였지만, 이후에 계속 증가하여 1990년에는 81.2%까지 증가하였다. 하지만 그 이후에는 진학률이 증가함에 따라 2009년까지 취업률이 감소하였지만, 2010년 이후 고졸 취업이 활성화됨에 따라 2010년 17.3%, 2011년 20.9%, 2012년 32.7%로 점차 취업률이 높아지고 있다. 반면 진학자는 1991년 이후부터 2009년까지 계속 증가하였으나, 2010년 71.5%, 2011년 65.4%, 2012년에는 53.6%로 감소하는 경향을 보인다. 무직자의 비율은 취업률과 진학률의 증가로 1985년의 18.7%에서 감소하여 2012년 현재 9.8%를 차지하고 있다(〈표 X-1〉 참조).

농업계 고등학교 졸업생들의 취업분야 변화추이를 살펴보면 1985년에

표 X-1. 농업계 고등학교 졸업생의 진로변화추이

(단위: 명, ( )안은 %)

연도＼진로	졸업자	진학자	취업자	무직자	입대자	미상
1985	22,451 (100.0)	2,303 (10.3)	10,103 (45.0)	4,208 (18.7)	515 (2.3)	5,322 (23.7)
1990	17,566 (100.0)	1,328 (7.6)	14,269 (81.2)	562 (3.2)	259 (1.5)	1,148 (6.5)
1995	9,244 (100.0)	1,699 (18.3)	6,847 (74.0)	192 (2.0)	60 (0.6)	476 (5.1)
2000	9,865 (100.0)	4,201 (42.6)	4,472 (45.3)	608 (6.2)	81 (0.8)	503 (5.1)
2005	7,612 (100.0)	5,208 (68.4)	1,847 (24.3)	418 (5.5)	18 (0.2)	121 (1.6)
2010	8,404 (100.0)	6,007 (71.5)	1,456 (17.3)	633 (7.5)	47 (0.6)	261 (3.1)
2011	8,775 (100.0)	5,741 (65.4)	1,832 (20.9)	739 (8.4)	48 (0.6)	415 (4.7)
2012	8,720 (100.0)	4,677 (53.6)	2,852 (32.7)	851 (9.8)	71 (0.8)	269 (3.1)

자료: 한국교육개발원. (1985~2012). 『교육통계연보』.

는 산업별로는 72.8%, 직업별로는 71.9%, 전공분야별로는 77.9%까지 농업분야, 전공분야로 진출하였으나 이후 감소하였다(〈표 X-2〉 참조). 2012년의 경우 산업별로 볼 때 농림어업분아에 취업한 비율은 7.3%에 불과하고, 직업별로 보더라도 농림어업분야에 취업한 비율은 4.4%에 불과하다. 반면 전공분야로의 취업률은 1990년에 39.2%까지 떨어졌으나 이후 점차적으로 회복되어 62.3%를 차지하고 있다.

표 X-2. 농업계 고등학교 졸업생의 농림어업 및 전공분야 취업자

(단위: 명, ( )안은 %)

연도 \ 취업분야	농림어업분야 -산업별-	농림어업분야 -직업별-	전공분야
1985	7,356 (72.8)	7,264 (71.9)	7,868 (77.9)
1990	4,291 (30.1)	4,142 (29.0)	5,595 (39.2)
1995	1,584 (23.1)	1,301 (19.0)	3,307 (48.3)
2000	752 (16.8)	701 (15.7)	2,195 (49.1)
2005	131 (7.1)	157 (8.5)	1,003 (54.3)
2010	206 (14.1)	154 (10.6)	938 (64.4)
2011	175 (12.0)	58 (4.0)	1,102 (75.7)
2012	209 (7.3)	126 (4.4)	1,776 (62.3)

자료: 한국교육개발원. (1985~2012). 『교육통계연보』.

3 농업직 세계의 이해

1절 농업직의 의의

1. 직업의 의의

직업이란 생계 유지, 개성의 발휘 및 자아실현, 사회적 역할의 분담을 목적으로 계속적으로 행하는 노동 또는 일이라고 할 수 있다. 직업으로서의 농업직은 다음과 같은 직업의 일반적인 의의를 가지고 있다.

첫째, 농업직은 생계유지를 가능하게 한다. 인간이 삶을 영위하기 위해서는 의식주의 해결이 가장 우선적인 요건이며, 이를 위한 재화를 획득하기 위하여 많은 사람들이 직업에 종사한다. 즉, 직업을 수행하는 대가로 수입을 얻게 되고 그로 인해 본인과 가족의 생계를 유지하고 경제활동을 영위하게 된다. 따라서 농업을 직업으로 선택하였을 때에는 농업직을 수행함으로써 생계를 유지하게 된다. 농업이 과학화·기술화·전문화되고, 규모가 점차 커지고, 생산·유통·판매가 점차 복합적으로 이루어짐에 따라 농업의 수익은 점차 커지고 있다.

둘째, 농업직은 개성발휘 및 자아실현을 가능하게 한다. 사람들은 각자의 소질과 재능 그리고 역량을 마음껏 발휘하려는 욕구를 가지고 있다. 즉, 개성의 발휘와 자아실현을 열망하는 것이다. 그렇게 함으로써 자기의 존재에 대한 의의를 실감하고 긍지를 지닐 수가 있을 뿐만 아니라 또한 자기의 존재를 인정받을 수가 있다. 그러므로 개성을 발휘하고 자아를 실현한다는 것은 곧 인생의 보람이라 할 수 있다. 그런데 이러한 개성의 발휘와 자아의 실현은 주로 직업을 통해서 실현된다. 특히 직업은 개인의 가치를 실현시켜 준다. 우리 인간은 일반적으로 부, 명예, 권력 등 나름대로 여러 가지 가치를 추구하면서 살아간다. 그런데 부를 축적하거나, 명예를 얻거나, 권력을 갖고자 하는 등 우리의 가치 추구는 직업을 통하여 가능하게 된다. 즉, 직업은 개인이 바라는 이러한 여러 가지 가치를 실현해 준다. 일반적으로 농업은 자연에 대한 경외감을 갖고 생물을 사랑하는 사람에게 더욱 적합한 직업이다. 따라서 농업은 농업에 흥미가 있고 적성에 맞는 사람들에게 자신의 개성을 발현하고 자아를 실현하는 중요한 역할을 한다.

셋째, 인간은 사회에 소속되어 일정한 사회적 역할을 분담해야 하고 이 분담된 역할이 충분히 수행될 때에만 사회는 유지되며, 사회가 유지되는 한에서만 인간은 존재가 가능하다. 그리스의 철학자 아리스토텔레스가 말했듯이 인간은 사회적 동물이다. 즉, 인간은 사회적 존재이므로 태어나서부터 죽을 때까지 필연적으로 어느 사회에 소속된다. 특히 인간이 생계를 유지하기 위해서는 사회에 소속하여 일정한 사회적 역할을 분담해야 하고, 각자에게 분담된 역할을 충분히 수행할 때에만 사회는 유지될 수 있다. 특히, 현대사회에서 직업의 중요한 특성 중의 하나는 사회적 역할분담이다. 즉, 직업을 갖는다는 것은 현대사회의 조직적이고 유기적인 분업관계 속에서 분담된 기능의 어느 하나를 맡아 사회적 분업단위의 직분을 수행한다는 것을 의미한다. 이러한 의미는 '직업'이라는 용어에도 내포되어 있다. '직업'이라는 말의 '직(職)'은 개인이 사회적 직분을 맡아 수행한다는 직업의 사회적 역할의 뜻이 담겨 있다. 즉, 직업이란 용어에는 사회적 책무로서 개인이 분담하여 수행하여야 하는 직무의 의미를 내포한다. 직업의 사회적 역할의 측면에서 볼 때, 직업으로서 농업이 사회에 기여하는 바는 인간의 기본 요구이며, 생명을 유지하게 하는 에너지의 공급원인 식량을 생산하는 직업이라는 점에서 그 사회적 공헌도가 매우 크다. 특히 우리나라는 식량자급률이 아직 전체 수요량의 절반에도 미치지 못하고 있고, 세계의 많은 인구가 영양실조로 기아에 허덕이고 있는 점을 고려할 때 직업으로서의 농업은 사회 유지 및 발전을 위해서 공헌하는 바가 대단히 크다.

2. 농업직의 특성

농업은 앞에서 살펴본 바와 같이 모든 직업이 가지고 있는 세 가지 중요한 의의를 가지고 있을 뿐만 아니라, 다른 직업과 구별되는 큰 장점을 가지고 있다. 그 대표적인 것은 농업직에 종사하면 바로 자연과 생물을 가까이 함으로써 인간성을 유지 및 발전시킬 수 있다는 것이다. 현대 산업사회는 과학과 기술이 발달함에 따라 생활은 편리해졌으나 도시화와 개인주의의 팽배로 인간성이 메말라 가고 있다. 따라서 인간성의 회복은 중요한 과제이다. 이러한 것의 해결방안의 하나로 많은 학자들은 자연과 가까이 할 것을 권고하고 있다. 그런데 농업은 기본적으로 자연 속에서 생물과 관련된 제반 활동이 중요한 부분을 차지하고 있다. 따라서 따로 시간을 어렵게 내서 자연과 생물을 접할 별도의 노력을 할 필요 없이 직업생활 그 자체가 자연과 생물을 가까이 한다는 큰 장점을 가지고 있다.

뿐만 아니라 농업직, 특히 토지를 이용하여 식물을 재배하거나 동물을 사육하여 농산물을 생산함으로써 생활에 필요한 수입을 얻고, 사회에 봉사하며, 자아를 실현해 나가는 활동을 주로 하는 농업생산직의 대부분은 자연을 대상으로 일하기 때문에 도시의 여러 가지 공해에서 벗어나 자연과 더불어 정서적으로 안정된 생활을 할 수 있고, 시간적인 제약과 구속을 받지 않는다.

반면, 농업직은 단점도 있다. 즉 농업직 중에서 농업생산직은 정기적인 수입을 가져오지 않으며 작물, 가축의 생산과 가격의 변화로 매년 영농에 의한 수입이 불안정하고 기후의 영향을 크게 받는다. 또한 농업생산직의 경우 다른 직업에 비하여 비교적 육체적 노동이 많이 필요하며, 농촌에서 생활해야 하므로 교육, 문화, 교통, 보건, 후생시설 등 복지시설이 도시생활에 비해 불편한 경우도 있다.

2절 농업직의 범위

1. 농업의 영역

농업은 전통적 개념(또는 협의의 개념)과 현대적 개념(또는 광의의 개념)으로 나누어 볼 수 있다. 전통적 개념은 협의의 개념으로 생산농업(production agriculture)만을 농업으로 보는 개념이다. 이에 따르면 농업이란 토지와 토지에 작용하는 자연력을 이용하여 자급자족하거나 또는 출하할 목적으로 작물을 재배하고 가축을 사육하는 것을 의미한다.

그러나 현대사회에 접어들면서 경제 발달과 산업사회의 분화에 의하여 농업분야의 기술이 발달되고 전문적인 분야로 분화되고 분야 간의 연계가 긴밀하게 되어 감에 따라 농업의 뜻도 점차 변화되고 확대되었다. 즉 영농(farming) 등과 같이 생산농업 외에도 농업관계분야(agribusiness)의 영역도 농업의 개념에 포함되고 있다.

따라서 현대적 개념에서 보면 농업에는 작물의 재배나 가축의 사육뿐만 아니라 비료·농약·농기계 등의 제조, 농업토목 등 농업기반시설의 설치, 농산물의 가공·저장·유통 및 판매, 농업인력의 양성과 관리, 농업관련 행정·금융·무역·정보·연구·사무 분야도 영역에 포함된다.

2. 농업직의 영역과 분류

농업의 개념에서 살펴본 바처럼 농업은 1차, 2차, 3차 산업의 의미를 모두 지니는 종합산업이다. 따라서 농업직에는 다음의 6가지 영역이 속한다.

① 농업 생산 부문

② 농업 생산 기반 부문

③ 농업 시설 부문

④ 농산물의 저장 부문

⑤ 농산물의 가공 부문

⑥ 농산물의 유통 부문

이상을 고려할 때 농업직은 〈그림 X-1〉과 같이 분류될 수 있다(박은우 외, 2010; 정철영, 1996).

농업직	농업생산직	식물생산직: 작물재배직, 원예재배직, 임업직, 기타 식물 재배직, 식물재배 일반직
		동물생산직: 축산직, 양잠직, 양봉직, 기타 동물사육직, 동물사육 일반직
		농업생산 일반직
	농산가공직	작물가공직: 식용작물 가공직, 특용작물 가공직
		원예가공직: 채소가공직, 과실가공직, 기타 원예가공직, 원예가공 일반직
		축산물 가공직: 유가공직, 육가공직, 난가공직, 모피가공직, 기타 축산물 가공직
		임산물 가공직: 펄프, 종이 및 종이제품 제조직, 제재 및 목질제료 제조직, 목제품 제조직, 기타 임산목제 가공직, 임산목제 가공 일반직
		기타 농산가공직
		농산가공 일반직
	농자재 제조 및 기반조성직	농자재제조직: 농기계제조직, 농기구제조직, 농약제조직, 비료제조직, 사료제조직, 농업시설자재제조직, 기타 농자재제조직
		농업기반조성직: 제방 및 용수산업직, 경지정리사업직, 농로사업직, 기타농업기반조성직, 농업기반조성일반직
	농업 서비스직	농업기술 서비스직: 농업생산기술 서비스직, 농업경영기술 서비스직(농업정보직 포함)
		농업유통직: 농산물유통직, 농산가공품유통직, 농자재유통직, 농업유통 일반직
		농업 교육 및 연구직: 농업교육직, 농업연구직
		농업 일반행정 및 사무직: 농업일반행정직, 농업사무직
		농업환경직: 농업환경보존직, 농업환경조성직, 농업환경정화직, 농업환경일반직
		기타 농업 서비스직: 농업금융 및 보험직, 기타 농업서비스관련직(농업커뮤니케이션 및 저널리즘 포함)

그림 X-1. 농업직의 분류

자료: 박은우 외. (2010). 『농학분야 경쟁력 강화를 위한 농산업분야 학문 및 직업의 분류체계 선진화 방안』. 농촌진흥청, 전국농학계대학장협의회.

3. 농업직의 미래

가. 첨단화 · 과학화에 따른 농업직의 미래

농업은 토지 중심에서 첨단기술을 중심으로 한 상품생산 농업으로 변화하고 있으며, 기존의 식량생산 위주의 농학 교육 및 연구에서 첨단과학기술을 응용하는 가공, 유통, 저장 및 자동화의 농업과학시대로 전환하고 있다. 이는 농업의 시설화 · 기계화 · 자동화 · 정보화를 포함하고 있다. 특히 농업은 21세기를 주도하리라 예상되는 생물산업으로 인식되고 있다. 미국 · 일본 · 프랑스 · 영국 · 독일 등 선진 각국은 농업관련 생물소재가 가진 막대한 미래 잠재시장을 예측하고, 1970년대 중반부터 국가적 차원의 지원책을 시행하고 있다. 따라서 새로운 생명공학기술의 도입을 위하여 기존의 화학공업, 의약품공업, 철강업, 석유산업, 전기·전자공업, 발효공업이 중심이 되어 농림수산분야에 속해 있는 대기업들이 참여하고 있다. 이에 따라 농업관련 생물공학기술을 통해 생산되는 생물소재산업의 규모는 획기적으로 증가할 것으로 예상된다. 우리나라도 생물공학제품 시장의 급속한 증가추세로 보아 미래에는 주요 산업으로 등장할 것으로 예측하고 있다.

특히 농업분야가 유전공학 및 생물공학제품의 개발, 무공해 및 저공해 식품의 개발, 농업 및 산림의 환경적 자원관리, 농업생산기술의 기계화·자동화·시설화, 농업환경과학 및 첨단농업기술의 보급 등 새로운 분야로 확대되면서 그 범위와 중요성이 더욱 커지고 있다. 즉, 최근 세계 농업의 흐름은 토지 중심의 1차 산업에서 시설화·기계화·자동화·정보화를 포함한 첨단기술 중심의 2차, 3차 산업으로 변하는 한편, 농업의 식량생산기능과 더불어 농업의 자연 및 환경 보전기능이 강조되고 있다. 나아가 농업은 21세기의 세계경제를 주도하게 될 생명과학산업으로 주목받고 있다. 실제로 선진국에서는 생명과학제품의 80% 이상이 농업에서 나올 것으로 예상하고 있으며 일본에서는 농업생명과학산업이 21세기에는 자동차산업을 능가할 것으로 예상하고 집중적으로 투자하고 있다. 따라서 농업직은 과거의 노동 중심, 토지 중심이 아닌 첨단과학과 접목된 전문직으로서 중요성과 수요가 증대될 것으로 전망된다.

나. 국제화 · 개방화에 따른 농업직의 미래

우루과이 라운드의 타결과 WTO 체제의 출범 이후 우리나라의 농산물 시장은 타 부문과 마찬가지로 세계시장을 무대로 무한경쟁체제에 들어섰다. 따라서 국제화 · 개방화 시대를 맞이하여 미래의 농업직은 우리나라가 얼마만큼 우리나라 농산물을 수출하는가에 의하여 크게 좌우된다. 그런데 우리나라 농산물의 수출 전망은 다음과 같은 이유로 결코 어두운 것은 아니다.

첫째, 우리나라의 주요 농산물은 품질 면에서 매우 우수하다. 농산물은 공산품과 달리 그 나라 기후와 풍토의 산물인데 우리나라의 기후와 풍토는 세계의 어느 나라와도 비교되지 않을 만큼의 천혜의 조건을 갖추고 있다. 배, 사과, 감, 귤, 매실, 포도, 유자 등의 고급 과일은 세계적인 일품이다. 인삼, 버섯, 엽연초 등 특용작물도 세계적인 특산품이다. 백합, 장미, 카네이션, 거베라, 원추리, 옥잠화, 국화, 작약, 선인장, 난 등의 꽃도 세계적인 화훼국가인 네덜란드에서 생산된 것보다 더 아름답고 향기롭다. 이 외에도 더덕, 도라지, 두릅 등 그윽한 향기를 내는 산채를 비롯하여 종류도 다양한 약초는 신비한 성분으로 외국산의 추종을 불허한다. 그리고 돼지, 닭, 오리, 거위, 사슴, 꿩 등 중소 가축의 품질도 매우 우수한 것으로 밝혀지고 있다.

둘째, 세계 제1의 경제대국으로 부상하면서 최대의 농산물 수입국이 된 일본이 우리나라에 인접해 있다. 일본은 세계 3대 농산물 수입국으로 1960년 17억 달러에 불과하던 농산물 수입액이 1970년에 42억 달러, 1980년에 176억 달러, 1991년에는 300억 달러, 2006년에는 500억 달러, 2011년에는 964억 달러까지 급증하였다. 일본은 바다로 둘러싸여 있을 뿐만 아니라, 우리나라가 지리적으로 가장 가깝기 때문에 수송상 가장 유리하다. 우리나라가 수출 농업을 적극적으로 펼친 바가 없음에도 불구하고, 일본으로의 농산물 수출액은 지속적으로 증가하고 있으며, 특히나 원전사고 후 대체품목으로 꼽히는 김, 라면, 막걸리, 전복, 생수 등은 높은 수출증가율을 보여주고 있다. 이 수출액은 우리 농민이나 정부의 노력 때문이라기보다는 일본인들의 필요와 요청에 의해서 이루어진 것이라 해도 과언이 아니며, 따라서 우리 농산물의 품질을 향상시키고 생산성을 높이는 동시에 등급, 포장, 가공 등을 잘해서 시장을 개척해 나가면 우리 농산물의 수출을 더욱 늘릴 수 있다.

물론 인건비가 싸고 국토면적이 넓은 중국의 농산물은 무엇보다도 우리나라 농산물에 비해서 가격이 월등히 싸서 우리나라 농산물시장을 잠식할 가능성도 있지만 품질 차별화와 기술 개발로 이를 극복할 수 있다. 특히 농업의 국제화·개방화에 따라 농산물 무역·유통과 관련된 직업, 첨단농업과 관련된 직업 등은 그 중요성이 증대되고, 또한 수요도 늘어날 것이다.

이상을 고려할 때 국제화·개방화는 우리나라 농업에 대한 하나의 기회이며 도전이다. 따라서 우리가 이 기회를 어떻게 이용하고 도전에 어떻게 대처하느냐에 따라 농업직의 미래가 달려 있다.

4 진로선택 및 준비

1절 진로선택

1. 진로선택의 중요성

우리 인생에서 중요한 세 가지 선택은 가치관의 선택, 배우자의 선택, 직업의 선택이라고 한다. 그처럼 직업의 선택은 우리 인생에서 가장 중요한 선택 중의 하나이다. 직업이 선택되면 우리의 삶의 청사진이 거의 완성된 것과 같다. 즉 내가 일할 내용, 만나야 할 사람, 살 지역, 경제적 보수, 자아실현의 내용과 정도, 사회적 역할이 직업의 선택과 함께 어느 정도 결정되게 된다. 따라서 직업선택은 매우 중요하다.

2. 진로선택의 방법

직업의 선택은 어떻게 할 것인가? 올바른 직업선택을 위해서는 무엇보다도 다음의 2가지 사항이 고려되어야 한다.

첫째, 나는 어떤 직업분야에서 나의 능력을 최대한 발휘할 수 있는가?

우리의 얼굴 모두가 제각기 다르듯이 사람은 누구나 서로 각기 다른 특성을 가지고 있다. 특히 인간은 완벽한 존재가 아니기에 누구나 장·단점이 있게 마련이다. 따라서 자신의 장점을 극대화할 수 있고 자신의 단점을 극소화할 수 있는 직업이 무엇인지 면밀히 검토하고 숙고해야 한다.

둘째, 나는 어떤 직업분야에서 가장 큰 만족과 행복을 느낄 수 있는가?

사람들이 추구하는 다양한 가치를 모두 만족시켜 줄 수 있는 직업은 존재하지 않으므로 자신에게 만족과 행복을 줄 수 있는 직업을 선택하는 것이 중요하다. 따라서 내 자신에게 만족과 행복을 주는 요인은 무엇인지를 파악하고 그러한 요인을 충족시켜 줄 수 있는 직업을 선택하는 것이 무엇보다도 중요하다.

그렇다면 나의 능력을 최대한 발휘할 수 있고, 동시에 가장 큰 만족과 행복을 느끼게 할 수 있는 직업을 선택할 수 있기 위해서는 무엇이 필요한가? 우선 나에 관한 정확하고 충분한 이해가 필요하다. 즉 나의 적성, 학업성취도, 흥미, 성격, 가치관, 신체적 조건, 가정환경 및 사회환경에 관하여 면밀히 검토하는 것이 필요하다.

다음으로는 직업에 관한 폭넓은 탐색과 내가 원하거나 관심이 있는 직업에 관한 구체적이고 면밀한 조사가 필요하다. 직업에 관하여 조사해야 할 사항은 다음과 같다.

① 직업명: 그 직업명은 무엇이며 그 직업은 어느 직업군에 속하며 그 직업과 유사한 직업명은 무엇인가?

② 업무의 내용: 그 직업에 종사하는 사람이 수행하는 일은 어떤 일로 구성되며 그중에서 주된 일은 무엇인가?

③ 필요한 자격: 그 직업에 필요한 학력과 전공은 무엇인가? 그 직업에서 필요한 직업훈련이나 자격증은 무엇인가? 그 직업에서 요구하는 경력은 무엇인가?

④ 필요로 하는 자질: 그 직업에서 어떠한 적성, 흥미, 성격, 가치관, 신체적 조건, 기타 여건 등을 요구하는가?

⑤ 직업의 특성: 임금 및 후생복지는 어떠한가? 안정성이 있는가? 발전성은 어떠한가? 근무시간은 어떠한가? 근무지역 및 근무환경은 어떠한가? 전망은 어떠한가?

이상의 직업에 관한 정보는 그 직업에 종사하고 있는 사람과의 면담, 그 직업의 실제적인 경험, 그 직업현장의 견학, 직업과 관련된 서적, 직업전문가, 기타 직업안정 및 취업 관련기관을 이용하여 수집할 수 있다.

3. 진로선택 시 유념해야 할 사항

직업선택과 관련하여 꼭 알아두어야 할 몇 가지 사항이 있다.

첫째, 어떤 직업이든지 장점만 가지고 있거나 또는 단점만을 가지고 있는 직업은 없다는 것이다. 즉 어떤 직업이든지 장 · 단점이 모두 있게 마련으로 절대적으로 좋거나 절대적으로 나쁜 직업은 없다. 뿐만 아니라 각 개인이 어떻게 생각하느냐에 따라 직업의 특성은 장점이 될 수도 있고 단점이 될 수도 있다. 예를 들어 어떤 사람은 우유배달을 아침 일찍 해야 하므로 그것이 큰 단점이라고 할 수도 있다. 반대로 '우유를 배달시켜 먹는 사람보다 우유를 배달하는 사람이 더 건강하다'라는 말처럼 우유배달은 아침 일찍 운동을 겸해 할 수 있으므로 어떤 사람은 그것이 큰 장점이라 여길 수도 있다. 따라서 직업의 좋고 나쁨은 개개인에 따라 다른 상대적인 개념이지 절대적인 개념이 아니라는 것이다.

둘째, 나의 상황은 변할 수 있다는 것이다. 즉, 나의 소질 · 적성 · 능력 · 여건 등은 변할 수 있다. 예를 들어 나의 학업성취도가 지금은 낮으나 나의 노력 여하에 따라 앞으로 급격히 높아질 수 있다. 또한 현재의 내가 가치를 두지 않고 만족을 느끼지 못하는 분야에서 앞으로 진정한 만족을 느낄 수도 있다. 또한 현재는 가정여건상 진학이 불가능하지만 내년이면 상황이 달라질 수도 있다. 따라서 현재의 단편적인 상황만을 운명적이며 수동적으로 받아들이기보다는 현재의 나에 관한 정확한 판단뿐만 아니라 미래의 변화 및 발달가능성을 고려하여 '현재의 나', '미래의 나', '내가 바라는 이상적인 나'가 함께 고려되어야 한다.

셋째, 직업의 세계는 계속 변한다는 것이다. 과학과 기술의 급격한 발달로 현재 번성하고 있는 직업이 얼마 후 없어질 수도 있고 현재 비중이 덜 주어지고 있는 분야가 앞으로 크게 번성할 수도 있다. 미래의 직업세계는 우리가 쉽게 예측하기 어려울 정도로 변화가 심할 것이라고 전문가들은 내다보고 있으며, 2015년경이 되면 사람들은 지금은 미처 생겨하지도 못한 직업에 종사하고 있을 것이라고 직업 전문가들은 예측한다(교육과학기술부 · 한국직업능력개발원, 2011). 그리고 화이트칼라 직업의 90%는 10~15년 사이에 바뀌거나 없어질 것이라는 예측도 있다. 정보통신산업과 생명공학의 급속한 발전으로 직업의 생성 · 소멸 속도가 빨라지기 때문이다. 따라서 직업 선택 시 단순히 현재의 사회적 인기에 큰 비중을 두기보다는 진정으로 자신에게 적합한 직업을 선택함은 물론 계속적으로 직업세계의 변화추이를 예의주시하며 이에 대응하는 것이 필요하다.

2절 진로준비

직업을 선택하고 나면 그 직업을 위한 준비를 해야 한다. 직업을 위한 준비는 어떻게 할 것인가? 이를 위해서는 우선 직업에 관한 다음 사항이 구체적으로 파악되어야 한다.

첫째, 내가 선택한 직업에서 요구하는 교육이나 훈련은 무엇인가? 그 교육이나 훈련은 어디서 받을 수 있는가? 또한 교육이나 훈련의 기간과 비용은 어떠한가?

둘째, 내가 선택한 직업에서는 어떠한 자격증이 요구되는가? 그 자격증은 어떻게 받을 수 있는가? 또한 그 자격증을 받기 위해서는 어떻게 해야 하는가?

셋째, 내가 선택한 직업분야에 채용되기 위해서는 어떤 시험을 치러야 하는가? 그 채용시험은 어떻게 준비해야 하는가?

자신이 선택한 직업은 고등학교 졸업의 학력에 특정한 직업기술과 지식을 요구할 수도 있고 또는 고등교육기관의 학력과 지식을 요구할 수도 있다. 따라서 자신이 어떤 직업을 갖고자 하느냐에 따라 그 준비는 달라진다.

5 농업인의 올바른 직업의식

1절 직업의식의 중요성

사람의 모든 행동이 그의 마음에 따라 이루어지듯이 직업적 행동이나 직업활동도 그의 마음가짐에 따라 커다란 영향을 받는다. 그러므로 직업활동의 과정과 성과는 무엇보다도 직업에 임하는 사람의 가치관이나 자세에 크게 의존하는 것이다. 말하자면 사람들의 직업활동은 그들의 직업관과 깊은 관련을 지니는 것이다. 직업에 대하여 어떻게 생각하고 임하느냐에 따라 삶의 보람이나 행복이 달라진다. 확고한 직업의식을 지니지 못한 채 직업에 임할 경우 자신이 하는 일이 무의미하게 느껴진다. 이에 따라 삶의 보람을 찾기 힘들 뿐 아니라 사회적 갈등을 초래하게 되고, 이러한 갈등이 지속되면 국가의 발전을 기대할 수 없다. 즉 직업에 대한 개인의 태도는 국가 · 사회의 발전에도 영향을 미치게 된다.

2절 올바른 직업의식의 고취

직업인으로서 자신의 업무를 능률적으로 잘 수행하고 또한 한 걸음 나아가 행복한 삶을 영위하기 위해서는 올바른 직업의식의 고취가 필요하다. 그렇다면 직업인으로서 가져야 할 올바른 직업의식은 무엇인지에 살펴보기로 한다.

1. 천직의식

천직의식이란 하느님이 직업을 정해 주었다는 의식이다. 따라서 자신의 직업을 소중히 여기고 자신의 직업에 열과 성을 다하여 임하는 마음가짐을 의미한다. 천직의식을 가진 사람은 다른 직업이 아무리 돈을 많이 벌 수 있는 것이고 아무리 사회적으로 높은 지위가 보장되는 것이더라도, 그러한 직업보다는 자신이 지금 가지고 있는 직업에 가장 만족하고 그 직업에 열정을 가지고 임할 수 있다. 그는 기업주와 더불어 또는 동료직원들과 더불어 자기가 맡은 일을 통하여 인간의 참된 삶의 모습을 구현해 나가게 된다. 또한 그 직장을 통하여 더 넓은 사회로 자기의 아름다운 인간성을 펼쳐 나갈 수 있는 기회를 창출함으로써 생의 크나큰 보람과 의미를 찾게 된다.

2. 황금만능주의 직업관의 지양

우리는 직업의 경제적 측면을 부정할 수도 없고 또 과소평가해서도 안 된다. 그러나 직업활동의 대가는 그 기여에 비례하는 보수만큼 받아야만 하는 것이다. 직업의 대가에 대하여 과다한 보수를 추구하는 것은 올바른 직업관과는 거리가 먼 것이다. 따라서 직업활동에 대하여 정당하고 떳떳한 반대급부의 대가만을 추구하는 것이 필요하다.

근면하고 검소하게 살아가는 사람들은 대개 자기의 성실한 노력의 대가 이상을 탐내지 않는다. 그렇기 때문에 요행을 바라거나 편법을 쓰지 않는다. 우리는 정당한 대가가 아닌 소득을 거부할 수 있는 용기를 가져야 할 뿐만 아니라 그것이 곧 정의사회를 흩트려 놓는 결과를 가져온다는 사실을 명심해야 한다.

3. 직분의식(봉사의식)

사람들이 사회에 참여하는 가장 중요한 통로의 하나는 자신의 직업이다. 모든 개인은 직업을 통하여 그 사회기능의 일부를 맡아 행하게 되며, 이로써 사회에 참여하는 것이다. 특히 현대사회의 직업인들은 자신이 속하는 조직 또는 전체 사회 속의 어느 한 가지 역할을 분담해서 수행하는 형태로 직업생활을 하게 된다. 자신이 속한 회사의 번영을 위해서 그리고 더 나아가서 자신이 살고 있는 사회 전체의 발전을 위해서 자신이 맡은 직분을 수행하면서 살아가는 것이다.

우유를 생산하는 사람, 우유를 배달하는 사람이 단순히 돈벌이를 하기 위해서 일을 하지 않고 자신의 일이 국민의 건강, 특히 자라나는 어린이들의 건강을 위해 유익한 사회적 활동이라는 의식을 가지고 항상 위생적이고 영양이 풍부한 우유를 생산해서 제시간에 정확하게 배달해 주는 것을 보람으로 알고 일을 수행한다면 그들은 행복한 삶을 살 수 있고, 우리 사회는 살기 좋은 사회가 될 것이다.

4. 장인정신

자신의 명예를 걸고 신용 있고 책임지는 장사를 하겠다는 주인의 마음가짐을 장인정신이라고 할 수 있다. 즉 자신의 일에 긍지를 느끼고, 정성을 모두 쏟으면서 끊임없이 연구하는 마음가짐으로 직무를 수행하는 정신이 장인정신이다. 대를 이어가면서 정성을 다해 일하기 위해서는 그 직업에 대한 애정과 긍지 그리고 고객에 대한 사명감과 같은 직업정신을 가져야 한다.

5. 직업의 평등의식

모든 직업은 평등하다는 관념이 필요하다. 오랫동안 우리 사회에 팽배해 온 직업에 따르는 상하 귀천의 관념은 고쳐져야 한다. 모든 직업은 전체 사회의 번영에 다 같이 필요하고 중요한 것이다. 그런 뜻에서 모든 직업인은 모두가 제 나름의 긍지와 자부심을 지닐 수가 있는 것이다. 사람은 그가 종사하는 직업의 종류 또는 그 직업을 통해서 얻게 되는 경제적 수입에 의해서만 평가되어서는 안 된다. 모든 직업은 각기 중요한 의미를 지니는 것이므로, 모두 사회에 필요하다는 인식을 가지고 귀하게 여기며 존중하는 태도를 가져야 한다.

6. 직업적 양심

불신이 만연한 현대사회에서 무엇보다도 필요한 것은 직업적 양심이다. 직업활동을 통해서 만나게 되는 상사, 동료, 부하직원, 고객에게 신뢰의 마음을 심어 주는 것이 바로 직업적 양심이다.

직업적 양심을 가진 사람은 신뢰감을 바탕으로 상대를 대하기 때문에 한번 사귄 사람과의 대화가 오랫동안 지속된다. 직업적 양심을 가진 사람은 자기가 해야 할 일과 자기가 한 말에 대한 책임과 약속을 충실히 이행하는 사람이다. 따라서 근면하고 성실하게 그리고 정확하고 빈틈없이 자신의 일을 처리해 나간다. 또한 직업적 양심을 가진 사람은 순수한 애정을 가지고 일하기 때문에 자신의 이익만을 추구하지 않으며, 일을 수행함에 거짓이 없다. 만일 잘못이나 실수를 할 경우 거짓 없이 솔직하게 그 사실을 인정하여 자신의 잘못이나 실수를 용서받는다. 그리고 같은 동료 간, 업체 간의 경쟁은 어디까지나 '페어 플레이'(fair play)의 정신으로 임한다.

3절 농업인으로서의 사명감과 자긍심 고취

농업인은 이상에서 살펴본 직업인으로서의 일반적인 직업의식 외에도 자신의 농직업에 대한 자부심과 긍지를 지녀야 한다. 따라서 다음과 같은 농업의 중요성과 역할을 인식함으로써 자신의 농직업에 대하여 투철한 사명의식과 자긍심을 갖도록 하는 것이 진로지도 시 매우 필요하고 중요하다.

1. 식량의 안정적인 생산과 공급

선진국의 막대한 양의 곡물재고에도 불구하고, 후진국에서는 5억 이상의 인구가 굶주림과 영양부족에 시달리고 있다. 세계의 식량수급상의 불안은 '식량의 무기화'라는 중요한 문제를 내포하고 있어서 석유파동 이상의 파급효과가 발생할 수 있다.

현재 세계 곡물시장에서 수출량의 약 85%가 다국적 기업형태를 띤 몇몇 곡물 메이저에 의해서 관리되고 있다. 곡물 메이저들은 이제까지 기회가 있을 때마다 그들의 독점력 내지 과점력을 구사하여 엄청난 이윤을 추구하여 왔는데, 대표적으로 1973년도의 식량파동을 전후하여 국제시장에서 콩 값을 4.6배, 밀과 쌀 값을 3배씩이나 폭등시켰다. 우리 국민의 주식인 쌀의 경우 세계 총생산량 중에서 우리 구미에 맞는 자포니카 타입의 쌀은 우리나라, 일본, 대만, 미국의 캘리포니아 지역에서만 생산되는 특수한 품종으로 세계 총교역량이 총생산량의 2~3%에 불과하다. 따라서 기상조건의 변화나 다른 정치적 변수에 따라 식량수출을 주도하고 있는 곡물 메이저들에 의하여 국제 쌀값이 폭등할 소지가 항상 있다. 이미 우리는 1980년 우리나라에 흉년이 들었을 때 당시 쌀의 국제시세였던 톤당 200달러보다 2.75배 비싼 톤당 550달러의 값으로 쌀을 수입해야만 했던 경험이 있다. 또한 아프가니스탄의 침공에 대한 보복으로 옛 소련에 대한 미국의 곡물수출 금지조치 때문에 옛 소련이 겪어야 했던 처절함을 우리는 잘 알고 있다. 뿐만 아니라 걸프 전쟁 때 이라크의 무기력한 패배는 화력의 차이라기보다는 먹거리 봉쇄작전에 의한 식량이라는 무기의 가공할 만한 위력 때문이었던 것이다.

2. 환경보전

농업은 홍수조절과 수자원의 함양 그리고 대기정화의 중요한 기능을 담당하고 있으며, 이 외에도 토사의 유출과 토양친시을 막아 주고 다양한 동식물의 생명을 유지할 수 있는 공간을 제공하여 생태계 보호에 기여하고, 자연경관을 보존하고 쾌적한 휴식공간을 제공하는 인간의 보건 휴양기능도 가지고 있다. 농업의 이러한 환경보전기능 중에서 홍수조절에 관하여 구체적으로 설명하면 다음과 같다.

아시아적 몬순 기후대에 속하는 우리나라는 연중 강우량의 60%에 해당하는 비가 7~9월 중에 집중적으로 내리고 있다. 만약 쌀농사를 짓지 않는다면, 논의 홍수조절기능은 상실될 수밖에 없다. 논둑의 높이는 평균 20센티미터이고 이 중 3센티미터는 평상시에도 농사를 위해 저수되고 있기 때문에, 이를 뺀 나머지 17센티미터는 유사시에 홍수조절을 하는 유효저수량이 된다. 그런데 우리나라 논의 총 면적은 96만 헥타르이므로, 논의 홍수조절용 저수량은 약 17억 톤에 이른다. 이 유효저수량은 우리나라 홍수조절용 6개 댐의 총 홍수조절수량 15.3억 톤(충주호 6억 톤, 소양강 5억 톤, 대청호 2.5억 톤, 안동 1.1억 톤, 남강 0.43억 톤, 섬진강 0.27억 톤 등)보다 더 많은 양이다. 집중호우가 내릴 때 이러한 엄청난 양의 물이 논에 고이지 않고 바로 한강, 낙동강, 금강 등으로 몰려들게 된다면 우리나라는 홍수피해로 편할 날이 없을 것이다. 만약 쌀농사를 포기한다면 홍수피해를 현재의 수준 정도에서 막기 위해서라도 국토 곳곳에 충주호 정도 크기의 댐을 4개나 추가로 건설해야 한다. 이러한 댐을 건설하기 위한 건설비에 대한 이자와 관리비는 연간 약 1조 원에 이른다. 국민경제에 세금의 형태로 부과될 이러한 비용을 우리나라의 쌀농사가 무보수로 수행하고 있는 것이다.

3. 직업기회의 제공

산업분야별 취업자 수를 보면 2012년 현재 농업 중에서 1차 산업에 해당하는 농림생산업에 종사하는 취업자 수는 136만 3,000명으로 전체 취업자 수 2,426만 5,000명의 5.6%를 차지하고 있다. 농림생산업이 전 산업분야의 50~60%를 점하던 시절보다는 못하지만, 발달된 산업사회 속에서도 아직 우리나라의 많은 사람들에게 직업기회를 제공하고 있는 것이다. 그런데 농업의 영역이 1차 산업 중심의 농림생산업에서 농산가공이나 농자재 제조 등의 2차 산업과 농업 유통·정보·교육·연구·행정 및 사무 등 3차 산업으로 확대되어 감에 따라 전체 농업분야 취업자 수는 훨씬 더 많다. 또한 2차, 3차 농업에 종사하는 취업자 수는 계속 증가해 왔으며 앞으로도 더욱 증가할 전망이다.

4. 전통문화의 계승

전통문화라 하면 그 시초가 농어촌을 떠나서는 생각할 수 없을 정도로 농어촌·농민과 밀접하게 연계되어 있는데, 우리나라는 농경문화가 지배해 왔고 그러한 사회구조를 유지해 왔기에, 우리는 자연스럽게 민속적인 요소와 결부되어 공동체적 생활을 영위하며 생활을 해 왔다. 농어업에 필수적인 협동생활과 농어촌 부락의 구조적인 성격 때문에 사시사철 이웃하여 살아왔다는 것만으로도 두레나 품앗이 혹은 계 등을 통한 생산기술, 신앙, 설화, 놀이, 속담 등이 습관적 생활양식으로 전승되었음을 알 수 있으며, 정월의 설날과 보름, 오월의 단오와 팔월의 추석은 우리의 농어촌을 떠나서는 생기지도 존재할 수도 없다고까지 여겨지는 세시풍속이다. 즉, 우리의 전통문화의 대부분인 민속은 농경문화를 가진 사회에서 농어업과 떼려야 뗄 수 없는 밀접한 관계에 놓여 있다.

따라서 우리를 이해하려면 농업과 농촌을 이해해야 하기 때문에 전통문화를 계승하고 새로운 가치를 창조한다는 차원에서 농업과 농촌은 그 중요성이 매우 크다. 특히 농촌은 근대화 과정에서 잃어 가고 있는 우리의 전통문화와 바람직한 가치관을 보존·계승시킬 수 있는 가장 확실한 공간으로서 건전한 농업발전과 농촌지역의 생활환경 개선이 지속적으로 이루어져야 한다.

5. 첨단과학 발전에 기여

1990년대에 접어들면서 유전공학(genetic engineering), 생물공학(biotechnology)은 유전자의 인위적인 조작을 통하여 생물체를 번식·변환하여 새로운 품종을 개발하며, 동물·식물·미생물을 포함하는 생물체를 이용하여 각종의 유용물질을 산업적으로 생산하는 과학분야의 최첨단 기술로서 각광을 받고 있다. 유전공학과 생물공학은 농업, 의약, 식품, 에너지, 환경 등 다양한 분야와 관련을 가지고 있지만, 농업이 생물체를 대상으로 한다는 점 그리고 농업이 새로운 품종의 개발을 위하여 육종기술을 개발하여 왔다는 점에서 유전공학이나 생물공학은 농업과 가장 밀접한 관련이 있다. 특히 농산물 수입개방화에 대응하여 농업생산을 지속할 수 있는 길은 생산비 감소와 농업노동여건의 개선인데, 이를 위해서는 기계화와 자동화 등 자본집약적인 방법에 의한 생산성 향상을 위한 새로운 농업기술의 도입, 농산물의 품질 향상과 부가가치 향상을 위한 농산물의 수확 후 가공 및 처리의 기계화·자동화, 유통구조의 현대화와 농업정보화 등이 전제가 된다. 이러한 신농업 기술은 궁극적으로는 비파괴 생체계측기술, 농업자동화기술, 농업정보화기술 등 첨단과학기술의 발전에 기여한다.

6. 국민경제의 안정과 발전에 기여

농업은 경제성장 초기에 농산품을 수출함으로써 외화획득에 기여하였을 뿐 아니라 수입대체를 통하여 외화를 절약함으로써 국제수지의 개선에 기여하였다. 또한 농업 이외의 산업부문의 생산품에 대한 내수시장의 역할을 제공함으로써 비농업부문의 성장과 자본축적에 기여하였다. 특히 공익적 기능으로서 농업은 식량안보, 자연환경 보전과 국토 관리, 지역사회 유지 등 시장가격으로 반영되지 않는 국민경제의 혜택에 도움을 주고 있다.

뿐만 아니라 농업은 농촌을 유지·발전시키며 도시과밀화를 방지하는 효과가 있다. 우리나라에 농업이 없다면 향도이촌의 행렬은 매우 가속화될 것이다. 그런데 도시과밀화는 매우 큰 국가적 손실을 가져다주고 있다. 또한 도시과밀로 인하여 달동네문제, 범죄문제, 스트레스로 인한 문제 등이 발생한다. 따라서 농업이 국민경제의 안정과 발전에 기여하는 바는 매우 크다.

연구문제

1. 농업계 고등학교 학생들에게 진로지도가 왜 필요한지 조사·발표해 보자.
2. 학년별·학과별·월별·주별로 농업계 고등학교 학생들을 위한 진로지도 활동 및 행사를 계획하고 실행해 보자.
3. 농업계 고등학교 학생들이 졸업 후 농업분야에 적극적으로 진출하도록 하기 위해서는 어떻게 해야 할 것인가 토의해 보자.
4. 농업계 고등학교 학생들이 농업계 고등학교의 학생으로서, 또한 장차 농업인으로서의 자부심과 긍지를 가질 수 있도록 하기 위한 방안을 마련하여 실행해 보자.

참고문헌

강대구. (2002). 「산업인력 양성을 위한 농업계 고등학교 직업교육의 방향」, 『한국농업교육학회지』 34(2), 1-16.

김진구. (2009). 「농업계 국립대학에 진학한 농업계 고등학교 졸업생들의 대학수학능력 분석」. 『농업교육과 인적자원개발』 41(1), 1-36.

박은우. (2010). 『농학분야 경쟁력 강화를 위한 농산업 분야 학문 및 직업의 분류체계 선진화 방안』. 수원: 농촌진흥청.

이무근. (1984). 『농업계 고등학교 학생들의 출발점 행동에 관한 연구』. 서울: 문교부.

정윤경, 한상근, 이지연, 김나라. (2011). 『2011 미래의 직업세계: 직업편』. 서울: 한국직업능력개발원, 교육과학기술부.

정진철, 이종범, 이건남, 이현민, 안주리. (2011). 「충청북도 특성화고등학교 발전 전략 연구」. 『농업교육과 인적자원개발』 43(3), 23-47.

정철영. (1996). 「농직업의 종합적 분류체계에 관한 연구」. 『한국농업교육학회지』 28(2), 4-29.

정철영, 이광호, 안강현, 김재호. (2006). 『충청남도 지역 실정에 부합하는 전문계 고등학교 육성방안』. 홍성: 충청남도교육청.

조은상, 강종훈. (1999). 『실업계 고등학교 학생의 기초 수학능력 실태』. 서울: 한국직업능력개발원.

조지민, 김명화, 최인봉, 송미영, 김수진, 남민우, 김미경. (2007). 『국가수준 학업성취도 평가 연구: 2003~2006년 변화 추이』. 서울: 한국교육과정평가원.

한국교육개발원. (1984). 『청소년의 자아개념 및 가치관 확립 프로그램 개발 연구』. 서울: 한국교육개발원.

______. (1985~2012). 『교육통계연보』.

______. (2012). 『간추린 교육통계』.

Herr, D. L., Cramer, S. H., & Niles, S. G. (2004). *Career guidance and counseling through the lifespan: Systematic approaches* (6th ed.). Boston, MA: Pearson Education.

London, H. H. (1973). *Principles and techniques of vocational guidance*. Columbus, OH: Charles E. Merrill.

Miller, M. D. (1985). *Principles and a philosophy for vocational education*. Columbus, OH: The National Center for Research in Vocational Education.

Zunker, V. G. (2012). *Career counseling: Applied concepts of life planning* (7th ed.). Pacific Grove, CA: Brooks/Cole.

XI. 농업교육평가

정진철

개요

농업교육평가의 개념을 살펴보고, 다양하게 분류되는 농업교육평가의 종류를 고찰하며, 농업교육평가를 수행하는 일반적인 절차에 대해 살펴본다. 또한 실제 농업교육평가를 실시함에 있어 적용될 수 있는 다양한 방법을 고찰하고, 농업교육평가 도구가 갖추어야 할 구비조건에 대해 설명한다.

학습목표

1. 농업교육평가의 개념을 설명할 수 있다.
2. 체제, 내용, 영역, 준거, 기능 등의 관점에서 농업교육평가의 유형별 특징을 설명할 수 있다.
3. 특정한 교과가 주어졌을 때 평가를 계획하고, 평가도구를 개발하며, 적절한 평가방법을 적용하여 실제 평가를 실시할 수 있다.

1 농업교육평가의 개념

농업교육평가의 개념을 이해하기 위해서는 먼저 평가(evaluation)의 개념을 이해할 필요가 있다. 평가란 무엇인가와 관련하여서는 다양한 생각이 존재하지만, 크게 세 입장으로 정리할 수 있다. 첫째, 평가를 목표가 실제로 도달된 정도를 결정하는 과정이라고 보는 입장이 있다. 여기에서 핵심은 미리 설정한 목표의 달성 정도를 확인하는 데 있고, 대표적인 학자로는 Tyler(1951)를 들 수 있다. 둘째, 평가를 의사결정에 필요한 정보를 수집하고 사용하는 과정으로 정의하는 부류가 있다. 이 입장에서의 핵심은 정보의 수집 및 제공에 있고, 대표적인 학자로는 Stufflebeam 외(1971)와 Cronbach(1984) 등을 들 수 있다. 셋째, 앞선 두 가지 입장을 통합하고 절충한 것으로 평가를 어떤 결정을 내릴 목적으로 과정과 결과에 대한 가치와 장점을 체계적으로 조사하고 활용하는 과정과 활동으로 이해하고 있는 입장이 있다. 이 입장에서의 핵심은 가치 판단에 있고, 대표적인 학자로는 Nevo(1984)를 들 수 있다. 평가와 관련된 이와 같은 다양한 견해들을 종합적으로 고려해 볼 때 평가란 어떤 것에 대한 정보를 수집, 분석하여 그 가치를 판단하는 것으로 정의할 수 있다. 이때 평가의 대상에는 인간뿐만 아니라, 사물 또는 무형의 대상도 포함될 수 있다.

농업교육평가란 농업교육과 평가가 합해진 용어로 농업교육과 관련하여 다양한 정보를 수집, 분석하여 그 가치를 판단하는 것으로 정의할 수 있다. 앞선 '농업교육의 개념 및 중요성'장에서 정의한 농업교육의 개념을 바탕으로 할 때 농업교육평가란 더 구체적으로 일반 시민들이 일상생활을 영위하는 데 필요한 농업에 대한 기본적인 지식과 이해를 높이고, 향후 농업분야에 진입하고자 하는 이들과 현직자들이 해당 농업직에서 요구되는 지식, 기술, 태도 등을 개발할 수 있도록 학교 및 사회교육기관에서 제공하는 체계적인 교육 프로그램에 대한 정보를 수집, 분석하여 그 가치를 판단하는 것으로 정의할 수 있다. 따라서 농업교육평가에서의 평가 대상은 일반 시민, 향후 농업분야에 진입하고자 하는 이들, 현직 농업인 등을 포함한 학습자, 농업교육 프로그램 또는 교육과정, 농업교육 프로그램 또는 교육과정을 운영하는 다양한 유형의 농업교육기관 등이라고 할 수 있다.

평가와 관련하여 다양한 유사 용어들이 존재한다. 유사 용어가 존재한다는 것은 이러한 용어들이 경우에 따라서는 비슷하게 사용되지만, 엄격한 의미에서는 분명 차이가 있다는 것이기도 하다. 먼저 검사(test)란 인간의 잠재적 특성을 간접적으로 측정하기 위해 사용되는 도구 또는 그 절차를 의미한다. 검사의 기원은 중국 당나라의 과거시험으로 추정되고 있고, 표준화검사의 기원은 1905년에 개발된 비네(Alfred Binet)의 지능검사를 들 수 있다. 한편 측정(measurement)이란 사물이나 속성에 수치를 부여하는 것을 뜻한다. 따라서 측정은 평가 목적을 달성하기 위한 절차 또는 방법으로서의 수단적 가치가 강조되는 반면, 평가는 그 자체가 합목적적인 활동으로서 측정 결과를 판단의 근거로 삼아 평가 목적을 달성하게 된다. 또한 사정(assessment)이란 인간의 심리적 · 행동적 특성의 크기나 수준을 감정하거나 추정하는 것으로 여러 가지 특성을 다양한 방법을 통해 복합적으로 파악하기 때문에 총평이라고도 한다. 검사, 측정 등을 통해 관련 자료를 수집하여 정리하고, 그 결과의 가치를 추정하기도 하기 때문에 사정은 검사, 측정보다는 평가에 가까운 개념이라고 할 수 있다. 하지만 사정 자료를 근거로 가치를 판단하는 평가와는 구별된다고 할 수 있다. 일반적으로 보았을 때 유사 용어들과 평가와는 '검사⊂측정⊂사정⊂평가'의 포함관계를 갖는다고 할 수 있다(정재삼, 2004). 한편 평가와 관련된 기타 유사 용어로는 평정(rating), 감정(appraisal), 연구(research) 등을 들 수 있다.

2 농업교육평가의 종류

다양한 종류의 농업교육평가를 이해하는 것은 농업교육평가가 무엇인지에 대한 이해를 높일 뿐만 아니라, 농업교육평가에서 평가 대상, 방법 등에 대한 더 구체적인 시각을 갖게 하는 데 도움을 줄 수 있다. 어떠한 분류 기준을 설정하는지에 따라 다양한 유형의 농업교육평가가 존재한다. 이 부분에서는 농업교육평가의 종류를 체제, 내용, 영역, 준거, 기능 등의 관점에서 알아보고자 한다.

먼저 일반체제이론(general systems theory)을 바탕으로 하여 체제 기준으로 농업교육평가를 구분할 수 있다. 체제이론이란 세상을 구성하고 있는 여러 체제에 대한 간학문적인 연구들로부터 형성된 것으로, 초기 연구들은 모든 과학 분야에 존재하는 체제를 설명하기 위한 일반체제이론을 확인하는 데 초점을 두었다. 일반체제이론의 핵심은 모든 체제는 기본적으로 투입(input)-과정(process)-산출(output)로 이루어져 있다는 점에 있다. 농업교육을 하나의 체제로 이해한다면 농업교육평가는 투입평가, 과정평가, 산출평가로 구성된다고 할 수 있다. 이때 투입평가란 농업교육에서 투입요소라고 할 수 있는 학습자, 교원, 교육시설 및 설비, 교육환경 등에 대한 평가를 의미한다. 한편 과정평가란 농업교육과정, 실제 농업교육 프로그램이 전달되는 과정 등에 대한 평가를 의미하고, 산출평가란 농업교육을 통해 변화된 학습자의 무엇, 즉 지식, 기술, 태도 등의 변화에 대한 평가를 뜻한다. 최근 들어서는 더 장기적인 관점에서 산출물의 결과인 성과(outcome)평가가 강조되고 있다. 성과평가에는 다양한 사항들이 포함될 수 있으나, 몇 가지 예를 들어보면 취업 · 진학률, 실질적인 업무수행수준, 조직의 생산성 또는 금전적 이윤 등이 성과평가의 대상이라고 할 수 있다.

체제이론에 기반한 대표적인 평가모형으로는 Stufflebeam 외(1971)의 CIPP 모형을 들 수 있다. Stufflebeam은 앞서 언급한 대로 평가에 대해 정보처리이론의 시각을 지니고 있는 대표적인 학자 가운데 하나이다. Stufflebeam은 의사결정 대안을 판단하기 위해 필요한 정보를 서술, 모집, 제공하는 과정으로 교육평가를 이해하고 있고, 교육에 있어서 다음과 같은 네 가지 종류의 중요한 의사결정 단계, 즉 ① 목표 결정을 위한 계획 결정, ② 과정 계획을 위한 구조 결정, ③ 과정을 이용, 통제, 조정하는 수행 결정, ④ 결과를 판정하고 피드백하기 위한 재순환 결정 단계를 생각하였다. 이러한 의사결정 단계에서는 평가가 수반되어야 하는데, 이러한 평가를 상황(context)평가, 투입(input)평가, 과정(process)평가, 산출(product)평가로 분류하였다. 네 단계 평가의 첫 글자를 따서 CIPP모형으로 명명하였다.

농업교육평가의 종류를 구분하는 또 다른 기준으로는 내용을 들 수 있는데, 이는 평가하는 내용이 무엇인가를 의미한다. 농업교육평가에서 평가 내용은 어떤 의미에서는 평가 대상과 같은 의미를 갖는다. 따라서 농업교육평가는 농업교육에서 학습자평가, 교육과정(또는 프로그램)평가, 기관평가 등으로 구성된다고 할 수 있다. 하지만 학습자, 교육과정, 기관 등을 모두 포괄하여 내용 기준 농업교육평가의 종류는 농업교육이념평가, 농업교육철학평가, 농업교육정책평가, 농업교육제도평가, 농업교육재정평가, 농업교육시설평가, 농업교육운영평가, 농업교수방법평가 등으로 구성된다고 할 수 있다.

Bloom 외(1956)의 생각을 바탕으로 교육목표는 인지적(cognitive) 영역, 정의적(affective) 영역, 그리고 심동적(psychomotor) 영역으로 구분되어 진술되어야 한다는 생각이 널리 인정받게 되었다. 따라서 교육목표분류학의 세 가지 영역을 기준으로 할 때 농업교육평가는 인지적 영역 평가, 정의적 영역 평가, 그리고 심동적 영역 평가로 구성된다고 할 수 있다. 인지적 영역 평가는 농업교육을 통해 기억해야 할 지식 그 자체뿐만 아니라, 그러한 지식을 이해, 적용, 분석, 종합, 평가하는 기능적인 측면도 포함하고 있다. 한편 정의적 영역 평가는 농업교육을 통해 형성되는 인성, 가치관, 도덕성, 태도, 흥미 등에 대한 평가를 의미하고, 심동적 영역 평가는 농업교육을 통한 신체와 관련된 기능의 숙달 및 발달 정도에 대한 평가를 의미한다. 영역을 기준으로 한 농업교육평가의 종류가 갖는 의미는 특정한 평가가 인지적, 정의적, 그리고 심동적 요소 가운데 어떠한 요소를 더 포함하고 있는지에 따라 적용되어야 할 평가방법이 달라질 수 있고, 농업교육의 결과는 인지적, 정의적, 그리고 심동적 영역 측면에서 종합적으로 판단되어야 함에 있다고 할 수 있다.

준거를 기준으로 할 때 농업교육평가는 규준참조(norm-referenced)평가와 준거참조(criterion-referenced)평가로 구성된다. 규준이란 본보기가 되는 표준으로 비교할 대상을 의미한다. 규준참조평가의 예로는 농업교육 프로그램을 이수한 학습자들에게 순위를 매거거나, 10%, 20%, 40%, 20%, 10%의 비율로 수, 우, 미, 양, 가를 주는 방식 등을 들 수 있다. 상대적인 비교가 핵심적인 사항이기 때문에 흔히 상대(relative)평가라고 불리기도 한다. 한편 준거란 성공 여부를 판단할 수 있는 일정한 지점, 즉 목표를 의미한다. 준거참조평가의 예로는 90점 이상 수, 80점 이상 우, 70점 이상 미, 60점 이상 양, 60점 미만 가와 같이 평가하거나, 70점과 같은 특정한 점수를 기준으로 합격과 불합격을 판단하는 방식 등을 들 수 있다. 준거참조평가는 상대적인 비교 없이 목표점에의 도달 여부를 통해 판정하기 때문에 흔히 절대(absolute)평가라고 불린다. 좋은 선생님과 함께 학생들이 열심히 공부한다면 누구라도 '수'를 받거나 '합격'할 수 있음을 알려주는 것이 절대평가 방식의 큰 장점이라고 할 수 있으나, 상대평가보다는 선발의 수월성이 낮다고 할 수 있기 때문에 특정 농업교육 프로그램의 목적을 어디에 두는지에 따라 이 두 가지 방식의 평가가 적절히 활용되어야 할 것이다.

평가의 기능을 기준으로 할 때 농업교육평가는 형성(formative)평가와 총

괄(summative)평가로 구성된다. 농업교육 프로그램을 운영함에 있어 프로그램을 통해 학습자들에게 전달하고자 하는 내용이 모두 전달된 후에 해당 프로그램의 효율성, 학습자들의 학습 결과 등을 점검하기 위한 평가를 총괄평가라고 한다. 총괄평가를 통해 소기의 목적이 달성되었는지 여부를 판단할 수는 있으나, 어떠한 부분에서 문제점 또는 원인이 있었는지, 소기의 목적을 더 잘 달성할 수는 없었는지 등에 대한 정보를 얻을 수는 없다고 할 수 있다. 이러한 단점을 극복하기 위해 농업교육 프로그램이 진행되는 동안 운영상의 개선점을 지속적으로 찾기 위해 시행되는 평가를 형성평가라고 할 수 있다. 농업교육 프로그램은 사전에 미리 계획되어 있지만, 형성평가 결과를 바탕으로 조정, 변경되어 사전에 계획된 목표 달성에 필요한 다양한 조치를 취할 수 있음이 형성평가에 깔려 있는 기본적인 생각이다.

경우에 따라서는 기능 기준 평가의 하나로 진단(diagnostic)평가를 언급하는 경우도 있다. 진단평가란 특정 내용에 대한 학습이 이루어지기 위해서 학습자가 이미 지니고 있어야 할 지식, 기술, 태도 등, 즉 출발점행동(entry behavior)에 대한 평가를 의미하기 때문에 출발점평가 또는 검사(entry test)라고 명명되기도 한다. 한편 사전검사(pretest)란 사후검사(posttest)에 반해 특정 내용에 대한 학습이 이루어지기 전에 해당 내용에 대해 사전에 어느 정도의 지식, 기술, 태도 등을 지니고 있는지에 대한 평가를 의미한다. 사전검사 또는 평가 결과 해당 내용을 모두 잘 알고 있다면 해당 내용에 대한 학습이 불필요함을 알 수 있고, 사후검사 또는 평가와의 차이를 통해 해당 내용에 대한 학습을 통한 실질적인 변화가 어느 정도인지를 파악하는 데 도움을 줄 수 있다.

이상에서 언급한 농업교육평가의 종류 외에도 목표수준, 방법 등 다양한 기준을 적용하여 농업교육평가의 종류를 구분할 수 있다. 중요한 것은 농업교육평가에는 다양한 유형의 평가가 포함되어 있고, 이러한 다양한 유형의 평가가 존재하는 데에는 평가에 대한 철학, 평가 목적, 평가 내용, 평가 방법 등의 측면에서 다양한 시각이 존재하기 때문이라는 것이다. 따라서 농업교육 프로그램의 속성, 배경 등을 고려하여 적합한 평가 유형을 선택할 필요가 있다.

3 농업교육평가의 절차

평가의 절차는 포괄적인 수준에서부터 아주 구체적인 수준까지 제시될 수 있다. 농업교육평가는 다음과 같은 일반적인 절차를 따를 수 있다.

① 평가 목적 확인
② 평가 준거 개발
③ 평가 방법 결정
④ 평가 도구 개발
⑤ 평가 시행 계획 수립
⑥ 평가 환경 구축
⑦ 평가 자료 수집
⑧ 평가 자료 분석
⑨ 평가 결과 해석
⑩ 평가 결과 보고
⑪ 평가 결과 활용

농업교육평가를 진행함에 있어 가장 처음으로 생각해야 하는 것은 평가 목적을 확인하는 것이다. 평가 목적을 어디에 두냐에 따라 이후에 따르게 되는 모든 절차가 다를 수 있기 때문이다. 농업교육평가를 통해 달성하고자 하는 가장 일반적이고 상위의 사항을 평가 목적으로 제시하고, 여타의 구체적인 사항들을 평가 목표로 기술함으로써 농업교육평가의 기본 방향이 설정되어야 한다. 농업교육평가의 목적은 '학습자의 학습목표 도달 여부 판정', '해당 프로그램의 개선점 파악', '우수 프로그램의 선정' 등 다양할 수 있다. 평가의 목적과 관련하여 Phillips(1997)는 목표 달성 여부 결정하기, 강점과 약점 파악하기, 비용을 수익과 비교하기, 교육 프로그램에 대한 미래 참가 대상 결정하기, 검사 및 학습자료의 명료성과 타당성 검증하기, 가장 성공한 참가자들과 가장 실패한 참가자들 파악하기, 교육 프로그램의 마케팅에 도움이 될 자료 수집하기, 프로그램이 구체적 요구에 대한 적절한 해결책이었는지를 결정하기, 의사결정을 도울 수 있는 DB 구축하기 등을 제시하였다.

평가 목적을 확인한 후에 시행해야 할 것은 평가 준거를 개발하는 것이다. 평가 준거란 '무엇을 평가할 것인가'에 대한 답이라고 할 수 있다. 한편 평가 지표(indicator)란 평가 준거가 더 구체화된 것으로 '무엇으로 평가할 것인가'에 대한 답이라고 할 수 있다. 현재 실습실이 학생들의 실습에 적합한지를 평가한다고 할 때 평가 준거의 하나로는 '실습실이 얼마나 쾌적한가'를 들 수 있고, 이를 평가하기 위한 지표의 하나로 '실습실은 충분히 밝은가'를 들 수 있다. 평가 준거의 개발을 달리 표현하면 평가 영역 및 내용의 선정이라고 할 수 있다. 어떠한 영역에서 어떠한 내용을 평가할 것인가를 구체적으로 결정하는 단계라고 할 수 있다.

특정 교과에서 중간고사, 기말고사 등에 어떠한 평가 영역과 평가 내용이 구성되어 있는지를 종합적으로 이해하기 위해서는 교육목표 이원분류표를 활용할 수 있다. 교육목표 이원분류표란 한 축, 예를 들면 가로축에는 앞서 언급한 Bloom의 생각에 기반한 교육목표를 제시하고, 다른 한 축에는 학습 내용을 제시하며, 두 축이 교차하는 지점에는 평가 문항 번호를 기입함으로써 평가 준거를 종합적으로 판단하는 데 도움을 줄 수 있다. 〈표 XI-1〉은 중학교 1학년 영어검사를 위한 이원분류표 예이다.

표 XI-1. 이원분류표 예

교육 내용 \ 교육목표 분류	지식	이해	적용	분석	종합	평가	문항 수
1. 강세 위치	1번						1
2. 발음과 철자	2번						1
3. 억양			3번				1
4. Be동사 의문문		4번			5번		2
5. Who 의문사					6번		1
6. What 의문사와 용법					7번		1
7. 선택의문문				8번		9번	2
8. 부정관사 a, an의 용법	10번		11번				2
9. 국적의 표현			12번				1
문항 수	3	1	3	1	3	1	12

주: 성태제(2002), 『현대교육평가』, p. 141 재구성.

무엇을 평가할 것인가, 즉 평가 준거가 결정되면 이에 적합한 평가 방법을 결정하고, 구체적인 평가 도구를 개발하여야 한다. 농업교육평가에서는 관찰에 의한 방법, 인터뷰에 의한 방법, 질문지에 의한 방법, 검사도구에 의한 방법, 실험에 의한 방법 등 다양한 방법이 적용될 수 있고, 평가도구는 측정하려고 하는 것을 측정해야 하며, 평가 결과는 일관성이 유지되어야 하고, 평가자의 주관이 반영되어서는 안 되며, 실제 사용되기에 적합하여야 한다. 이러한 다양한 평가 방법과 평가 도구가 구비해야 할 조건에 대해서는 절을 달리하여 더 상세하게 기술하였다.

평가 방법이 결정되고, 적합한 평가 도구가 개발되거나 선정되면 실제 평가를 시행할 계획을 수립하여야 한다. 평가 대상을 명확히 하고, 어떠한 일정에 따라 평가할 것인지 추진계획을 단계적으로 수립해야 하며, 필요하다면 협조자(부서), 협조 내용 등에 대한 계획도 수립해야 한다. 뿐만 아니라 평가를 시행할 때 필요한 시설, 장비, 비품 등의 확보 방안을 마련한 후에 실제 평가가 원활하게 이루어질 수 있는 환경을 구축하여야 한다.

평가 자료의 수집은 다음 절에서 상세하게 기술될 평가 방법에 따라 상이한 방식을 통해 이루어진다. 관찰, 인터뷰 등의 평가 방법이 적용될 경우에는 사전에 개발된 평가지가 평가자들에게 배포되어야 하고, 평가 방법, 유의사항 등에 대한 사전교육이 필요할 경우에는 평가자들을 대상으로 한 워크숍이 사전에 충분히 이루어져야 한다. 평가 결과를 분석함에는 통계 패키지를 이용하여 기술통계(빈도, 백분율, 평균, 표준편차 등)와 추리통계(카이스퀘어, t-test, ANOVA, 상관분석, 회귀분석 등)를 사용할 수도 있고, 질적 연구를 위한 다양한 소프트웨어(예: Ethnography, ATLAS/ti 등)가 활용될 수도 있다. 분석된 결과를 도표를 사용하여 정리함으로써 평가 결과의 해석을 더욱 용이하게 할 수 있고, 평가 결과의 해석은 농업교육평가 절차의 첫 번째 단계인 평가 목적에 따라야 한다. 뿐만 아니라 앞서 기술된 농업교육평가의 종류 가운데 어떤 유형의 평가가 사용되었는지가 함께 고려되어야 한다.

분석된 평가 결과는 정리해서 기록 및 보관해야 하고, 평가 결과와 관련된 의사결정자 또는 관계자, 예를 들면 학생, 학부모, 학교운영위원회, 학교장, 장학사(관), 교육장, 교육감, 장관 등에게 보고해야 한다. 따라서 보고 대상, 시기, 장소, 내용, 방법 등에 관한 계획이 필요하다면 사전에 마련되어야 한다. 평가 목적에 따라 평가 결과를 적절히 활용하고, 활용된 정도를 확인하는 방안이 마련됨으로써 농업교육에서의 평가가 소기의 목적을 달성할 수 있을 것이다(정재삼, 2004).

농업교육평가가 이상의 절차에 따라 이루어지기 위해서는 평가계획을 사전에 체계적으로 수립할 필요가 있다. 다양한 평가 절차가 서로 어떤 관련성이 있고, 하나의 절차를 수행하기 위해서는 어떤 자원들이 최소 어느 정도 필요한지가 명확히 확인되어야 한다. 뿐만 아니라 실제 평가가 사전에 계획된 대로 수행되고 있는지 여부도 지속적으로 확인할 필요가 있다. 이를 위해서 PERT(program evaluation and review technique), 간트 차트(Gantt Chart) 등이 사용될 수 있다. 또한 평가를 실제 진행하면서 발생되는 여러 문제점, 원인 등이 빠짐없이 기록됨으로써 향후 유사한 평가에서 오류를 최소화하는 데 도움이 될 수 있다.

4 농업교육평가의 방법

농업교육평가에는 다양한 평가 방법이 적용될 수 있다. 앞서 언급한 대로 관찰법, 면접법, 질문지법, 실험법, 검사법 등이 그것이다. 먼저 관찰법은 시각, 청각, 촉각 등의 감각기관을 이용하여 인간, 사물 자체 또는 그 속성을 평가하는 방법이다. 관찰은 자연적인 상황에서 이루어질 수도 있고(자연적 관찰), 관찰 목적에 맞게 인위적인 상황에서 이루어질 수도 있다(실험적 관찰). 또한 관찰자가 직접 관찰할 수도 있고(직접 관찰), 동영상 등의 녹화물 또는 관찰하고자 하는 대상과 관련된 기록, 흔적 등을 통해 관찰할 수도 있다(간접 관찰). 한편 관찰은 관찰자가 피관찰자의 일원이 되어 이루어질 수도 있고(참여적 관찰), 피관찰자들과는 별개로 관찰자 본연의 임무만을 수행하는 상황에서 이루어질 수도 있다(비참여적 관찰). 관찰 결과를 기록함에는 일화기록법, 부호기록법, 평정기록법, 목록검색법 등의 방법을 적용할 수 있다.

농업교육평가에서 관찰법은 피관찰자가 스스로 정확하게 인식하지 못하는 행동이나 말, 그리고 글로 표현하기 어려운 행동에 관한 자료를 수집할 수 있다는 장점이 있다. 반면 피관찰자들은 자신이 관찰되고 있음을 인식할 경우 의도적으로 행동을 변화시킬 수 있다는 단점도 또한 존재한다. 따라서 관찰법을 사용할 경우에는 가급적 자연스러운 상황에서 관찰이 이루어질 수 있도록 해야 하고, 관찰자의 선입견이 개입되지 않도록 해야 한다. 또한 한 번에 하나의 행동을 관찰하여 즉시 기록함으로써 추후 정확한 평가 분석이 이루어질 수 있다.

면접법이란 평가자와 피평가자가 쌍방향 의사소통을 통해 평가하는 방법이다. 면접은 면대면 상황에서 이루어질 수도 있고(직접 면접), 다양한 IT 기술을 활용하여 멀리 떨어진 상황에서도 가능하다(간접 면접). 또한 면접은 1 대 1로 진행될 수도 있고(개별 면접), 1 대 여러 명, 여러 명 대 1과 같은 형태로 이루어질 수도 있다(집단 면접). 뿐만 아니라 면접하고자 하는 내용이 사전에 정해진 틀에 따라 엄격하게 이루어지기도 하고(구조적 면접), 면접의 진행 상황에 따라 자유롭게 이루어지기도 한다(비구조적 면접). 면접 결과를 기록할 때는 관찰법에서 제시된 방법이 사용될 수도 있다. 하지만 면접법을 사용할 때는 사전에 동의를 얻어 면접 내용을 녹음하고, 녹음된 내용을 전사한 후 분석하는 방법이 사용될 수도 있다.

면접법은 다양하고 심층적인 정보 수집이 가능하고, 반복적인 설명, 질의응답 등을 통해 피면접자에게 질문의 의미를 충분하게 이해시켜 비교적 정확한 평가 정보를 수집할 수 있다는 장점이 있다. 하지만 시간과 노력이 많이 소요되고, 면접자의 경험과 기술이 좋은 평가 자료를 얻는 데 결정적인 영향을 미칠 수 있다는 단점도 또한 존재한다. 면접법을 사용할 때는 면접자와 피면접자 사이에 허용적인 분위기, 즉 래포(rapport)의 형성이 중요하고, 유도 심문을 해서는 안 되며, 왜 그러한지보다는 어떻게 그러한지를 중심으로 질문함으로써 더욱 풍부한 자료를 얻을 수 있다. 뿐만 아니라 피면접자의 수준에 맞는 표현과 어휘를 사용해야 함에 유의할 필요가 있다.

농업교육평가에서 어떤 의견을 구할 때 흔히 사용되는 방법 가운데 하나가 질문지법 또는 조사법이다. 질문지법은 묻고자 하는 명확한 질문이 담긴 조사지를 사용하는 평가 방법이다. 질문지는 제시된 선택지 가운데에서만 응답해야 하는 유형(강제선택형)과 자유롭게 본인의 의견을 기술하는 유형(자유반응형)이 있다. 짧은 시간에 많은 자료를 수집할 수 있고, 필요한 경우 익명으로 응답하게 함으로써 솔직한 평가 결과를 확보할 수 있으며,

여러 사람에게 인쇄된 질문을 제시함으로써 면접법과는 달리 자극 제시의 항상성을 유지할 수 있다는 장점이 있다.

반면 질문의 내용, 순서 등을 융통성 있게 조절할 수 없고, 경우에 따라서는 회수율이 낮다는 단점이 있다. 회수율을 높이기 위해 확실한 한 가지 방법은 존재하지 않으나, 동기가 될 만한 보상물을 제공하거나, 질문지 배부 이후 추진 상황을 지속적으로 확인하는 등 조사 진행상의 방법이 사용될 수도 있고, 질문지 자체를 응답자가 관심 있어하고 가치 있다고 판단하는 것으로 구성하거나, 응답자의 응답이 아주 중요함을 명시하거나, 응답 결과가 익명으로 처리된다거나, 결과 분석 후 그 결과를 개별적으로 알려줄 것임 등을 명시하는 방법도 사용될 수 있다. 질문지법을 사용할 때 유의해야 할 사항으로는 애매모호한 표현을 사용하지 않고, 응답 시간을 감안하여 문항 수를 조절하여야 하며, 한 문항에는 반드시 하나의 내용만을 포함하여야 한다는 것 등을 들 수 있다.

실험법이란 자연과학에서의 실험 설계(experimental design) 기법을 적용한 방법으로 평가 목적에 맞게 교육적 처치(treatment)를 실시한 다음 그 결과를 통계적으로 비교·분석하는 평가 방법으로, 넓은 의미에서는 관찰법의 한 유형이라고도 할 수 있다. 교육적 처치를 가하지 않는 비교 대상으로서의 통제집단의 유무, 교육적 효과를 입증하기 위한 사전검사의 유무 등에 따라 〈표 XI-2〉와 같이 다양한 설계가 가능하다. 평가 목적에 따라 다른 설계 유형을 적용해야 하지만, 설계 5 유형이 교육적 효과를 입증하기에 가장 합리적인 방법이다. 하지만 일반적으로 실험집단과 통제집단이 있고, 사전검사와 사후검사 모두를 실시하는 설계 4 유형이 추천된다.

실험법을 통한 평가에는 다양한 잡음변인이 개입될 소지가 있다. 제거가 가능한 잡음변인이라면 제거한 후에 실험을 실시하면 되지만, 제거가 힘들 경우에는 피험자를 무선표집하고, 표집된 피험자를 각 집단에 무선할당하며, 각 집단에 실험 처치를 무선할당함으로써 잡음변인을 어느 정도

표 XI-2. 평가 설계의 유형

유형	통제집단 유무	사전검사 유무	사후검사 유무	비고
설계 1	없음	없음	있음	사전 지식이 전혀 없거나 동일하다고 가정
설계 2	없음	있음	있음	사전검사의 경험이 사후검사에 반영될 수 있음
설계 3	있음	없음	있음	사전 지식이 전혀 없거나 동일하다고 가정
설계 4	있음	있음	있음	사전검사의 경험이 사후검사에 반영될 수 있고, 시간, 비용이 많이 듦
설계 5	있음	있음	있음	설계 3과 설계 4가 합해진 형태로 Solomon 4-group design이라고 함. 시간, 비용이 많이 듦
설계 6	없음	있음	있음	Time-series design이라고 함

통제할 수 있다. 또한 실험이 끝난 다음에 공변량분석(ANCOVA), 부분상관, 준부분상관 등 통계적으로 통제하는 방법도 사용될 수 있다.

검사법이란 개발된 검사도구를 사용하여 평가하는 방법이다. 이때 검사도구는 사람을 대상으로 한 인지적·정의적·심동적 영역의 어떤 특성을 측정하기 위한 도구일 수도 있고, 소음, 오염, 채광, 안전도 등 특별한 도구나 장치를 이용하여 측정이 이루어질 수도 있다. 농업교육평가에서 검사법은 검사 실시 조건, 채점, 해석과정 등이 엄격하게 규정된 표준화(standardized)검사를 통해서도 가능하고, 개별 교사가 제작한 시험, 연구자들이 비공식적으로 개발한 척도 등 비표준화(non-standardized)검사를 통해서도 이루어질 수 있다. 또한 한 명의 피평가자를 대상으로 할 수도 있고(개인검사), 다수의 평가자를 대상으로 일률적으로 실시될 수도 있다(집단검사). 뿐만 아니라 검사도구는 해당 도구를 완결하는 데 소요되는 시간 측정을 목적으로 할 수도 있고(속도검사), 시간제한을 두지 않고 응답할 수 있을 때까지 응답하게 하는 방식일 수도 있다(역량검사).

농업교육평가에서는 이상에서 언급한 다양한 방법이 적용될 수 있다. 중요한 것은 여러 평가 방법이 각기 고유한 장단점을 동시에 지니고 있으므로, 절대적으로 가장 우수한 평가 방법은 존재하지 않는다는 점이다. 따라서 평가 목적, 내용, 대상 등에 따라 가장 적합한 평가 방법을 선택하고, 해당 평가 방법에 적합한 평가 도구를 제작할 필요가 있다. 또한 여러 평가 방법들은 각각 단독으로 사용될 수도 있지만, 필요에 따라서는 몇 가지 방법을 병용함으로써 평가에 필요한 객관적인 정보를 얻을 수 있다.

5 농업교육평가 도구의 구비조건

기존에 개발된 평가 도구를 사용하거나, 새롭게 평가 도구를 개발함에 있어 해당 도구가 평가 도구로서 갖추어야 할 조건을 갖추고 있는지 여부를 반드시 점검하여야 한다. 평가 도구는 어떤 대상을 몇 번이고 되풀이하여 측정 또는 평가하더라도 그 결과가 일관되어야 하고(신뢰도, reliability), 측정하려고 하는 것을 측정하고 관계없는 부분을 측정하지 않아야 하며(타당도, validity), 평가 과정과 결과에 평가자의 주관, 선입견 등이 개입되어서는 안 되고(객관도, objectivity), 가급적이면 평가 절차와 방법이 간편하고, 결과의 해석과 활용이 용이하며, 비용, 시간, 인력 등을 적게 들이고도 실시할 수 있어야 한다(실용도, practicality). 이 네 가지 구비조건 가운데 신뢰도와 타당도에 대해서 더 상세하게 살펴보면 다음과 같다.

검사가 본래 측정하려고 하는 속성은 변화하지 않음에도 불구하고, 검사를 여러 번 실시할 때마다 그 점수가 계속해서 변화하는 경우가 있을 수 있다. 이는 측정할 때 오차가 개입되었거나, 검사도구 자체가 엉터리이기 때문이다. 검사도구가 이와 같이 엉터리인 경우 검사도구의 '신뢰도가 낮다'고 표현한다.

신뢰도란 검사점수가 시간의 변화에 따라 얼마나 일관성 있게 나타나는

지의 정도를 의미한다고 할 수 있다. 따라서 신뢰도는 기본적으로 한 번 검사를 실시하고, 일정한 시간이 흐른 후에 다시 검사를 실시하여 두 결과가 얼마나 일치하는지를 가지고 판단하는 재검사(test-retest)신뢰도를 통해 추정한다. 하지만 이러한 방법은 일정 시간이 필요하고, 검사를 두 번 실시해야 한다는 단점이 있기 때문에 대안으로 동형검사(parallel-form)신뢰도, 반분검사(split-half)신뢰도 등을 통한 추정 방법이 개발되었다. 이상에서 언급한 신뢰도는 기본적으로 피어슨(K. Pearson)이 개발한 단순적률상관계수를 사용한다. 한편 검사를 구성하고 있는 문항 하나하나를 독립된 별개의 검사로 간주하여 문항 간의 합치도를 신뢰도로 규정하는 방법도 있다. 이를 문항내적 합치도(inter-item consistency)라 하는데, 가장 대표적인 방법으로는 크론바하(Cronbach)의 알파 계수가 있고, KR20, KR21 등이 사용되는 경우도 있다.

일반적으로 검사도구의 신뢰도는 높을수록 좋다. 하지만 검사의 신뢰도를 높이기 위해서는 그만큼 시간과 비용이 들어가게 된다. 검사가 완성되기까지 검사도구를 여러 번 사용해서 나쁜 문항은 제거하고, 높은 문항은 살리며, 그래도 신뢰도가 높아지지 않으면 새로운 문항을 추가해야 하기 때문이다.

타당도란 앞서 언급한 대로 검사 또는 시험이 평가하려고 하는 내용을 충실하게 측정하고 있는 정도라고 할 수 있다. 타당도를 추정할 때는 상관계수가 사용될 수도 있고, 말이나 글로써 논리적으로 입증하는 방법도 가능하다. 논리적으로 입증하는 방법 가운데 대표적인 것은 소위 해당 분야의 전문가가 검사도구가 타당한지 여부를 판정하는 방법이다. 이를 내용(content)타당도라고 하는 반면, 해당 분야에 대해 전문성을 지니고 있지 않은 일반인들을 대상으로 해당 도구가 적합한지 여부를 묻는 방법을 안면(face)타당도라고 한다.

타당도를 추정할 때는 다양한 통계 기법이 적용될 수 있다. 가장 대표적으로는 특정 검사가 조작적으로 정의한 구인을 실제로 측정하고 있는지를 검증하는 방법인 구인(construct)타당도를 들 수 있는데, 요인분석이 사용된다. 뿐만 아니라 검사점수가 현재 시점에서 동일한 내용을 측정하고 있는 다른 검사점수와 어느 정도 일치되느냐로 타당도를 추정할 수도 있는데 이를 공인(concurrent)타당도라 하고, 어떤 검사가 상당 기간 경과한 어느 시점에 있을 피평가자의 행동수준 또는 성과를 어느 정도 예언할 수 있는지를 뜻하는 예언(predictive)타당도가 사용될 수도 있다. 타당도를 추정할 때는 한 가지 방법보다는 다양한 방법을 통해 분석한 뒤 이를 종합적으로 고려하여 최종 결정을 내리는 것이 바람직하다고 할 수 있다. 상관계수를 사용하여 타당도를 추정할 경우 일반적으로 .60 이상일 경우 '타당도가 높다'고 표현한다.

신뢰도와 타당도는 서로 관련이 있다. 고전검사이론에 바탕을 둔다면 측정된 관찰점수는 측정 대상이 지니고 있는 진짜 특성(진점수)과 측정 과정에서 발생하는 오차점수로 구성된다고 할 수 있다. 신뢰도란 시간의 변화에 따른 검사점수의 일관성 있는 정도를 의미하기 때문에 진점수에 해당하는 부분을 뜻한다. 하지만 진점수에는 측정하고자 하는 내용을 측정한 타당한 점수, 즉 타당도와 측정하고자 하지 않았던 특성을 측정한 타당하지 않은 점수로 구성된다고 할 수 있다. 즉 관찰된 전체 점수 가운데 타당한 점수 부분이 타당도에 해당하는 것이다. 이를 근거로 할 때 타당도가 높으면 신뢰도가 높지만, 신뢰도가 높다고 해서 반드시 타당도가 높은 것은 아니다. 타당하지 않은 점수가 높을 수 있기 때문이다.

연구문제

1. 교과를 선정하여 평가계획을 수립하여 보자.
2. 특정한 평가 방법에 사용할 수 있는 평가도구를 개발하여 보자.
3. 특정한 교육 방법이 학생들의 학업 성취도에 어떤 영향을 미치는지를 검증할 수 있는 평가 방법을 설계하여 보자.

참고문헌

성태제. (2002). 『현대교육평가』. 서울: 학지사.

정재삼. (2004). 『교육프로그램평가』. 서울: 교육과학사.

Bloom, B. S., Engelhart, M. D., Furst, E. J., Hill, W. H., & Krathwohl, D. R. (1956). *Taxonomy of educational objectives: The classification of educational goals: Handbook I: Congnitive domain*. New York, NY: David Mckay.

Cronbach, L. J. (1984). *Essentials of psychological testing* (4th ed.). New York, NY: Harper & Row.

Nevo, D. (1984). Applying the evaluation standards in a different social context. *Evaluation and Program Planning*, 7(4), 383-386.

Phillips, J. J. (1997). *Handbook of training evaluation and measurement methods* (3rd ed.). New York, NY: Routledge.

Stufflebeam, D. L., Foley, W. J., Gephart, W. J., Guba, E. G., Hammond, R. L., Merriman, H. O., & Provus, M. (1971). *Educational evaluation and decision making*. Itasca, IL: F. E. Peacock Publishers.

Tyler, R. W. (1951). The functions of measurement in improving instruction. In E. F. Lindqusit (Eds.), *Educational measurement* (pp. 47-67). Washington, DC: American Council of Education.

XII. 인적자원개발을 위한 학교경영관리

박행모

개요

농산업교육이 인적자원개발이라는 능동적 기능을 수행할 수 있도록 돕기 위해서는 농산업교육의 역할과 기능, 그리고 다른 인적자원개발 프로그램을 제공하고 있는 기관의 체제, 조직운영 및 컨설팅 등에 대한 통합적 이해가 필요하다. 따라서 농산업 학교의 경영관리에서 강조하는 학교조직의 운영, 인사행정 및 컨설팅 등에 대해 알아본다.

학습목표

1. 국가수준의 인적자원개발 체제와 학제를 이해한다.
2. 농산업 학교조직의 풍토를 이해한다.
3. 농산업 학교조직에서 장학활동과 인사행정의 의미를 이해한다.
4. 농산업 학교조직의 평가와 컨설팅의 의미를 이해한다.

1 국가인적자원개발과 학교교육제도

1절 사회변화와 인적자원의 개념과 역할

인적자원개발은 지식기반 사회의 새로운 개념으로 인식되는 경향이 있으나, 그 기원은 1950년대까지 거슬러 올라간다. 제국주의 열강으로부터 독립한 제3세계 국가들은 국가발전과 사회개발의 촉매로서 교육의 역할, 즉 인적자원에 대한 투자의 중요성을 인식하기 시작하였다. 그리하여 1950년대의 Peter Drucker(1958), 1960년대에는 Theodore Schultz(1961) 등이 교육투자의 중요성을 강조하면서, 교육과 지식을 국가성장 동력의 중심으로 보았다.

노벨 경제학상 수상자인 Schultz는 1960년에 American Economic Association에서 '인적자본에 대한 투자'라는 주제의 연설을 하면서 교육에 대한 지출은 수익률 높은 투자라는 점을 강조하였다. 그리하여 1990년대의 지식기반 사회의 등장은 인적자원의 중요성을 더욱 증폭시키는 계기가 되었고, 또한 세계 각국이 국가발전의 핵심전략으로 지식기반 사회의 건설을 주창하였다. 즉 Alvin Toffler의 제3의 물결, Daniel Bell의 '탈산업화 사회', Peter Drucker의 '탈자본주의 사회'에서 보듯이, 지식이 권력과 생산의 핵심요소가 될 것이라는 패러다임이 널리 확산되면서 지식창출의 원천인 인적자원개발에 대한 관심이 더욱 고조되었다.

이러한 인적자원개발(Human Resource Development, HRD)의 개념은 1960년대 후반 이후 기업 등 조직 차원에서 사용되어 왔으며, '근로자의 능력개발' 또는 사람을 '세련되게' 만드는 일이라 지칭되었다. 이러한 측면에서 Nadler와 Tushman(1989)은 "조직의 업무수행을 개선하고 개인적 성장이 가능하도록 하기 위해 일정 기간 구성원들에게 제공하는 조직화된 학습경험"으로 정의하였고, McLagan(1989)은 "개인, 집단 및 조직의 효과를 제고하기 위해서 교육훈련, 조직개발, 경력개발 등을 종합적으로 사용하는 과정"으로 정의하였다.

최근 인적자원에 관한 논의에서는 '자원'의 개념이 주는 모호함을 극복하기 위해 자원이란 용어 대신 자본(human capital, social capital), 사회자산(social asset) 역량(competence), 신기초기술(new basic skills)이란 용어도 함께 사용되고 있다(정기오, 2003).

이렇게 다양하게 사용되는 '인적자원'이란 용어가 우리나라에서 '국가인적자원개발(NHRD)'이란 용어로 새롭게 주목받기 시작한 것은 2000년대이며, 이때 '인적자원개발(HRD)'이란 개인, 사회 그리고 국가발전 또는 삶의 질에 기여하는 시민들의 지식, 기술, 태도를 육성하고 그런 사람들을 유통시키고 활용하는 일이다.

국가인적자원개발은 국민 전체가 지니고 있는 지식, 기능 및 태도를 인적자원의 단위로 보고, 이들의 육성과 배양, 유통과 순환 및 활용에 대한 국가수준의 정책을 개발하고 집행하는 일을 의미한다.

육성과 배양, 유통과 순환 및 활용이라는 세 가지 영역의 순환적 상호작용을 핵심요인으로 한 국가인적자원개발의 모형은 그림 XIII-1과 같다.

① 인적자원의 육성(nurturing)은 사회적으로 유용한 가치를 창출하는 지식, 기술 및 태도 등의 역량을 형성하도록 하는 개인, 사회 및 국가 차원의 모든 활동이다.

② 인적자원의 유통(circulating)은 인적자원의 활용을 위한 개인 및 사회 전체 체제이며, 사회발전의 과정을 말한다.

③ 인적자원의 활용(utilizing)은 사람에게 체화된 지식, 기능, 태도 등을 이용하여 부가가치를 창출하는 과정을 의미한다(오헌석, 2004).

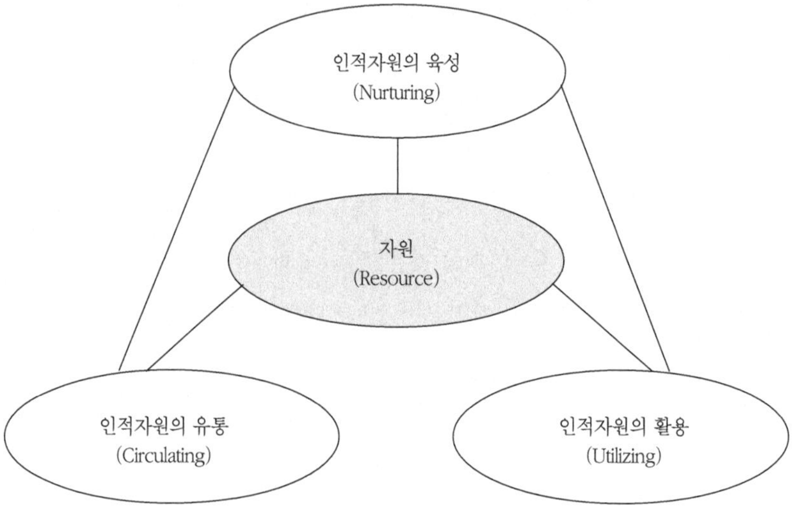

그림 XII-1. 국가인적자원개발의 영역
자료: 오헌석. (2004). 『평생학습시대의 인적자원개발 정책과제에 관한 연구』. 서울: 교육인적자원부.

인적자원개발 정책은 EU(European Union)와 같은 국제적 정치공동체에서도 발견되고 있다. EU에서는 지식기반 사회에 적극적으로 참여하는 데 요구되는 능력을 '신기초기술(new basic skills)'이라고 정의하였는데, 이는 정보문해 능력(digital literacy), 외국어 사회적 기능(자신감, 자기주도 능력, 진취적 기업가 정신 등), 종합인지 기술(meta-cognitive skills), 변화에 대한 적응능력 등을 말한다.

OECD에서도 지식기반 경제에서 요구되는 역량으로 기초능력 외에 커뮤니케이션 기술, 문제해결 기술, 사람들과 팀으로 일하는 기술, ICT 활용 기술 등을 들고 있는데, 특히 요즘 OECD, World Bank 등은 인적자원을 인적자본과 사회적 자본으로 나누어 이들을 통합적으로 다루는 인적자원 개발 정책의 추진을 강조하고 있다. 또한 World Bank는 사회적 자본을 "사회적 상호작용의 양과 질을 결정하는 제도 · 관계 · 규범"으로 정의하면서 인적자원개발 및 지역사회개발 전략 모형을 인적자본보다 사회적 자본의 형성에 주안점을 두고 모형을 [그림 XII-2]와 같이 제시하였다.

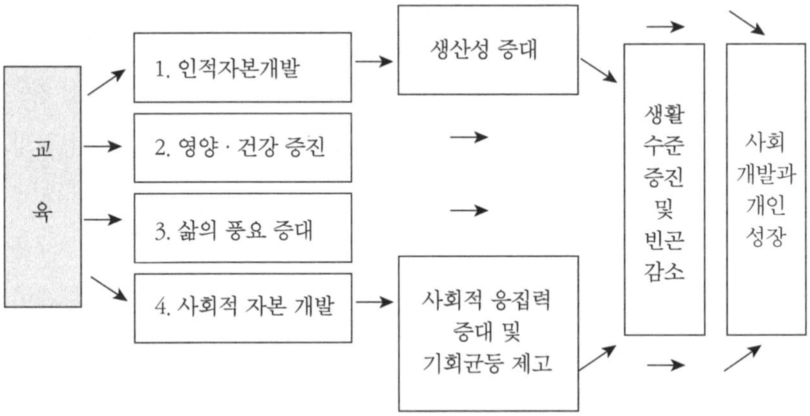

그림 XII-2. World Bank가 추구하는 교육의 인적자원개발 역할
자료: 정기오. (2003).『인적자원개발의 관점의 초 · 중등 · 고등 · 평생교육 혁신방안 연구』. 서울: 교육인적자원부.

이러한 인적자원개발에 대한 논의를 종합해 보면, 기초 및 전문능력의 개발, 인성 및 도덕적 성숙, 사회적 신뢰관계를 형성하여 한 인간을 세련되도록 만들어서 개인의 가치를 극대화시키고, 사회개발과 성장에 기여하도록 하는 데 있다고 할 수 있다.

2절 인적자원개발과 학교제도

1946년 미 군정청 학무국에 의한 6-6-4의 신학제와 1951년에 수립된 현재의 6-3-3-4 학제는 우리나라 학제의 근간이 되어 현재에 이르고 있다. 그러나 최근 교육인적자원부는 현행 학제가 사회의 급격한 변화에 잘 적응하고 있는지, 또한 학생들의 성장 · 발달에 따른 학년 단계의 변화조정 필요성은 없는지 등에 대한 문제를 제기하면서 학제 변경의 필요성이 급물살을 타고 있다.

현재 거론되고 있는 대안으로는 5-3-4-4제, 6-4-2-4제, 6-6-4제 등이며, 미국 등 다른 국가의 경우처럼 학교급 구분을 없애고 학년별 교육과정 운영에 대한 방안도 검토하고 있다. 이러한 세 개의 학제 모습에는 학생발달과 교육과정, 학교시설, 직업교육체제 혁신, 아동기 학습과 평생교육의 중요성, 국제적 융통성, 9월 학기제 도입 등의 요소가 고려되어 확정될 것이다.

① 5-3-4-4제형: 초등학생들의 신체적 · 정서적 발달과 조기화 추세를 반영해 초등학교 수업연한을 1년 단축하고, 중학교는 현재의 모습이며, 대신 고등학교 4년은 '2+2체제'로 운영하는 형태이다. 이에 따르면, 실업계 후반 2년을 인턴십 형태로 운영해 직업을 갖게 되는 연령을 단축하는 효과가 있다. 그러나 이 제도는 직업세계에 빠르게 진입하기 위해서는 병역제도의 개선이 필요하다.

② 6-4-2-4제형: 실업계 고등학교의 2년을 인턴십 형태로 운영해 직업을 갖는 연령을 단축하는 형태이다. 그리고 6-4의 초 · 중등학교까지 10년은 국민공통기본교육과정에 맞추어 운영된다. 이 제도의 단점은 고등학교 교육이 2년 간 분리된다는 점이다.

③ 6-6-4제형: 중등교육을 6년으로 통합하는 것으로, 고등학교 진학을 위한 입시부담을 줄이는 안이다. 또 중등교육 6년을 '4+2체제'로 운영해 실업계 문제를 해결할 수 있으며, 중 · 고등학교 6년 간 일관성 있는 교육이 가능하다. 반면, 6년 간의 중등학교 교육기간이 대학입학을 위한 준비로 변질될 경우 대학입시 부담이 가중될 우려가 크다. 특히 학교장의 관리직 진출이 줄어들 가능성이 높다(국정브리핑, 2006).

이러한 세 개의 학제 중에서 어느 하나가 우리나라 미래형 학제로 정착될 것이다. 이 미래형 학제의 결정에는 현행 학제의 문제점(입시, 실업교육 등)을 충분히 보완하는 차원에서 결정되어야 할 것이다.

2 산업인력 자원화 측면에서 본 학교관리

1절 인력자원개발과 학습자원

최근 우리 사회 인력자원개발 정책에서 주요 화두 가운데 하나는 저출산 · 고령화 문제일 것이다. 우리나라의 출산율은 1960년대에는 6.0명으로 아주 높았지만, 이후 정부 주도의 출산억제 정책이 강력하게 추진되면서 출산율은 1970년 4.53명으로 급속하게 낮아졌으며, 1983년에는 인구대체 수준인 2.08명, 2001년에는 1.30명, 2004년에는 1.16명으로 감소하였다. 유엔인구기금(UNFPA)이 2006년 9월 발간한 『2006 세계인구 현황보고서』에 따르면, 우리나라 여성들의 출산율은 1.19명으로 세계에서 네 번째로 낮은 출산율을 기록하였다. 그리고 저출산은 학교 학생수의 급감을 예고하여, 2006년의 초등학교 학생수는 392만 5,043명으로 역대 최하 수준을 기록하였는데, 이는 1970년대의 68% 수준에 불과한 수준이다.

이러한 저출산은 향후 우리나라의 국가재정, 산업구조, 노동시장, 교육시장 등의 분야에 많은 영향을 줄 것이다. 따라서 지식기반 사회에서 학교교육이 생존하기 위해서는 교육에 종사하는 구성원들의 질(quality)과 수월성(excellence), 다양성, 개방성 등에 관심을 집중하여 학교 교육구조와 경영개선에 중심을 두어야 변화하는 사회에 적응할 수 있을 것이다(김창환, 2006). 이러한 지식기반 사회를 구현하기 위해서는 학교교육을 경영하는 주체들이 다음의 관점에 노력을 기울여야 한다.

① 지식과 정보가 경쟁력의 주요 결정요인인 지식기반 사회에서 학교교육을 통해서 학습자의 경쟁력을 확보하기 위해서는 고부가가치가 예상되는 IT, BT, NT, ET, ST, CT 분야뿐만 아니라 새로운 지식, 기

술개발과 이익의 공유 및 확산 활동을 공유해야 한다.

② 노동시장과 기술의 변화에 지속적으로 대응할 수 있도록 지방이나 국가의 유동성 있는 인력양성 정책을 공유해야 한다.

③ 학교에서 지식기반 사회에 대응하는 인력을 양성하고 개발하기 위해서는 정보의 생성 및 관리 체제, 노동시장의 요구 등을 파악하기 위한 인프라 체제를 구축해야 한다.

이러한 관점에서 효율적인 학교경영관리를 위한 경영활동을 크게 두 가지로 나누어 생각해 보면 '농산업교육에 관한 경영' 또는 '농산업교육을 위한 경영'이 있는데, 활동업무의 성격으로 보아 전자는 농산업교육 경영, 그리고 후자는 농산업교육 장학활동이라 할 수 있다.

2절 인적자원개발과 학교경영원리

농산업교육은 산업과 교육이 밀접한 연관을 가지고 농업과학 및 생활문화 기술의 발전에 중요한 역할을 수행하고 있다. 그러므로 농산업교육의 발전을 위해서는 농산업교육의 발전을 기획하는 정책 및 행정 담당자(정책계획자, 학교경영자)와 현장 집행자들이 농산업교육의 정책과 행정, 제도 또는 조직구조를 이해해야 한다.

농산업교육 경영은 일반 학교교육의 경영원리에 추가하여 농산업교육 실험실습장(농장, 목장, 묘포, 농업공작실, 식품가공실 등)의 운영 · 관리를 위한 경영과, 농산업 경영에 필요한 농업 생산자재의 구입, 농산물의 저장 · 가공 및 판매 등에 관한 경영행정으로 구분할 수 있다. 이는 농산업교육의 현재와 과거를 이해하여 미래를 전망하고 결과 예측을 통해 농산업교육의 발전과 경영계획 수립에 이용되므로 매우 중요하다.

이렇게 다양한 업무를 수행하고 있는 교육경영자는 학교경영을 상식이나 경험만을 가지고는 잘 수행할 수 없으므로, 전문적이고 독창적인 지식과 경영기술이 필요하다. 따라서 효율적으로 학교를 경영하기 위해서는 교육경영자의 활동과 범위를 이해할 수 있도록 ① 교육목표 설정, ② 교육과정 운영, ③ 학생관리, ④ 교직원의 인사관리, ⑤ 경영조직의 편성, ⑥ 교내장학, ⑦ 시설관리, ⑧ 재정관리, ⑨ 사무관리, ⑩ 학교와 지역사회 관계, ⑪ 실습실, 농장과 실습장 관리 등에 대해서 알아볼 필요가 있다.

학교경영자가 광범위한 활동을 어떠한 원리에 의해서 수행해야 하는가를 제시하면 다음과 같다(이무근, 2002).

가. 자율성과 책무성 체제 구축 원리

우리나라 농산업교육의 인력개발 정책은 투자 대비 성과율이 상대적으로 낮을 수 있으므로, 학교경영자들에게 자율권을 부여하고, 학습자들이 학교목표 관리체제를 계승하여 미래 CEO가 될 수 있도록 학교경영관리에 책무성을 갖추어야 한다.

나. 학교경영 구조개혁을 통한 특성화 원리

농산업교육의 발전은 정책수립 및 추진방식, 지원방식, 특성화 등의 학교 외부적 요소들이 영향을 많이 받고 있으므로, 이들의 변화속도와 방향에 대한 지속적인 탐구를 통해서 구조를 개혁하고 특성화하려고 노력해야 한다.

다. 종합성 · 체계성 추구를 위한 클러스터(cluster) 체제 구축 원리

농산업교육의 발전은 중앙정부 내 유관부처 간, 중앙부처와 지방자치단체 간, 정부와 학교 간, 학교와 기업 간 상호간에 유기적인 연계 및 협력 체계와 수행중심 클러스터 체제를 구축해야 한다.

라. 학교경영과 교수-학습 합리화를 위한 컨설팅 체제 구축 원리

농산업교육에서 이루어지는 정책과 학교경영 전략은 수립 단계에서 현황 및 문제점 등을 과학적으로 분석하고, 이에 대한 각 주체 간의 충분한 협의를 거친 후, 관련기관과의 충분한 협의와 컨설팅을 통해 학교경영과 교수-학습에서 나타난 문제를 체계적이고 단계적으로 해결하도록 노력해야 한다.

마. 수요자의 요구와 대학 간 협력을 통한 교육과정 개발 및 운영 원리

최근 실업계 고등학교와 전문대학, 기업체 간 협력을 위한 주문식 교육과정 개발, 협약식 사업의 추진을 살펴보면, 교육과정 개발에 있어서도 과거에 비해 학습자와 산업체의 요구 반영을 위해 많은 노력을 경주하고 있음을 알 수 있다.

이렇듯 교육과정 개발에 수요자의 욕구뿐만 아니라 학습자의 능력과 특성을 고려하는 수준까지 결정되도록 노력해야 한다.

바. 졸업생의 실무능력 배양을 위한 추수지도 원리

지식기반 사회에서 인력양성은 교육의 질을 강화해 나가기 위해서 졸업생들의 능력이나 질 수준을 보증해야 한다. 이를 위해 학생들에게 질 좋은 교육을 제공하는 것과 함께, 졸업생에 대한 추수지도 평가를 철저히 실시해야 한다.

사. 교수-학습 방법의 개선 원리

산업인력 양성기관의 교육개선을 위해서 학습자의 수준에 맞는 교수-학습 방법의 개발에 많은 노력이 경주되어야 한다. 또한 과학과 기술이 급속하게 변하고 있다는 사실을 공감하고 있으므로 교수-학습 방법도 계속 변화 · 발전시켜야 한다.

아. 진로지도 제도의 체계화 원리

산업인력 개발에서 가장 중요한 요소 중의 하나가 진로지도 제도의 체계화일 것이다. 우리나라는 각 학교 단계마다 효율적인 진로지도 지침이나 수준이 규정되어 있지 않아 진로지도시 많은 어려움을 겪고 있다. 이들 진로지도 체제를 효율적으로 구축하고 운영하기 위해서는 학교 구성원 모두가 직업의 세계 등에 대한 이해의 폭을 넓히려는 노력이 필요하다.

3절 학교교육 지도자에게 필요한 자질과 기술

Katz는 교육경영자에게 필요한 기술을 세 영역으로 나누었는데, ① 사람보다 사물에 관심이 많은 사무적 기술, ② 한 사람이 효율적으로 일할 수 있도록 이끄는 인간적 기술, ③ 농산업교육에 관련된 교직원과의 상호관계를 강조하는 인화적 기술이 그것이다.

이러한 기준에 따라 농산업교육 경영자의 자질을 각 위치에 따라 다음과 같이 세 종류로 분류할 수 있다.

① 인간적 기술을 필요로 하는 교장, 교감

② 인화적 기술을 필요로 하는 장학관, 교육전문직, 장학사, 연구관, 연구사 등

③ 사무적 기술을 필요로 하는 교사, 교육청, 농업계 학교, 교육위원회 · 교육부 등에서 행정사무를 담당하고 있는 사무원 등

농산업교육 경영자는 교육행정기관이나 학교 등 교육기관의 관리자이므로, 이들에게는 특별한 전문적 업무가 주어지고 있다.

Campbell 외(1966)는 교육경영자의 자질을 다음과 같이 제시하고 있다.

① 자기 신조, 가치관, 인생관 등을 포함해 자아에 대한 인식이 있어야 한다.

② 타인에 대한 협동적 이해가 있어야 한다.

③ 신체적 · 정신적 · 사회심리적 성격과 특성을 활용할 수 있는 능력이 있어야 한다.

④ 학교교육의 목적과 방법에 대한 이해가 있어야 한다.

⑤ 구성원과 학습자에 대한 이해가 있어야 한다.

⑥ 교육행정에 대한 이해와 기술이 있어야 한다.

⑦ 성취욕구가 있어야 한다.

⑧ 농산업계 학교의 특수성에 대한 이해와 그 전망에 대한 안목이 있어야 한다.

⑨ 농산업교육 실습장(농장, 목장, 연습림, 농업공작실, 식품가공실 등) 및 현장실습장으로서 유관기관이나 교육자원의 특수성에 대한 지식과 그 이해가 있어야 한다.

⑩ 농산업 경영기술과 농산업계 학교에만 있는 생산, 판매, 실습지 유지 등의 관리기술이 있어야 한다.

⑪ 구성원(농부, 목부 등)을 비롯해 농업교사, 보통교과교사 등과 같이 이질적 성격을 가진 교직원들과 가까워지는 인화적 기술이 필요하다.

⑫ 학생들에 대한 특성적 진로지도를 위해서는 진로이론에 대한 이해와 기술이 필요하다.

⑬ 농산업과 농어촌 발전을 위한 확고한 신념과 농산업과 농산업교육에 대한 긍정적 태도가 필요하다.

이렇게 볼 때, 농산업교육 지도자는 선천적으로 타고나는 것이 아니라, 후천적으로 학습되고 다양한 경험의 결과로 양성되는 것이다. 즉 학교지도자는 지도자로서의 인격과 시민적 자질, 학교경영자로서의 전문적 지식과 기술을 갖추어야 하는데, 이러한 자질은 자기 자신의 부단한 노력과 자기 형성을 위한 노력을 통해서 길러진다고 볼 수 있다.

3 인적자원관리 측면에서 본 조직과 조직풍토

1절 학교조직과 조직풍토

1. 조직의 개념

현대사회는 조직사회이다. 인간은 태어나서 죽을 때가지 조직을 떠나서는 살 수 없다. 즉 인간은 사회적 동물로서 상호적 관계를 통해 효율화를 찾으며 조직인으로 살아간다.

Gaus(1936)는 "조직이란 여러 가지 기능과 책임의 분배를 통해 합의된 목적의 수행을 촉진하기 위한 인원의 배정"이라 하였다. 즉 조직은 어떤 공동의 과업에 종사하고 있는 개인이나 집단으로 하여금 최소한의 갈등과 최대한의 만족감을 보장하여 소기의 목적을 달성할 수 있도록 그들의 노력을 조직과 연계하는 것이라 보았다. 한편, Barnard(1938)는 조직의 요소로서 ① 의사소통(communication), ② 협동하려는 의욕(willingness to cooperate), ③ 공동의 목적(common goal) 세 가지를 제시하였다.

조직에 대한 이상의 여러 가지 정의를 종합해 볼 때, 조직이란 공동의 목적을 달성하기 위한 조직구조와 조직원을 가지고 있으면서 이들에게 과업과 책임을 분담하여 분업과 전문화를 추구하는 상호 협동적 의사소통의 사회체계라고 할 수 있다.

2. 조직의 형태

조직의 형태는 학자와 수혜 형태에 따라 다양하게 구분하고 있으나, 여기에서는 일반적인 조직의 형태에 대해 고찰하고자 한다.

가. 공식 조직과 비공식 조직

공식 조직(formal organization)은 분업과 권한 책임의 계층제를 통해 일정한 목표를 달성하려는 조직으로서, 법률 · 규칙이나 직제에 의해 형성된 인위적 조직이다. 즉 기구표상에 나타난 조직을 말한다.

비공식 조직(informal organization)은 구성원 상호간의 접촉이나 친근성을 바탕으로 자연발생적으로 형성되는 조직이다. 이들의 존재는 사실상 현실적 인간 상호관계나 인간의 욕구를 기반으로 하며, 조직구조가 명확하지 않으나 공식 조직에 비해 신축성을 가진 조직이다. 즉 비공식 조직은 취미, 혈연, 지연, 동창 등의 인연을 기초로 자연스러운 의사소통, 자발적인 협력관계, 감정의 논리에 의거한 조직이다.

나. 계선조직과 참모조직

계선조직(line organization)은 상하 명령 · 복종 관계를 가진 수직적 · 계층적 구조를 형성하는 조직으로서, 농업교육 장학조직의 근간을 이루고 있다. 예를 들면, 교육부는 장관→차관→국장→과장→계장→계원, 지방 교육청은 교육감→부교육감→국장→과장→계장→계원, 학교는 교장→교감→실과부장교사→실과계 교사로 형성된 계층구조로서, 법령을 집행하고 정책을 결정하는 조직이다.

참모조직(staff organization)은 계선조직이 그 목표의 달성을 원활하게 수행할 수 있도록 지원 · 조성 · 촉진하는 조직으로서 자문, 권고, 협의, 조정, 정보의 수집 · 분석, 기획 · 통제, 인사, 회계, 법무, 공보, 조달, 연구 등의 기능을 수행한다. 예컨대, 교육부의 기획관리실 편수 관리담당관, 고등교육 · 평생교육국, 정보관리국, 정책실 총무과 담당관과 지역 교육청의 관리국 관리과, 시설과, 재무과 등이 이에 속한다.

다. 조직의 집권화와 분권화

집권화(centralization)는 의사결정의 권한이 조직계층의 상층 또는 상급 조직에 집중되는 것을 말하며, 분권화(decentralization)는 의사결정의 권한이 조직계층의 하층 또는 하급 조직에 분산되는 것을 말한다.

참고로, 지방분권이란 의사결정의 권한을 지방자치단체에 분산시키는 것을 말한다.

2절 조직풍토와 건강

1. 조직풍토의 개념과 의의

조직풍토(organizational climate)가 농업교육행정학 분야에서 관심을 끌게 된 것은 1970년대 후반 이후였고, 최근에는 학교의 효과성, 조직의 문화 등에 대한 새로운 관심으로 학교 조직풍토에 관심이 집중되고 있다.

어느 조직이나 조직마다 전체적 분위기에 있어서 차이가 있다. 일반적으로 조직의 이러한 분위기(풍토, 문화, 조직건강 등)는 조직 구성원들의 행동에 영향을 주는 것으로 알려져 있다. 따라서 이러한 조직풍토와 조직건강, 조직문화는 조직 구성원들의 행동특성을 이해하는 데 매우 중요한 방법 중의 하나이다.

현재 학교조직의 조직풍토를 측정하는 도구로서 가장 많이 사용되고 있는 것은 학교조직풍토 기술질문지(Organizational Climate Questionnaire, OCDQ)이며, 최근에는 조직건강 진단질문지(Organizational Health Inven-tory, OHI)가 개발되었다. 이 밖에도 Stern과 Steinhoff(1975) 등에 의해 개발된 조직풍토 지수 OCI(Organizational Climate Index), Willower(1967) 등에 의해 개발된 학생 이념통제 PCI(the Pupil Control Ideology), Likert(1967)에 의해 개발된 관리체제(concept of managerial systems) 이론 등이 있다.

2. 조직풍토와 조직건강의 측정

조직풍토를 측정하는 방법은 다음에 소개하는 바와 같이 매우 다양하다.

가. 학교 조직풍토 기술질문지에 의한 측정

조직풍토 검사지로 가장 많이 사용되고 있는 것은 학교조직풍토 기술질문지(OCDQ)이다.

OCDQ는 Halpin과 Croft(1963)에 의해 처음으로 개발되었으며, 교사와 교사 간 그리고 교사와 교장 간의 상호작용에 대한 제 측면을 측정하기 위한 것이다. 따라서 이 질문지는 각 학교의 교원(교사 및 행정가)을 대상으로 구성원들이 학교의 풍토에 대해 느끼는 정도를 측정한다.

OCDQ의 내용구성은 71개 초등학교 1,151명을 대상으로 실험한 결과를 바탕으로 64개 문항, 8개 요인으로 구성되어 있다. 8개 요인은 4개의 교사의 행동특성(장애, 친밀감, 해방의 정도, 사기 정도)과 4개의 교장의 행동특성(생산성 지향성, 냉담성 정도, 사려성 정도, 신뢰성 정도)의 두 차원으로 구성되어 있으며, 이를 조직풍토의 6개 차원, 즉 개방적 · 자율적 · 통제적 · 친화적 · 세습적 · 폐쇄적 풍토 순으로 유형화하였다.

예를 들어, 개방풍토의 학교의 특색을 살펴보면, 교직원은 사기가 높고, 사려심이 깊으며, 믿음을 가지고 있고, 친밀성은 평균 정도이며, 이 외에도 낮은 장애, 해방감, 생산성 강조와 냉담성에 등으로 특징화된다.

나. Likert의 관리체제 풍토

Likert(1961)의 관리체제 분류는 조직체의 분위기를 기초로 한 유형분류라고 할 수 있다. Likert의 관리체제를 요약하면 ① 착취적 권위형, ② 인자한 권위형, ③ 상담형(협의형), ④ 참여형으로 분류된다.

예를 들면, 참여형의 학교는 지지적인 리더십, 동기가 부여된 교사, 상하

간에 커뮤니케이션이 많고, 공유된 의사결정, 동료 간 통제의 최소화, 높은 수준의 수행 등으로 특징지어진다.

다. Stern과 Steinhoff의 환경풍토

Stern과 Steinhoff(1975)는 Lewin(1935)과 Murray(1938)의 생각을 발전시켜 환경적 요소를 발전압력과 억제압력으로 구분하였다. 여기에서 발전압력 요소는 지적 환경, 성취, 실용성, 존경, 질서 등이며, 억제압력 요소는 충동에 대한 통제라 하였다. 예를 들면, 발전압력에 의해 특징지어진 학교는 지적 활동, 업적, 실용성 그리고 개인의 성실성이나 질서가 고무되는 특징을 갖고 있다.

라. Miles의 조직건강과 풍토

Miles(1969)는 건강한 조직이란 "환경변화에 대처해 나가면서 생존과 발전에 대한 대처능력을 계속해서 키워 갈 수 있는 조직"이라 하였다. 이러한 정의에 기초해서 볼 때, 건강한 조직이란 비록 매일 매일의 일과가 항상 효과적일 수는 없을지라도 장기적으로 조직의 효과성을 유지해 나가는 조직을 말한다.

Miles(1969)는 학교조직 건강의 측정변인으로 ① 목표중심(goal focus), ② 적절한 의사소통(communication adequacy), ③ 적절한 권한 배분, ④ 자원의 활용, ⑤ 단합, ⑥ 사기, ⑦ 기술혁신, ⑧ 자율성, ⑨ 적응성, ⑩ 적절한 문제해결 등을 제시하였다.

4 인적자원개발과 관리 측면에서 본 학교장학과 인사

1절 학교장학

1. 장학활동의 개념

장학을 어원상으로 볼 때는 확실히 감독(監督)이란 말로부터 출발하였다. 영어로는 대개 'supervision in education' 또는 'supervision in schools'라 하였고, 경영학 등에서는 'supervision'과 구별하기 위해서 ' … in education' 또는 ' … in schools'라고 꼬리표를 붙였다. 'supervision'은 감독을 의미한다. 즉 'super'(높다, 우수하다, 상위)가 'vision'(보다)하는 것이기 때문에 감독이 된다.

유럽에서 많이 사용되는 'inspection'도 'in'(안), 'spect'(보다)가 되어 찬찬히 들여다 본다는 뜻으로, supervision보다 더욱 심한 '감시', '시찰', '검열'식 감독이 된다.

우리말로는 장학이 시학(視學), 독학(督學), 교학(教學), 지도조언, 지도행정, 장학지도, 장학행정, 장학협의 등 여러 용어로 쓰여 용어상의 혼동이 있었으나, 점차 '장학'이란 말로 통일되었다. 현대교육에서는 '감독'이란 말 대신에 권장한다는 의미의 부드러운 말로 바뀌어 '장학'으로 정착되었다.

그러나 문제는 용어만 바뀔 것이 아니라 장학실천, 장학행위가 민주적으로 바뀌는 일이 더 중요하다. 외국에서는 'supervision'이나 'inspection'이란 용어를 그대로 쓰고 있어도 장학행위는 우리의 경우보다 훨씬 민주적으로 이루어지고 있다.

2. 장학활동의 범위와 유형

장학이란 학교교육의 성패를 결정하는 중요한 요소인 교사의 수업에 대한 방법적인 개선을 위해 의도적으로 계획된 활동(Rizzo, 2004)으로서, 교사들의 효과적인 교수-학습 활동을 목적으로 교사의 전문성 신장, 교육과정 운영 및 학교경영의 합리화를 위해 제공되는 지도, 조언, 조정, 정보제공, 자원봉사 등 일련의 전문적 · 기술적 활동이다. 즉 교수활동에 보다 직접적이고 구체적인 지도 · 조언을 하여 학교경영 효율성을 높이는 데 결정적인 역할을 수행하는 것이다(정태범, 2002).

과거에는 장학과 행정을 구별하지 않고 행정을 통해서 직접적으로 학교조직의 목적을 달성하려고 하였다. 그러다가 1980년대에 학교의 규모가 커지고 재정은 줄어들어 어려움이 닥쳐오자, 경영체제 · 생산체제의 경영기법을 교육에 도입하면서 학교경영적 측면에서 장학을 정의하려고 하였다. 1990년대에는 학교장의 지도성, 수업지도성, 장학지도성과 수업장학이라는 단위학교 중심 장학활동이 강조되었다.

이러한 개념정의에 따라 장학의 범위와 개념에 관련된 언어를 살펴보면, 행정(administration), 경영(management), 인간관계(human relations), 교육과정(curriculum), 수업(instruction), 지도성(leadership) 등의 단어를 생각해 볼 수 있다. 이들 단어의 의미를 살펴볼 때 장학의 범위와 개념을 한 마디로 개념지을 수 없음을 알 수 있다.

한편, 장학활동의 범위를 수행 수준에 따라 국가, 교육청, 단위학교로 나누어 생각해 볼 수 있는데, 일반적인 단위학교 장학활동은 학교장, 교감, 부장교사 및 동료교사들이 교내에서 하는 활동을 수업장학이라고 하였다. 이는 학교 내에서 수업활동의 개선을 목적으로 이루어지는 장학활동을 일컬어서 '수업장학' 또는 '학교단위 수업장학', '교내 자율장학', '학교 자율장학', 또는 '교내장학'등의 용어로 혼용하여 사용되고 있다. 이를 도식하

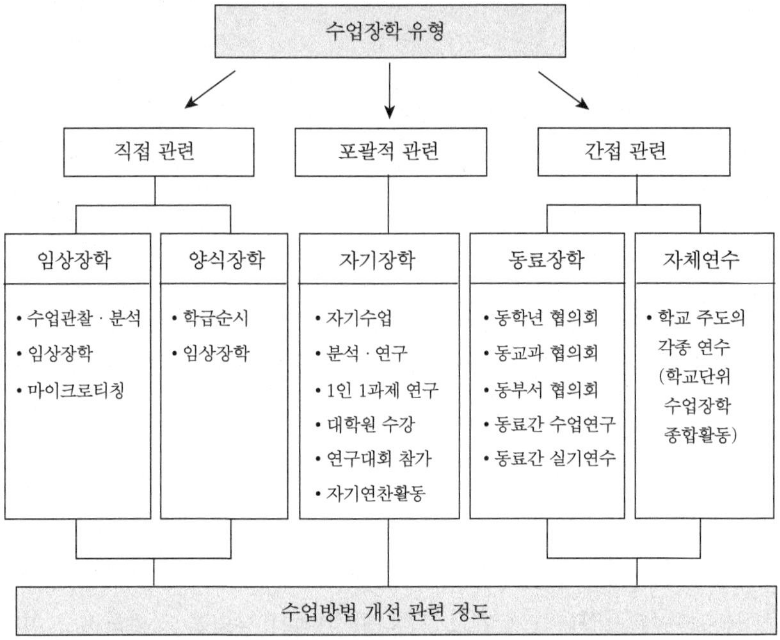

그림 XII-3. 학교수업 개선을 위한 학교단위 장학의 유형과 모형
자료: 김덕희. (2006). 『학교단위 수업장학 평가도구 개발을 위한 이론적 근거』. 서울: 한국교육학회.

면 [그림 XII-3]과 같다.

[그림 XII-3]을 살펴보면, 임상장학과 약식장학은 직접적으로 수업방법 개선에 초점을 두고 이루어지는 장학활동이고, 동료장학과 자체연수는 간접적으로 수업방법의 개선에 초점을 두고 있다. 자기장학 활동인 자기연수는 자기수업방법 개선을 위해 포괄적으로 하는 장학활동이라 할 수 있다.

2절 학교인력자원과 인사행정

1. 교사 자격증의 종류와 교사 자격

우리나라의 교육법에는 교사 자격증의 종류를 1급 정교사, 2급 정교사, 준교사, 실기교사로 구분하고 있다.

1급 정교사는 2급 정교사 자격증을 가지고 교육대학원 또는 교육인적자원부 장관이 지정하는 대학원 교육과에서 석사학위를 받은 자로서 1년 이상의 교육경력이 있는 사람, 중등학교 정교사 자격증을 가지지 아니하고 교육대학원 또는 교육인적자원부 장관이 지정하는 대학원 교육과에서 석사학위를 받은 후 교육인적자원부 장관으로부터 중등학교 정교사(2급) 자격증을 수여받은 사람으로서 3년 이상의 교육경력이 있는 사람, 중등학교 정교사(2급) 자격증을 가진 사람으로서 3년 이상의 교육경력을 가지고 소정의 재교육을 받은 사람, 교육대학이나 전문대학의 교수 · 부교수로서 3년 이상의 교육경력이 있는 사람이 된다.

2급 정교사는 사범대학을 졸업한 사람, 교육대학원 또는 교육인적자원부 장관이 지정하는 대학원 교육과에서 석사학위를 받은 사람, 임시 교원양성소를 수료한 사람, 대학에 설치한 교육과를 졸업한 사람, 대학이나 산업대학을 졸업한 사람으로 재학중 소정의 교직과 학점을 취득한 사람, 중등학교 준교사 자격증을 가진 사람이 2년 이상의 교육경력을 가지고 소정의 재교육을 받은 사람, 초등학교 준교사 이상의 자격증을 가지고 대학을 졸업한 사람, 교육 대학이나 전문대학의 조교수 혹은 전임강사로서 2년 이상의 교육경력이 있는 사람이 된다.

준교사는 교육인적자원부 장관이 지정하는 대학(전문대학 제외)의 공업 · 수산 · 해양 및 농공계 학과를 졸업한 사람, 중등학교 준교사 자격검정에 합격한 사람, 중등학교 실기교사로서 5년 이상의 교육경력을 가진 사람이 대학 혹은 산업대학 혹은 기술대학 또는 대학원에서 관련분야 학위를 취득한 사람이 된다.

2. 교사의 자격과 교사의 임용

교육공무원법 제10조에는 임용의 원칙에 대해 "교육공무원의 임용은 자격, 재교육 성적, 근무성적, 기타 능력의 실증에 의해 행한다"라고 제시되어 있다.

임용은 크게 신규채용 · 특별채용으로 대별되며, 교육공무원은 교육공무원법에 근거하는 반면, 일반 사립교원의 경우에는 사립학교법에 근거하여 채용된다.

① 국립 및 공립학교 교사는 시 · 도 교육위원회에 있는 교육감에 의해 임용권이 주어지는 것에 비해, 사립학교 교사는 사립학교법에 의해 국가의 간섭을 받지 않고 재단이사장에 의해 임용된다. 즉 공립과 사립 교사의 임용은 그 근거가 되는 법이 다르다.

② 교원수급 계획은 크게 수요요인과 공급요인에 의해 구성되어 있다. 수요요인으로는 인구동태, 의무교육, 취학률 및 진학률의 동태, 교원과 학생 비율, 교원이동 등을 들 수 있고, 공급요인으로는 교원양성기관의 졸업생 수 및 기타 유자격자 등의 요인이 있다.

이 외에도 교원수급 계획에 영향을 주는 요인으로 지역 간 수요격차, 교원의 근무조건, 정책적 · 재정적 요인 등의 영향을 들 수 있다. 이것은 학령인구의 감소, 수급추정에서의 오류, 공로퇴직에 따른 교원의 자연퇴직률의 격감, 교원의 처우 개선에 따른 상대적인 퇴직 감소 등의 요인이 작용한다.

3절 학교경영관리 지도자의 역할과 유형

1. 교장의 역할

학교장은 초 · 중등교육법 제20조 1항에 명시된 "교장 또는 원장은 교무 또는 원무를 통할하고, 소속 교직원을 지도 · 감독하며, 학생 또는 원아를 교육한다"는 법적 지위를 가지고 있고, 학교경영의 최고 책임자 및 전문가로서 학교경영을 교육논리에 두고 인적 · 물적 투자가 효율적으로 이루어지도록 해야 한다.

2. 교장의 법규상 직무

교장의 임무를 규정한 초 · 중등교육법 제20조 1항의 "교장은 교무를 통할하고 소속 교직원을 지도 · 감독하며 학생을 교육한다"라는 논리에 따르면, 교장은 학생의 교육을 올바르게 하기 위해 교무를 통활하고 소속 교직원을 지도 · 감독하는 것이라 생각할 수 있다.

여기에서 논의하고 있는 '교직원의 지도 · 감독'에는 소속 교직원의 품위 유지, 성실 의무, 정치운동 금지, 집단행위 금지, 연수 및 근무성적의 평정과 인사관리, 보수, 승진, 내신, 전보와 포상, 보직교사 임용, 기간제 강사, 회계사무 취급권, 일용직 공무원 임용, 위촉 등이 포함되어 있고, '학생교육'에 관한 직무에는 학생들의 입학 · 퇴학 · 전학 · 편입학 · 휴학, 학교수업의 개시와 종시(학기 시작과 끝, 수업 시종 등), 비상시 임시휴무 조치, 졸업증서 수여, 각종 표창 및 징벌, 학생 훈화 및 생활지도, 교사지도, 재학생 평가 및 학적부 정리, 신체검사 실시, 전염병 환자 조치, 학급 편성, 특별활동 운영 등에 관한 사항을 말한다.

3. 학교경영 관리자의 임용 유형(임명제, 초빙제, 공모제)

우리나라 학교경영 및 관리자의 유형은 크게 임명제, 초빙제, 공모제 등의 나누어 생각해 볼 수 있다.

가. 학교교육경영자 임명제도

1995년 학교장 초빙제가 도입되기 전에는 우리나라 모든 학교의 교장 임용제도의 근간이었다. 학교경영자의 임명은 교육인적자원부 장관이 대통령에게 제청하고 대통령이 임용하게 된다. 이는 교육공무원법 제29조의 2(교장의 임용)에 근거를 두고 있다.

① 교장은 교육인적자원부 장관의 제청으로 대통령이 임용한다.

② 교장의 임기는 4년으로 한다.

③ 교장은 1차에 한해 중임할 수 있다. 다만, 제31조 2항 및 3항의 규정에 의해 초빙교장으로 재직하는 횟수는 이에 산입하지 아니한다.

④ 교장의 임기가 학기 도중에 만료되는 때에는 임기가 만료되는 날이 속하는 학기의 말일을 임기의 만료일로 한다.

⑤ 제47조의 규정에 의한 정년 전에 임기가 만료되는 교장으로서 교사로 근무할 것을 희망하는 자(교사 자격증을 가진 자에 한함)에 대해서는 수업담당 능력 및 건강 등을 참작하여 교사로 임용할 수 있다.

나. 학교교육경영자 초빙제도

1995년 5월 31일에 발표된 교육개혁안에서 교육개혁위원회는 '세계화 · 정보화 시대를 주도하는 신교육체제 수립을 위한 교육개혁 방안'을 건의하였다. 신교육체제의 기본 특징인 교육 공급자 중심에서 교육 수요자인 학생과 학부모 중심 교육으로의 전환과, 규제와 통제 중심의 교육운영으로부터 벗어나 자율과 책무성에 바탕을 둔 학교중심의 운영으로의 전환에 따른 새로운 학교장의 임용제도의 필요성에 따라 교장 초빙제가 도입되었다(김재환, 1996).

이 초빙 교장에 대한 법규적 내용은 교육공무원법 제4장 31조 ②항에 "고등학교 이하 각급 학교의 장은 당해 학교에 특별히 필요한 자(교장 자격증을 가진 자로 한함)를 교장으로 초빙하고자 할 때 교원의 임용권자에게 초빙 교장으로 임용하여 줄 것을 요청할 수 있다"고 되어 있다.

초빙 교장은 연임 제한을 적용하지 않으며, 그 절차를 살펴보면, 학교장 초빙제 실시 학교 지정 → 학교장 초빙 요건 결정 → 학교장 초빙 공고 → 학교운영위원회 심의(필요한 경우 학교장 추천위원회 구성 운영) → 학교장 초빙 임용대상자 선정(2배수) → 학교장 초빙 임용대상자 추천(당해 학교) → 임용권자 또는 임용 제청권자의 임용(제청)의 순으로 이루어진다.

다. 학교교육경영자 공모제도

2006년 8월 교육혁신위원회가 마련한 교원정책 개선방안의 시행을 위해 마련한 교원양성, 교원승진, 교장의 임용 및 교원연수 등에 관한 5대 주요과제가 발표되면서 이 제도가 현실화되었다.

학교경영자 공모제도는 2007년 9월에 자율학교를 대상으로 시범 실시될 예정이다. 즉 일정한 능력과 자질을 갖춘 교원 및 교육공무원 중에서 공모를 통해 학교경영 최고책임자가 될 수 있도록 하는 제도이다. 그 절차를 보면, 공모제를 실시하는 학교는 교육감이 지정 → 학교운영위원 및 구성원의 의사를 토대로 학교장이 신청(필요시 학교운영위원회를 거치지 않고 교육감이 직접 실시학교 지정도 가능함) → 15년 이상 교육경력 및 교육전문가 응모 → 단계별 심사를 통과하여 공모 교장으로 선정 임용되면 해당 학교 교원의 30% 범위 내에서 교사를 초빙할 수 있는 권한이 부여된다.

5 학교평가와 컨설팅

1절 학교평가와 학교 컨설팅의 개념 및 영역

1. 학교평가의 개념

학교평가는 단위학교를 하나의 기능적이며 역동적 실체로 인식하고, 학교의 제반 부문이 교육적 가치를 창출·성취·변형하기 위해 올바른 방향으로 기능하고 있는가를 평가하는 것으로 정의된다(황정규, 1997). 또한 학교평가란 기관으로서의 학교가 교육목표 달성을 위해 구체적으로 어떤 교육활동을 하고 있으며 기능하고 있는지를 판단하여, 그 결과를 토대로 교육의 질 제고 및 학교경영 개선을 위한 정보를 제공하기 위한 것으로 정의하고 있다(유현숙, 1997).

이러한 정의는 학교평가를 의사결정을 위한 정보의 관점에서 정의한 것이고, 학교평가를 단위학교의 제반 교육조건을 고려하여 해당 학교의 교육활동에 의한 교육목표의 성취수준을 평가하는 것으로 본 사람도 있다(강상진, 2004).

이러한 학교평가의 개념에서 볼 수 있듯이, 학교평가는 학교를 하나의 조직체로 보고 학교를 구성하고 있는 모든 조직의 구성요소와 기능이 교육적 목적을 달성할 수 있도록 기능하고 있는가를 투입과 산출의 관계에 의해서 측정하는 것이라고 할 수 있다.

학교평가 영역에 대한 내용을 교육인적자원부에서는 ① 학교 교육목표 및 계획(학교 교육목표, 학교 교육계획), ② 교육과정(학교 교육과정 편성운영, 특별활동, 시책교육), ③ 수업(수업계획 및 운영, 수업자료, 수업환경, 학습평가), ④ 학생(교육성취도, 생활지도 및 상담활동, 진로지도 연구, 학생회 활동), ⑤ 교직원(인사, 연수, 근무여건, 평가), ⑥ 학교 시설설비(시설설비 확보, 시설설비 활용 및 관리), ⑦ 학교 재정사무(재무관리, 사무관리), ⑧ 대외관계(학부모 및 지역사회와의 관계, 관련기관과의 관계) 등으로 구분하고 있다(교육인적자원부, 1997).

2. 컨설팅의 의의와 개념

컨설팅에 대한 논의를 전개할 때는 주로 기능적 · 전문적 서비스 관점에서 논의되고 있다. 그 특징을 살펴보면 다음과 같다.

가. 기능적 관점의 의미(넓은 의미)

기능적 관점에서 컨설팅을 정의하는 사람들은 도움을 주는 활동 혹은 가능하게 해주는 활동 그 자체에 초점을 두고 도움을 주는 활동은 모두 컨설팅이라 할 수 있다.

이와 같은 관점에서 컨설팅을 적용하여 학교 컨설팅을 정의한다면, 학교컨설팅은 "학교교육의 내용, 과정, 학교의 구조에 관한 책임을 맡아 이를 수행하는 사람들에게 과제수행에 대한 실제적인 책임을 갖고 있지 않은 컨설턴트가 컨설팅 프로세스에 따라 도움을 제공하는 것"이라 할 수 있다.

나. 전문적 서비스 관점의 의미(좁은 의미)

컨설팅을 하나의 전문 직업으로 보는 관점이 있다. 이러한 입장을 취하는 Greiner & Metzger(1983)는 "경영 컨설팅이란 특별한 훈련을 통해 일정한 자격을 갖춘 사람들이 고객과의 계약에 따라 독립적이고 객관적인 태도로 고객 조직이 경영상의 문제를 확인 · 분석하는 것을 도와주고, 이러한 문제들에 대한 해결안을 고객에게 추천하는 것"이며, 또한 "고객이 이러한 해결안의 실행에 대해서 도움을 요청했을 때 도움을 제공하는 조언활동"

이라고 하였다.

2절 학교 컨설팅의 의미와 관점

1. 학교 컨설팅의 의미

앞서 설명한 컨설팅의 의미를 적용하여 학교 컨설팅을 풀어보면, "학교 컨설팅이란 특별한 훈련을 통해 일정한 자격을 갖춘 사람들이 학교와의 계약에 따라 독립적이고 객관적인 태도로 학교가 처한 문제를 확인 · 분석하는 것을 도와주고, 문제에 대한 해결안을 학교측에 추천하며, 학교 관계자가 해결안의 실행에 대해 도움을 요청했을 때 도움을 제공하는 활동"이 된다.

다시 말하면, 학교 컨설팅은 "학교의 요청으로 특별한 훈련을 통해 전문적 자격을 갖춘 사람들이 학교운영 책임자와의 계약에 따라 독립적이고 객관적인 태도로 학교의 교육활동과 교육지원활동 상황을 진단하여 장점과 문제점을 확인 · 분석하고, 문제에 대한 해결안을 추천해 주며, 해결안의 실행에 대한 도움이 요청될 때 도움을 제공하는 활동"이다.

2. 학교 컨설팅의 대상과 의미

학교를 컨설팅 한다고 할 때 다양한 활동들이 분석의 대상이 될 수 있다. 학교에서는 교과수업만 이루어지는 것이 아니라, 생활지도, 시설관리, 환경미화 등 다양한 교사 · 학생 활동이 이루어지며, 교직원들이 일정한 형태로 조직되어 예산이 편성 · 운영되고 있다. 따라서 이 모든 활동이 학교 컨설팅의 대상이고 컨설팅이라 할 수 있다.

3절 학교 컨설팅과 학교평가의 관계

학교 컨설팅과 학교평가는 유사하여 혼동을 일으킬 수 있는 개념이다. 학교평가와 학교 컨설팅이 어떠한 관계를 형성하고 있는지 살펴보자.

학교평가는 "학교가 교육을 위한 기관으로서의 학교 특성에 대한 체계적인 정보수집을 통해 학교교육의 질에 대한 종합적인 가치판단을 제시하는 것"(김정원, 2001)이다.

학교평가는 목적에 따라 크게 두 가지로 나눌 수 있다. 하나는 특정 학교의 수준이 어느 단계에 와 있는지 절대적으로 혹은 상대적으로 판정하기 위한 목적에서 이루어지는 것이고, 다른 하나는 학교가 지닌 문제점과 장점을 드러내어 그것의 개선방안, 활성화 방안을 학교 차원, 국가적 차원에서 모색하는 데 도움이 되기 위한 목적에서 이루어지는 것이다. 전자는 어떠한 공통 기준을 중심으로 그 기준에의 도달 여부를 판정하여, 기준에 도달하지 못한 경우 학교폐쇄 조치 등을 통해 학교의 질을 일정 수준 이상으로 유지하고자 하는 목적으로 이루어진다.

그러나 궁극적으로 학교평가와 학교 컨설팅의 차이는 전자는 진단 그 자체에 목적을 두는 반면, 후자는 진단을 통한 제언에 두는 비중이 크다는 데에 있다. 즉 학교 컨설팅은 학교에 대한 신단에 기초해 학교가 취할 수 있는 문제해결의 방안을 모색하여 추천하는 활동의 비중이 크다는 점에서 학교평가와 다르다.

학교평가와 학교 컨설팅은 서로 밀접히 관련되어 있다. 학교 컨설팅은 학교에 대한 진단에 기초해야 하며, 그 진단은 일종의 학교평가이기 때문이다. 특히 단위학교의 맥락에 기초하여 구체적인 평가결과를 제시하는 학교평가는 학교 컨설팅의 주요 단계, 곧 진단과정으로서의 의미를 지닌다.

4절 컨설팅과 장학활동의 관계

학교 컨설팅은 개념상 장학과 구분이 매우 어렵다. 이 양자에는 모두 학교에 대한 '조언', '도움'이라는 의미가 포함되어 있기 때문이다.

장학의 개념을 "학습자의 성장과 발달에 영향을 주는 모든 요소들을 협동적으로 연구하고 그 요소들의 발전을 도모함을 목적으로 하는 기술 서비스"(Burton & Brueckner, 1995)로 정의한다면, 장학과 기능적 관점의 컨설팅은 크게 구분되지 않는 개념일 수 있다. 수업에 초점을 맞추는 수업장학은 수업 컨설팅이 될 수 있을 것이고, 학교 제반 운영의 문제에 대한 학교장학은 학교 컨설팅과 같은 의미를 지닐 수 있기 때문이다.

장학의 전문성을 강조한 "계선조직의 행정활동에 대한 전문적 · 기술적 조언을 통한 참모활동 내지 막료활동"(김종철, 1983)이라는 장학의 정의에 비추어 볼 때, 장학과 학교 컨설팅의 차이는 그것이 계선조직 내에서 이루어지는 행정활동인가, 아니면 독립된 기구에서 이루어지는 계약에 기초한 활동인가 하는 데 있다.

5절 학교 컨설팅의 내용과 절차

학교 컨설팅과 학교평가는 그 역할과 개념에서 볼 수 있듯이 상호 관련되어 중첩되고 있으므로 명확하게 한정지을 수는 없다. 따라서 상호 중첩되는 영역 중에서 공통분모와 제외된 영역의 독특성을 인정하는 선에서 활용방법을 모색해야 할 것이다. 현대사회의 특성은 평가라는 영역보다는 지도 조언과 개선을 강조하는 컨설팅을 선호하고 있다. 따라서 인적자원개발과 학교종합평가에 활용되는 컨설팅 내용 · 방법 · 절차를 소개하고자 한다.

1. 학교평가 차원에서의 컨설팅

학교 컨설팅에서 학교시설에 대한 평가를 할 때, 시설의 안전성보다는 시설의 교육적 활용에 초점을 맞추고자 한다. 그러므로 시설의 안전성과 활용이 동시에 컨설팅되어야 한다.

2. 학교목적 차원의 컨설팅

학교 컨설팅에서는 학교의 각 영역들에 대해 판단하는 기준과 “학교가 학생들에게 의미있는 교과/교과 외 학습경험을 제공하기 위해 움직이고 있는가”라는 학교의 목적 차원의 최종 기준에서부터 도출하고 있다. 이때 ‘의미있는 학습경험’이라는 표현은 교과교육 혹은 교과 외 교육의 목적에 맞는 학습경험이면서, 동시에 학생의 지적 · 정서적 특성과 수준을 고려한 학습경험을 말한다.

3. 교육활동과 영역 구분, 영역별 기준 설정

학교 컨설팅에서는 컨설팅 영역을 교육활동, 교육지원활동, 학교교육목표 · 계획 등 세 영역으로 구분한다. 따라서 이들을 위해 컨설팅에서는 학교운영활동 · 교육지원활동으로 명명하는데, 평가기준 역시 교육활동과의 관계 속에서 제시되고, 교육지원활동도 목표 · 계획이 교육지원활동과 관계되어야 한다.

4. 컨설팅에 구성원의 관점 고려

교사의 교과관, 학생관, 학교장의 학교운영관 등은 교육활동에 참여하는 자세와 밀접하게 관련되어 있다. 예를 들어, 학교교육의 목적을 어떻게 설정하는가 하는 학교장의 관점은, 그가 교사와 학생들에게 무엇을 강조하고, 무엇을 중심으로 학교를 운영하는지에 결정적인 영향을 미친다.

5. 단위학교의 특성을 드러낼 수 있는 평가와 컨설팅

모든 학교에 일반화하여 적용할 수 없는 것이라 할지라도 그 학교의 특성을 드러내기 위해 꼭 필요한 하위 평가기준이 있다면 그것과 관련한 평

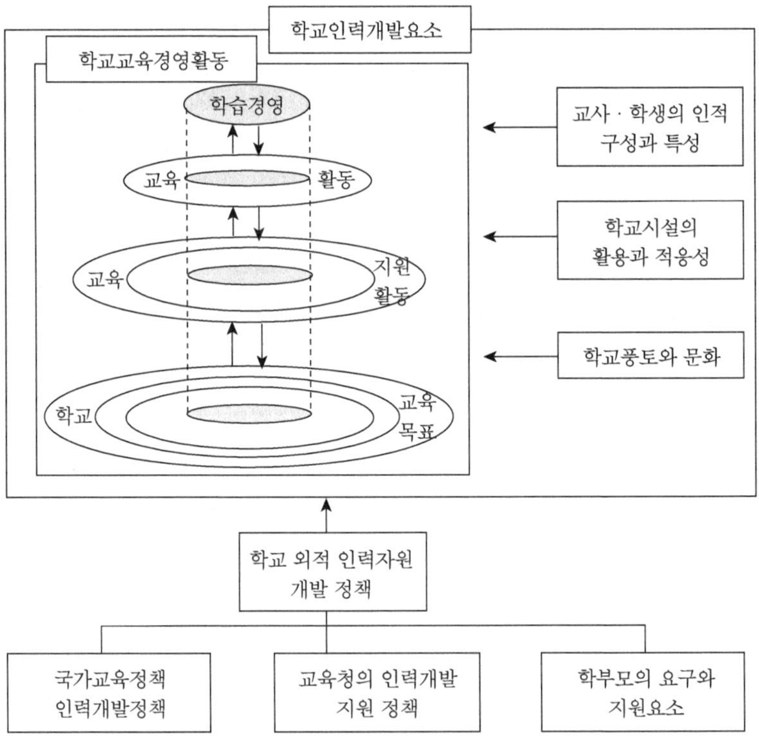

그림 XII-4. 학교 컨설팅 영역과 관련조건
자료: 김정원. (2001).「단위학교 교육개선을 위한 질적 학교평가의 모형」. 『교육학연구』 39(1).

가 자료를 평가와 컨설팅에 포함시킨다.

6. 학교 내외적 조건을 고려한 평가 및 컨설팅

학교 컨설팅에서는 학교에 영향을 미치는 다양한 학교 내외적 조건들을 고려하여 학교를 평가하고 컨설팅한다. 이러한 조건을 고려하여 학교 컨설팅에서 구분하는 컨설팅 영역들 사이의 관계와 그 영역을 평가하는 데 고려할 학교 내외적 조건들을 그림으로 나타내면 [그림 XII-4]와 같다.

그림에서 볼 수 있듯이, 효율적인 학교 컨설팅이 이루어지기 위해서는 학교 외적 자원과 학교 내 자원의 지원과 지지가 필요함을 알 수 있다. 학교평가와 컨설팅은 별개의 역할이라 할 수 없고, 컨설팅과 평가의 개념에서 볼 수 있듯이, 이들은 상호 연계되어 운영되어야 인적자원개발에 효율적으로 기여할 수 있다.

연구문제

1. 국가수준의 인적자원개발 체제를 알아보자.
2. 산업인력을 양성하는 실업계 학교의 조직풍토, 조직관리 등에 대해서 알아보자.
3. 학교교육에서 장학과 인사행정에 대해서 알아보자.
4. 미래사회의 산업인력 양성교육에 필요한 컨설팅 원리에 대해 알아보자.

참고문헌

강상진. (2004). 『학교에서의 학교평가: 비판적 검토』. 서울: 한국교육개개발원.

교육인적자원부. (1997). 『각급 학교 편람』. 서울: 교육인적자원부.

김덕희. (2006). 『학교단위 수업장학 평가도구 개발을 위한 이론적 근거』. 서울: 한국교육학회.

김재환. (1996). 『학교장 초빙제의 도입·실시에 관한 기초연구』. 미출간 박사학위논문, 홍익대학교 대학원.

김정원. (2001). 「단위학교 교육개선 지원을 위한 질적 학교평가 모형: 상호정보제공형 학교평가」. 『교육학연구』 39(1), 217-248.

김종철. (1983). 『교육행정의 이론과 실제』. 서울: 교육과학사.

오헌석. (2004). 『평생학습시대의 인적자원개발 정책과제에 관한 연구』. 서울: 교육인적자원부.

유현숙. (1997). 『서울특별시 초·중등학교 및 지역 교육청 평가방안 연구』. 서울: 한국교육개발원.

이무근. (2002). 『직업교육학원론』. 서울: 교육과학사.

정기오. (2003). 『인적자원개발의 관점의 초·중등·고등·평생교육 혁신방안 연구』. 서울: 교육인적자원부.

황정규. (1997). 『초·중·고등학교 학교평가 절차 및 기준 개발』. 서울: 서울대학교 사범대학연구소.

Barnard, C. I. (1938). *The Function of the Executive*. Cambridge, MA: Harvard University Press.

Burton, W. H. and Brueckner, L. J. (1995). *Supervision*. New York, NY: Appleton Century-Crofts.

Campbell, R., Corbally, J. E., Ramseyer, J. A., & Cremin, L. A. (1966). *Introduction to Education Administration*. Boston, MA: Allyn and Bacon.

Drucker, P. F. (1958). Marketing and economic development. *The Journal of Marketing*, 22, 252-259.

Gaus, J. M. (1936). *The frontiers of public administration*. Chicage, IL: University of Chicago Press.

Greiner, L. E., & Metzger, R. O. (1983). *Consulting to management*. Englewood Cliffs, NJ: Prentice-Hall.

Halpin, A. W. & Croft, D. B. (1963). *The organizational climate of schools*. Chicage, IL: Midewest Administration Center.

Likert, R. (1961). *New patterns of management*. New York, NY: McGraw-Hill.

Likert, R. (1967). *The human organization: Its management and value*. New York, NY: McGraw-Hill.

McLagan, P. A. (1989). Models for HRD Practice. *Training and Development Journal*, 43(9), 49-59.

Miles, M. B. (1969). Planned change and organizational health: Figure and ground. In F. D. Carver & T. J. Sergiovanni (Eds.), *Organizations and human behavior* (pp. 375-391). New York, NY: McGraw-Hill.

Nadler, D. A., & Tushman, M. L. (1989). Organizational frame bending: Principles for managing reorientation. *The Academy of Management Executive*, 3(3), 194-204.

Rizzo, J. F. (2004). *Teachers' and supervisiors' perceptions of current and ideal supervision and evaluation practices*. Doctoral dissertation for University of Massachusetts Amherst.

Schultz, T. W. (1961). Investment in human capital. *The American economic review*, 51(1), 1-17.

Stern, G. G., Steinhoff, C. R., & Richman, J. (1975). *The organizational climate index*. Syracuse, NY: Evaluation Research Association.

Toffler, A. (1981). *The third wave*. New York, NY: Bantam books.

Willower, D. J., Eidell, T. L., & Hoy, W. K. (1967). *The school and pupil control ideology*. University Park, PA: Pennsylvania State University.

XIII. 외국의 농업교육

정진철

개요

선진 외국 가운데 농업교육이 체계적으로 수행되고 있는 미국, 일본, 네덜란드, 호주의 사례를 고찰한다. 각 국가별로 농업교육의 역사적 배경, 교육체제, 농업교육 제도 및 현황 등을 바탕으로 우리나라 농업교육에의 시사점을 살펴본다.

학습목표

1. 미국 농업교육의 특징을 설명할 수 있다.
2. 일본 농업교육의 특징을 설명할 수 있다.
3. 네덜란드 농업교육의 특징을 설명할 수 있다.
4. 호주 농업교육의 특징을 설명할 수 있다.
5. 각국의 농업교육과 우리나라의 농업교육의 특징을 비교 · 분석할 수 있다.

1 미국의 농업교육

1절 역사적 배경

미국은 1776년 영국으로부터 독립하기 전부터 전람회, 박람회 등을 통해 농민들에게 지속적으로 계몽지도를 하고 있었다. 독립 후 미국은 1785년에 필라델피아에 농업진흥회(The Society for Promoting Agriculture)를 설립하여 본격적으로 농민들에게 전람회, 강습회를 개최하였고, 1785~1800년 사이에 각 주에 주농회(The State Agricultural Society)가 조직되었다. 그러나 이때까지 농업교육을 실시하는 학교는 없었다(이용환 외, 2007).

1839년에는 연방정부의 특허국에 농림과가 설치되었고, 1852년에 전미농회가 조직되었다. 정규농업교육은 1858년부터 시작되었고, 1862년에는 연방정부에 농림성이 설치되었다. 당시 주립 대학 설치의 모범이 된 모릴법(The Morril Land Act)이 제정되었는데, 모릴법은 농업교육의 발전을 일으키는 데 영향력을 발휘하게 되었고, 특히 Land-grant University의 설치 근거가 되었다(이용환 외, 2007).

1887년에는 해치법(The Hatch Act)이 통과됨으로써 농업시험 사업에 연방정부가 자금을 지원하게 되었고, 1863년 매사추세츠 주에서의 농민 강습회(Farmers Institute)를 시작으로 이것이 전국적으로 확산되었다. 1888년에는 미네소타 주립대학 부속 농업고등학교가 설치되었고, 1903년에는 냅(Seaman A. Knap)에 의해 전시법(demonstration method)이 실시되었다(이용환 외, 2007).

1907년에는 스미스 농학교 교장이었던 스팀슨(Rufus W. Stimson)에 의해 영농과제실습법(project method)이 소개되어 실시되었다. 1900년대에 들어와 선진적인 주에서 주법을 제정하여 농업교육 및 농촌지도사업 등에 자금을 지원하기 시작했고, 이때부터 청소년 운동도 활발하게 일어났다. 1914년에는 농촌지도사업을 규정한 스미스-레버 법(The Smith-Lever Act)이 제정되었고, 1917년에는 스미스-휴즈 법(The Smith-Hughes Act)이 공포되었는데, 이 두 법은 미국의 농업교육을 진흥시키는 촉진제가 되었다. 스미스-휴즈 법은 교실 내 수업과 미국 식민지 시기에 시작된 과제실습(supervised experience)과의 연계를 정교화하게 하는 계기가 되었고. 농업교육의 행정제도 내에서 연방 정부와 주의 교육 기관, 지역 학교의 파트너십을 형성하도록 하였다(Camp & Crunkilton, 1985; 이용환 외, 2007)

FFA(Future Farmers of America)는 공식적으로 1928년 학생들의 사회성 개발과 농업 기술의 개발을 목적으로 설립되었고, 여타 농업 관련 청소년 조직은 19세기 말, 20세기 초에 생겨나기 시작하여 800개가량의 청소년 클럽이 형성되었다(Camp & Crunkilton, 1985; Croom, 2008).

1948년에는 전국농업교육교사연합회(National Vocational Agricultural Teachers Association)가 설립되어 농업교육 교사의 전문성을 강화하는 계기가 되었다. 전국농업교육교사연합회에서는 교사들의 전문성을 신장하기 위해 다양한 효과적인 방법들이 소개되었다(Camp & Crunkilton, 1985).

1960년대에 이르러 농업교육은 더 이상 농업인을 위한 교육에만 목적을 두지 않게 되었다. 즉, 농업인에 대한 교육뿐만 아니라, 농업직업에 대한 훈련으로 확대되었다. 이와 같은 농업교육의 정의 확장(expanded definition)은 이후 1963년 직업교육법을 통해 명확하게 드러났다(Camp & Crunkilton, 1985).

여학생들의 직업농업교육 참여는 스미스-휴즈 법(The Smith-Hughes Act)에 의해 제도적으로 열외되어 있었다. 여학생들의 직업농업교육에 대한 제한은 1969년 FFA가 여학생을 위한 공식적인 참여를 허가하면서 완전히 사라지게 되었다(Camp & Crunkilton, 1985).

1988년 The Agricultural Education Magazine에서는 농업교육 철학

에 대한 특집호를 마련하면서, 지금까지 미국 농업교육 철학의 주류를 이루었던 직업농업교육 철학을 조명하기 시작하였다. 즉 농업교육에 대한 철학을 어떻게 확립하여야 할 것인가에 대한 논의가 시작되었다. 1989년에는 Cox, McCormick, Miller 교수가 공동 집필한 농업교육모델이 제시되었고(Cox, McCormick, & Miller, 1989), 1990년에는 Mannebach 교수가 쓴 농업교육의 비전과 과제가 제시되었다. 이러한 일련의 논의에서 미국의 농업교육은 농업 내의 교육(직업농업교육)과 농업에 관한 교육(농업문해교육)으로 확대되었고, 농업교육의 철학적 변화는 미국의 농업교육 이념이 직업농업교육에서 농업과학을 중시하면서 다른 교과는 기초교육을 강조하는 방향으로 변화되는 계기가 되었다(이용환, 1997).

2절 교육체제

미국의 교육은 각 주의 책임이기 때문에 주가 각기 그들에 맞는 학제를 발전시키고 운영하고 있다. 어느 주를 막론하고 한국과 마찬가지로 보통 12년의 교육기간을 가지고 있으나, 유치원, 중·고등학교 및 대학교를 나누는 방법은 주에 따라, 그리고 학교구에 따라 다르다.

미국의 전반적인 교육체제는 [그림 XIII-1]과 같다. 같은 주 안에서도 학교 시설, 교원 조직, 교원의 필요성에 따라 다양한 형태의 학제가 존재하는데, 8-4-4제, 6-3-3-4제, 5-3-4-4제 등이 운영된다. 그러나 학년 중심의 교육과정을 운영함으로써 학생의 학교구 및 학교 간 이동이 보장된다(이용환 외, 2007).

주류를 이루고 있는 학제는 6-3-3제, 6-6제, 8-4제 등이다. 6-3-3제는 1910년을 전후하여 발달하기 시작하였는데, 이 제도는 심리학적 견지에서 볼 때 이상적인 것으로 알려지고 있다. 즉 아동기의 학생은 초등학교에, 청년 전기의 학생은 중학교에, 청년 후기의 학생은 고등학교에 배치함으로써

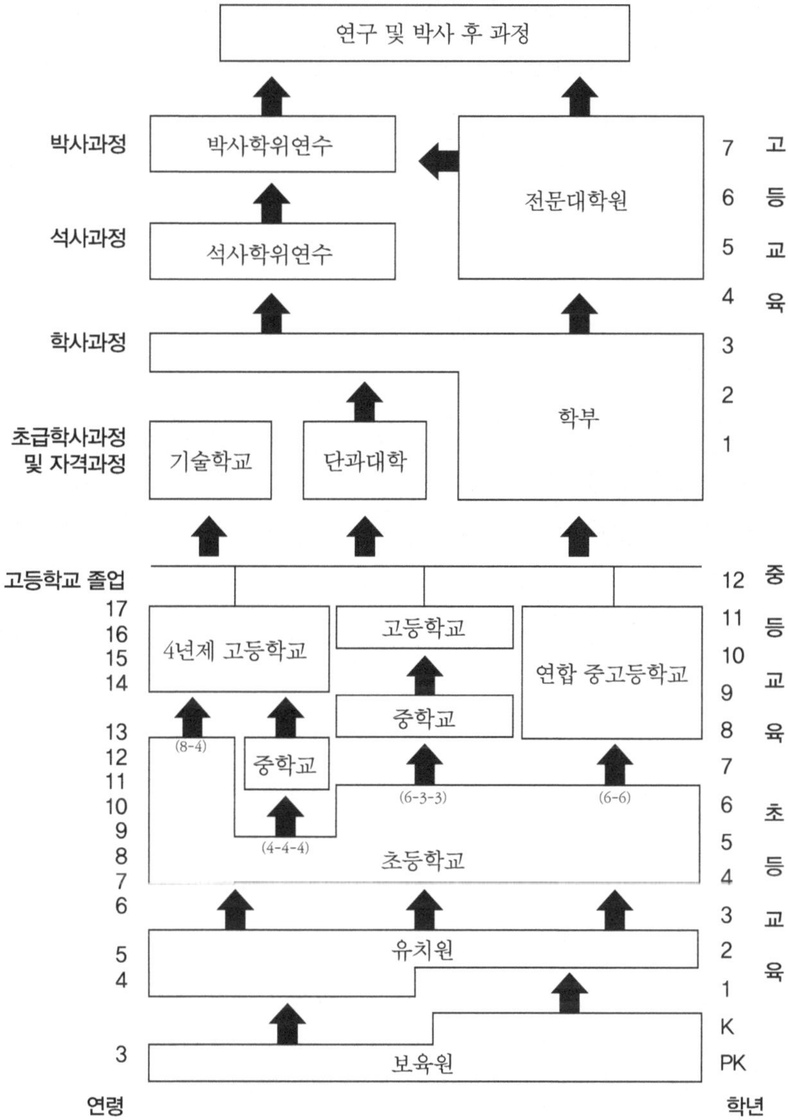

그림 XIII-1. 미국의 교육체제

자료: National Center for Education Statist. (2011). *Digest of Education Statistics 2011*. Retrived from http://nces.ed.gov/programs/digest/d11/figures/fig_01.asp?referrer=report.

각각 발달과정에 알맞은 교육을 제공할 수 있다는 것이다. 따라서 이 제도가 가장 널리 채택되고 있고, 6-6제는 중 · 고등학교를 분리할 수 없는 농촌에서 많이 채택되고 있다. 대부분의 주에서는 만 7세에서 16세까지 의무취학연령으로 규정하고 있고, 일부 주에서는 8년, 10년, 11년 등으로 규정한 곳도 있다(이용환 외, 2007).

초등교육은 국민교육제도의 최초 6년 또는 8년의 교육을 실시하는 교육이다. 초등교육에 대한 전국적인 교육과정 기준이나 학습지도 요령은 정해진 것이 없고, 주마다 주 내의 학교에서 교육되어야 할 최소한의 항목만을 규정하고 있다. 중등교육은 인문계 중등학교, 기술 및 직업 중등학교, 종합중등학교 등에서 이루어지는 교육을 말하나, 주된 것은 종합중등학교에서 이루어진다. 종합중등학교는 모든 청소년이 자신의 적성과 능력에 따라 미래의 진로를 결정할 수 있도록 교육과정을 마련하는 것으로, 대학입학 준비과정, 일반과정, 농업과정, 상업과정 등 다양한 코스를 마련하고 있다(이용환 외, 2007).

직업교육 중심의 학제를 살펴보면, 우리나라에서 중학교인 전기중등교육에서는 일반적인 직업교육을, 고등학교인 후기중등교육에서는 직업적 소양 개발 및 직업훈련 준비를 한다. 후기중등교육은 직업기술 고등학교 및 일반교육과 직업교육을 함께 운영하고 있는 종합고등학교가 있다. 중등단계의 직업교육을 실시하는 학교로는 종합고등학교, 직업고등학교, 지역직업학교 등이 있다. 이러한 학교들은 주, 학구, 그리고 각 학교의 특성에 맞게 상이한 교과과정이 개설되어 운영되고 있다(정철영, 이용환, 나승일, 2002).

고등교육기관은 매우 다양하다. 교육기관의 종류는 2년제 기술전문학교(Technical Institute), 2년제 초급 또는 지역사회대학(Junior or Community College), 재정적으로 독립하고 있는 종교계통의 사립문과대학(Liberal Arts College), 사범대학(Teachers College), 예술대학, 신학대학, 공과대학, 주립 및 사립의 종합대학(University)이 있다. 고등교육기관 중 직업교육은 2년제인 직업 및 기술

전문대학과 2년제 초급 및 지역사회대학에서 담당하고 있다(이용환 외, 2007).

3절 농업교육 제도 및 현황

미국의 농업교육은 일반교육체제와 사회교육의 연계선상에서 이루어지고 있다. 초등학교 단계에서는 농업인식과 관련된 내용으로 생활 속의 농업에 관한 농업문해교육이 이루어지고 있고, 중학교 단계에서도 동일한 농업문해교육이지만 농업에 대한 인식을 넘어 탐색으로 나아가 식량, 의류 산업의 조직에 대해 교육하게 된다. 고등학교 단계에서는 농업에 대한 인식, 탐색과 함께 경험을 통해 학습하게 되는데, 주로 농산물 생산(작물, 축산, 임업, 원예), 식물가공, 농업기계, 농산물 유통, 환경 보존 등에 관한 지식과 기술을 습득하고, 동시에 농업교육과 관련된 영농학생회, 영농과제실습에 대한 교육도 받게 된다. 고등학교 이후에는 취업과 진학으로 진로가 구분되며, 취업하게 될 경우 동일계로 진입한 후 사회교육을 통해 지속적인 농업교육을 재교육, 계속교육, 전문성 개발과 같은 과정을 통해 평생학습을 이어가게 된다. 반면 전문대학, 대학 등 고등교육기관으로 진학하거나, 이후 대학원으로 진학하여 학업을 계속할 수 있다(Martin, 1995)([그림 XIII-2] 참조).

미국은 농업과 농업과학의 개념을 통합 체제(integrated system)의 관점에서 재정립하고, 이에 따라 농업의 범위와 대상을 전통적인 농업에 비해 대단히 넓혀왔다. 그래서 교양교육으로서의 농업교육을 초등학교부터 12학년까지 다각적인 프로그램을 통하여 개설하고 있고, 대학에서도 농과대학생이 아닌 다른 대학 학생을 대상으로 한 교양교육으로서의 농업에 관련된 교과를 개설하고 있다. 또한, 직업교육으로서의 농업교육도 농업산업의 변화와 국제 정세 변화에 따라 농과대학의 역할과 교육목적을 대학에 따라 달리하고 있다(정철영, 이용환, 나승일, 2002).

미국의 농업교육은 고등학교, 전문대학이나 종합대학교, 청소년 조

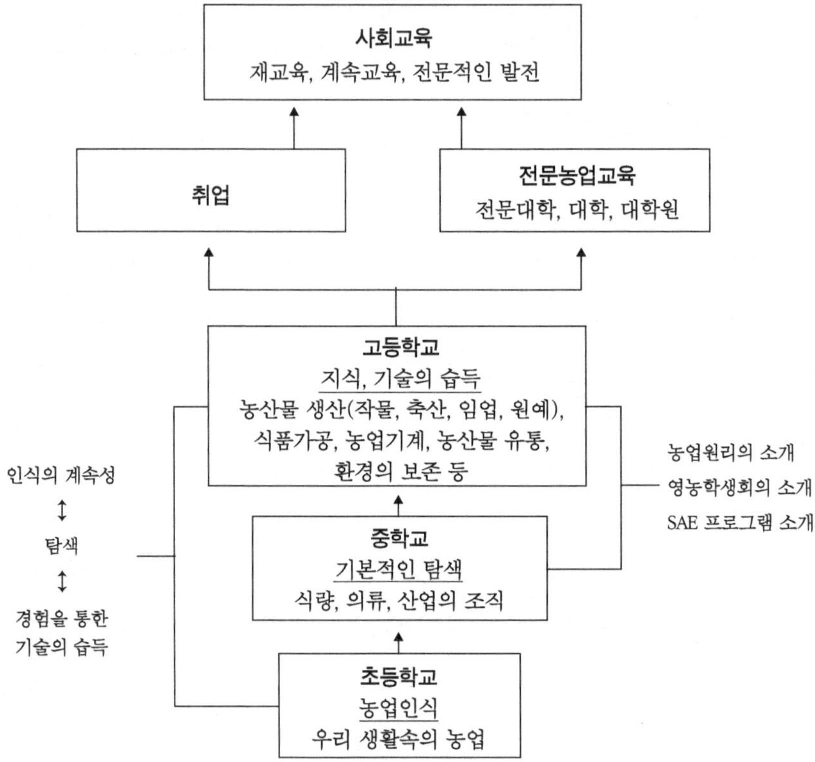

그림 XIII-2. 미국의 농업교육 전개 모형
자료: Martin, R. A. (1995). *Agricultural education! Whither goes thou?*. College of Agriculture, Iowa State University of Science and Technology.

직, 농촌지도조직을 통해 이루어진다. 고등학교 중에서도 종합고등학교(Comprehensive High School)에서는 다양한 직업교육 프로그램을 제공하는데, 농업교육은 이러한 프로그램의 하나로 이루어지고 있다. 2007년 통계에 따르면 매년 약 50만 명의 학생이 농업교육 관련 코스를 이수하고 있다(마상진, 최경환, 2008).

대학에서의 농업교육은 Community College나 Land-grant University에서 이루어진다. Land-grant University는 1862년 모릴법에 의해 연방정부의 지원을 받아 설립되었다. Land-grant University는 교수(teaching), 연

구(research), 농촌지도(extension) 등의 농업교육 프로그램을 실시한다. 이때 교수는 학생들에게 식품과 농업 시스템과 관련한 모든 진로를 준비시키는 것을 의미하고, 연구는 Land-grant University의 실험실과 실험농장을 사용하여 개선된 농장 관리기법 개발, 지역 농가의 문제 해결, 새로운 신기술 보급을 위한 기술개발을 하는 것을 뜻한다. 농촌지도는 연방정부, 주정부, 군(county) 정부의 협력을 통해 대학과 농무성에서 취합된 농업관련 정보가 농업인들에게 제공되게 하는 것이다. 군 농촌지도 요원들은 약 3백만 명에 이르는 농촌지도자(volunteer leader)를 훈련하고 지원한다. 또한 요원들과 농촌지도자들은 농민들에게 회합, 워크숍, 뉴스레터, 라디오, 텔레비전, 방문 등을 통해 농촌지도 서비스를 농업인들에게 제공한다(마상진, 최경환, 2008).

공교육기관 이외에도 미국의 AIC(Agriculture in the classroom)는 미국 내 중등학교에서의 농업문해 향상을 목적으로 운영되는 교육기관이다. AIC는 홈페이지(www.agclassroom.org)를 통해 주별 AITC 담당자 연락처 및 사이트 링크 정보를 제공할 뿐 아니라, 교사 및 학생들에게 다양한 농업 관련 정보를 제공하여 교양농업을 강조하고 있다(AIC, 2013).

또한 취농(귀농)교육도 강화되고 있는 추세로 미국의 Exploring the Small Farm Dream이 있다. 이는 1978년 설립된 비영리 조직인 NESFI(New England Small Farm Institute)에서 제공하고 있으며, 특히 신규 영농인 또는 영농을 고려중인 사람들을 대상으로 정보를 제공하고 있다. 주로 홈페이지(www.smallfarm.org)를 통해 매사추세츠 주, 뉴저지 주, 뉴욕 주, 오하이오 주, 펜실베이니아 주, 로드아일랜드 주, 버지니아 주, 캐나다 등에서 제공하는 프로그램 정보를 제공하고, 워크북(Assess yourself, Research the Landscape, Assess Your Resources, Make Decision & Create a Plan, Resource List로 구성)을 개발하여 제공하고 있다(NESFI, 2013).

미국의 농업교육은 교실 및 실험실에서의 수업(classroom and laboratory instruction), 영농과제실습(supervised agricultural experience, SAE) 그리고 청소년 영농

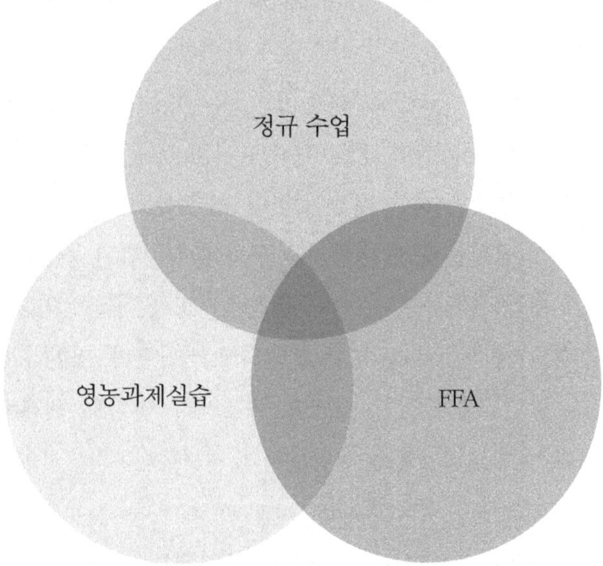

그림 XIII-3. 농업교육 3요소 모형

자료: Croom, D. B. (2008). The development of the integrated three-component model of agricultural education. *Journal of Agricultural Education*, 49(1), 110-120.

조직 참여(agricultural youth organization participation)의 3가지 주요 요소를 농업교육의 핵심으로 삼고 있다(Phipps & Osborne, 1988; Croom, 2008)([그림 XIII-3] 참조).

교실 및 실험실에서의 수업은 학교 내에서의 학습 경험 활동을 의미하고, 주로 농업교사가 설계한 수업으로 강의, 시연, 지도, 비평, 평가 등의 방법을 통해 이루어지는 정규 수업을 말한다. 영농과제실습은 농업교육과정에 있는 학생들을 대상으로 한 독립적인 학습 프로그램으로, 향후 농업계로 나아갈 학생들을 위한 학습경험을 제공한다. 영농과제실습이 운영되기 위해서는 학생, 농업교사, 학부모, 산업체 등의 유기적인 협력 아래 계획되어야 하고, 일반적으로 교실을 벗어나 외부에서 실시된다. 이와 같은 영농과제실습은 포트폴리오 형식으로 학생들이 기록할 수 있으며, 영농과제실습 경험은 학생들이 교실에서 배운 것을 직접 실행해볼 수 있게 하는 기회를 제공한다. 청소년 영농 조직 참여는 주로 National FFA(Future Farmers of Americas)를 통해 이루어지는데, FFA는 교실 및 실험실에서의 수업과 영농과제실습을 보완하는 교수 도구로 기능한다. FFA의 프로그램은 학생들이 학업을 성공적으로 수행할 수 있도록 격려하는 프로그램으로 구성되어 있으며, 학생들이 영농과제실습 등의 다양한 경험을 통해 농업분야로의 진로에 관심을 갖도록 돕는 데 있다. 그렇기 때문에 FFA의 프로그램은 진로 개발 활동을 포함하고 있으며 이 외에도 경진대회, 장학 프로그램, 리더십 프로그램이 있다(Croom, 2008).

4절 시사점

미국의 농업교육 사례가 우리나라의 농업교육에 시사하는 바는 다음과 같다.

첫째, 초기 학령기부터 강조되고 있는 미국의 농업문해교육은 학생들로 하여금 농업교육에 대한 인식, 탐색, 경험을 자연스럽게 받아들이도록 하고 있다. 학령기 초기의 농업문해교육은 이후 중등, 고등 단계의 교육과의 연계성을 강화할 수 있는 기초단계라 할 수 있다. 또한 학령기 초기뿐만 아니라 각 교육단계에서도 농업문해교육을 지속하고 있다는 점은 농업교육의 대상을 전국민으로 넓혀가고 있음을 의미하고 있기도 하다. 따라서 현재 교양농업교육보다 전공자를 대상으로 한 우리나라의 중·고등 단계에서의 전문농업교육을 지양하고, 대국민을 대상으로 한 교양농업의 발달과 함께 전문농업교육의 고도화를 지향하는 데 시사하는 바가 있다.

둘째, 농업교육의 통합적 관점의 지향이다. 미국의 농업교육은 교실 및 실험실에서의 수업, 영농과제실습, 청소년 영농 조직(FFA) 참여로 구성되어 있으며, 3가지 요소가 균형있게 운영되어 교육되도록 강조하고 있다. 이와 같은 통합적 접근은 농업교육의 인지적, 정의적, 신체적 영역의 균일한 발달을 꾀하게 된다. 따라서 우리나라의 농업교육 또한 기존의 교실 및 실험실에서의 수업을 넘어 다양한 체험과 리더십 함양을 균형 있게 발달시킬 수 있는 교육을 지향하는 데 있어 시사하는 바가 있다.

2 일본의 농업교육

1절 역사적 배경

일본의 근대적 교육제도는 1872년에 확립되었다. 이 시기 학제는 소학교에 4년제 하등 소학교와 4년제 상등 소학교가 있었고, 중학교에는 3년제 하등 중학교와 3년제 상등 중학교가 있었으며, 상위 고등교육기관으로 대학이 편성되어 8-6-3제였다(일본주재사무소, 2011). 중등농업교육은 1877년 농상부 산하의 농업시험장 부속학교에서 시작되었으며, 1876년과 1877년에는 삿포로와 도쿄에 농과대학이 설치되었다(이용환 외, 2007).

이후 1886년에 학제를 개편하여 소학교는 4년제 하등 소학교와 4년제 상등 소학교로, 중학교는 5년제 하등 중학교와 2년제 고등 중학교로 변경되었는데, 하등 소학교의 경우는 의무교육이었고, 중등교육은 남자고등보통학교, 여자고등보통학교, 실업학교로 구분되었다(일본주재사무소, 2011). 1899년에는 직업교육법에 농업학교 시행규칙이 제정되었고, 1902년에는 고등기술학교를 위한 법이 제정되어 고등농업기술학교가 준전문가 수준의 기술자 훈련을 실시하기 시작하였다(이용환 외, 2007).

1907년에는 6년제 소학교가 확립되어 의무교육 기간이 확대되었고, 1943년에는 중학교, 고등학교, 실업학교가 중등학교로 통합되었다(일본주재사무소, 2011). 이 시기에는 대학수준의 농업교육기관이 6개, 고등농업기술학교 40개, 중등농업교육학교 461개, 농업교과 개설학교가 1만 2,360개로 농업 학교의 수가 크게 증가하였다(이용환 외, 2007).

제2차 세계대전 이후, 미국의 교육학자 27명으로 구성된 교육심의회에 의해 현행 학교제도인 6-3-3-4제의 단선형 학제가 도입되어 1947년에는 중학교, 1948년에는 고등학교 1949년에는 대학교가 단계적으로 운영되었다(김정일, 1995). 1947년에는 교육 기본법이 공포되었는데, 일본 교육의 근간이 되는 이 교육기본법에는 교육의 기회 균등, 의무교육, 남녀공학, 공교육, 사회 교육, 정치 교육, 종교 교육, 교육 행정에 대한 부당한 지배의 금지 원칙 등을 제시하고 있다(일본주재사무소, 2011). 이 시기 농업교육에는 문무성이 제시한 각 현에 하나의 대학을 설치한다는 원칙 아래 농업 고등교육기관이 대학으로 승격되고, 각 현마다 최소 하나 이상의 농과대학을 갖게 되었다(이용환 외, 2007). 또한 일본영농학생회(Future Farmers of Japan)가 조직되어 농업을 매개로 한 학생들의 교류가 활발히 이루어지고 학생들의 자발적인 연구 활동이 촉진되었다.

1955년 이후 고도 경제성장기를 맞이한 일본은 젊은 농촌 노동력의 대량유출이 일어나, 인재확보의 중요성이 강하게 부각되었다. 이에 따라 농업고교 근대화의 실시방안을 발표하여 선택적 확대 작목인 원예, 축산부문이 증가되고, 농업관련 산업학과가 확대되었으며, 1963년에는 후계자 육성대책으로 대형 자영자 양성 고교안이 발표되어 도부현의 각 지역에서 대형 자영농고를 지정하여 지원하고 육성하였다(한국농촌경제연구원, 1993). 1970년에는 농림수산성설치법 제17조, 제33조의 3에 의거하여 농림수산성의 부속교육기관으로 농림수산성 농업자대학교가 설립되었고, 1977년에는 도부현마다 농업자대학교가 설립되었다.

2절 교육체제

일본의 전반적인 교육체제는 [그림 XIII-4]와 같다. 일본의 교육체제는 크게 유치부, 초등부, 중등부, 고등부로 구분할 수 있다. 일본은 1980년대 이래로 유아교육과정에서 중요한 시도들이 이어지고 있는데, 교육내용의 현대화, 교육과정의 지역화, 내용의 통합화 등의 변화를 통해 유치원의 특성화 및 유아의 개성 신장에 주력하고 있다(정금자, 1996). 유치원에 입원하는 대상 아동은 3~5세이며, 아동이 건강하고 건전하며 행복한 생활을 위해 필요한 일상의 습관교육과 신체의 여러 기능을 조화롭게 발전시키고, 참여의 태도, 협조의 자세 그리고 자율정신을 가지게 하며, 사회생활과 사상에 대한 올바른 이해와 태도를 갖게 하고, 언어의 올바른 사용과 창작적 표현에 흥미를 갖게 하는 것을 목적으로 하고 있다(일본주재사무소, 2011).

일본의 초등교육기관인 소학교는 만 6~15세의 학생을 대상으로 하며, 인간관계나 전통, 향토, 국가, 국제사회에 대한 올바른 이해, 협동성 · 자주성 · 자율성, 그리고 일상생활에서 필요한 기초적인 언어능력과 수리능력 및 음악, 미술, 문예에 관한 능력을 함양하는 것을 목표로 한다(일본주재사무소, 2011).

일본의 중등교육기관은 중학교와 고등학교로 구분된다. 중학교는 전기중등 교육기관으로서 소학교를 졸업한 12~15세의 학생을 대상으로 하며, 소학교에서 받은 교육을 기초로 해서 심신의 발달에 따라 중등 보통교육을 실시하는 것을 목적으로 하고 있다.

후기 중등 교육기관인 고등학교는 중학교 졸업자를 대상으로 3년간 보통교육이나 전문교육을 실시한다. 고등학교는 중학교에서 받은 교육에 기초해 심신의 발달에 따라 고등 보통교육 및 전문교육을 실시하는 것을 목적으로 하고 있다. 고등학교에는 보통과정(인문계) 외에 농업, 수산업, 공업, 상업, 가정, 후생(간호) 등의 직업과정을 설치하고 있으며, 일하면서 배우려

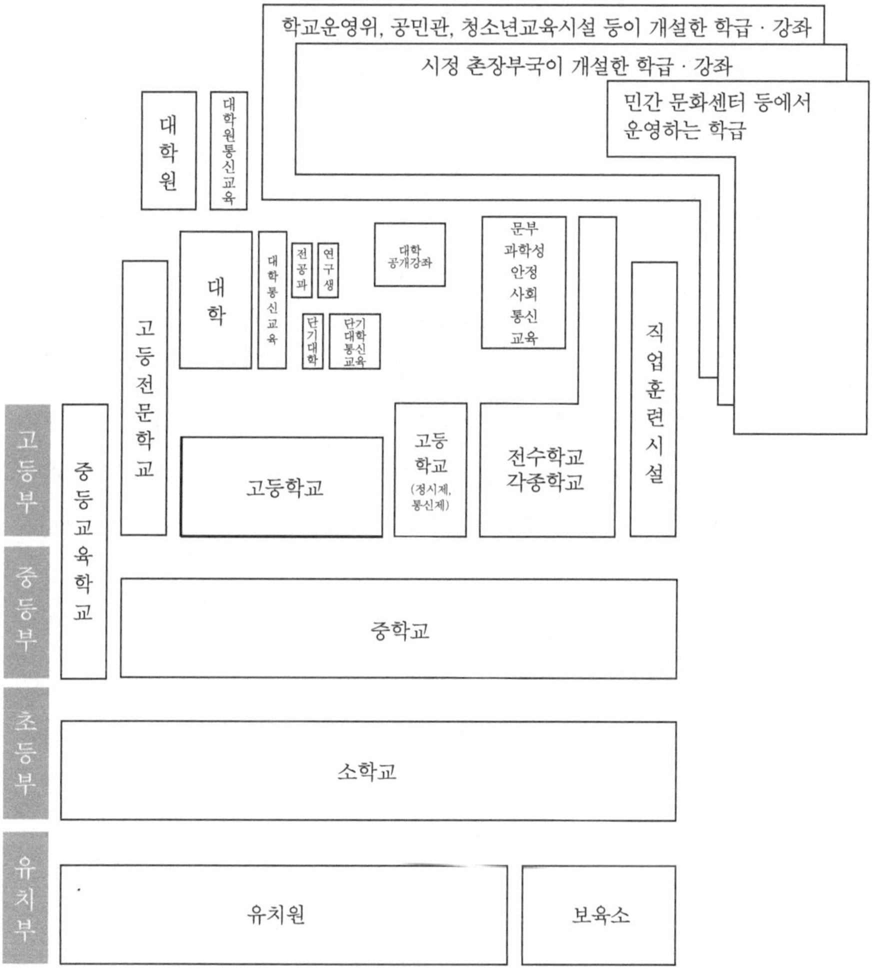

그림 XIII-4. 일본의 교육체제

자료: 마상진, 최경환. (2008). 『선진 농업국의 농업교육 정책동향 및 우수사례분석』. 서울: 한국농촌경제연구원, p.96.

고 하는 청소년이 고등학교 교육을 받을 수 있도록, 정시제와 통신제 과정의 고등학교가 설치되어 있다(일본주재사무소, 2011). 또한 학제 개편에 의한 성과로 고등학교 교육에 대한 복선형 학제(Dual System) 구축에 초점이 맞추어져, 기존의 일반계 고등학교 교육을 통한 대학 진학준비과정을 개설하는 것 외에 종합학과, 단위제 고등학교 등 직업훈련에도 비중을 두는 학교 특성화 사업이 동시에 진행되고 있다(윤종혁, 2007; 文部科学省, 2013).

일본의 고등 교육기관으로는 단기대학, 대학, 대학원, 고등전문학교, 전수학교가 있다(文部科学省, 2013). 단기대학은 우리나라의 전문대학과 유사하고, 수업 연한을 2~3년으로 운영하며, 깊은 전문학예를 교수 · 연구하고, 직업 또는 실제 생활에 필요한 능력을 육성하는 것을 목적으로 한다(정태화, 2004). 단기대학은 학부가 아닌 학과를 설치하여 실제적, 직업적 교육에 중점을 두고 있다는 점에서 대학과 구별된다(일본주재사무소, 2011).

대학은 학술의 중심기관으로 대학 교육과정을 이수한 자를 대상으로 좀 더 심도 있는 학문을 연구하는 고등 교육기관이다. 일본의 대학원 학위과정은 박사과정, 석사과정, 전문직 학위과정의 3종류로 체계화되어 있는데, 대학원은 학습의 이론 및 응용을 교수·연구하여 심오하게 하고, 고도의 전문성이 요구되는 직업 활동을 위한 깊은 학식 및 탁월한 능력을 기르는 것을 목적으로 한다고 볼 수 있다(井村裕夫, 2006).

고등전문학교는 중학교 졸업자를 대상으로 5년 이상의 실험 및 실습 위주의 실업교육을 실시하는 교육기관으로, 고등전문학교를 졸업한 학생은 준학사 학위를 취득하고, 학생 본인의 노력 여하에 따라 정규 대학 편입학이 가능하도록 되어 있다(일본주재사무소, 2011).

전수학교는 학교교육법 제82조의 3에 의거하여 고등과정, 일반과정, 전문과정을 운영하고 직업 혹은 실제 생활에 필요한 능력을 육성하고 교양 향상을 목적으로 하고 있다(정태화, 2004). 우리나라의 전문학사와 유사한 준학사를 부여할 수 있다.

3절 농업교육 제도 및 현황

일본의 농업교육은 농업을 이끌어갈 다음 세대를 직 · 간접적으로 폭넓게 확보하고 육성하기 위한 목적으로 중장기적인 계획에 따라 체계적으로 이루어지고 있다. 주요 목표는 ① 경영감각이 뛰어난 인재육성, ② 직업능력개발, ③ 경영발전단계에 입각한 농업의 생애 교육, ④ 농업의 다면적 가치에 대한 정확한 인식 제고, ⑤ 국민의 농업 이해 촉진이며(농업인재개발원, 2009), 기본적으로 다음 세대인 학생들이 농업에 대한 관심과 흥미를 갖도록 하기 위해 학교 범위 내에서뿐만 아니라 밖에서도 다양한 농업 체험 활동을 구성함으로써 진로 탐색 및 발달의 기회를 제공하고 있다.

일본 농업교육 단계는 크게 학교 교육과정과 농업인 재교육 단계로 구분할 수 있다. 먼저 초등학교에서의 농업교육을 살펴보면, 1~3학년의 경우는 자연과 친해지고 동식물을 관찰하는 측면에서 농업교육이 이루어지고 있으며, 4~6학년의 경우는 사회과목에서 직업분야의 일환으로 방과 후 시간을 활용하여 농업 관련 체험 활동을 통해 농업교육이 이루어지고 있다. 이 외에도 주말을 활용하여 다양한 농업체험 기회를 제공하기 위한 활동이 확산되고 있다(농업인재개발원, 2009). 한편, 최근에는 '먹을거리'의 안전성에 대한 인식이 대두되면서 식육(食育)교육이 지식교육, 인격교육, 신체교육보다 우선되는 기초교육으로 간주되고 있다. 이에 따라 식육교육에 대한 범국가적인 추진 체계가 마련되어 식육교육의 비중이 커지고 있다(유정규, 2009; 文部科学省, 2011).

중학교에서의 농업교육은 기술가정과 사회과목에서 이루어지며, 주로 사회생활에서의 농업의 의의와 역할 차원에서 농업 관련 내용이 다뤄지고 있다. 직업탐구 측면에 있어서는 교과 외 시간에 농업 관련 체험 활동이 이루어지고 있고, 전국농촌청소년교육진흥회를 통해 초등학생 및 중학생을 대상으로 한 어린이 팜넷(Farm Net)을 운영하여 체험활동에 대한 교류의 장을 마련하고 있다(농업인재개발원, 2009; 마상진, 최경환, 2008).

고등학교에서의 농업교육은 초기에는 농업기술 습득에 주안점을 두었다면, 점차 농업의 전방 산업 관련 생산물에 대한 수요가 늘고 이에 따라

부가가치가 증대되면서, 농업환경을 둘러싼 변화와 학생과 산업체의 요구에 주체적으로 대응하여 농업 관련직 인재를 양성하는 방향으로 전환되었다. 일반적으로 농업관련 전문 교과를 통해서는 농업의 기초 및 기본에 대해 학습하게 되고, 녹색학원(綠の學院)이라는 도도부현 농업자대학교와의 연계를 통한 체험과 농가에서의 농업실무실습 체험 등을 제공하여 취농 의지 및 직업관을 함양하도록 지도하고 있다(마상진, 최경환, 2008). 또한 농림수산성에서는 1999년부터 취업을 목적으로 고교생의 인턴십을 지원하고 있는데, 농업에 대한 이해 제고 및 식량과 농산물 생산에 대한 관심 유발을 위해 선진 농가 등에서의 체험을 포함하고 있다. 한편, 농업계 고등학교 중에는 자영자 양성코스라는 전문화된 과정이 설치되어 있거나 자영자양성고등학교와 같이 특성이 규정되어 있는 학교가 약 40여 개 정도 있다(농업인재개발원, 2009).

대학에서의 농업교육은 각 도도부현의 농업시설과 우수 농업교사들을 공동 이용하여 현장 농업인재를 양성하고, 농과대학에서는 농업관련 분야 인재 양성 및 연구개발이 주로 이루어지며 영농에 의지가 있는 학생의 경우에는 농업법인에서 인턴십을 이수하도록 하고 있다. 구체적으로 농림수산성이 직접 관장하는 농업자대학교는 농촌청년을 대상으로 하여 좀 더 고도의 기술과 경영능력을 교육하고, 넓은 시야와 영농에 대한 자신감, 응용능력을 부여함으로써 근대적 영농 담당자로 키워 지역농업진흥의 핵심이 될 우수인재를 육성하는 데 목적이 있다. 교육기간은 3년으로, 도도부현의 농업자대학교보다 1년이 길며, 교육과정은 15개월의 전기집합교육, 6개월의 파견실습, 6개월의 중기집합교육, 3개월의 재택학습(실습), 6개월의 후기집합교육으로 구성되어 있다. 부속농장을 거치지 않고 일체의 실무 실습은 국내의 우수 농가에서 실시하며, 일반 농업대학교에 비하여 인문과학이나 사회과학 관련과목을 많이 포함하고 있으며, 전임 교관을 소수로 하고 많은 강사를 대학, 시험연구기관, 관청 등 외부기관에서 초빙하고 있다

(마상진, 최경환, 2008; 이영대, 1993; 한국농촌경제연구원, 1993; 田鳥重雄, 1985).

한편, 도도부현의 농업자대학교는 협동 농업 보급 사업의 일환으로 각 지역의 농업경영인을 양성하는 핵심적인 기관으로 전국 42개 도도부현에 설치되어 있다. 도도부현 농업자대학교는 1977년에 설립되어 운영되어 오다가 1980년부터 신농업자대학교로 변경되었는데, 개편의 특징은 고등학교 졸업 후 2년 과정의 양성 부분과 지역농업지도자 · 신규취농자 교육연수 등 종합적 연수를 겸하고, 전문대 졸업을 인정하는 학위를 부여한 점이다. 교육과정은 농업 및 농촌 사정 등에 대응하여 전문과정 및 전공코스를 설치하고 있으며, 구체적인 교육 내용은 ① 농업경영을 하는 데 필요한 기술 능력, 경영관리 능력 및 조직활동 능력 양성, ② 경영의 혁신에 대응할 수 있는 응용 능력 양성, ③ 농가생활을 영위하는 데 필요한 가정운영 능력 양성, ④ 경제사회에 대한 시야 및 협동정신 양성으로 정리할 수 있다(마상진, 최경환, 2008; 이영대, 1993; 한국농촌경제연구원, 1993; 田鳥重雄, 1985; 農林水産省, 2013).

농업인 재교육 단계에서는 효율적이고 안정적인 농업 경영제를 육성하기 위해 청년 농업인, 중견농업인, 선진농업인으로 구분하여 연수를 실시하고 있다. 구체적으로 청년 농업인에게는 농업기술 및 경영기초 교육, 중견농업인에게는 경영기획 및 농업조직화 교육, 선진농업인에게는 경영진단 및 지역관리 등에 대한 교육을 중점적으로 제공하고 있다. 전통적으로 농업인 재교육은 농촌지도사업과 연계하여 운영되는데, 일본의 지도체계는 우리나라와는 달리 도 단위 광역체계로 되어 있어, 우리나라의 시군농업기술센터와 유사한 농업개발보급센터가 시 · 군이 아닌 도 단위 직속으로 설치되어 있고(조영철, 2001), 농업인 교육훈련 예산은 중앙정부와 지방정부가 공동으로 조달하여 사업을 관장하고 있다. 민간 차원에서는 일본농업실천학원, 농업 영양전문학교, 농업실천대학교 등에서 농업인 재교육을 실시하고 있다(농업인재개발원, 2009).

최근 일본의 농업교육정책은 21세기 신농정 내 농업의 체질강화 부문의 전업농에 대한 집중화·중점화 정책과 국민·소비자 시각에서의 식료정책 부문의 농림어업 체험활동을 통한 식(食), 농(農)에 대한 이해증진에 따라 전개되고 있으며 구체적인 추진 사업은 전국 단계, 도도부현 단계, 보급센터 단계로 이루어지며, 사업내용을 살펴보면 다음과 같다(농업인재개발원, 2009).

전국 단계에서는 체험학습 추진 전국운동을 지원하여 전국적인 농업체험학습 추진체제를 정비하고, 홍보 자료의 작성과 배포 및 보급에 대한 개별 활동을 실시한다. 또한 농업 학습 심포지엄을 개최하여 농업체험학습 활동과 연구성과 등에 대한 내용을 발표한다. 한편, 초 · 중학생의 농업에 대한 이해증진을 위한 체제 지원으로, 지역에서 농업체험학습을 추진하기 위해 새로운 모델 시정촌에서 농업관계기관과 교육관계기관의 연대 아래 초 · 중학생의 농업체험 학습장 설치 및 학습 지원이 이루어지고 있다. 도도부현 및 지역 농업개량보급센터에서는 농업체험 학습지도자 등록, 농업체험 참여 어린이 그룹 만들기, 농업 · 농촌이해를 위한 부교재 작성, 학교교원에 대한 연수회 개최 이외의 새로운 농업체험 프로그램 개발 등을 지원한다. 또한 농림수산성과 문부과학성이 연대하여 학생들이 여름방학 기간을 활용하여 2주 정도의 장기 숙박 체험 활동을 할 수 있도록 지원한다.

도도부현 단계에서는 농업체험학습 추진체제 정비를 지원하고, 농업교육계발활동을 지원한다. 특히 농업부교재 제작 및 배포, 학교 교원 등에 대한 농업기술연수회 개최, 농업체험 학습 모델 수업 실시 및 농업 체험기획 등의 활동을 지원한다. 이 밖에 중학교에서는 농업 체험모델 학교 활동 및 농업고교 등으로의 진로지도 설명회를 개최하고, 농업체험 학습에 대한 원활한 활동을 지원하여 농업체험 인스트럭터 및 교류추진원 설치 지원 등을 담당한다.

보급센터 단계에서는 지역 내의 농업 학습 추진체계에 대한 정비를 지원하고, 아동 및 학생조직화(애그리메이트클럽)에 의한 활동, 체제형 농업, 농촌생활체험 활동을 지원한다. 효과적인 농업체험학습 추진을 위해 지역 농업자료를 작성하고, 활동성과에 대한 발표회를 개최하여 지원한다. 이 밖에 농업고등학교와의 연대 촉진 활동을 지원하여 농업교육에 대한 현지 지원을 높이고 있다.

기타 추진사업으로, 농업에 흥미가 있지만 취업체험에 직접 참가하기가 어려운 사정이거나 적당한 교재를 찾을 수 없는 초보자들의 어려움을 해소하기 위해 인터넷에서 농작업 및 농업기술을 습득할 수 있도록 서비스를 제공한다. 강좌 수강자는 농업전문가인 어드바이저로부터 조언을 받을 수 있고 취농에 관련된 각종 정보를 제공받을 수 있으며, 수강기간은 수강료(1코스당 8,000엔) 지불완료 후 6개월간 수강할 수 있다.

4절 시사점

일본의 농업교육에 대한 고찰을 통해 다음과 같은 시사점을 얻을 수 있다.

첫째, 대국민 농업 교양교육의 강화이다. 농업이 전체 산업에 차지하는 비중이 점차 줄어들고 있지만, 식량의 안정적 공급, 농업·농촌의 중요성에 대한 인식, 환경 및 식품에 대한 문제 등 농업의 중요성은 일상생활에 여전히 자리하고 있으며 한편에선 강조되어야 할 부분이다. 이에 따라 농업에 대한 국민의 의식과 소양을 제고하려는 노력은 교육을 통한 체계적인 접근에 의해 지속적으로 추구되어야 한다.

둘째, 신규 농업인력 확보를 위한 노력이다. 정부 차원의 신규 취농 활성화를 위한 프로그램뿐만 아니라, 도부현 차원의 자체적인 노력을 많이 기울이고 있다. 유능한 신규 농업인력의 지속적인 유입은 농촌에 활력을 불어넣고, 국가의 농업 경쟁력을 유지해줄 뿐만 아니라 농업 발전에 필요한 주요 과제 중 하나이다.

셋째, 농업인의 경영역량 강화 교육이다. 교육의 주요 목적이 농업인의 경영역량 강화로 변화하고 있다. 농업이 처한 여러 가지 위기상황을 극복하기 위해서는 생산기술 혁신뿐만 아니라 경영 역량을 제고할 필요가 있다. 생산 중심의 관점에서 벗어나 부가가치 창출의 기회를 늘리고 유동적인 농업환경 속에서 안정적인 농업경영환경을 구축하기 위해 경영 역량은 강조되어야 한다.

넷째, 정부와 지방자치단체, 그리고 지역산업 차원의 지원이다. 학교의 농업교육에 대한 계획과 지원이 농업정책과 긴밀하게 관계를 맺으면서 시행되며, 단위학교의 농업교육 프로그램은 지역 대학교 또는 지역산업과 연계되어 학교 내 교육이 갖는 한계점을 보완하고 있다. 종국의 농업발전을 위해서는 공공 및 민간의 농업 관련 기관들이 서로의 역량 및 자원을 연계 활용하여, 농업교육의 방향 및 핵심 과제를 공동으로 선정하고, 지속적으로 추진하고자 하는 노력이 선행되어야 할 것이다.

3 네덜란드의 농업교육

1절 역사적 배경

농업 분야의 성공사례로 등장하는 대표적인 국가를 꼽으라 하면 단연 네덜란드일 것이다. 네덜란드는 미국, 프랑스와 함께 세계 3대 농산물/식품 수출국 중 하나로(마상진, 2007) 미국에 이어 가장 큰 규모를 자랑하고 있으며, 농업 무역에서 기록한 무역 흑자는 2011년 기준으로 약 2,450억 달러이다. 이는 네덜란드 무역 흑자 중 약 60%를 차지하는 규모이다(Berkhout & Roza, 2012).

네덜란드의 전체 면적은 4만 1,543제곱킬로미터로 우리나라의 약 절반

수준의 국토를 가진 작은 나라이나 2011년 기준 경지면적은 1만 8,584제곱킬로미터로 전체 육지면적의 약 45%에 해당하고, 농업인구는 20만 명이며, 농가 수는 7,039만 2,000개 정도이다(Berkhout & Roza, 2012). 우리나라의 경우 2011년 기준 경지면적은 1,698제곱킬로미터이고, 농업인구는 290만 명, 농가 수는 116만 3,000개이다(김명환, 한석호, 조재성, 김태우, 2013). 우리나라와 비교했을 때 네덜란드의 경지면적은 우리나라의 약 109배이며, 농가 수는 우리나라의 약 60배에 달하나 농업인구는 우리나라에 비해 작은 것을 알 수 있다.

네덜란드가 농업분야에서 성공하고, 지속적으로 발전해올 수 있었던 이유 중 하나는 새롭게 개발된 신기술이 농업교육을 통해 농업현장에서 효율적으로 실천될 수 있는 시스템을 갖추고 있었기 때문이다. 네덜란드의 전체 농업인의 3분의 2가량이 농업관련 전문교육을 받았을 정도로 농업인의 교육수준이 높으며, 네덜란드 정부는 지식개발과 혁신, 농업교육에 전체 예산 중 10.3%에 해당하는 2억 500만 유로를 과감히 투자하고 있다(황윤재 외, 2008).

농업분야에 대한 네덜란드의 국가적인 관심은 1860년대 대량 생산체제로 미국 농산물 수입량이 급격히 늘어나면서 농업분야에 닥친 위기를 타개하기 위한 노력에서 시작되었다. 네덜란드는 위기에 대응하기 위해 농업 연구개발 및 농업교육을 강화하는 노력을 하게 되었고, 1876년에 농업대학인 와게닝겐(Wageningen) 대학과, 1877년 농업연구기관 DLO를 설립하였다. 이 기관은 140여 년이 넘는 긴 시간 동안 농업기술개발, 농업교육 및 지도의 중심이 되어 왔다. 또한 제2차 세계대전 후 국민들의 식량을 확보하고, 기계화·집약식 농업을 실현하기 위하여 농업실습교육을 실시하는 PTC+를 건립하여, 1년에 1주일간 실천 지식을 습득할 수 있도록 농업계 직업학교 학생들에게 실습교육을 제공하였다. 이러한 정부의 노력으로 네덜란드 농업인들은 식량 부족을 걱정하지 않게 되었고, 자신들의 활동영역을 넓혀 1970년대 아프리카, 극동아시아, 중미 등 외국 학생을 대상으로 연수를 실시하게 되었다(마상진, 최경환, 2008).

그러나 20세기 후반 집약식 농업의 피해로 환경 문제, 농축산물의 안정성 문제가 부각되면서 농사 짓는 것이 점차 어려워졌으며, 농업에 대한 국민들의 이미지가 점차 나빠지기 시작했다. 이에 따라 농업인 수와 농업계 학교 학생 수가 지속적으로 감소하였고, 네덜란드 농업은 또 다른 위기를 맞았다. 네덜란드 정부는 농업교육기관에 대한 구조조정을 단행하게 되었고, 농업교육 내용의 혁신도 단행하였다. 이에 1985년 206개에 이르던 농업교육기관 수를 2003년 20개로 줄이게 되었다. 또한 교육 내용도 전통적인 생산관련 분야뿐만 아니라 산림, 환경, 토지 · 수자원, 식품, 농촌개발로 확대하여, 1차 이외의 식품산업, 교역(구입, 유통, 판매), 수송과 물류, 금융, 보험, 사회규제 등 2,3차 산업으로 확대되었다. 이러한 혁신의 결과로 농업교육을 이수하고자 하는 학생 수는 다시 증가하였으며, 네덜란드는 전체 예산의 거의 30%에 이르는 5억 6천만 유로(2005년 기준)를 농업교육에 투자하며 지속적인 성장을 지원하고 있다(마상진, 최경환, 2008).

2절 교육체제

네덜란드는 헌법에 명시된 교육의 자유를 교육이념으로 삼아 학교 설립의 자유, 학교 설립 이념의 자유, 학교 교육 내용의 자유 등을 보장하고 있으며(윤용식, 2000), 교육분야의 정책적 책임은 교육문화과학부(The Ministry of Education, Culture and Science, ministerie van OCW)가 담당하고 있다. 교육문화과학부는 교육시스템 실행을 위한 예산확충과 일반 교육 정책을 운영하는 업무를 담당하고 있다. 다만 고등교육부분에서는 교육수요자의 요구를 반영하고 분야의 경쟁력을 확보할 수 있도록 경제농업혁신부(The Ministry of Economic Affairs, Agricultural and Innovation; ministrerie van Economicshe Zaken,

Landbouw en Innovatie), 그리고 건강복지체육부(the Ministry of Health, Welfare and Sport; ministerie van VWS)와 함께 협력하여 교육정책을 수립하고 운영한다(Nuffic, 2012).

네덜란드는 의무교육법에 의거하여 5세부터 16세까지의 국민은 전일제로 정규교육을 받도록 규정하고 있으며, 18세까지 시간제로 학교를 다니도록 하고 있다. 학교는 공립학교(public-authority schools)와 사립학교(private schools)로 구분되는데, 자신의 종교적 신념 혹은 교육적 이념에 따라 학교를 선택할 수 있다(마상진, 2007).

네덜란드의 교육제도는 크게 8년의 초등교육, 4~6년의 중등교육, 2~6년의 고등교육으로 구성된다. 이는 공립학교와 사립학교 모두 동일하다. 초등교육은 4세부터 12세의 어린이를 대상으로 하며(5세부터 의무교육), 초기 3년 동안은 기본교육에 해당하는 기간으로 핵심 교육과정을 폭넓게 학습하게 된다. 8학년에는 CITO 시험과 초등 담당 교사의 의견에 근거하여 예비대학교육(VWO: Voorbereidend), 예비직업교육(VMBO: Voorbereidend Middebaar Beroepsonderwijs), 일반 중등교육(HAVO: Hoger Algemeen Voortgezet Onderwijs)에 배정된다(Nuffic, 2012).

세 가지 유형의 중등학교는 학생의 적성을 살리고, 진로선택을 지원하기 위하여 교육목표와 과정에서 상당한 차이가 있다. 먼저 대학에 진학하고자 하는 학생들은 6년 과정의 예비대학교육(VWO) 학교로 진학하고, 중등교육과정 이후 직업세계로 진출할 학생들은 4년 과정의 예비직업교육(VMBO) 학교로 진학하며, 진로 결정이 불확실한 학생들은 5년 과정의 일반중등교육(HAVO)학교에 진학하게 된다(마상진, 최경환, 2008).

예비대학교육(VWO)과 일반중등교육(HAVO) 기관에서는 일반적인 중등교육을 실시한다. 교육내용은 국가 시험을 대비할 수 있는 6~7개 과목(VWO 7개, HAVO 6개)을 이수해야 하며, 시험에 통과할 경우 VWO 혹은 HAVO 수료증(diploma)을 받는다. 일반적으로 전체의 60%에 해당하는 대

다수의 학생들이 예비직업교육(VMBO) 학교에 배정된다. 예비직업교육(VMBO) 학교는 명칭이 의미하는 바와 같이 중등 직업교육을 받기 위한 준비 교육을 제공하는 것으로 초기 2년간은 다른 유형의 학교의 교육과정과 동일하게 기본 교육을 이수하고, 2년은 관련분야의 직업교육을 받게 된다.

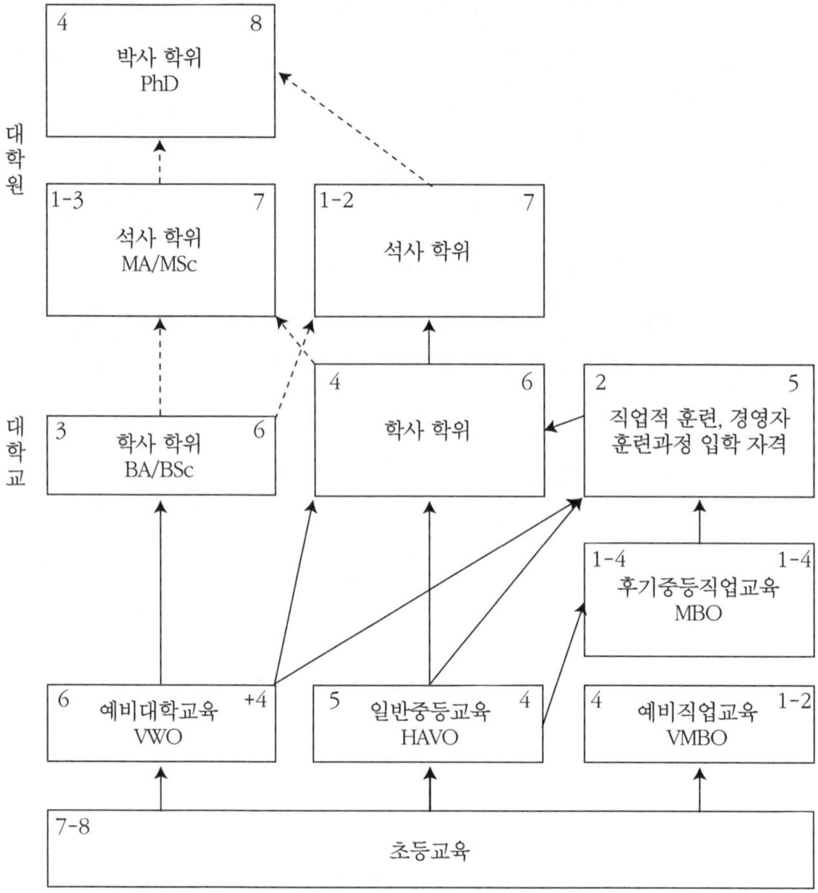

그림 XIII-5. 네덜란드의 교육체제

자료: Nuffic. (2012). *Country module: the Netherlands*. p. 2.
주 1) 좌측 상단의 숫자는 교육기간임.
2) 우측 상단의 숫자는 네덜란드 자격체계(NLQF: The Dutch Qualifications Framework)의 레벨(level)을 의미함.

VBMO의 교육 분야는 기술(technology), 건강과 복지 후생(health and personal care and welfare), 경제(economy), 농업(agriculture)으로 구성된다. 4개의 분야는 학습 내용의 수준에 따라 기초 직업 트랙(the basic vocational track), 고급 직업 트랙(the advanced vocational track), 종합트랙(the combined track), 이론 트랙(the theoretical track)으로 구성되며, 학생들은 각 트랙을 선택하여 이수할 수 있다. 이 중 이론 트랙은 4개의 트랙 중 가장 수준이 높은 트랙으로 HAVO와 후기중등직업교육(MBO)에서의 직업적 훈련, 경영자 훈련과정에 입학할 수 있는 자격이 주어진다(Nuffic, 2012).

중등교육 이후, 16~18세부터 성인교육이 시작된다. 성인교육에도 중등교육과 마찬가지로 세 가지 유형의 학교가 있는데 일반적으로 예비직업교육(VMBO)을 마친 학생들이 진학하는 후기 중등교육인 3~4년의 직업훈련(MBO)학교, MBO, HAVO 또는 VWO 과정을 마친 학생들이 진학하는 4~6년의 고등전문교육(HBO)과정, VWO과정을 이수하였거나, HBO의 기초과정을 이수한 학생들이 진학하는 3년의 대학과정(WO)이 있다. 이상에서 제시된 네덜란드의 교육체제를 도식화하면 [그림 XIII-5]와 같다.

3절 농업교육 제도 및 현황

네덜란드의 농업교육 목표는 노동시장 및 사회에 지속적으로 참여할 수 있는 농업인력을 양성하는 것이다. 따라서 기본적으로 네덜란드 교육은 교육문화과학부의 책임하에 있으나, 농업교육의 경우 분야의 특수성을 반영하고 농업정책에 부합한 교육을 실시하기 위하여 경제농업혁신부와의 협력을 통해 교육정책을 시행하고 있다. 이러한 협력 구조는 농업정책과 일치된 농업교육을 실행할 수 있으며, 나아가 경쟁력 있는 농업인력을 양성하는 데 매우 효과적인 구조라 평가할 수 있다. 교육문화과학부와 경제농업혁신부는 농업교육과 관련하여 원칙과 일관성을 바탕으로 교육을 실시하기 위하여 다음과 같은 방향성을 설정하였으며, 이에 따라 교육정책을 실천하고 있다(마상진, 2007).

① 지속적인 교육내용 갱신 · 확대: 지속가능성, 생물학적 다양성, 식품 안전 생명공학, 수자원관리와 같은 새로운 이슈와 인근 학문분야 내용을 교육과정에 포함시키고, 노동시장의 요구를 적극적으로 반영한다.

② 평생학습 패러다임 구축: 학습이 학교나 기관을 통한 교육 · 훈련에서 끝나는 것이 아니라 생업의 현장에서도 지속되도록 한다. 사업체에는 근로 현장에서 학습을 촉구할 의무를 부여하고, 획득된 능력에 대해서는 국가적으로 인증한다.

③ 국제화 지향: 다른 국가와 교사, 학생을 교류하여 교육의 질을 개선한다.

④ 매력 있는 교육 지향: 노동시장의 요구에 대응하고 학습자가 요구하는 양질의 유통성 있는 교육에 맞추어 기관들이 제공하는 코스들의 이미지를 업그레이드한다.

농업교육의 내용은 교육대상자가 농업과 자연환경에 대한 식견을 함양하고, 사회 변화에 대응할 수 있는 능력을 갖추기 위하여 농업분야를 넘어선 다학문분야, 예를 들어 농업을 둘러싼 식품산업, 자연 및 환경과 관련된 산업 분야의 내용과 함께 생물학, 경제학, 작물학 등의 영역을 포함하고 있다. 때문에 최근 네덜란드에서는 농업교육(agricultural education)이라는 용어 대신에 녹색교육(green education)이란 용어를 사용하고 있다. 이러한 네덜란드의 농업교육은 졸업 후 학생들이 다양한 분야로의 진출을 준비할 수 있도록 도와준다. 중등 농업교육, 고등농업전문교육, 대학농업교육에 따라 진출할 수 있는 업종과 직능수준에는 차이가 있겠지만 학생들의 농업교육을 통하여 진출할 수 있는 분야는 농업생산, 녹지 및 자연환경의 계획·설계·관리, 농업생산물 관련 산업, 가공 및 유통, 농업서비스산업, 농촌 지도 및 농

표 XIII-1. 네덜란드의 교육단계에 따른 농업교육기관

교육단계	학교 또는 코스	교육기관		
		기본 교과교육	이론중심 농업 교육	실습중심 농업교육
중학생 수준 (VBMO green)	MAVO, VBO, LWOO, PRO	40여 개 종합학교	AOC	
고등학생 수준 (MBO green)	BBL, BOL	-	AOC	PTC+
전문대학 수준 (HBO green)	-	-	농업 전문대학	PTC+
4년제 대학 수준	-	-	Wageningen UR	
농업인/법인체 근로자/농업관련 기업체 직원	-	-	AOC	PTC+

자료: 마상진, 최경환. (2008). 『선진 농업국의 농업교육 정책동향』, p 16.

업연구, 국내외 기관 및 단체 등이 있다. 네덜란드의 농업교육은 〈표 XIII-1〉과 같이 예비직업교육 단계(VMBO), 중등교육 단계(MBO), 고등전문교육 단계(HBO), 대학교육 단계, 성인교육 단계에서 실시된다. 예비직업교육(VBMO) 단계는 우리나라 중학교 수준의 학교로 앞서 설명한 바와 같이 정규 교육과정 이후 직업 분야로 진출하고자 하는 학생들을 위하여 총 4년간의 과정으로 운영된다. 이때의 농업교육은 40여 개의 종합학교의 농업부와 AOC를 중심으로 실시된다. 이후 본격적인 농업분야의 직업교육은 AOC와 PTC+를 중심으로 이루어지며, 전문대학 수준의 교육은 6개 농업전문대학(HAO 또는 HBO-green)에서, 대학 수준의 교육은 1개 농과대학교(와게닝겐 대학교)에서 이루어진다. 네덜란드의 성인농업교육과 전통적인 농촌지도(Extension)는 철저히 민간부분이 담당하고 있으며, 일부 AOC, PTC+

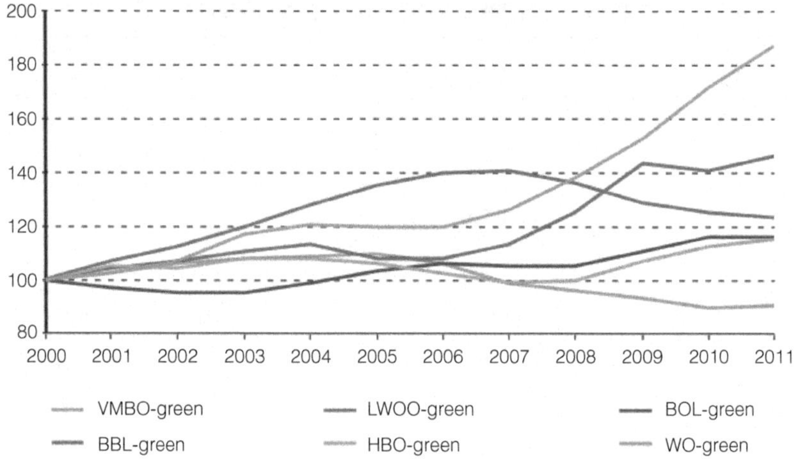

그림 XIII-6. 기관 유형별 농업교육 이수자 수 변화 추이
자료: OCW. (2012). *Key figures 2007-2011*.

등의 공공부분을 통해 제공하고 있다(마상진, 2007).

지난 11년간(2000~2011) 다양한 농업교육기관의 졸업자 변화 추이를 살펴보면 교육기관에 따라 각기 다른 경향을 나타내고 있다. 전반적으로 예비농업교육(VMBO-green, LWOO-green)의 이수자는 2000년 이후 감소하는 추세이고, 이를 제외한 중등농업교육(BOL-green, BBL-green), 고등농업전문교육(HBO-green), 대학농업교육(WO-green)의 이수자는 2000년 이후 증가하는 추세이다. 특히, 대학농업교육의 이수자는 2006년 이후 매우 큰 폭으로 증가하였다(2000년 대비 약 90% 증가)([그림 XIII-6] 참조).

지금까지 살펴본 바와 같이 네덜란드는 각 학교급별로 농업교육을 전문적으로 제공하는 기관이 있으며, 이들 기관은 이론 중심 혹은 실습중심으로 특성화되어 다양한 교육을 실시하고 있다. 농업교육을 담당하고 있는 학교 중 우리가 주목할 만한 교육기관은 전문대학 수준에서의 HAO, 4년제 대학 수준에서의 와게닝겐 대학과, 이론 중심의 AOC, 실습 중심의 PTC+가 있다. 이들 기관에 대하여 자세히 설명하면 다음과 같다.

가. AOC(Agricultural Education Center)

농업계 중학교와 고등학교를 통합한 형태로 1990년 등장한 농업전문교육기관이다. 현재 지역특화교육을 위하여 네덜란드 전역에 총 14개가 위치해 있고, 학생과 성인 모두에게 농업교육을 제공하고 있다. AOC의 교육과정은 중등수준의 예비농업교육, 전일제 농업교육(BOL)과 함께 시간제 도제농업교육(BBL)과 성인농업교육으로 구성되어 있으며, 모든 과정은 모듈식으로 운영되어 학생들은 자신의 흥미와 수준을 고려하여 교육과정을 선택할 수 있다. 예비농업교육과정은 앞서 설명한 바와 같이 4년 과정으로 2년간의 일반교육과 2년간의 기초 농업관련 직업교육이 실시된다. 또한 일부 개별 학생을 대상으로 특화된 농업교육(LWOO; individualised pre-vocational education)도 실시한다. 전일제 중등농업교육 과정은 농업생산과 서비스, 가공 분야의 전문직과 관련된 교육을 실시하는데, 학생들은 다양한 전공분야 중 하나를 선택하여 이수해야 한다. 교육과정은 농가 및 농업관련 기업에서 다양한 현장실습을 포함한 실기 중심의 교육으로 이루어진다. 도제농업교육은 농가나 산업체에서 피고용자로 고용되어 일하면서 1주일에 1~2일은 AOC에서 학교교육을 받는 과정이다. 축산, 농촌관광, 환경과학, 환경과학과 식품공학 분야의 시간제 과정이 마련되어 있으며, 교육을 이수할 경우 자격증을 수여받는다(마상진, 2007). 전일제 교육과 시간제 도제교육 및 일반성인을 위한 계약형 시간제 단기 코스 과정도 마련되어 있는데, 축산, 농촌관광, 환경과학, 식품공학 등의 분야에서 코스를 이수한 후 자격증을 획득할 수 있다. 이때 획득할 수 있는 자격증은 Level 1(보조 기능인: 감독자의 감독 아래 전문활동을 할 수 있는 수준), Level 2(준기능인: 감독자 없이 직업적 전문활동을 할 수 있는 수준), Level 3(독립적 기능인: 독자적으로 직업적 전문활동을 할 수 있는 수준), Level 4(관리자: 독자적으로 기획, 실행, 평가하는 경영관리능력을 가진 수준)이며, 전일제 교육을 통해서도 자격을 취득할 수 있다(마상진, 최경환, 2008).

나. HAO(Professional Higher Agricultural College)

한국의 전문대학과 유사한 교육기관으로 농업부분의 관리자를 양성하는 역할을 수행한다. HAO는 4년제 중등농업교육, 중등일반교육(HAVO) 또는 예비대학교육(VWO)에서 필수교과를 이수한 학생들이 입학할 수 있으며, HAO는 네덜란드 전역에 Larenstein, CAH Dronten, STOAS, Agrarische Hogeschool Den Bosch, Hogeschool Inholland Delft 등 총 5개의 학교가 분포해 있다. 각 학교는 목적에 따라 특성화되어 있다. Larenstein은 5개의 HAO 중 가장 많은 학생이 재학하고 있는 학교로 농업 인근 학문에 초점을 두고, 산림 · 자연보전, 토지 · 물 환경관리, 실험과학, 열대농업, 국제농업통상과 같은 전공과정을 운영하며, 석사과정이 마련되어 있다. CAH Dronten은 농업, 작물 생산, 가축 생산, 경영, 생물농업 등의 과정이 마련되어 있고, STAOS는 농업교사를 양성하는 데 목적을 두고 화훼 설계, 식품공학, 원예생산, 농업경제, 농업공학, 동물 및 가축 사육 및 농작물 재배 등의 전공과정을 운영한다. STAOS 이수자는 예비직업교육기관, 중등농업교육기관 및 현장훈련센터 등의 교사로 활동할 수 있는 자격이 부여된다. Agrarische Hogeschool Den Bosch, Hogeschool Inholland Delft은 환경공학, 농업, 작무생산, 원예, 가축생산, 경영, 식품공학 등의 과정이 마련되어 있다(마상진, 최경환, 2008).

다. 와게닝겐 대학

100여 년의 역사를 가진 학교로 네덜란드의 농업발전에 중요한 역할을 담당하고 있는 고등교육기관이다. 와게닝겐 대학은 농업 · 원예 · 환경 · 농촌 부문의 기초 연구뿐만 아니라 현장 응용을 위한 농업 전략 및 정책 연구, 응용 연구 및 기술개발 연구를 주도하고 있다. 와게닝겐 대학은 학부, 석사과정, 박사과정을 통해 농업, 환경, 자연 관리 분야의 과학자와 전문가를 양성하는 역할을 맡고 있다. 학부과정은 3년으로 18개 전공 프로그램이 있고, 석사과정은 2년으로 30개 전공 프로그램이 있으며, 박사과정은 4년 과정으로 이루어진다. 와게닝겐 대학에 입학하기 위해서는 예비대학교육(VWO)의 졸업자로서 물리, 화학, 수학 교과로 이루어진 입학시험에 합격하거나 기초교육 자격을 취득한 고등직업전문학교(HBO)의 졸업생이어야 한다(마상진, 최경환, 2008).

네덜란드는 1977년 다학문적 농업연구와 교육을 통하여 국제적 협력을 도모하고 국제적 경쟁력을 갖추기 위하여 교육기관인 와게닝겐 대학과 연구기관인 DLO를 통합하여 와게닝겐 UR(Wageningen University and Research Center)을 설립하였다. 이는 와게닝겐 대학을 중심으로 한 연구네트워크로서 2004년부터는 농업 및 농촌 과학기술분야의 고등농업전문학교인 Van Hall Larenstein까지 포함하게 됨에 따라 연구 중심 기관과 교육 및 실무 중심 기관의 통합체를 이루게 되었다. 와게닝겐 UR은 농업기술 · 식품과학, 동물과학, 환경과학, 식물과학, 사회과학, 기타의 그룹으로 구성되며 각각의 그룹은 와게닝겐 대학, 연구소, 실험장이 소속되어 있다. 농업기술 · 식품과학 그룹은 와게닝겐 대학의 농업기술 식품과학부와 농업기술 · 식품연구소(ATO)로 이루어져 있고, 동물과학 그룹은 와게닝겐 대학의 동물과학부와 가축사육연구소, 국립동물질병연구소와 9개 낙농실험장으로 구성되어 있다. 환경과학 그룹은 와게닝겐 대학의 환경과학부와 환경연구소(Alterra)로 구성되어 있고, 식물과학 그룹은 와게닝겐 대학의 식물과학부와 국제식물연구소(PRI)와 10개의 식물실험장으로 구성되어 있다. 사회과학 그룹은 와게닝겐 대학의 사회과학부와 농업경제연구소(LEI)로 구성되어 있으며, 기타그룹에는 식품안전연구소(RIKILT), 해양연구소(IMARES), 와게닝겐 국제연구소로 구성되어 있다(황윤재 외, 2008).

라. PTC+(Practical Training Centre Plus)

200여 명의 전문 교수진이 매년 3만여 명의 수료생을 배출하고 있는 교육기관으로 네덜란드 농업교육체제에서 중요한 의미를 가지고 있다. PTC+의 교육은 실천을 통해 학습(Learning by Doing)한다는 원칙에 따라 예비직업학교, 중등농업학교 및 고등농업전문학교 학생들에게 현장 중심 교육을 제공할 뿐만 아니라 정규 학교교육에서 실습하기 어려운 현장경험을 보완해주는 역할을 수행한다. 또한 외국학생과 성인들에게도 교육 프로그램을 제공하고 여러 프로젝트에 참여하여 수행 및 평가에 대한 자문을 제공함으로써 국제 농업의 협력 증진에 이바지하고 있다. PTC+는 호르스트(Horst), 이드(Ede), 바네벨트(Barneveld), 언커크(Oenkerk)의 4개 지역에 기관을 두고 있으며, 각 기관은 지역 농업의 특색과 연계하여 다양한 교육을 제공하고 있다. 호스트 지역은 농업지역개발 및 축산업에 대한 교육을 제공하고 있고, 에드 지역은 기술훈련 및 제품 냉동과 관련된 교육을 제공하고 있으며, 언커크 지역은 낙농 및 유제품 제조와 관련된 교육을, 바네벨트 지역은 돼지, 가금류 및 사료에 대한 교육을 제공하고 있다(PTC+, 2013). 또한 PTC+는 학생 각자의 상황과 수준에 맞는 맞춤형 교육을 지향하는데, 교육과정은 짧게는 1주일부터 길게는 1년 과정의 다양한 프로그램을 제공하며, 교육인원도 5명에서 많게는 20명 정도로 구성된다. 또한 학생을 위한 장기프로그램의 경우 Contact Family라는 제도가 있는데, 네덜란드 현지인이 학습자의 후원자가 되어 학생들이 지역사회에 잘 어울릴 수 있도록 1주일에 한 번씩 식사를 하거나 과외 활동을 할 수 있도록 지원한다(마상진, 2007).

마. 시사점

농업분야에서 네덜란드의 성공요인으로 지적되는 것은 많으나 그중 주요한 요인으로 지목되는 것은 바로 교육이다. 네덜란드의 농업교육이 우리나라의 농업교육에 대하여 갖는 시사점은 다음과 같다.

첫째, 네덜란드의 농업은 연구, 지도, 교육의 선순환 시스템 속에서 발전하고 있다. 네덜란드는 와게닝겐 UR(와게닝겐 대학 중심 연구네트워크)를 갖추고 연구, 지도, 교육을 담당하는 기관들이 상호 유기적인 관계를 이루며 농업인력의 지식수준을 향상시킴으로써 네덜란드 농업의 발전을 위한 주요한 기초를 다졌다. 또한 이러한 선순환적 시스템 운영이 가능했던 것은 농업분야의 연구자와 관리 인력을 체계적으로 양성함으로써 연구, 지도, 교육을 담당할 수 있는 인력 풀을 확보하였고, 농업교육기관에 대한 대대적 구조조정을 통해 효율적 교육이 이루어질 수 있도록 인프라를 구축하였기 때문이다.

둘째, 네덜란드의 농업교육은 현장지향형 교육이다. 네덜란드는 지역의 PTC+와 같은 실습교육기관이나 농가 혹은 농업 관련 기업에서 현장실습을 하도록 의무화하고 있다. 학교교육을 통해 이론을 습득하고, 현장실습을 통해 기술의 숙련성을 향상시킴으로써 실무형 인재를 육성하는 것이다. 이러한 현장지향형 교육은 학생들로 하여금 농업에 대한 자신의 적성을 확인할 수 있는 기회를 제공하며, 농업분야로의 진출을 유도함과 동시에 전문성을 함양할 수 있다는 점에서 그 의미가 크다.

셋째, 네덜란드 농업교육은 농업분야의 변화에 대응하는 교육이다. 네덜란드의 경제농업혁신부와 교육문화과학부는 상호 긴밀한 연계를 맺으며 농업이 전통적인 생산농업에서 3차 산업의 하나로 진화함에 따라 농업분야에서 요구하는 새로운 농업기술뿐만 아니라 관련 이슈를 포함하여 교육내용을 개정하고, 노동시장의 요구를 적극 반영함으로써 변화에 대응하고 있다. 농업분야의 변화를 반영한 네덜란드의 농업교육은 네덜란드 농업분야의 지속적 발전 가능성을 높이는 기초가 된다는 점에서 의미가 있다.

4 호주의 농업교육

1절 농업교육의 역사적 배경

호주는 세계 최대 규모의 농장제 농업국가이다. 총 면적의 60%가 농경지로, 한 농가당 평균면적이 우리나라의 무려 2,000배에 달하는 세계적인 곡창지대를 가지고 있다. 호주의 농업은 기본적으로 목초지를 활용한 목축업과 작물 재배활동에 근간을 두고 있다(EBS, 2013). 비록 최근 호주의 농업이 전체 GDP에서 차지하는 비중이 약 3% 수준으로 과거에 비해 GDP 기여도가 점차 감소하는 추세이지만, 여전히 농업은 호주의 주요 산업으로 간주되고 있어 호주의 농업교육은 정부의 주도하에 체계적 및 실질적으로 이루어지고 있다(농수산물유통공사, 2008).

호주의 연방교육부는 연방 및 각 주의 교육, 고용 및 직업훈련과 관련하여 교육의 국가적 목표를 설정하거나 예산을 조정하고 대학의 운영을 관할한다. 연방교육부는 10년 단위로 미래 국가 교육의 비전을 발표하는데, 1989년에는 호바트 선언, 1999년에는 애들레이드 선언이 호주 교육의 기본방향을 제시하였다. 특히, 애들레이드 선언에서는 호주 어린이의 학교 교육은 나라의 미래를 세우는 기반이 된다는 점을 인식하고 호주 학교가 이 시대의 도전에 대처할 수 있도록 공동으로 협조한다는 결의를 하면서 국가적 공동협력체제 내에서 호주의 학교 교육을 개선시키는 데 역사적 공헌을 하게 되었다. 그리고 2008년에는 새로운 미래 10년간의 교육비전을 제시하는 멜번 선언이 채택되어 ICT교육과 환경교육 및 아시아 관련 교육을 강조하였다(교육과학기술부, 2008).

호주의 농업교육은 초 · 중 · 고 교육체제뿐 아니라 성인을 대상으로 하는 농업교육 즉, 농업인을 대상으로 하는 교육 · 훈련 프로그램이 잘 발달되어 왔다. 1995년 호주의 뉴사우스웨일스 주의 Rural Training Council은 농업인이 필요로 하는 교육 · 훈련의 내용을 특정 지역의 생산물과 관련한 마케팅, 경영관리, 경영위험분석(business risk analysis), 토지지력관리(landcare & sustainability), 정보화, 재정관리 등으로 구명하였다. 이 교육단체는 농업인들이 원하는 교육 · 훈련은 학습자와 산업계의 요구를 충족시키고 현재뿐만이 아닌 미래 환경변화에 적절한 지식과 기술을 제고할 수 있어야 하며, 필요한 기술과 역량의 획득을 촉진하는 방식으로 제공되어 실제 수익성 향상에 기여함을 보장하여야 한다고 하였다(마상진, 김영생, 2006). 1997년에는 농업인, 농가, 농촌의 산업 경쟁력을 제고하기 위해 AAA(Agriculture Advancing Australia)사업이 시작되었다. 이 사업의 일부로서 1998년에는 호주 연방정부와 주정부의 합동으로 미래에 급변하는 경영 환경에 능동적으로 적응하도록 경영 역량을 돕기 위한 팜비스(Farmbis)라는 교육 · 훈련 사업이 시작되었다(마상진, 최경은, 2007; 마상진, 최경환, 2008). 한편, 2007년 12월에 새로이 등장한 정부에서는 기후변화에 대한 농업인들의 적응과 대응을 지원하기 위해 4년간 대규모로 예산을 편성하여 농업교육 사업에 투자하기도 하였다(김용택, 이혜은, 최양규, 2012).

2절 교육체제

호주의 전반적인 교육체제는 [그림 XIII-7]과 같다. 호주의 교육체제는 주마다 학교제도의 형태가 조금씩 다르기는 하지만 대체로 초등학교 입학준비를 위한 1~2년의 유아교육 과정(pre-school), 초등교육 과정(primary school), 전기 중등교육 과정(junior school or lower secondary school), 후기 중등교육 과정(seniore school or upper secondary school), 그리고 직업교육 과정의 TAFE(Technical and Further Education)과 일반 대학교육 과정(종합대학)으로 이루

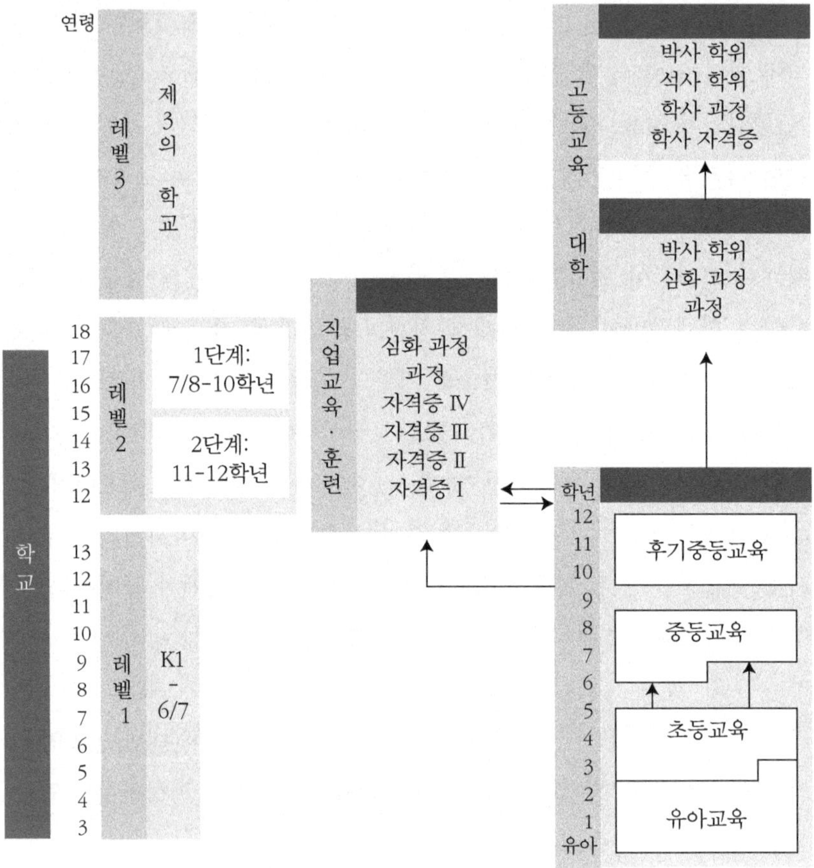

그림 XIII-7. 호주의 교육체제

자료: 마상진, 최경환. (2008). 『선진 농업국의 농업교육 정책동향 및 우수사례 분석』. 서울: 한국농촌경제연구원.

어져 있다(마상진, 최경환, 2008; 임병호, 정동양, 2007).

초등교육 과정은 주에 따라 6~7년으로 되어 있으며 보통 5세 때 초등학교에 입학한다(임병호, 정동양, 2007). 초등학교에서는 전 학생이 같은 과목을 같은 시간 동안 공부하는 것이 일반적이나 학교 재량활동을 1~2가지 선택하여 실시할 수 있다. 학기는 4학기로 이루어지고 1학기는 10주를 기본으로 하며 같은 급별 수업시간이 정해져 있지 않기 때문에 학교별로 수업시간표가 매우 자유로운 편이다(교육과학기술부, 2008). 일반적인 호주의 초등학교는 초등 수준의 교육과정을 가지고 교육하지만, 약 11%의 초 · 중학교는 초등과 중등 수준의 교육을 함께 연계하여 운영하기도 한다. 중등교육 과정은 크게 하급 중등교육 과정과 상급 중등교육 과정으로 나뉘는데, 하급 중등교육 과정은 7학년에서 10학년까지의 과정을 말하며, 상급 중등교육 과정은 의무교육 10학년 이후인 11~12학년을 의미한다. 의무교육 만료 학년인 10학년이 되면 학생의 의사에 따라 진로를 선택하게 되는데 대학 진학을 원하는 학생은 11학년으로 올라가고, 직업을 갖고자 하는 학생은 10학년까지 마치고 직업교육에 참여하거나 취업을 하게 된다. 대학 진학을 희망하여 상급 중등교육 과정에 진학한 학생들은 12학년을 마친 후 정부가 운영하는 졸업자격시험을 보게 된다. 이 시험은 호주의 모든 대학과 외국 대학에서 인정하는 고등학교 졸업 자격시험이다. 한편, 직업교육을 받기 위해 10학년까지 마친 학생들은 정부가 인증한 교육 · 훈련기관(RTO: Registered Training Organization)에서 전문적인 기술교육 및 계속교육(TAFE: Technical and Further Education)에 참여하여 취업 및 도제교육, 기술향상교육, 성인교육 등 광범위한 직업교육 프로그램을 제공받는다(임병호, 정동양, 2007). RTO는 호주 주정부 등록 직업교육 기관으로, 우리의 직업전문학교와 유사한 성격인 현장훈련기관이며 주정부 교육부의 감독과 승인을 받아 운영된다. TAFE는 공립 RTO로 볼 수 있으며 다양한 산업체 기관과 연결되어 모든 기능관련 자격증은 RTO의 현장실습을 거쳐야만 수료가 가능하다. 한편, TAFE는 고등교육기관과 밀접하게 연관되어 TAFE 과정을 성공적으로 마친 학생들에게 대학 입학 조건을 부여하기도 한다(임병호, 정동양, 2007).

중등교육 과정의 교육내용을 살펴보면 처음 1~2년 동안은 모든 학생들이 공통으로 이수하는 일반적인 교육과정으로 구성되지만, 이후에는 반드시 학습해야 하는 핵심 과목(core subjects)과 선택 과목들이 별도로 제공되어 학생들이 원하는 과목을 선택하여 이수할 수 있도록 한다. 일반적인 핵심

과목은 영어, 수학, 과학, 사회, 체육 등으로 구성되어 있고 선택 과목은 제2외국어, 상업, 미술, 공예, 음악, 가정, 경제, 드라마, 컴퓨터, 속기, 지리학, 역사 등으로 이루어져 있다(마상진, 2008). 교육시간은 실수업시간으로 계산하여 연간 100시간 단위로 과목별, 학년별로 주정부 교육위원회와 교육부의 지침이 작성되어 있으며, 한 차시 수업시간이 초등학교 40분, 중등학교 45분인 우리나라와 달리 이는 실제 수업시간만을 의미하므로 학교마다 차시별 수업시간이 다르다(교육과학기술부, 2008).

호주의 고등교육 과정(Tertiary Education)은 크게 일반 대학교육 과정과 직업교육 과정으로 구분할 수 있다. 일반 대학교육 과정(Higher education)은 주로 일반 종합대학이나 다른 공공 고등교육 기관에서 제공하는데 학사과정인 대학(3년-6년제), 석사과정인 대학원(2.5년), 박사과정인 대학원(3년)으로 구분할 수 있다. 직업교육 과정(VET: Vocational Education and Training)은 능력중심(competency-based)교육을 기본으로 하며 국가훈련체제(NTF: National Training Framework)에 기반하여 다양하게 제공되고 있다. 비록 일반 대학교육 과정과 직업교육 과정의 구분이 명확하지만 양교육형태 간의 연계가 점점 증가하고 있다. 예를 들어, 일반 종합대학의 경우 NTF에 기반한 프로그램을 제공하기도 하고 직업교육(VET) 교육기관에서도 학사학위 프로그램을 제공하고 있기도 하다(마상진, 2008).

3절 농업교육 제도 및 현황

호주의 농업교육은 중등교육 단계에서부터 시작되지만, 이때의 농업교육은 교양적인 수준의 교육이고 직업교육적인 의미의 농업교육은 의무교육 10학년을 이수한 학생들 중 농업교육을 원하는 학생들을 대상으로 정부가 인증한 교육·훈련기관(RTO)에서 전문적인 농업교육이 이루어진다(마상진, 최경환, 2008).

중등교육 단계에 해당하는 농업고등학교는 직업교육기관이라기보다는 일반 교육기관에 가깝게 운영되지만, 일반 고등학교와 크게 다른 점은 농업과 관련한 다양한 시설(대규모 농장)을 가지고 있고 교육과정이 농업 분야에 특화된 과목을 필수과목으로 지정하고 있다는 점이다(마상진, 최경환, 2008). 예를 들어, 뉴사우스웨일스(NSW) 주에 위치한 Farrer Memorial Agricultural High School은 7-10학년까지는 농업분야의 필수과목을 이수하게 하고, 11-12학년은 선택과목으로 농업교과를 이수하도록 지정하고 있다. 또한, 농업교육의 일환으로 모든 학생이 지정된 시간에 농장에서 일하도록 하고 있다(Farrer Memorial Agricultural high school, 2013)

전문적인 수준의 직업교육으로서의 농업교육은 의무교육 10학년을 이수한 학생들 중 농업교육을 원하는 학생들을 대상으로 운영하는 정부인증 교육·훈련기관(RTO)에서 이루어진다. 호주의 모든 공립 또는 사립 교육기관이 졸업생들에게 자격을 수여하기 위해서는 호주 자격 연수 체제(AQTF: The Australian Quality Training Framework)에서 정한 기준에 맞는 교육 프로그램을 제공하고 있는 기관이라는 의미에서 정부인증 교육·훈련기관(RTO) 인증을 받아야 한다(임병호, 정동양, 2007; 마상진, 최경은, 2007). 호주 자격 연수 체제(AQTF)로부터 인증받은 교육·훈련기관(RTO)은 Training Package에 따라 구체적인 교육 프로그램을 개발한다. Training Package는 호주에 총 11개의 산업 분야에 걸쳐 지정되어 있는 것으로, 농업분야의 Training Package, 즉 AgriFood Skills Australia는 농업 및 식품 관련 분야 종사자들에게 현재 또는 미래에 필요한 기술이 무엇인지, 이것을 어떻게 훈련시키고 평가할 것인가에 대한 기본지침을 설정하여 제공하기 위해 2004년에 설립되었다.

대표적인 농업분야의 정부인증 교육·훈련기관(RTO)으로는 뉴사우스웨일스(NSW) 주에 위치한 Tocal College를 들 수 있다. Tocal College는 뉴사우스웨일스 주의 유일한 농업 전문 정부인증 교육·훈련기관(RTO)으로

'교육 · 훈련 서비스 제공을 통해 농업생산 및 지속가능한 토지관리 증진'이라는 미션을 토대로 1970년도에 설립되어 NSW 주정부에 의해 관리되기 시작하였다. 이 기관은 주정부가 운영비의 50%를 보조해주고 나머지는 자체 사업이나 학생 수업료로 충당하여 운영된다. 약 100명의 교직원과 약 120명의 협력 농업인, 약 120명의 후원자의 지원하에 농업교육이 진행되고 있다. 주요 교육 프로그램은 호주 자격 연수 체제(AQTF)에서 정한 기준에 따라 풀타임 학생들을 대상으로 한 정규코스인 농업분야 Certificate Ⅲ, Ⅳ, Diploma 과정이 있다. Certificate Ⅲ 과정은 입문과정으로 1년 과정이다. Certificate Ⅳ 과정은 Certificate Ⅲ 과정을 이수한 학생들을 대상으로 하며, 농장 경영관련 실무교육을 제공하고 2년 과정이다. Diploma 과정은 Certificate Ⅳ 과정을 수강하면서 추가로 교육받을 수 있는데 농장계획, 마케팅 등의 교육을 실시하며 학위를 위한 추가적인 시간이 소요된다(마상진, 최경환, 2008; Tocal College, 2013).

하급 및 상급 중등교육 과정(12학년)을 모두 수료하거나 정부가 인증한 교육 · 훈련기관(RTO)에서 적정한 교육을 이수하면 대학에서 고등교육 단계의 농업교육을 받을 수 있다. 농과대학이 있는 종합대학은 서호주대학교(The University of Western Australia)를 비롯하여 호주 내 약 10여 개의 대학이 분포하고 있다(마상진, 최경환, 2008).

4절 시사점

호주의 농업교육이 우리나라에 시사해 주는 점을 정리하면 다음과 같다.

첫째, 직업적인 의미의 농업교육을 농업 분야 자격과 연계하고 있다. 호주의 농업교육 체제에서는 신규로 유입되는 농업 인력들에게 국가가 인증한 교육 · 훈련 프로그램을 이수하도록 하고 농업 관련 자격을 부여하고 있다. 이를 통해 체계적이고 전문적인 농업교육이 가능하도록 하고 있다.

학교뿐 아니라 사회교육기관에서 제공되는 교육 프로그램들이 국가적 수준의 자격체제와 연계되어 장차 미래의 농업인으로 성장할 농업계 학생들의 경력개발에 도움을 주고 있다. 또한, 농업분야의 전문적인 신규 인력을 확보하는 신규 인력의 기술 및 능력을 보장하는 제도로서의 역할도 담당하고 있다.

둘째, 농업교육의 능력표준을 설정하고 있다. 호주는 농업 및 식품 관련 분야 종사자들에게 현재 또는 미래에 필요한 기술이 무엇인지 설정하여 구체화되고 표준화된 Training Package를 제공하고 있다. 이는 농업 분야 종사자들이 소임을 다하기 위해 필요한 지식과 기술은 무엇이고 이것을 어떻게 훈련시키고 평가할 것인가에 대한 기본 지침이 있어 필수 · 선택 과목 및 이수 단위, 고용에 필요한 능력 등 농업교육의 구성내용이 구체적으로 명시되어 있다. 이렇듯 국가에서 설정한 능력표준은 농업교육이 좀 더 일정한 수준 이상에서 체계적이고 충실하게 이루어질 수 있도록 하고 있다.

셋째, 농업교육의 방향성으로 지속가능한 농업을 강조하고 있다. Tocal College는 '교육 · 훈련 서비스 제공을 통해 농업생산 및 지속가능한 토지관리 증진'이라는 미션으로 지속가능한 농업을 강조하고 있다. 이처럼 농업교육의 방향성을 단순히 '생산'부분에 초점을 두는 것이 아닌, 인적자원의 활용을 통해 환경적 지속가능성을 이룩하는 것을 농업인력 정책 방향의 하나로 설정할 필요가 있다.

연구문제

1. 외국에서 국가별로 특성이 있는 농업교육 제도를 수립하게 된 배경을 조사하여 보자.
2. 외국의 농업교육 제도 가운데 우리나라에 적용 가능성이 가장 높은 제도는 무엇인지 논의해 보자.
3. 본문에 제시된 국가들 이외에 농산물 수출이 많은 국가인 캐나다, 아르헨티나, 프랑스, 덴마크, 뉴질랜드 등의 농업교육 제도에 대해 알아보자.

참고문헌

교육과학기술부. (2008). 『세계 각국의 교육과정 및 운영사례(V): 호주』(교육과정자료-440). 서울: 교육과학기술부.

김명환, 한석호, 조재성, 김태우. (2013). 『2013년 상반기 KREI 농업경제전망』. 서울: 한국농촌경제연구원.

김용택, 이혜은, 최양규. (2012). 『세계농업』(M45-14). 서울: 한국농촌경제연구원.

김정일. (1995). 「일본의 교육 현황」. 『일본학보』 2, 139-150.

농수산물유통공사. (2008). 「호주의 농업현황과 전망」. 미간행 유인물, 서울: 농수산물유통공사.

농업인재개발원. (2009). 『농업교육백서』. 안양: 농업인재개발원.

마상진. (2007). 『농업강국 네덜란드의 농업교육』. 서울: 한국농촌경제연구원.

______. (2008). 「네덜란드 PTC+의 농업인 교육현장방문조사」. 미간행 유인물, 서울: 한국농촌경제연구원.

마상진, 김영생. (2006). 『농업인력의 전문성 제고를 위한 교육 · 훈련 프로그램 개선방안』(연구보고 R506). 서울: 한국농촌경제연구원.

마상진, 최경은. (2007). 『농업 인적자원개발을 위한 학습 활성화』(연구보고 R544). 서울: 한국농촌경제연구원.

마상진, 최경환. (2008). 『선진 농업국의 농업교육 정책동향 및 우수사례 분석』. 서울: 한국농촌경제연구원.

유정규. (2009). 「일본의 식육(食育)추진 실태와 시사점」. 『지역과 농업』 4, 187-223.

윤용식. (2000). 『네덜란드의 직업교육 및 훈련』. 서울: 한국직업능력개발원.

윤종혁. (2007). 「최근 일본의 학제 개혁 동향과 전망」. 『한국일본교육학연구』 11(2), 151-164.

이영대. (1993). 「日本의 農林水産省 農業者大學校 및 都道府縣 農業者大學校의 運營事

例分析」. 『한국농업교육학회지』 25(4), 39-47.

이용환. (1997). 「미국 농업교육의 변화 동향」. 『한국농업교육학회지』 29(1), 57-65,

이용환, 김수욱, 정철영, 박행모, 김진모, 나승일, 강대구. (2007). 『농업교육학 개론』(개정판). 서울: 서울대학교 출판부.

일본주재사무소. (2011). 『해외주재사무소 정책보고서』. 서울: 한국연구재단 해외주재사무소.

임병호, 정동양. (2007). 「국가별 청소년의 직업 교육 및 진로 지도 실태 비교: 독일, 영국, 프랑스, 이탈리아, 미국, 호주, 일본」. 『한국기술교육학회지』 7(2), 155-172.

정금자. (1996). 「일본의 유치원 교육과정에 관한 연구」. 『한국일본교육학연구』 1(1), 9-21.

정철영, 이용환, 나승일. (2002). 「국외의 농업인력 정책 분석 및 우리나라에 주는 시사점」. 『한국농업교육학회지』 34(2), 27-47.

정태화. (2004). 「일본의 단기대학의 구조조정 지원 정책 동향과 시사점」. 『비교교육연구』 14(1), 1-21.

조영철. (2001). 「일본의 농촌지도사업 현황과 우리에게 주는 시사점」. 『한국농촌지도학회지』 8(1), 133-142.

한국농촌경제연구원. (1993). 『농업계 교육체계 개선방안』. 서울: 한국농촌경제연구원.

황윤재, 김철민, 김병률, 이명기, 국승용, 정호근, 김성훈, 정호근. (2008). 『네덜란드 농업정책의 변화와 미래과제』. 서울: 한국농촌경제연구소.

農林水産省. (2013). 「農業を学ぶための学校のご案内」. Retrieved from http://www.maff.go.jp/j/keiei/zinzai/kyoiku/kyoiku_syoukai.html

文部科学省. (2011). 『栄養教諭を中核とした食育推進事業事業結果報告書』. 東京: 文部科学省.

文部科学省. (2013). 「教育」. Retrieved from http://www.mext.go.jp/a_menu/01_c.htm

田島重雄. (1985). 『世界の農業教育』. 東京: 波書房.

井村裕夫. (2006). 「転換期に立つわが国の高等教育」. 『現代の高等教育』 478, 10-14.

AIC(Agriculture in the Classroom). (2013). *AIC(Agriculture in the Classroom) homepage*. Retrived from http://www.agclassroom.org

Berkhout, P., & Roza, P. (2012). *Agricultural economic report 2012 of the netherlands: summary*. The Hague: Agricultural Economics Research Institute(LEI).

Camp, W. G., & Crunkilton, J. R. (1985). History of agricultural education in America: The great individuals and events. *Journal of the American Association of Teacher Education in Agriculture*, 26(1), 57-63.

Cox, D. E., McCormick, F. G., & Miller, G. M. (1989). Agricultural education model. *The Agricultural Education Magazine*, 61(11), 9-12.

Croom, D. B. (2008). The development of the integrated three-component model of agricultural education. *Journal of Agricultural Education*, 49(1), 110-120.

EBS. (2013). 세계의 교육현장, 2. 너만의 길을 찾아라(1)-호주의 농업교육. Retrieved from http://www.ebsmedia.net/shop/shopdetail.html?branduid=3939

Farrer Memorial Agricultural high school. (2013). *AGRICULTURE*. Retrieved from http://farrer.nsw.edu.au/agriculture-1026.html

Martin, R. A. (1995). *Agricultural education! Whither goes thou?*. Ames, IA: Iowa College of Agriculture, Iowa State University of Science and Technology.

National Center for Education Statist. (2011). *Digest of education statistics 2011*. Retrived from http://nces.ed.gov/programs/digest/d11/figures/fig_01.asp?referrer=report

NESFI(New England Small Farm Institute). (2013). *NESFI(New England Small Farm*

Institute) homepage. Retrived from http://www.smallfarm.org/index.php

Nuffic. (2012). *Country module: the Netherlands*. Retrieved from http://www.nuffic.nl/en/diploma-recognition/country-modules

OCW. (2012). *Key figures 2007-2011*. Den Haag, Netherlands: The Ministry of Education, Culture and Science.

Phipps, L. J., & Osborne, E. W. (1988). *Handbook on agricultural education in public schools*. Danvile, IL: Interstate Publishers.

PTC+. (2013). *About PTC+*. Retrieved from http://www.ptcplus.com/en/over-ptc/locaties.aspx

Tocal Callege. (2013). *Courses*. Retrieved from http://www.tocal.nsw.edu.au/courses

찾아보기

찾아보기

영문

Abstract

Introduction to Agricultural Education

Edited by Chyul Young Jyung et al.

The target audience of this book consists of undergraduate university students who plan to work in the field of agricultural education as high school teachers or related educational officers. This book is an introduction to the practical world of agricultural education. The chapters included are titled as follows: "The concept and the importance of agricultural education," "The development of agricultural education," "The current situation of agricultural education," "Teachers of agricultural education," "Development of agricultural education curriculum," "Teaching and learning methods in agricultural education," "Teaching materials development in agricultural education," "Supervised agricultural field work," "Future farmers of Korea," "Career guidance in agricultural education," "Evaluating in agricultural education," "School management for human resource development," and "Agricultural education in foreign countries."

This introductory book explains what agricultural education is. It discusses what kind of knowledge, skills, and attitudes are required to work in the field of agricultural education, and how agricultural education has changed in the past and how it will change in the future.

저자약력

정철영

서울대학교 대학원 농업교육과 졸업(교육학 석사)

미국 오하이오주립대학교 대학원 졸업(Ph. D.)

미국 존스홉킨스대학교 객원교수

서울대학교 학생처장, 학장, 이사

한국농산업교육학회장, 한국진로교육학회장, 한국직업교육학회장, 한국산업교육학회장

서울대학교 산업인력개발학과 명예교수(현재)

지속가능발전 국가위원회 위원장(현재)

저출산고령사회위원회 위원(현재)

사학분쟁조정위원회 위원(현재)

박행모

서울대학교 대학원 농업교육과 졸업(교육학 석사)

서울대학교 대학원 농업교육과 졸업(교육학 박사)

광주교육대학교 실과교육과 교수

광주교육대학교 실과교육과 명예교수(현재)

강대구

서울대학교 대학원 농업교육과 졸업(교육학 석사)

서울대학교 대학원 농업교육과 졸업(교육학 박사)

미국 미네소타주립대학교 객원교수

미국 조지아대학교 객원교수

농림수산식품부 자체평가위원회 위원

한국농산업교육학회 회장

순천대학교 사범대학 학장
순천대학교 농업교육과 교수
순천대학교 농업교육과 명예교수(현재)

나승일
서울대학교 대학원 농업교육과 졸업(교육학 석사)
미국 오하이오주립대학교 대학원 졸업(Ph. D.)
미국 오하이오주립대학교 조교수
미국 Atterbury Job Corps Center 전임교수
대구교육대학교 실과교육과 조교수
미국 뉴멕시코대학교 객원교수
교육부 차관
한국농산업교육학회 회장, 한국직업자격학회 회장, 한국직업교육학회 회장
아시아직업교육훈련학회(AASVET) 회장
서울대학교 산업인력개발학과 교수(현재)

김진모
서울대학교 대학원 농업교육과 졸업(교육학 석사)
서울대학교 대학원 농업교육과 졸업(교육학 박사)
(주)엘지경영개발원 인화원 과장
미국 미네소타대학교 객원연구원
한국산업교육학회장, 한국농산업교육학회장
서울대학교 농업생명과학대학 교무부학장
서울대학교 산업인력개발학과 교수(현재)

이찬
미국 오하이오주립대학교 대학원 졸업(M. A.)
미국 오하이오주립대학교 대학원 졸업(Ph. D.)
미국 오하이오주립대학교 연구원
LG전자서비스 미국법인 인사부 HRD팀 리더
한국산업교육학회 회장

서울대학교 경력개발센터 센터장
서울대학교 평생교육원 원장
서울대학교 산업인력개발학과 교수
서울대학교 첨단융합학부 교수(현재)

정진철

서울대학교 대학원 농업교육과 졸업(교육학 석사)
미국 Texas A&M 대학교 대학원 졸업(Ph. D.)
한국대학교육협의회 책임연구원
서울대학교 농어촌교육지원센터 센터장
서울대학교 농업생명과학대학 교육연수원 원장(현재)
서울대학교 진로직업교육연구센터 센터장(현재)
서울대학교 산업인력개발학과 교수(현재)